国家出版基金项目
NATIONAL PUBLICATION FOUNDATION

纳米科学与技术

纳米毒理学

——纳米材料安全应用的基础
（第二版）

赵宇亮　柴之芳　著

科学出版社

北京

内 容 简 介

纳米毒理学是研究纳米尺度下物质与生物体的相互作用过程，以及所产生的生物学效应或健康效应的一门新兴学科分支。由于小尺寸效应、量子效应和巨大的比表面积等，纳米材料具有特殊的物理化学性质和崭新的功能。它们进入生物体后将产生什么样的化学活性或生物活性，进而对生命过程将产生什么样的正面的或负面的影响？本书围绕学术界和社会高度关注的这些科学问题，建立了相应的知识框架，分13章进行了系统的阐述。

本书主要奉献给工作在纳米科学研究单位、相关企业的研发部门、纳米技术标准化机构、疾病控制中心，化学、生物学、毒理学、材料科学、药物学、药理学、药剂学、预防医学、公共卫生学、环境科学等领域的人员，质检、海关等政府管理部门的读者，本科生、研究生以及从事相关领域研究的广大科研人员使用。

图书在版编目(CIP)数据

纳米毒理学：纳米材料安全应用的基础/赵宇亮，柴之芳著. —2 版.
—北京：科学出版社，2015.3

（纳米科学与技术/白春礼主编）

ISBN 978-7-03-043711-2

Ⅰ. 纳…　Ⅱ. ①赵…②柴…　Ⅲ. 纳米材料-毒理学-研究　Ⅳ. TB383

中国版本图书馆 CIP 数据核字（2015）第 049860 号

责任编辑：杨　霞　张淑晓/责任校对：越桂芬　张小霞
责任印制：吴兆东 / 封面设计：陈　敬

科 学 出 版 社 出版
北京东黄城根北街 16 号
邮政编码：100717
http://www.sciencep.com

北京建宏印刷有限公司 印刷
科学出版社发行　各地新华书店经销
*
2010 年 5 月第　一　版　开本：720×1000　1/16
2015 年 3 月第　二　版　印张：23 1/2　彩插：2
2023 年 2 月第五次印刷　字数：470 000
定价：128.00 元
（如有印装质量问题，我社负责调换）

《纳米科学与技术》丛书序

在新兴前沿领域的快速发展过程中，及时整理、归纳、出版前沿科学的系统性专著，一直是发达国家在国家层面上推动科学与技术发展的重要手段，是一个国家保持科学技术的领先权和引领作用的重要策略之一。

科学技术的发展和应用，离不开知识的传播：我们从事科学研究，得到了"数据"（论文），这只是"信息"。将相关的大量信息进行整理、分析，使之形成体系并付诸实践，才变成"知识"。信息和知识如果不能交流，就没有用处，所以需要"传播"（出版），这样才能被更多的人"应用"，被更有效地应用，被更准确地应用，知识才能产生更大的社会效益，国家才能在越来越高的水平上发展。所以，数据→信息→知识→传播→应用→效益→发展，这是科学技术推动社会发展的基本流程。其中，知识的传播，无疑具有桥梁的作用。

整个 20 世纪，我国在及时地编辑、归纳、出版各个领域的科学技术前沿的系列专著方面，已经大大地落后于科技发达国家，其中的原因有许多，我认为更主要的是缘于科学文化的习惯不同：中国科学家不习惯去花时间整理和梳理自己所从事的研究领域的知识，将其变成具有系统性的知识结构。所以，很多学科领域的第一本原创性"教科书"，大都来自欧美国家。当然，真正优秀的著作不仅需要花费时间和精力，更重要的是要有自己的学术思想以及对这个学科领域充分把握和高度概括的学术能力。

纳米科技已经成为 21 世纪前沿科学技术的代表领域之一，其对经济和社会发展所产生的潜在影响，已经成为全球关注的焦点。国际纯粹与应用化学联合会（IUPAC）会刊在 2006 年 12 月评论："现在的发达国家如果不发展纳米科技，今后必将沦为第三世界发展中国家。"因此，世界各国，尤其是科技强国，都将发展纳米科技作为国家战略。

兴起于 20 世纪后期的纳米科技，给我国提供了与科技发达国家同步发展的良好机遇。目前，各国政府都在加大力度出版纳米科技领域的教材、专著以及科普读物。在我国，纳米科技领域尚没有一套能够系统、科学地展现纳米科学技术各个方面前沿进展的系统性专著。因此，国家纳米科学中心与科学出版社共同发起并组织出版《纳米科学与技术》，力求体现本领域出版读物的科学性、准确性和系统性，全面科学地阐述纳米科学技术前沿、基础和应用。本套丛书的出版以高质量、科学性、准确性、系统性、实用性为目标，将涵盖纳米科学技术的所有领域，全面介绍国内外纳米科学技术发展的前沿知识；并长期组织专家撰写、编辑出版下去,为我国纳米科技各个相关基础学科和技术领域的科技工作者和研究生、本科生等,提供一套重要的参考资料。

这是我们努力实践"科学发展观"思想的一次创新,也是一件利国利民、对国家科学技术发展具有重要意义的大事。感谢科学出版社给我们提供的这个平台,这不仅有助于我国在科研一线工作的高水平科学家逐渐增强归纳、整理和传播知识的主动性(这也是科学研究回馈和服务社会的重要内涵之一),而且有助于培养我国各个领域的人士对前沿科学技术发展的敏感性和兴趣爱好,从而为提高全民科学素养作出贡献。

我谨代表《纳米科学与技术》编委会,感谢为此付出辛勤劳动的作者、编委会委员和出版社的同仁们。

同时希望您,尊贵的读者,如获此书,开卷有益!

中国科学院院长
国家纳米科技指导协调委员会首席科学家
2011 年 3 月于北京

第二版前言

最近五年，是纳米毒理学发展最快的时期。2010 年，《纳米毒理学——纳米材料安全应用的基础》出版的时候，纳米毒理学这个新领域还很不成熟，不同研究团队发表的研究结果之间的相互矛盾较多。由于研究体系的复杂性，人们对实验数据的解释和分析乃至结论，也存在较多差异。因为越来越多数据的积累，知识的系统性越来越强，同时，毒理学家们对纳米材料这个复杂的研究对象的特性也越来越了解。因此，学术界对纳米毒理学所观察到的很多实验现象和问题，正在逐渐形成统一的解释、理解和学术观点。第一版出版距今已近五年，出版社提出再版，便回头阅读第一版，我发现其内容是相对完整和系统的。不仅如此，即使在五年后的今天去看，我们对纳米毒理学领域很多问题的讨论和观点，还是适当的。这让我们信心大增，便应允了第二版的出版。

经典毒理学属于化学和医学的交叉学科，纳米毒理学更为复杂一些。因为，经典毒理学研究原子及其离子以及由它们构成的化学分子的生物学效应。纳米毒理学研究颗粒物的生物学效应，颗粒物可以由原子、离子或化学分子组成，以团聚物或晶体形式存在。和传统的原子、元素、离子或分子不同，颗粒物有自己的表面（统称纳米表面），在纳米表面与生物界面发生的过程，很大程度上决定了纳米生物效应的结果。因此，纳米毒理学的本质，是与发生在纳米表面与生物界面的化学或生物学过程密切相关的。

我们研究分析了最近的文献，结合我们自己的研究成果，期望总结纳米毒理学领域有规律性的知识体系，围绕纳米毒理学建立起相应的知识框架，把它提供给我国的科技界、企业界和政府管理层。本书由 13 章构成。第 1 章概述纳米毒理学的起源、现状、特征、迫切需要研究的问题、重要的目标及其科学意义和社会作用等方面。第 2 章讨论纳米毒理学和安全性评估所需要的关键基础：纳米材料在生物体内的吸收、分布、代谢、排泄与急性毒性，从而理解从生物整体所观察到的毒理学现象的内在机制。第 3 章重点讨论细胞纳米毒理学，即纳米颗粒与不同种类的细胞的相互作用过程。第 4 章讨论纳米材料的细胞摄取、胞内转运及其细胞毒性。第 5 章阐述纳米材料的理化性质如何影响其细胞摄取、胞内转运及其生物学归宿。第 6 章进入分子纳米毒性学的讨论，重点阐述纳米颗粒与生物分子的相互作用。第 7 章讨论纳米颗粒的神经生物学效应，这是人们高度关注的一个问题，即纳米颗粒能否进入大脑及其引起的神经生物学效应。第 8 章集中讨论心肺系统的毒理学效应：呼吸暴露是纳米颗粒进入人体的最重要的途径，因此，在该章我们就呼吸暴露纳米颗粒对心肺系统的生物学效应进行专门讨论。第 9 章胃肠道摄入纳米材料的毒理学效应：胃肠道摄入也是作为各种添加剂或药品的纳米颗粒进入人体的重要途径，它的毒理学效应以及如何确定安全剂量等在该章中论述。第 10 章重点阐述决定碳纳米管毒性的主要因素，碳纳米管是人们高度关注、应用极广的人造纳米材料。第 11 章进一步深入讨论纳米特性与生物毒性的相关性以及降低或消除纳米颗粒毒性的有效途径。第 12 章是纳米毒理学的实验方法和现有的检测技术的简短综述。第 13 章重点介绍如何把先进的大科学装置，如核技术与同步辐射设备，集成到纳米毒理学和纳米医学的研究中，建立新的实验方法学。最后两章主要是给需要建立这些方法的相关实验室、企业、质检部门、海关等提供快速了解掌握相关技术的途径。

中国已经成为纳米技术研究和纳米材料生产大国，与纳米安全性研究相关的知识和技术无疑是国家纳米科技发展所急需的国际竞争力的有力保障。纳米产品的安全性问题正在成为发达国家限制"市场准入"的策略。而中国能否抢先制定、提出各种纳米材料的安全标准，事关国家利益。要实现这一点，就必须率先获取充分的基础研究数据，培养和建立我国在该领域的高水平专业队伍。

为此，我们奉献本书，供纳米科学研究单位、相关企业的研发部门、纳米技术标准化机构、疾病控制中心、化学、生物学、毒理学、材料科学、药物学、药理学、药剂学、预防医学、公共卫生学、环境科学等领域的工作人员，质检、海关等政府管理部门的读者们，本科生、研究生以及从事相关领域研究的广大科研人员使用。

非常感谢实验室陈春英、聂广军、李玉锋、刘颖、汪冰、赵峰等研究人员对再版的贡献。非常感谢北京大学刘元方院士、贾光教授、王海芳教授给予的指导和帮助。本书的部分章节是在作者的英文版著作 *Nanotoxicology*（美国科学出版社，2007，ISBN：1-58883-088-8）中自己撰写的章节以及最近作者自己撰写的综述论文的基础上完成的。感谢我们已经毕业以及在读的学生们，本书的许多讨论内容，来自于他们在实验室攻读博士学位的辛勤工作和研究成果。感谢科学出版社林鹏董事长的大力支持，感谢杨震分社长、张淑晓编辑的辛勤劳动。感谢支持和帮助我们的各位学者和朋友。同时感谢书中引用文献的作者。感谢科技部（"973"计划项目，No. 2011CB933400）和国家自然科学基金委员会的资助。

五年时光匆匆，纳米毒理学领域蓬勃发展，但由于其是一个多学科交叉的新的分支领域，很多方面的知识体系不尽完善，故尚需更多的研究工作者加入进来。此外，由于水平所限，不足之处在所难免，还请专家读者不吝赐教，作者不胜感激！

第一版前言

2005 年年初，我们接到国外学者关于共同撰写一部 *Nanotoxicology*（《纳米毒理学》）英文教科书的建议。当时我们正在紧张备战国家科技部的"纳米安全性""973"项目的立项答辩，无暇顾及。恰好这年的"973"项目立项申请失败，给我们留出了思考上述建议的时空：为了宣告这个新的前沿学科领域的形成，英美两国在 2004 年和 2005 年分别迅速创刊了《纳米毒理学》的国际学术期刊，率先占领了传播纳米毒理学的主导权。当时，世界上还没有有关纳米毒理学的专著和教科书，我们意识到填补这个空白也是中国科学家为这个前沿领域可作出的贡献之一，于是我们迅速着手草拟内容框架，收集文献资料，同时邀请其他国家的科学家共同撰写。这样，于 2007 年年初世界上第一本 *Nanotoxicology* 在美国出版了。

其间，2006 年我们再一次申请"纳米安全性""973"项目时，正好是在撰写英文版 *Nanotoxicology* 的过程中。我们夜以继日，辛苦耕耘，收集整理，研究分析了散布在世界各国几十种学术刊物的文献，再结合我们自己的研究成果，归纳总结出纳米毒理学有规律性的信息结构和知识体系。当我们把它提供给国外学者、企业界和政府管理层时，我们认为更应该奉献给我国的科技界、企业界和政府管理层。在国际化的全球性竞争中，中国更需要这些新的知识和技术。只有这样才能在竞争中抢占先机，才具备可持续发展的坚实基础。于是，我们提出把完成一套中文版纳米安全性丛书的工作计划纳入这年立项的"973"项目的任务之中。

纳米毒理学，是研究在纳米尺度下，物质与生物体的相互作用过程，以及所产生的生物学效应或健康效应的一门新兴学科。由于小尺寸效应、量子效应和巨大比表面积等，纳米材料具有特殊的物理化学性质和很多崭新的功能。在进入生命体后，纳米物质与生命体相互作用将产生什么样的化学活性或生物活性，它们对生命过程将产生什么样的影响？本书围绕这个问题建立了相应的知识框架，分九章进行系统的阐述。第 1 章概述了纳米毒理学的现状、起源、特征、迫切需要研究的问题、重要的目标及其科学意义和社会作用等方面。第 2 章讨论了纳米毒理学和安全性评估所需要的关键基础：纳米材料在生物体内的吸收、分布、代谢、排泄与急性毒性。为了理解从生物整体所观察到的毒理学现象的内在机制，我们随后重点讨论了纳米颗粒与不同种类细胞的相互作用过程（第 3 章），纳米颗粒与生物分子的相互作用（第 4 章）。纳米颗粒进脑的能力及神经生物学效应是人们高度关注的问题，这在第 5 章中进行讨论。呼吸暴露是纳米颗粒进入人体的最重要途径，因此，在第 6 章我们就呼吸暴露纳米颗粒对心肺系统的毒理学效应进行专门讨论。胃肠道摄入也是作为各种添加剂或药品的纳米颗粒进入人体的重要途径，它的毒理学效应以及如何确定安全剂量的论述和思考在第 7 章介绍。第 8 章进一步深入讨论了纳米特性与生物毒性的相关性以及降低或消除纳米颗粒毒性的有效途径。第 9 章是纳米毒理学的实验方法和现有检测技术的简短综述，这一章主要是给需要建立这些方法的相关实验室、企业、质检部门、海关等提供快速了解掌握相关技术的途径。在本书的最后，我们按纳米材料的种类将参考文献进行了分类索引，以便于相关使用者容易找到自己最需要的信息和资料。

值得一提的是，纳米毒理学与安全性，不仅是一个前沿的基础科学问题，同时也是一个新的社会和哲学问题：人类应该如何以科学发展观为指导发展新科技，不再走 20 世纪"先污染，后治理"这种人类自我伤害的老路。这既是科学界面临的挑战，也已成为各国政府前沿科技发展的国家战略与健康安全的国家需求。同时，进入 21 世纪以后，产品和技术的安全性，已经成为影响国家产业国际竞争力的关键因素。中国正在成为纳米技术研究和纳米材料生产的大国，与纳米安全性研究相关的知识和技术，无疑是国家纳米科技发展所急需的国际竞争力的有力保障。纳米产品的安全性问题正在成为发达国家限制"市场准入"的策略。而中国能否抢先制订、提出各种纳米材料的安全标准，事关巨大的国家利益。要实现这一点，就必须率先获取充分的基础研究数据，培养和建立我国在该领域的高水平专业队伍。

为此，我们奉献这本《纳米毒理学——纳米材料安全应用的基础》，供在纳米科学研究单位和相关企业的研发部门、纳米技术标准化机构、疾病控制中心、质检和海关等政府部门工作的科研人员和管理者，以及从事化学、生物学、毒理学、材料科学、医药学、公共卫生学、环境科学等学科领域研究的研究者、研究生、本科生、实验技术人员等使用。

非常感谢实验室的研究人员常雪灵、祖艳、赵峰、陈春英、丰伟悦、邢更妹、张智勇、孙宝云等从各个方面对本书的贡献。尤其是常雪灵为本书的完成作出了重要贡献。非常感谢北京大学刘元方院士、贾光教授、王海芳教授给予的指导和帮助，感谢北京大学医学部王翔博士的帮助。本书的部分章节是在作者的英文版 *Nanotoxicology*（美国科学出版社，2007，ISBN：1-58883-088-8）中自己撰写章节的基础上增加新的内容而完成的。非常感谢我们已经毕业的学生：陈真博士、孟幻博士、王江雪博士、汪冰博士、李炜博士、朱墨桃博士、何潇博士、周国强博士、焦芳博士、高兴发博士、唐军博士，以及在读的学生们，本书讨论的许多内容，来自于最近 9 年间他们在实验室攻读博士学位的辛勤工作和研究成果。

　　感谢中国科学院高能物理研究所所长陈和生院士、科学出版社林鹏总编的大力支持。感谢杨震编辑、张淑晓编辑的辛勤劳动。感谢支持和帮助我们的各位学者和朋友。同时感谢书中引用文献的作者。感谢科技部（"973"项目，No. 2006CB705600）、中国科学院和国家自然科学基金委员会的资助。

　　尽管我们希望通过本书揭示纳米毒理学有规律性的知识体系，但是该学科很多方面的研究刚刚起步，尚需要大量的研究工作。此外，由于水平所限，笔误之处在所难免，如承蒙读者专家批评指正，作者心存感激！

目　　录

第 1 章　纳米毒理学概述

1.1　纳米毒理学与研究现状

1.1.1　什么是纳米毒理学?

纳米毒理学是纳米科学与生命科学交汇所产生的一个重要的分支学科（2005年纳米毒理学专业学术刊物在英国创刊，标志这个新领域的形成）。传统的毒理学一般归属于大的生物医学范畴，然而，纳米毒理学很难如此归属。这是因为，仅有生物学或医学的方法和知识，几乎无法研究和阐述纳米毒理学。纳米毒理学许多新的概念与生物学或医学关系甚少，反而与化学、物理的关系更加密切。比如，纳米尺寸效应、纳米表面效应、量子效应、分散-团聚效应、比表面积效应、高表面反应活性、表面吸附、颗粒数浓度效应、自组装效应等。这些在纳米尺度下特有的量-效关系，大部分属于前沿化学或物理学与生物医学的交叉，因此，纳米毒理学是一个典型的交叉学科。尤其需要化学、物理、纳米技术，生物技术，医学等领域的知识和研究手段，进行真正的学科交叉（任何一个单独的学科都难以胜任），因此，充满了科学创新的机遇。

纳米毒理学，是研究纳米尺度下，物质的物理化学性质尤其是新出现的纳米特性对生命体系所产生的生物学效应，尤其是毒理学效应。纳米毒理学的目的是以科学的方式描述纳米物质/颗粒在生物环境中的生物学行为，以及生态毒理学效应。揭示纳米材料进入人类生存环境对人类健康可能的影响。加强我们对纳米尺度下物质的健康效应的认识和了解，不仅是纳米科技发展产生的新的基础科学的前沿领域，也是保障纳米科技可持续发展的关键环节。

1.1.2　纳米技术：从科学预言到市场产品

1959 年，诺贝尔奖得主物理学家理查德·费曼在加州理工学院发表了题为"There's Plenty of Room at the Bottom"的演讲。他预言：人类将来不仅可以用很小的器件制造出更小的机器，而且最终人们可以按照自己的意愿从单个分子甚至单个原子开始组装并制造出最小的人工纳米机器来。可以说，这是纳米技术最早的定义。费曼的预言被认为是为一个新的科学技术时代的到来投下了一粒种子，经过大约 30 年的孕育，便会蓬勃发展起来。

20 世纪 80 年代，随着电子显微镜的发明和应用，人们不仅可以看见单个原子，而且可以操作单个原子。理查德·费曼的预言变为现实。纳米技术是在接近原子尺度（1～100 nm）空间对原子、分子进行操纵和加工，产生性能独特的纳米材料、产品和器件的技术。在这样的一个尺度空间中，由于量子效应、物质的局域性及巨大的表面和界面效应，物质的很多性能与块体材料相比，发生了质变，具有独特的光、电、磁、热等物理化学性能。这些变化渗透到各个工业领域后，将引导一轮新的工业革命。

由于纳米科学技术的飞速发展可能会导致生产方式与生活方式的革命，因而已经成为当前发达国家投入最多、发展最快的科学研究和技术开发领域之一。经过 20 多年的基础和应用研究，纳米技术正在投入商业应用，根据 Woodrow Wilson 国际学者中心对全世界纳米技术项目的统计、分类、分析，纳米技术已被广泛应用于电子、化妆品、汽车和医疗行业，截至 2009 年 8 月 25 日，纳米技术产品主要集中在包括个人护理品、衣服、化妆品、运动产品、防晒剂等在内的与健康和健身相关的行业（图 1.1 和图 1.2）。对于纳米技术产品，调查了 24 个不同的国家，大部分商品源自美国（540 种），其次为亚洲各国（240 种），欧洲（154种），只有少数源自世界其他国家（图 1.3）。纳米商品的材料主要集中在银、碳、锌（氧化锌）、硅、钛（二氧化钛）和金等材料上，其中大部分纳米商品涉及金属银，约有 259 种商品（图 1.4）。从 2006 年 3 月到 2009 年 8 月，市场上宣称纳米技术的、成熟的"纳米商品"已由 212 个上升到 1015 个（图 1.5），短短三年内，几乎增长了 379%[1]。

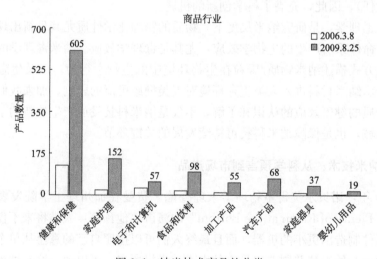

图 1.1　纳米技术商品的分类

(http://www.nanotechproject.org/inventories/consumer/analysis_draft/)

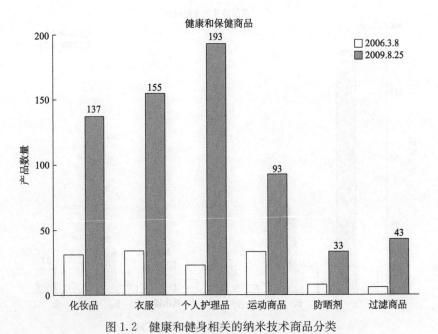

图 1.2 健康和健身相关的纳米技术商品分类

(http://www.nanotechproject.org/inventories/consumer/analysis _ draft/)

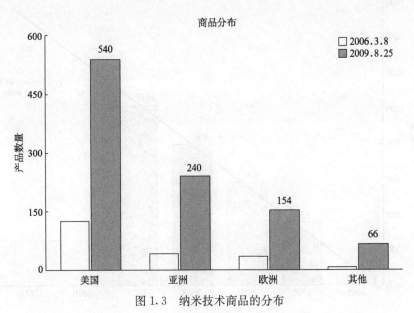

图 1.3 纳米技术商品的分布

(http://www.nanotechproject.org/inventories/consumer/analysis _ draft/)

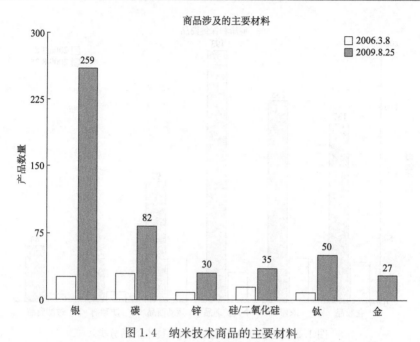

图 1.4　纳米技术商品的主要材料

(http://www.nanotechproject.org/inventories/consumer/analysis_draft/)

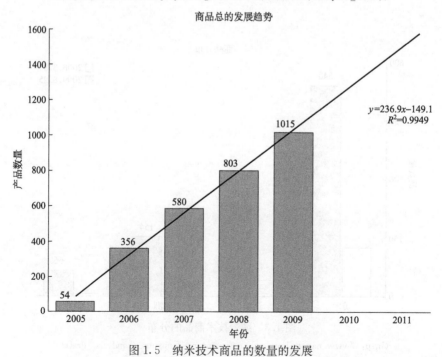

图 1.5　纳米技术商品的数量的发展

(http://www.nanotechproject.org/inventories/consumer/analysis_draft/)

1.1.3 纳米科技发展必然出现的分支领域：纳米毒理学

发展纳米技术的目的是为社会带来巨大利益。然而，政府、企业界、公众和科学家们很快意识到如此诱人的纳米结构材料的健康效应是不容忽视的问题，并纷纷表示高度关注：它们是否对环境和健康产生不可预见的危害性[2]？化学家和材料科学家研究开发的纳米材料（至少一维方向尺寸小于 100 nm），它们与我们生活环境中的大气污染颗粒相比，具有高度的重现性和单分散性，因此，被认为可能成为引起新的毒性的潜在因素。①纳米结构与其物理维度有关的独特的光、电、磁性质，它们在生物体内的分解可能会导致独特的、难以被预测的化学或生物学效应[3]。②纳米结构表面与许多催化和氧化反应有关[4]。由于纳米材料的比表面积非常大，一旦它们诱导细胞毒性，那么这些毒性可能远远大于组成相似的块体材料所引起的毒性[5]。③某些包含金属或毒性物质成分的纳米结构材料，一旦分解可能引起与成分本身类似的毒性反应。表 1.1 列出了某些常规的主要纳米结构材料的应用、关注焦点和生物学/机制的研究[6]。这种潜在危害的关注，无论是真实的还是推测的，都正在威胁、减缓纳米技术的发展，除非我们能够不断提供科学的、独立的、权威的信息，它们能够揭露什么是危险的，什么是安全的，以及怎么避免它们[7]。

表 1.1 常见纳米结构材料的应用举例、体内研究状态及其相关生物领域的调查

纳米结构材料	应用举例	研究焦点	相关机制	文献
金属纳米颗粒	造影剂；药物传输	特殊元素毒性；活性氧	排泄	[5, 11~13]
核-壳纳米材料	热疗	未表明	排泄	[11, 14, 15]
富勒烯	疫苗制剂辅料；热疗	产生抗体	免疫毒性	[11, 16~18]
量子点	荧光造影剂	代谢	细胞内/器官再分布；排泄	[11, 19~24]
聚合物纳米颗粒	药物传输；治疗	未知	代谢；免疫毒性补体活化	[5, 14, 17, 25, 26]
树状大分子	药物客体传输/剂量的放射性示踪	代谢途径	表面化学及其重要作用；补体活化	[11, 27, 28]
脂质体	药物传输；造影剂载体	超敏反应	补体活化	[11, 17]

了解和认识纳米材料和纳米产品的毒理学效应与安全性，不仅对纳米科技本身的发展有帮助，而且对于人类环境健康和公共安全性也是非常重要的。因此，各国政府、世界各地工业界和研究机构都在讨论：如何在实现新兴纳米技术带来

利益的同时，尽量减少潜在的风险。这可能是人类科学技术发展史上前所未有的先发制人的行动[8]。各国政府明确表示要重点支持纳米安全性研究，建立协作、综合、有针对性的研究方案[9]，但是，这方面的行动还是比较迟缓的。2006 年 9 月，美国众议院科学委员会主席舍伍德-伯勒特（Sherwood Boehlert）在美国国会的纳米安全性听证会上的评论中说："我们是正行走在解决问题的正确的道路上，但是，紧迫感已经来临，我们却还在闲庭信步"。同年 10 月，英国皇家学会批评政府，在减少纳米材料对环境和健康不确定性的影响方面，英国政府并没有取得足够的进展[10]。由于在当今这个经济利益至上的剧烈竞争的世界，理解和预防危险性的研究工作往往在研究基金的竞争方面，具有较小的优先权。因此，英国皇家学会建议政府设立专门的研究基金和研究机构，用于纳米安全性的研究。

1.1.4　纳米毒理学研究现状分析：国家、研究机构、实验室

Alexis D. Ostrowski 等应用文献计量学方法对 2000～2007 年纳米毒理学研究科学文献的流行和分布进行了研究[29]。他们发现，纳米毒理学文献分散在各个交叉领域，集中在体外测试，往往缺乏具体暴露途径，趋于强调急性毒性和死亡率，而不是长期暴露和易感人群的研究。最后，关于消费性纳米商品的研究，特别是关于它们的环境命运研究较少，大部分研究是基础纳米材料的毒性研究。2007 年 1 月，美国学者 Günter Oberdörster 等以 "toxicity" 或 "health effects" 结合 "ultrafine" 或 "nanoparticles" 为主题词在 PubMed 网络数据库上进行相关领域文献的搜索、分析（图 1.6）[30]。他们发现，1990 年左右，文献主要集中在超细颗粒的转运和潜在的致炎作用机制研究；1990～1995 年，主要是超细颗粒的作用机制及假设，提出超细颗粒的表面积与毒性有关以及纳米颗粒具有更大的毒性等研究；1995～2000 年，集中于氧化应激作为超细颗粒主要作用机制的研究；2000～2005 年，纳米颗粒潜在诱导人和环境潜在副作用认识的不断增长的阶段，碳纳米管的肺毒性，纳米颗粒的线粒体和细胞核定位等研究；2006 年后，主要是量子点和富勒烯渗透皮肤到达表皮和真皮等的研究。

2009 年 6 月，我们以 Nnao* 和 Toxi* 为主题词通过 ISI Web of Science 检索，发现了相似的结果，出版文献总共达 5300 篇。关于纳米材料毒性研究每年出版的文献不断上升，近 5 年发展非常迅速，呈指数增长，如图 1.7 所示。

按国家为检索单元进行统计，可以发现纳米材料毒理学和安全性研究发表文献的前 20 位国家和地区如下：第一是美国，第二是中国，以后依次为德国、法国、日本、英国、意大利、加拿大、韩国、印度、西班牙、瑞士、澳大利亚、荷兰、比利时、中国台湾、巴西、苏格兰、瑞典、俄罗斯等国家和地区（图 1.8）。美国的论文总数远远大于其他国家，是排第二名的中国的 4 倍。我们进一步仔细

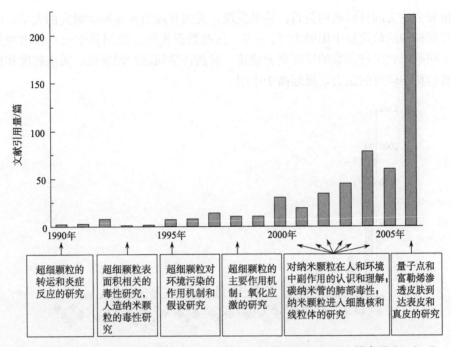

图 1.6　2007 年 1 月 PubMed：以"toxicity"或"health effects"结合"ultrafine"
或"nanoparticles"为主题词每年出版的纳米毒理学文献数量[30]

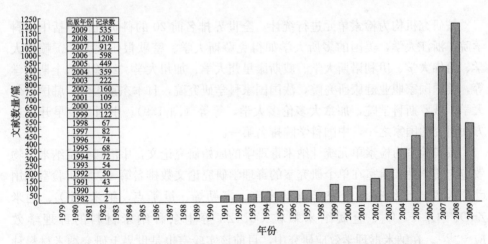

图 1.7　2009 年 6 月 ISI Web of Science：以 Nnao* 和 Toxi* 为主题词，
每年出版的纳米毒理学领域文献数量统计

(http://charts. isiknowledge. com/ChartServer/draw?SessionID＝4A415gak@a3k5d

EjKb4＆Product＝UA＆GraphID＝PI_BarChart_6_full)

分析发表论文的科研机构数目。结果发现，美国开展纳米毒理学研究的大学、国家科研机构的数量是中国的 10 倍还多。这些数据说明，美国科学家对新出现的科学问题比我国科学家的反应更为快速，对新科学问题的敏感性、关注程度和启动新的科学研究的能力，远远高于中国。

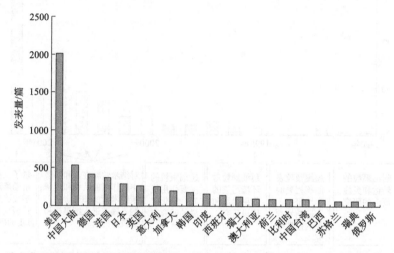

图 1.8　纳米毒理学领域发表的文献总数统计：排名前 20 位的国家和地区。检索主题词：Nano*
& Toxi* ISI of Science
(http://pcs. isiknowledge. com/analyze/ra. cgi)

　　按研究机构为检索单元进行统计，全世界排名前 20 的科研机构包括中国科学院，浙江大学，美国的多所大学如得克萨斯大学、密歇根州立大学、赖斯大学、哈佛大学、伊利诺斯大学、威斯康星州大学、加州大学、约翰霍普金斯大学等，美国国家职业健康研究院，法国国家科学研究院，日本东京大学，韩国首尔大学，俄罗斯科学院，加拿大多伦多大学，等等（图 1.9）。中国是较早开展这方面研究的国家之一，中国科学院排名第一。

　　按实验室为检索单元统计纳米毒理学的原始研究论文，中国科学院纳米生物效应与安全性实验室在单个研究室的毒理学研究论文数排名第一。该实验室利用动物模型，已经初步研究了碳纳米管、富勒烯、量子点、纳米 TiO_2、纳米 ZnO、纳米 Fe_2O_3、金属纳米颗粒 Cu、Zn 等十余种纳米材料的毒理学效应[31~117]。在纳米毒理学效应研究中，目前该实验室也是世界上研究纳米材料种类最多的实验室。2007 年，赵宇亮在美国出版了纳米毒理学领域的世界第一本专著 *Nanotoxicology*（ISBN：1-58883-088-8）。该书已经成为国内外很多研究机构和大学关于纳米毒理学的教科书。根据欧洲 Science Direct 网站公布的世界毒理学领域的统计数据，从 2005 年第 4 季度至今（2009 年 3 季度），中国科学院

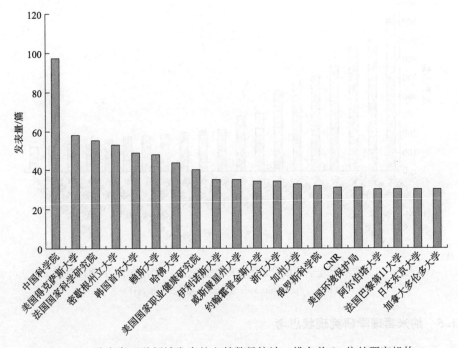

图 1.9　纳米毒理学领域发表的文献数量统计：排名前 20 位的研究机构
(http://pcs.isiknowledge.com/analyze/ra.cgi)

　　纳米生物效应与安全性实验室每季度都有 1~3 篇纳米毒理学论文入选世界热点文章排名前 25 论文排行榜。很少有同一个实验室的研究成果能够连续不间断地保持在热点文章排名前 25 长达 4 年的时间。

　　从这些文献发表的学术刊物来看，很快就会发现纳米毒理学是一个典型的学科交叉领域。它的研究文献涵盖多个学科，主要分布在药理学和制药学、与材料科学的交叉学科、与化学的交叉学科、纳米科学与技术、生物化学和分子生物学、毒理学、环境科学、应用物理学、物理化学、生物医学工程、分析化学、肿瘤学等各个学科领域（图 1.10）。从文献的流行和分布来看，充分体现了纳米材料毒性和安全性研究的综合性和交叉性的特点，为各个学科非常关注的研究领域。全世界的研究机构和科学家正在针对纳米技术的安全性问题切实行动起来。纳米毒理学研究达到危险性评估的标准，将需要一个包括毒理学、材料科学、医学、分子生物学和生物信息学等学科专家参与的交叉性研究团队。

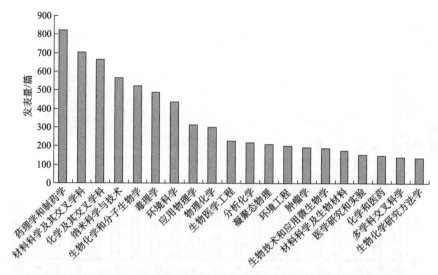

图 1.10　纳米毒理学领域发表的文献数量统计，排名前 20 个学科类别

(http://pcs.isiknowledge.com/analyze/ra.cgi)

1.1.5　纳米毒理学研究现状思考

　　尽管关于纳米毒理学的研究已经发表了一些重要的报告、综述[4,6,118~126]，但是纳米材料毒性的评估仍然缺乏系统性的方法，需要建立标准的方法来检查纳米材料对人类健康和环境的影响。Hutchison 和 Fischer 等认为需要完全表征纳米材料的整个生命循环过程，并且要注意暴露途径和最终的命运[6,120]。仅靠现有的实验技术还不可能实现这个目标。Lubick 等也指出，目前的纳米毒理学研究论文发表在大量不同的学术领域，这使得目前纳米毒理学研究的结果很难保持技术一致、结果可比和信息畅通[119]。Haynes 等归纳了现有纳米颗粒毒性研究的方法，很多进一步的研究需要开发新的仪器和方法[125]。她们也对治疗性纳米颗粒的毒性研究进行了综述，概括了该类纳米颗粒毒性评估所需的方法和技术，归纳总结了纳米颗粒用于药物传输、光动力学治疗、生物成像等领域的研究状态；同时提出，具体纳米颗粒的毒性评估问题，需要充分考虑纳米颗粒的剂量问题[124]。目前，关于纳米材料对水生生物到植物的环境影响的研究数据还比较少，缺少合适的研究方法，但是纳米材料的生态环境安全性评估至关重要，需要建立适合的模型和新的方法学[123,126]。纳米材料在神经科学领域的应用以及安全性问题也已经引起人们的高度重视[122]。

　　大量的文献和报告的发表，引发了学术界诸多的思考。例如，纳米毒理学未来的研究重点是什么？目前研究体系的优点和缺陷在哪里？哪些纳米材料和暴露途径已被研究？哪些还未被研究？如何合理设计纳米毒理学研究的试验方案？怎样建立标准的、系统的、可比较的纳米毒理学研究方法和模型？纳米毒理学和安全性研究的剂量单位如何确定？纳米材料的环境生态毒理学与环境大气颗粒污染物的毒性研究究竟有什么不同？这些问题启发人们将环境细颗粒物和超细颗粒物的毒性与人造纳米颗粒毒理学研究联系在一起。

纳米科学技术有望为许多应用领域带来巨大的技术进步和经济利益，如结构工程的开发探索、电子、光学、消费品、能源替代、土壤和水残留或医药用治疗、诊断和药物传输等。纳米科学技术的任何进展可能大大有益于社会和经济的发展。尽管纳米技术未来前景光明，但是某些人造纳米颗粒对人类的有意或无意的暴露，可能导致人类健康重要的不良反应。尤其是最近发现人造纳米颗粒存在易感人群[55]，如对老年和少年，以及那些已经患有常见疾病的人群，其作用可能更加强烈，甚至诱发一些潜在疾病的发生。这些考虑是有前车之鉴的，环境大气颗粒物的流行病学的研究表明，在调节心血管和呼吸系统疾病患者的不良反应中，超细颗粒扮演着重要角色[127]。此外，对超细颗粒作用于生态系统和环境污染的研究，也具有重要的社会价值。消费者恐惧这种可觉察的危险性，为了避免这些不可预见的灾难性问题的发生，管理部门、基金部门和全世界的工业界已开

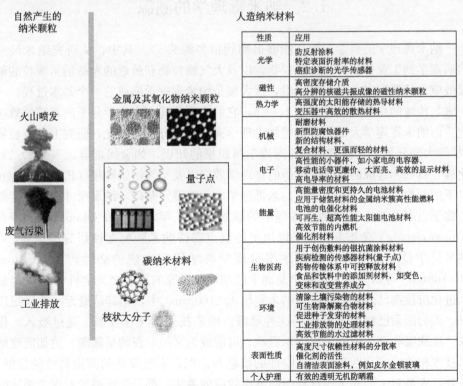

图 1.11　自然产生的与人造的纳米颗粒和超细颗粒[126]

始提供资金，或邀请应用纳米颗粒的相关行业进行毒理学评估方案的研究。这些颗粒尺寸范围是1～100 nm（其实这个范围不是绝对的，根据不同纳米结构的材料而异），环境中相同尺寸的颗粒被毒理学家俗称"超细颗粒"。图 1.11 表示的是自然产生的和人造的纳米颗粒和超细颗粒。

　　超细颗粒和人造纳米颗粒通常有一些相似的物理学特征，但是也有重要的差异，然而，毒性作用最重要的性质通常不仅与颗粒的初始状态，而且和其团聚状态密切相关。尺寸在 100 nm 以下的初始颗粒，具有较高的比表面积和较高的表面反应活性，有赖于颗粒表面的化学成分、浓度以及悬浮介质，在气体或液体悬浮液中易形成聚集体。多数环境超细颗粒是由初始颗粒形成的不同种类的聚集体（如燃烧颗粒）组成的，而大部分人造纳米颗粒则是更加单分散的单个颗粒（如量子点）。纳米颗粒的凝聚和聚集状态的测定是纳米颗粒表征的重要部分。超细颗粒毒理学研究的知识是人造纳米颗粒毒理学研究的有价值的参考数据库。正如前面所调研的情况，该领域的研究正在迅速扩展，关于"超细颗粒和纳米颗粒的毒性和健康作用"的研究论文在过去 5 年中呈指数增长。

1.2　纳米毒理学的溯源

　　纳米毒理学的科学起源，能够追溯到很多源头[18]。其中，从研究纳米尺寸的病毒学到工业烟雾产生的颗粒物，以及大气颗粒物和最近的人造纳米颗粒的健康效应。从研究对象的发展来看，这大概是纳米毒理学形成的一个基本过程。

　　与传统的化学物质毒理学不一样，它们大部分建立在化学分子的毒理学效应上。而纳米毒理学大部分是颗粒物毒理学而非化学分子。因此，研究上述颗粒物（尽管大部分是微米颗粒物）的毒理学所积累的知识，如金属烟雾、灰尘、二氧化硅、石棉和合成的玻璃纤维等的毒理学效应以及空气污染颗粒（PM_{10}，10 μm 以下的颗粒）毒理学，可以为纳米毒理学的发展奠定基础。纳米尺寸的滤过性微生物学也有助于人们对纳米毒理学的理解。2007 年，Günter Oberdörster 等在 *Nanotoxicology* 杂志上发表了以历史的观点看待纳米颗粒毒性研究的综述[30]。纳米科学技术的快速发展是纳米毒理学科学研究出现的必然理由，Günter Oberdörster 等认为纳米毒理学是源于超细颗粒研究的新的交叉学科[18]。人类整个进化阶段都已经暴露在空气纳米颗粒（<100 nm）中，尤其是最近一个世纪以来，人为因素已经大大增加了这种暴露。纳米技术的飞速发展，通过吸入、摄取、皮肤吸收和注射的工程纳米颗粒，可能成为又一个新的暴露源。迫切需要纳米技术相关的安全性和潜在危险性的信息和知识，来支撑新的前沿科技的发展。另外，人类对生活和工作过程中的健康效应的关注，都是形成纳米毒理学领域的动力之一。

在过去十年中，纳米颗粒生物效应的研究和空气中超细颗粒的流行病学和毒理学研究，可以看成是纳米毒理学发展的基础。根据这些研究结果，纳米毒理学已经出现并形成一些新的概念。纳米毒理学正在从长期建立起来的关于纤维和非纤维颗粒的毒性，以及病毒与细胞相互作用的知识基础中成型。纳米颗粒与已被广泛研究的传统颗粒（如硅、石棉等）毒性的相关研究联系起来，能够为新的人造纳米材料提供有用的借鉴和教训。人们发现当吸入特定尺寸的纳米颗粒时，可通过扩散机制有效地沉积在呼吸道。小尺寸颗粒便于细胞摄取，跨过上皮和内皮细胞膜，转胞吞作用，进入血液和淋巴循环系统，到达敏感的靶器官，如骨髓、淋巴结、脾和心脏。

细胞内吞和生物动力学主要依赖于纳米颗粒的表面化学（包覆）和在体内的表面修饰。与同种化学组成的大颗粒相比，纳米颗粒的比表面积较大，使其具有较高的生物活性。这种活性不但包括致炎性、氧化能力，还包括抗氧化活性，能够解释早期发现的纳米颗粒与环境相关的毒性作用结果。最近，科学家承认纳米颗粒具有特殊的生物效应和毒代动力学。比如，人们已观察到纳米颗粒可沿神经轴突和树突神经元，迁移到中枢神经系统和神经中枢。纳米颗粒通过皮肤摄取，皮肤渗透到达淋巴管。目前，研究者已初步研究了纳米颗粒跨细胞屏障、进入细胞，与亚细胞结构相互作用的过程。纳米颗粒被细胞内吞，在线粒体的分布和氧化应激反应的作用机制是其与亚细胞结构相互作用的研究基础。除纳米颗粒的重要性质——小尺寸、大比表面积的影响之外，揭露纳米颗粒其他物理化学性质的作用，特别是纳米颗粒的表面性质，对哺乳动物和环境的影响，已经成为当前最为活跃的研究领域。纳米毒理学研究的目的是揭示纳米材料与人类相关的危险性，以各种方式描述环境纳米颗粒形态和行为的生态毒理学，加强我们现在对纳米毒理学的认识和了解，归纳纳米颗粒对人类和环境的潜在危险性。这些危险性从可感知的到真实存在的，或大多数较低剂量到一些较高剂量的范围，可能由于材料的不同而不同。另外，考虑到人造纳米颗粒安全性评估，需要谨慎选择合适的剂量或浓度，增加与生物机体作用的可能性，有益于获得理想的结果。充分、彻底地了解纳米颗粒的危险性将是对其危险性评估的主要贡献，也是确保商品化纳米产品的安全生产、安全使用和安全流通的需要。

1.2.1　病毒学（病毒是典型的活着的纳米颗粒）

中国工程院原副院长侯云德院士在关于纳米安全性的香山会议上（2004 年 10 月）指出，"病毒是活着的纳米颗粒"。很多科学家认为，在某种程度上，病毒（18～500 nm）无论是尺寸还是与细胞的相互作用上，都与纳米颗粒非常类似[18]。最近，Douglas 等详细讨论了病毒作为纳米材料应用在科学和医药领域的纳米平台新的延伸角色[128]。实际上，过去 100 年来滤过性微生物学的研究积累的知识，可能对理解纳米颗粒与细胞和生物机体相互作用，具有非常重要的价值。早在 1898 年 Beijerinck 就提出了病毒是引起植物烟草花叶病的原因[129]，直到 20 世纪 30 年代，由于显微镜的发明，才得以证实，首次观察到纳米尺度下病毒的结构。随后几年，科学家相继研究了病毒的物理化学性质，发现它是结晶蛋白质、核酸的复合物，并且在黑猩猩实验中，发现 30 nm 的脊髓灰质炎病毒能够通过嗅神经从鼻子转运到脑。最后，由于 20 世纪 50 年代和 60 年代透射电镜和 X 射线衍射仪的进展，人们可以测定病毒的精细结构。从此，积累了许多关于病毒进入细胞，与亚细胞结构相互作用的机制研究知识。2004 年，Smith 等概括了病毒通过笼形蛋白介导或细胞膜穴样凹陷的途径进入细胞，细胞质和细胞凹陷的移动，通过 39 nm 核孔道进入细胞核的机制[130]。事实上，病毒外壳是一种很有价值的运载工具或载体，可以靶向输送药物分子应用于制药学和材料学上。人造纳米颗粒与细胞的作用倾向于细胞内吞和转运，似乎与病毒具有许多相似的机制。

1.2.2　工业烟雾颗粒

早在 20 世纪 70 年代，空气科学家和物理学家就已经提出，要小心工业过程产生的烟雾这类颗粒物。那时，因为没有纳米科技的概念，人们并不知道，金属烟雾是由纳米颗粒组成的。直至 20 世纪末期，人们才认识到它们的生物效应与独特的特性有关。早在 1927 年，Drinker 等对锌熔炼操作工人的职业暴露研究已发现，金属锌烟雾诱导呼吸道疾病[131]。那时，人们并不知道金属烟雾由超细颗粒组成，它们可迅速聚集形成较大的颗粒。1938 年，Gardner 报道了另外一种超细颗粒——二氧化硅烟雾也会诱发呼吸道急性炎症[132]。随后，一些研究者进行了详细的动物实验研究。他们并未意识到超细颗粒的尺寸可能与其作用效应具有重要的相关性。国际放射防护委员会（ICRP）肺颗粒沉积模型考虑的也仅是 0.1 μm 以下颗粒的扩散沉积机制。在 1975 年，内燃机散发的超细颗粒已被描述和表征，因此，空气科学家和物理学家提出要小心这类颗粒[133]。后来，1994 年，ICRP 进行模拟研究，发现吸入超细颗粒沉积在呼吸道的所有区域[134]。超细颗粒的沉积研究与后来的纳米颗粒独特的毒理学性质相符。对于呼吸毒理学家来说，这些研究非常重要，他们发现超细颗粒显然沉积在呼吸道的所有区域，并且具有尺寸依赖性，10 nm 以下的颗粒主要沉积在上呼吸道，5～10 nm 的颗粒主要沉积在支气管区域，20 nm 的颗粒存在于肺泡区。另外，人们以放射性标记方法研究了超细颗粒沉积部位的剂量。人们也研究了超细颗粒的毒理学、细胞摄入、转运的机制。70 年代，人们研究了银包覆金纳米颗粒从猴子嗅黏膜通过嗅神经进入嗅球的现象，以及金纳米颗粒跨过肺毛细血管屏障进入大鼠血小板的现象，并且提出纳米颗粒跨过毛细血管屏障主要依赖于其尺寸和表面化学修饰，但是这些当时并未引起毒理学家足够的重视[135]。80年代，Mary Amdur研究小组进行了超细颗粒氧化锌吸入研究，发现40～50 nm的颗粒在急性暴露剂量下，可引起严重的肺炎[136]。虽然这是首个以尺寸表征为基础的超细颗粒吸入毒理学的研究，但是由于缺乏与大颗粒的比较研究结果，不能得出颗粒尺寸与靶器官毒理学效应相关的重要结论。随后，科学家发现氧化锌颗粒的动物及临床人体暴露，会导致急性肺炎和锌烟雾诱发的发烧等系统性症状。

1.2.3 大气颗粒物

快速发展的纳米科技与流行病学研究结果的偶然交汇：就在人们逐渐认识纳米科学技术的优点和其潜在的巨大市场的同时，在欧洲和美国，科学家发表了一项长期流行病学研究结果。这项长达20多年的与大气颗粒物有关的长期流行病学研究结果发现：人的发病率和死亡率与他们所生活周围环境空气中大气颗粒物浓度和颗粒物尺寸密切相关。死亡率是由剂量非常低的相对较小的颗粒物引起的。在美国进行的这项长期人群调查结果显示，人所生活的周围空气中2.5 μm颗粒每增加10 μg/m^3，总死亡率增加7%～13%。世界卫生组织（WHO）组织专家对已有的实验数据进行分析发现：①周围空气10 μm的颗粒每增加100 μg/m^3，死亡率增加6%～8%；周围空气2.5 μm的颗粒每增加100 μg/m^3，死亡率却增加12%～19%。②周围空气10 μm的颗粒每增加50 μg/m^3，住院病人增加了3%～6%；周围空气2.5 μm的颗粒每增加50 μg/m^3，住院病人增加了25%。③周围空气10 μm的颗粒每增加25 μg/m^3，哮喘病人病情恶化和使用支气管扩张器的百分比将增加8%，咳嗽病人将增加12%。伦敦大雾是一个众所周知的例子，这场大雾之后，两周内在伦敦有4000多人突然死亡。科学家分析研究的结果，认为主要是空气中细小的纳米颗粒大量增加造成的。

目前，细小颗粒物导致疾病的发病率和死亡率增加的机理还不清楚。但是科学家推测，大气颗粒物中小于100 nm超细颗粒物具有特殊生物机制，并起关键作用：它们在肺组织中的沉积效率很高；另一种推测是，小于100 nm的超细颗粒物可能直接作用于心脏，直接导致心血管疾病；也有人假设是它可以增加血黏度或血的凝固能力，导致心血管疾病。由于100 nm以下的物质正好是纳米科学技术在努力发展的领域，因此，WHO最近呼吁要优先研究超细颗粒物，尤其是纳米尺度颗粒物的生物机制。目前，这还是一个未知的领域。

1.2.4 人造纳米颗粒

从比较研究超细颗粒和细颗粒二氧化钛（20 nm和250 nm）、三氧化二铝（20 nm和500 nm）的肺部炎症作用和滞留时行为发现[137,138]，在相同质量下，超细颗粒比细颗粒更易引起更严重的肺炎和细胞间隙转运。因此，超细颗粒可能引起肺毒性增加。直径参数 $20\sim30$ nm 的超细颗粒比 $200\sim500$ nm 的细颗粒或灰尘对肺部具有更高的毒性。假如暴露颗粒由超细颗粒组成，并且持久存在肺中，这样，灰尘职业暴露标准中应该考虑超细颗粒可能引起的损伤作用。研究不同尺寸的碳和二氧化钛纳米颗粒，发现肺部毒性反应与肺部滞留颗粒的表面积之间具有很好的相关性。相反，与传统的质量、体积或数量的相关却很弱。这自然联想到，超细颗粒肺毒性的增加可能与其大的表面积相关，因为大的表面积增加了它们与细胞间隙接触的概率。由此提出了毒理学中的颗粒表面积概念的重要性。所有的纳米材料包括金属粉末、陶瓷以及基于陶瓷的电子工业，超细颗粒表面的原子和分子数目，都随尺寸的减小而增加。事实上，我们发现纳米技术带来的金属纳米颗粒的毒性反应并不能从已知的金属毒理学的知识外推得到[139]。流行病学的研究发现，超细颗粒暴露与心血管疾病和呼吸道疾病相关，超细颗粒在细胞水平的主要作用机制可能是氧化应激，同时也存在免疫及基因毒性。

另外，从纳米颗粒大小与较大蛋白质的尺寸相当这一事实中，人们想到，纳米颗粒可能容易侵入人体和其他物种的防御系统，是否会导致特殊的生物效应？因此，*Nature*、*Science* 杂志在 2003 年 4 月以后先后四次发表编者文章，美国化学会 *Environmental Science & Technology* 以及欧洲许多杂志也纷纷发表编者文章，与各个领域的科学家探讨纳米颗粒对人体健康、生存环境和社会安全等方面是否存在潜在的负面影响。这些讨论真正引发了 2004 年以来的世界上纳米毒理学的大规模研究热潮。

在国内，中国科学院高能物理研究所在 2001 年 11 月就提出了"关于纳米尺度物质生物毒性的研究报告"。该所重组了原有的纳米生物组、稀土毒理组、重金属毒理组和有机卤素毒理组，正式成立了"纳米生物效应与安全性实验室"。该实验室与北京大学、北京大学医学部、中国科学院武汉分院，中国科学院化学研究所等单位密切合作，进行纳米材料生物毒理方面的研究，成为国际上较早开展人造纳米材料生物效应与安全性研究的实验室之一[75,78,82,95,111,113,114]。

由于纳米科技的快速发展，大量纳米技术公司的产品迅速产生，新的纳米材料不断涌现，并应用在工程、各种消费品、能源产品、环境和医药等各个领域。已增加了许多人造纳米颗粒，如树状大分子、量子点、碳纳米管、金属纳米颗粒等。对它们在体内、外潜在的细胞和分子水平的作用机制及一些相关问题进行探索研究，一直是纳米毒理学的研究热点。纳米材料可能存在的正、负两方面的效应，正面大大促进了绿色纳米技术的发展，负面将延缓纳米技术的发展。一般的，对纳米技术争议的原因是因为不能确定某些纳米材料是否对人类健康和环境造成伤害，而不是这些材料一定存在有害的影响；提倡者通常过分强调纳米技术带来的巨大利益，而反对者则认为纳米技术可能具有不可预知的危险性，在缺乏良好的危险性评估和社会公众了解的情况下，任何环境和社会危险性模糊的技术必定不能进行广泛应用。如想要更好地了解纳米材料危险性的本质，解决这种两难局面，则需要具体问题具体分析，现实可能是因纳米材料的不同而不同，大多数可能是安全无害的，而另一些的毒性可能会很高。

事实上，在过去 5 年中，大量的研究文献已经出版，表明一些纳米材料具有与传统材料不同的生物毒性，如碳纳米管、金属纳米颗粒、富勒烯、量子点等[140~146]。然而，关于暴露途径及其毒代动力学研究的数据非常少。迫切需要开发新的仪器和方法，进行全面的研究。

目前，关于超细颗粒/纳米颗粒毒理学的认识，已发表了许多综述性的文章[4,18,147~154]。这些综述讨论了纳米毒理学的基本概念，并详细描述了一些纳米颗粒非常具体的研究工作。然而，值得注意的是，纳米材料的毒理学知识需要考虑人类真正的暴露水平。任何特殊的材料，无论是纳米尺度还是更大的，都将在足够高的剂量引起不良反应。可是，在体内、外毒理学研究中，纳米材料的暴露浓度或水平往往设置得过高，尤其是在药物传输研究时，这样使得限制人类真实的安全暴露剂量很困难。关于剂量和有效剂量率的讨论也非常缺乏，而这个问题其实非常关键。虽然高剂量研究能够获得有用的信息，但是当把这些结果或机制外推到低剂量的体内毒性时，仍需谨慎。

此外，2004 年以来，讨论或研究纳米材料的特殊的毒性问题，已经成为国内或国际管理机构、科学团体资助的热门项目。例如，2004 年英国皇家学会新的健康危险性的科学委员会[155]，2005 年国际生命科学委员会新的健康危险性确认科学委员会[156,157]，2006 年国际纳米科学技术机构，2005~2009 年 OECD，2005~2009 年 ISO，2006 年联合国环境与发展署，2005~2009 年的美国/欧盟、日本政府等[158]相继主办了相关会议，讨论纳米毒性问题。这些科学普及，帮助人们对纳米材料有益和有害两方面的知识有了更加深入的认识和了解。假如我们不能主动解决毒理学的问题，我们就不能确保新的纳米颗粒的安全发展。像这样的了解和认识也是必需的，一方面可预防未了解副作用的纳米材料的不成熟的应用所引起的灾难，一方面可最大限度地挖掘纳米技术安全、可持续发展的潜力。这不仅是人类科学技术的进步，也是人类趋于理性发展科学技术的表现，这对人类未来的发展大有裨益。

1.3　纳米毒理学的特征

纳米毒理学是一个典型的交叉学科。与传统毒理学不同，如果仅有生物学或医学的方法和知识，几乎无法研究和阐述纳米毒理学。纳米毒理学的很多新的概念，与生物学或医学关系甚少。比如，纳米尺寸效应、纳米表面效应、量子效应、分散-团聚效应、比表面积效应、高表面反应活性、表面吸附、颗粒数浓度效应、自组装效应等，这些在纳米尺度下特有的量-效关系，大部分属于前沿化学或物理学与生物医学的交叉。下面就一些特征进行举例叙述。

1.3.1　新的剂量单位在纳米毒理学中的重要性

欧洲文艺复兴时期，毒理学之父帕拉塞尔苏斯（Paracelsus，1493—1541）最早指出毒理学实验研究的重要性，明确指出剂量的概念，他曾说："无毒的物质是什么？所有的物质都是毒药，没有无毒的物质，唯有剂量决定之。"纳米颗粒的毒性剂量概念不同于传统毒理学中质量或浓度的剂量概念，纳米颗粒特殊的作用与它们的独特的表面积和尺寸特征相关，这在许多文献中均已报道。几十年前的现象被重新发现，金纳米颗粒的毒理学的早期研究现在正被重新认识。例如，30 年前的纳米颗粒跨过肺泡-毛细血管屏障的转运[159]，到 2004 年，被 Heckel 等再次描述[160]；病毒的神经转运通道，金纳米颗粒从鼻腔到嗅球的转运，20 世纪 40 年代开始到现在的研究[135,161~163]；20 世纪 70 年代，金纳米颗粒体内暴露进入细胞后，在线粒体的定位[135,164]，以及最近报道的环境超细颗粒体外巨噬细胞中诱导氧化应激和严重的线粒体损伤[165]。

颗粒表面积作为一种表达量-效关系的剂量单位已先于在纳米毒理学研究为目的的其他毒性研究中应用。1982 年，Timbrell 以石棉的质量、数目和表面积评估了矿工尸检样品中纤维滞留引起的纤维化程度[166]。他发现滞留纤维的表面积与纤维化程度最相关。正如前所述，颗粒表面积作为纳米颗粒生物活性或毒性研究的剂量单位的概念现已被很好地建立。Peters 和 Rarnachandran 对汽车制造业产生的纳米颗粒和超细颗粒的表面积、数目、质量的关系的最新研究发现，活性表面积与颗粒数正相关，与质量浓度弱相关，并且可以以颗粒数和质量浓度两种方法来评估表面积，校正因子范围是 2~6[167,168]。在毒理学研究中，我们应该充分考虑暴露的剂量单位与传统的质量剂量单位可能不同，如颗粒表面积、颗粒数目、表面电荷等作为剂量单位，可能比传统的质量剂量单位更为准确。

1.3.2　表面吸附在纳米毒理学中的重要性

由于巨大的比表面积，纳米颗粒容易吸附环境中的其他成分。纳米毒理学中，纳米颗粒与靶器官、靶细胞及其与血浆蛋白的不同成分的吸附，是纳米毒理学的另外一个新的特征[169]。如静脉传输的纳米颗粒，决定其器官分布的最终因素是吸附、结合在颗粒表面的血浆蛋白。纳米颗粒独特的物理化学性质（尺寸、表面积、表面修饰、电荷、亲/疏水性质以及氧化还原活性等）和体内微环境决定了它们在体内不同器官组织、细胞中与蛋白质、脂质吸附的不同模式，从而决定了纳米颗粒在体内不同器官组织、细胞中的定位和命运（图 1.12）。研究表明，纳米颗粒表面包覆血浆蛋白中的阿朴脂蛋白 E 可使其突破血脑屏障[170]。在吸入颗粒研究中，颗粒表面包覆对于其沉积的传导途径以及决定最终的命运也具有重要意义。当 240 nm 聚苯乙烯颗粒表面包覆卵磷脂时，在肺中，能够跨过肺泡-毛细血管屏障进行转运，而未包覆的则不能[171]。而且，包覆颗粒的生物学行为不仅依赖于颗粒表面的性质，而且也可能由于实验动物种类的不同而不同。毒理学家很难预测实验动物的生物动力学结果和纳米颗粒对人类的潜在作用。纳米颗粒在肺和血浆蛋白结合中的细胞内吞和转胞吞过程及评估是许多科学家非常感兴趣并且很重要的研究领域。Cedervall 首先的研究结果显示，纳米颗粒表面特征和尺寸决定了血浆蛋白结合的性质[172]。

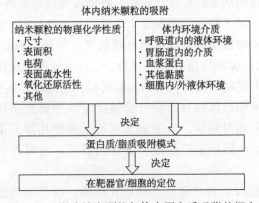

图 1.12　影响纳米颗粒与体内蛋白质吸附的概念

1.3.3　医学应用广泛

之所以单独提出这个问题，是因为纳米生物医学技术发展非常迅速，应用非常广泛。许多实验研究已经评估了以治疗和诊断为目的的纳米材料的应用潜力[173]。这类研究表明，纳米材料的性质有益于医疗应用，允许它们跨过生物组织屏障[174]，到达具体的组织，定位在细胞间隙。而且，某些已知的纳米材料的性质可能是有毒的，但也可能是治疗的控制模式，如银纳米颗粒杀死病原体[175]、赤铁矿杀死肿瘤细胞[176]。而潜在的、不可控的不良反应也可能延缓纳米医药的进展，现今已开发治疗性聚合物纳米颗粒的市场，提高药效，减少化疗药的不良反应[173]。

目前已经获得批准的纳米治疗处方共有 6 个，更多使用的还待批准中。尽管纳米治疗材料已被大量研究，但是关于这些纳米治疗材料的毒性或评估其毒性所需方法等研究信息相对较少。最近，科学界已通过纳米颗粒毒理学领域的调查研究，开始对这些少量信息作出反应。2009 年，Haynes 等对治疗用纳米颗粒的毒性研究进行了综述[124]。她们概括了治疗纳米颗粒毒性评估所需的方法和技术，归纳总结了目前该领域的研究状态，以目前毒理学的评估技术为背景，同时考虑纳米颗粒的剂量。治疗纳米颗粒的毒理学研究最常见于三个应用领域：药物传输、光动力学治疗和生物成像。

目前，全世界都在努力研究制备新颖的纳米材料，并且表征其尺寸依赖性的物理化学性质。它们潜在的应用似乎是无止境的，因为研究者可以不断地改变纳米颗粒的尺寸、形状、组装，使其具有多重功能。许多新的纳米材料以治疗应用为目的，据记录，最近十年中，以治疗为目的的纳米材料几乎增长了 7 倍之多。这些纳米材料的毒性评价需方便地与未来的医疗应用相结合。纳米颗粒毒性的探索研究很可能产生新的纳米颗粒设计原则，将能够合理地预测和控制其毒性。

体内研究提供了纳米颗粒健康和安全性评估的重要信息[6]。由于纳米材料的潜在应用，大量的动物模型或生理机制已被研究，如斑马鱼胚胎模型[177]、兔眼睛毒性研究[178]、大鼠肺毒性研究[179]、LD_{50}[81]、小鼠的免疫细胞分布研究[180]。这些研究类型有几个限制，需要长期的实验时间、费用高、实验室处置动物的伦理违背。然而，纳米颗粒体内分布研究必然决定体外研究所用的适合的细胞类型。体外研究方法是相对快速、低廉而又可把动物使用降到最小化的技术。然而，许多体外研究方法需要更广泛地验证体内研究，方可评价其能够预测的毒理学。

当评估体外毒性时，首先需要选择研究模型。模型细胞选择必定包括：是使用原代细胞还是永久细胞系，是使用人源还是鼠源（典型的包括大鼠、小鼠和豚鼠）细胞，模型细胞的生理功能是否相关，模型细胞是否发现存在于纳米颗粒暴露的组织中。人源原代细胞是理想的研究人体毒性的细胞模型，但是这些模型通常局限于商业化能够继续繁殖的细胞或能从少量血液样品中分离的细胞类型，如单核细胞[181]、B 淋巴细胞和 T 淋巴细胞[182]。一种可以替代的细胞模型就是使用鼠源原代细胞模型，没有那么多的规则和规定[183]。原代细胞培养会产生细胞不同类型的混合，然后，经常需要浓度梯度或流式细胞仪分离感兴趣的细胞。在分离过程中，这些分离技术往往会损伤细胞。而且，原代培养细胞经常获得的细胞数目有限，培养生命有限。鉴于这些原因，体外毒理学实验中通常使用永久细胞系，广泛使用的是商业化的癌细胞和正常细胞的永生化细胞。使用永久细胞系的主要缺陷是突变，这可能影响治疗纳米颗粒的细胞响应。为了提高永久模型的可靠性，可使用具有相同生理功能的不同细胞系进行比较研究。尽管两种细胞共培养会使说明更加复杂化，但是使用共培养模型可以更好地代表体内情况[184,185]。

治疗性纳米颗粒毒性的体外评价技术涉及细胞生长、发育、繁殖、凋亡和坏死过程的评价方法，它们仅代表了传统毒理学评价技术的一部分。许多评价技术依赖于探针分子的变化，来决定毒性相关的生物标志物的浓度，这是探针-生物标志物反应的结果。由于纳米材料的反应活性增加，测定探针-纳米材料的反应活性，消除这些反应的假阳性结果，是非常重要的。

许多纳米颗粒的毒性可能存在相通的机制，无论是体外还是体内的评价方法和技术，可能都不会互相排斥，这些方法可以获得许多有价值的信息，但是现在缺乏一套标准的、完整的毒理学评价方法（包括模型、剂量、评价、控制和数据分析等）。它不是针对特殊模型特殊模式的评价方法，它应该可以使复杂的结果之间建立内在的联系。

总之，大量纳米颗粒作用和动力学研究的继续进展似乎表明，人们不能通过一类特殊的纳米颗粒推断出关于所有纳米颗粒的一般性的结论，如同样的吸收模式，诱导相同的效应等之类的结论。因为有许多的可变的参数，不仅尺寸而且表面特征（化学、电荷、多孔性等）、包覆的持久性以及其他都将会影响纳米颗粒的作用和动力学。放射性铱标记的纳米颗粒吸入保留研究结果表明，仅有不到1%的从肺部沉积转运到其他器官[176,186]，大于10%的氧化锰纳米颗粒从鼻腔嗅黏膜转移到中枢神经系统[163]，这些可能适用于，也可能不适用于其他的纳米材料。或许是呼吸道沉积，也或者是其他暴露途径，对吸收和分布的影响因素具有更好的认识和了解。

比如，人们发现不同电荷的量子点可渗透跨过皮肤角质层[187]，到达表皮和真皮，可能与免疫系统的细胞相互作用，或者通过淋巴或血管甚至感觉神经等特殊的途径转运[18]。以猪皮为模型，观察到氨基酸功能化的富勒烯（～35 nm)可跨过皮肤的角质层到达颗粒层[188]。这个结果证实了早在2003年Tinkle等曾提出的建议，模拟皮肤体内的条件是体外静态皮肤模型的一种重要的方法学的促进[189]。要把这些皮肤渗透结果推及其他纳米颗粒，还需要大量系统的研究工作。

1.4 纳米毒理学：迫切需要体内研究

纳米毒理学包括纳米治疗剂的无意识的毒性、纳米颗粒的水生生物和植物的生态毒性以及环境大气纳米颗粒毒性等在内，造成许多科学性的挑战。目前，纳米毒理学的研究缺少系统而完整的体内研究。由于细胞实验周期短，耗费小，除了中国的研究组以外，欧美大部分的研究组在过去5年的纳米毒性研究中，主要集中在细胞培养体系。然而，这些研究的数据可能易令人误解，需要通过动物实验来验证。体内系统极其复杂，纳米结构与蛋白质和细胞等生物组成的相互作用可能会导致独特的生物分布、清除、免疫响应和代谢。纳米结构的物理化学性质与其体内行为之间的关系的理解和认识是评估其毒性反应的基础，更为重要的是可能获得毒性评估的预测模型。那么，评估纳米毒性的动物体内研究的基本原理是什么呢？

生物体系对纳米结构材料的处理可能产生无法预料的作用，这是纳米毒理学研究的敏感点。举例说明，假设带有抗体的 10 nm 的金属纳米结构被注射给患者进行癌症治疗，假设这些纳米结构材料具体的物理学参数（如尺寸）和毒理学已明确。这些纳米结构材料在体内可能会发生代谢或改变。众所周知，纳米结构材料的性质与其尺寸、形状和组成有关，生物体系对纳米结构的代谢或改变而产生的作用很难被预测。由于这种不确定性，加之目前缺少对纳米结构与生物体系相互作用的全面理解，管理机构[190]和普通民众对基于纳米技术的产品已经提出了疑问。我们试图综合分析纳米结构的体内活性研究，说明这些研究之间的联系，更好地理解和认识纳米毒理学。

目前，有一个普遍的假设，纳米结构材料的小尺寸易于使它们进入组织、细胞、细胞器官和功能性生物分子结构（如 DNA、核糖体），因为纳米结构材料的实际物理尺寸与许多生物分子（如抗体、蛋白质）和结构（如病毒）相似。结果是，纳米结构材料进入重要的生物体系可能引起损伤，随后可能对人类健康引起伤害。然而，最近许多研究已经表明，纳米结构材料不能因其尺寸优势而自由进入所有的生物体系，而通过表面修饰功能性分子可进行控制。例如，柠檬酸盐稳定的金纳米颗粒可进入哺乳动物细胞，但不能进入细胞质或细胞核[191]；然而，人们可通过纳米颗粒的表面化学修饰使其进入细胞核或线粒体[192]。许多体内研究也已表明，除非经过表面功能化修饰，否则，纳米颗粒很难突破血脑屏障入脑。现在，研究者能够设计在细胞或体内分布[140,192,193]的纳米结构材料，但还不知道它们最终的代谢命运，避免二次无意识的生物行为的研究方案还很缺乏。纳米结构材料的尺寸、形状和表面化学与其相关的细胞和体内生物分布总的相关性还不知道。在药剂学上，研究者已经发展了许多药物和载体之间类似的相关性，并创造了预测类型，纳米结构材料将可能需要效仿。在一定的时间，人们还不能根据纳米结构材料的性质系统性地预测其进入细胞内或体内的迁移和定位，在人们能够系统性地评估纳米结构材料的毒性之前，必定需要开展类似药剂学上的研究。

纳米结构材料系统而全面的药物动力学（吸收、分布、代谢和排泄；药代动力学）的定量分析能够促进纳米结构材料诊断和治疗应用的设计，更好地理解纳米结构材料非特异性的组织和细胞分布和清除，可作为测定其毒性和未来研究方向的基础。药代动力学给出了达到或引起毒性剂量下的体内环境的定量数据分析。特异性细胞类型的毒性能够根据测定暴露的时间和浓度通过药代动力学进行定量分析。在避免和经历毒性反应情况下，其保留时间、聚集位置的剂量和代谢物可能具有差异性。

纳米结构材料的总体行为和步骤可以归纳如下：

（1）纳米结构材料进入体内的六种基本途径：静脉注射、经皮吸收、皮下注射、腹腔注射、吸入、口服[194]。

（2）纳米结构材料与生物体系（蛋白质、细胞）开始相互作用的场所就可发生吸收。

（3）然后，它们能够分布到体内的各种器官，可能保持同样的结构，或者被改变、代谢[3]。

（4）它们进入器官的细胞，在离开细胞到达其他器官或被排泄掉之前，不知道在细胞中要保留多长时间。排泄可能发生在第（3）或（4）步。

传统制药科学的药代动力学研究是否可以对纳米结构材料的体内研究提供指导？由于纳米结构材料具有多种组成成分，检测方案必须能够定量分析组织和器官中纳米结构材料的所有主要部分。例如，生物靶向的纳米结构材料被设计成典型的外面包覆稳定分子或生物分子的无机核。传统上可以放射性元素标记纳米结构材料表面包覆的有机分子，但是使用标记材料的药代动力学数据易于导致误解。标记物质的代谢途径可能不同于最初的纳米结构材料。这表明，研究的技术必须灵活，适用于具体的纳米结构，研究者还必须是剂量单位选择和实际定量解释相关数据等的行家。多重指示剂技术也是一个很好的方法学，如三个成分的每一个都可结合不同的标志物。虽然这种技术能够给出代谢过程完整的图像，但是还未应用到纳米结构材料领域。

纳米结构材料的制备方法、原材料和反应规模的多变性，使其纳米材料的结构多变。纳米结构材料统一的性质和分类便于不同研究团队之间获得的研究结果之间进行交叉比较。如同样的 ZnS，CdSe 量子点，由于其形状不同，球形和钉子形状，其毒理学的结果也不同[195,196]。因此，在深入研究之前，需要做大量的工作，实验室、种类和纳米结构变化之间，需要进行比较和组合，找到最重要的因素，进行研究，否则工作量十分庞大。

即使我们克服了检测和合成的挑战，要构建一幅影响纳米材料药代动力学和毒性重要数据变化因素的精确图，也是很不容易的。不同物理化学性质（尺寸、电荷、疏水性）的纳米材料，长期和急性暴露的系统性研究还未完全建立起来。纳米材料的特征性质一个或多个改变将会连锁地影响其他相关的性质。这些方面怎么作用于纳米颗粒的分布将有益于增加关于分布定位的详细数据。细胞水平体内分布的分辨率的提高将能够使纳米结构材料的性质与体外细胞毒性以及代谢数据更加有效地关联。另一个挑战就是纳米结构材料如何与蛋白质相互作用的体内研究[197]。为了量化观察体内研究，对纳米结构材料与蛋白质相互作用的理解和认识非常重要，因为这些能够指示纳米材料在体内潜在的行为（图1.13）。正如前面所述，决定纳米颗粒器官分布的最终因素是吸附、表面接合等，尤其是结合在颗粒表面的血浆蛋白。纳米颗粒独特的物理化学性质（尺寸、表面积、表面修饰、电荷、亲/疏水性质以及氧化还原活性等）和体内微环境决定了它们在体内不同器官组织、细胞中与蛋白质、脂质等的吸附模式不同，从而决定了纳米颗粒在体内不同器官组织、细胞中的不同定位、转运和最终的生物学命运的不同。

总之，迄今为止，纳米毒理学多数的研究主要集中在体外细胞培养的研究，这些体外的数据并不能真实地反映体内的结果。将来，需要构建一个完整的框架图，体内表征和系统性评价纳米结构材料尺寸、形状、表面化学等与体内生物行为的相关性，即纳米材料的体内命运、动力学、清除、代谢、蛋白质包覆、免疫响应和毒性与纳米材料物理化学性质相关的路线图。将来还可发展纳米材料毒性的预测模型。

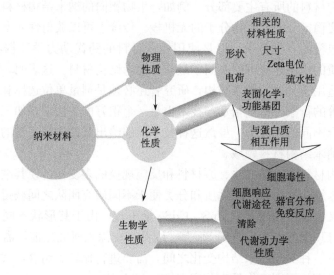

图 1.13　纳米材料的物理化学性质与体内反应的关系

1.5　纳米毒理学：阶段与问题

毒理学的传统定义是研究（外源性）化学物质对生物机体损害作用的学科[198]。现代毒理学概念的范畴在不断延伸，它以毒物为工具，在实验医学和治疗学的基础上，发展为研究化学、物理和生物因素对机体的损害作用、生物学机制、危险度评价和危险度管理的科学。毒理学主要分为三个研究领域：①描述毒理学。直接内容是毒性实验（毒性鉴定），为安全评价和管理要求提供信息。②机制毒理学。研究化学物质对生物机体产生毒性作用的细胞、生化和分子机制。③管理毒理学。根据描述和机制毒理学的研究资料进行科学决策，协助政府部门制定相关法规条例、管理措施，以确保化学物、药品和食品等进入市场足够安全。毒理学的任务是研究化学物质的损害作用及其机理，从而推动医学生物学的发展；为化学物的损害作用的诊断、预防、治疗措施提供科学依据；对外源化学物质进行定量的安全评价，包括制定卫生法规、标准及管理条例等。毒理学有三个发展阶段：①原始阶段。远古时代，人类通过生产实践逐渐懂得利用箭毒、乌头等作为狩猎工具和武器，在生活实践中认识到药物的毒性作用，如"神农尝百草"的传说。古埃及、希腊医学实践中证实砷、锡、汞、金、铜、铅等对人体的毒性。宋代宋慈著《洗冤集录》（1247 年），是世界上第一部法医毒理学著作。②描述的科学发展阶段（启蒙时代毒理学）。欧洲文艺复兴时期，瑞士人帕拉塞尔苏斯（Paracelsus）就指出了毒理学实验研究的重要性，明确指出剂量的概念：All substances are poisons; there is none which is not a poison. The right dose differentiates a poison from a remedy（无毒的物质是什么？所有的物质都是毒药，没有无毒的物质，唯有剂量决定之）。西班牙人 Orfila（1787—1853）提出了毒理学的概念，论述了某些化学物质与生物体作用的相关性，发明了毒性检测方法。20 世纪 50 年代以前，毒理学基本上是描述性的，是药理学和法医学的延伸。③现代毒理学发展阶段。基础科学特别是生物化学与遗传学的飞速发展，为毒理学发展提供了必要的基础理论。随着生产发展，外源化合物日渐增多，欧美各国先后通过了有关外源化合物的管理法规，规定了新化合物在投放市场前需经过毒理评价，为毒理学的发展提供了社会需求，在实验研究中实行质量管理，建立毒性试验程序标准化与良好实验室操作程序（GLP），推动了毒理学的发展。此阶段，众多毒理学分支学科形成。毒理学的研究内容主要包括五个方面：①毒物的暴露相。研究外源化合物进入机体的各种可能途径（呼吸道、消化道、皮肤等）及影响吸收的各种因素，包括化合物本身、机体机能状态及环境因素等。②毒物的动力相。研究外源化合物吸收入血后，在体内的转运、分布、储存、代谢转化以及自体内排出的过程和规律。③毒物的毒效相。研究外源化合物进入组织、器官后与机体之间的相互作用及其在靶器官引起有害作用的过程和特点。④中毒机理的探讨。从不同水平（整体、器官、细胞及分子）研究毒性损伤的机理以及预防、诊断、急救解毒及相应的治疗措施。⑤安全性评价。通过全面分析动物实验资料，综合评价在实际生产环境中，外源化合物对人群可能造成的危害，为制订卫生标准在内的各项预防措施提供依据。与传统毒理学的概念、发展阶段、任务和研究内容相比，追溯纳米毒理学研究的历史，在某种程度上，纳米毒理学可能不同于传统毒理学，它是纳米技术一门重要的学科分支，主要研究纳米结构与生物体系的相互作用，强调说明纳米结构的物理化学性质（如尺寸、形状、表面化学、组成和聚集）诱导生物学毒性反应。目前，纳米毒理学的研究多是现象和机制研究，应归为描述纳米毒理学和机制纳米毒理学研究领域，纳米毒理学目前可能是描述性研究和现代交叉并重的科学发展阶段。虽然纳米毒理学的研究内容不像传统毒理学研究的那么完善，但是也涉及毒理学研究内容的各个方面。

目前，纳米毒性研究并不够系统，关于纳米颗粒毒性的控制，还不能得出一般性的结论。纳米毒理学的研究可能存在一些问题，纳米毒理学研究缺乏系统的、完整的、可靠的危险性评估方法；需要开发新的仪器或方法原位追踪纳米颗粒在生物体系和环境中的行为。最近，华盛顿大学的研究者以磁共振成像（MRI）研究了结合血管生成因子的全氟碳磁性靶向纳米颗粒的吸收、分布、代谢、排泄（ADME），计算了该纳米颗粒的多室模型的药代动力学参数，MRI的结果明确地显示了靶向纳米颗粒的量，这是应用传统ADME的技术不可能获得的，研究者相信MRI技术将对纳米颗粒的ADME测定产生越来越重要的影响[199]。需要建立完整的体内纳米毒性的研究方法；需要建立新的、合适的动物模型进行纳米毒性的研究，如尝试使用果蝇作为昆虫动物试验模型；需要建立高通量的体内外纳米毒性的筛选方法；纳米毒性的体外研究方法需要尽可能地模拟生理环境条件，如皮肤渗透试验，采用猪皮、采用体外细胞共培养的方式，最近，我们实验室研究发现氧化铁纳米颗粒细胞共培养的结果与单一细胞培养的结果不相同[80]；纳米毒性体内外的结果需要相互验证；纳米结构材料需要统一、标准化，才能使国家或实验室之间的结果进行比较；纳米颗粒剂量单位的选择，究竟是尺寸、表面积、数量还是质量，抑或是同时作为剂量单位？回答这些问题，需要大量的实验研究和分析归纳工作，才能实现纳米毒理学的危险性评估。

1.6　纳米毒理学：重要目标

毋庸置疑，关于纳米材料毒理学和环境毒理学机制的新的研究将会平稳发展，一边确定涉及新的人类和环境健康的纳米材料重要的副作用，一边描绘不同于其他材料的更良好的性质。目前，我们缺乏仅基于纳米材料的物理化学性质就可预测其危害或安全性的模型，这种模型可用于危险性评估或安全产品的设计。同样，关于纳米材料的人体暴露的信息知识也很少，危害和暴露两方面的知识是确定其危险性所必需的。高质量的实验性结果往往基于缺陷性的研究设计，同样缺少毒性结果，需要批判地看待。管理机构、专业学会、国家政府组织以及工业界正在开发和确认纳米材料毒理学和环境毒理学试验方案的标准指导原则，来预防和避免纳米材料有意和无意暴露引起的突发性事件的情况发生[200]。

应该特别关注敏感人群，如器官系统或特殊的遗传疾病的人群。最近，赵宇亮等人第一次报道了人造呼吸纳米颗粒对心血管系统和肺功能的损害也具有易感人群：对老年和儿童的损害可能远大于成年[55]。从环境空气颗粒污染的人群的研究了解，对这些人群将可能更加危险。这样，涵盖易感人群的各个方面的动物模型和模拟人体条件的研究应是未来纳米毒理学研究的一个重要目标。例如，增加炎性条件下纳米颗粒跨过肺泡-毛细血管屏障紧密连接处转运的研究[160]。

目前，对于化学物质，存在一系列有效、合适的毒理学和环境毒理学试验方案，然而，对于纳米材料，这些试验方案需进行诸多优化，才能很好地了解或认识它们在生物有机体和土壤与水中的行为。在哺乳动物和环境中，纳米材料动力学行为研究的改良性试验方案，是获得危害性评估方案现实而可靠的根本方法，但研究不应该局限于优化已确认的试验方案。我们也需要了解或认识纳米材料在不同种类生物机体的摄入、毒性以及生物聚集或蓄积的机制。目前，如若缩短或消除纳米材料在人体内行为与在环境行为的认识上的差距，仍需做大量工作，然而，来自人体模型的信息知识对于其他生物物种的试验设计仍非常有用。

2005 年，Günter Oberdörster 等曾对表现纳米颗粒暴露对人类健康潜在影响的基本筛选策略发表了文章[157]。国际生命科学院研究基金和危险性科学院（ILSI RF/RSI）召集专家组对工程纳米材料的危险性确认研究发表了筛选策略，但它不是一个详细的筛选方案。基于目前有限的评估数据，纳米材料已被公认的暴露途径主要包括口服、皮肤摄取、吸入、注射等，纳米材料的暴露有赖于使用方式。纳米材料毒性筛选策略的三个主要元素是物理化学特征、体外评价（细胞的与非细胞的）和体内评价。

纳米材料的生物活性可能强烈地依赖于其物理化学参数，这些在常规毒理学研究中并不会被考虑。在测试纳米材料的毒性作用时，纳米材料的物理化学性质包括颗粒尺寸、尺寸分布、聚集形态、形状、结晶结构、化学组成、表面积、表面化学、表面电荷和多孔性等可能非常重要。如若条件可控，特殊的生物和机械方法可单独或试验性地应用于体外评价研究，尽管在体内试验中，这些方式往往并不切实可行。这些试验表示，肺、皮肤和黏膜是纳米材料毒性作用的入口，内皮、血液、脾、肝、神经系统、心和肾是其毒性靶器官。而纳米材料的非细胞评估，如持久性、蛋白质相互作用、补充活化、氧化活性等也应被考虑在内。

体内评价方法应针对肺、口、皮肤和注射暴露，评估需注意在入口和靶向器官和组织中的炎性、氧化应激和细胞增殖的生物标志物。肺部暴露的评估可能包括沉积、迁移、毒性动力学和生物持久性研究；多重暴露的影响；胎儿和胎盘等再生系统的潜在影响；可供选择的动物模型；机理、机制研究等。今后，随着毒理学、危害和暴露评估等方面基础研究数据的积累，通过合理的数据分析，我们有望形成可靠的危险性评估的普适方案。为此，纳米材料危险性评估的量化技术和指标的建立，应该是今后纳米毒理学研究的最重要目标。

1.7　纳米毒理学：利益与风险之间平衡的桥梁

　　随着纳米工业的逐渐兴旺繁荣，各个研究领域的科学家都承认不可避免地需要开展危险性研究。虽然研究者不能设置自己的国际研究条例，但是可以激发包括政府、工业、学术界以及其他利益相关者等科学团体朝正确的方向前进。Andrew D. Maynard 在 2006 年 11 月的 *Nature* 上发表文章，讨论了"纳米技术安全性"的 5 个重大的研究目标、领域和路线图（图 1.14）。①未来 3～10 年，开发仪器，评估纳米材料在空气和水中的暴露。由于纳米技术多种多样，纳米材料的暴露也将变化广泛，评估其对环境或健康的暴露和潜在影响将需要在不同条件下操作的多种类型的传感器。需要开发三种创新性的仪器：空气暴露的监控器、水溶性纳米材料的探测器和智能传感器。这些仪器应该能够同时记录纳米颗粒的数目、表面积、质量浓度等参数数据；能够追踪这些水系中（包括液体的纳米技术消费产品）纳米材料的释放、浓度和转移；能够检测暴露及产生的活性氧，指示对人体健康的潜在危害，提供危害早期的指示。②在未来 5～15 年内，发展有效的方法评估纳米材料的毒性。纳米材料毒性有许多方面可以进行评估，刺激高质量的研究、预防纳米材料使用中不必要的危害，关键方面主要有三：有效地筛选试验；发展可行的、选择性的体内测试；纤维状纳米颗粒的毒性测定。这项挑战的关键将是标准纳米颗粒样品的全球性的广泛普及，允许方法跨越国家、工业、学院实验室之间进行比较和精炼；模拟和预测纳米材料在生物机体的行为方法的建立；高比表面积、生物持久的纳米管、纳米线、纳米纤维系统性的研究。③未来 10 年内，开发纳米材料对环境和人类健康潜在影响的预测模型。首先，发展能够预测纳米材料在环境中释放、传输、转化、聚集和摄入的有效模型。其次，开发能够预测纳米材料在体内的剂量、传输、清除、聚集、转化和响应等行为的有效模型。这些模型应该反映纳米材料的物理化学性质与其行为的关系；具备预测纳米材料和纳米产品潜在影响的完整方法；评估对易感人群的影响。最后，设计安全的纳米材料预测模型。这包括提高纳米材料的有益性质抑制其危害性质的方式，或者创造自动防故障机械装置，确保纳米材料在处置前转化成良性材料。④未来 5 年内，发展纳米材料对环境和健康整个生命体系影响的强大评价体系。思考生命循环体系，管理危险和利益，进行整体分析。从纳米产品的最初生产制造到使用，到最后的处置，发展其潜在影响的强大评价方法，对整个过程中无论好的方面还是坏的方面进行评估，将延伸到科学和体制，而且将导致新的方法学的广泛应用。⑤在未来 12 个月，发展集中在危险性研究相关的战略计划项目。最终，有系统、有组织的危险性研究将能够使产业、消费者和决策者对纳米技术的应用和发展作出最好的决定。政府的战略性研究是缩减周围不确定性纳米技术的潜在影响,支持基于科学的监督,是纳米技术安全发展的根本。中国政府已在2006 年率先资助了 2500 万元的"人造纳米材料的安全性及解决方案"的重大基础研究计划的"973"项目。我们相信这些危险性研究成功的关键是:协作、沟通和协调。这些挑战希望刺激所有与纳米技术安全性相关的、富有想象力的、创新性的研究[118],同时,也为复杂交叉学科的发展研究带来繁荣,它需要把现存的测试方法与新的技术和国际纳米毒理学方案相结合。它们的成功实现将取决于协调、合作、资源和智慧。这些挑战为研究者提供了理解治疗性纳米颗粒、环境生态纳米颗粒危险性相关难题的一个良好的研究框架,特别是今天纳米材料应用的迅速增长。假如战略性的研究足以支撑纳米技术,那么,纳米技术的哪些危险性需要最小化?哪些利益需要最大化?这些是值得科学界思考和关注的,关键还需要行动起来。

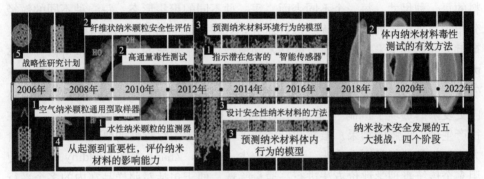

图 1.14　纳米毒理学研究的五大挑战[118]

　　尽管担心某些纳米技术的危险性可能被夸大,但是它们不一定毫无根据。纳米材料的细胞和动物毒性试验研究已表明,尺寸、表面积、表面化学、溶解性以及可能的形状等是决定纳米材料潜在危害性的重要因素[18]。这并不令人惊奇:许多年前,我们就已经知道吸入灰尘颗粒会致使疾病发生,并且它们的危害性依赖于其组成和物理性质。例如,吸入小的石英颗粒导致肺部损伤和肺部疾病的发展,然而,同样的颗粒,表面包覆一薄层黏土后,却具有较小的危害性[201]。与石英颗粒相比,石棉更具有戏剧性的变化:如果吸入这种细的、长纤维的物质能够导致肺部疾病,但是把这种具有相同化学组成的长纤维磨碎、缩短,其危害性显著减小[202]。

　　原则上,人们普遍接受这样的观点,纳米材料可能会引起人和环境的潜在伤害。然而,从科学技术的发展模式上看,往往在人们对解释新兴技术带来的新的危险还未做好准备时,容易言过其实。只有当人们知道如何安全使用该技术的时候，认识和看法自然就趋于理性。在知识产权、研究基金和技术开发的竞争日益激烈的当今世界，那些对认知和预防危险性的研究能力较差的国家和团体，常常处于劣势。因为一旦出现产品安全事故，就有可能导致破产。然而，如何认识和管理纳米技术特定的、潜在的危险性，仍存在许多利害关系，尤其是国家利益——发展高科技优先权的国家利益。如果没有战略性的和针对危险性的研究，人们因生产和使用纳米材料而形成的暴露将会产生无法预料的疾病；公众相信通过真实的或可感知的危险物，纳米技术的开发可能被缩减；担心法律诉讼，纳米技术对投资者和保险业可能会降低其吸引力。

1.8　纳米毒理学：展望

由于纳米颗粒的复杂性，以及物理化学参数的可变性很大，将每一种纳米材料的每一种尺寸、每一个不同表面、每一种不同的聚集形态、每一种不同的粒径分布等都进行排列组合，逐一进行研究，几乎是不可能的。发展具体的高通量、可重复的体外纳米毒理学研究的技术和模型是非常重要的，同时，也可以预测体内的毒性反应。复杂结构体系的模拟系统能够使结果更加可靠，值得进一步探索研究。尽管传统毒理学评价与 LD_{50} 相关性良好，但是它们还不能精确地预测体内更复杂的毒理学机制[184]，由于纳米颗粒探针分子的体外的反应活性[203]，往往产生令人误解的结果。虽然我们清楚地知道纳米治疗毒性的研究需要新的评价方法和工具，但是迄今为止，尝试得较少。例如，Zhang 等和 Cuddihy 等同时使用多个传统毒理学评价方法进行高通量筛选，便于包括对照样品在内的多个平行样品的分析[204,205]。在有无纳米颗粒暴露的条件下，传统毒性的分析方法，通过使用单细胞电流分析研究细胞的生物物理特征，很少不使用探针分子[206]。Prenner 及其同事测定了朗缪尔等温曲线，通过监测表面活性剂表面积和电荷对压力的变化，研究了纳米颗粒与肺表活性剂的相互作用[207]。

纳米颗粒剂量的确定非常复杂，尤其是有效剂量常常存在很大的不确定性。对于剂量报告，证明需使用多个浓度单元，才能进一步解释说明复杂的毒性问题。尽管单个的剂量单位并不适合所有的主题，但是传统毒理学研究团体更倾向于选择与纳米颗粒类型相关的剂量单位。事实证明，这是片面的，而且远远不够。另外，无论对于有意或无意暴露，探索纳米颗粒的摄入途径对于准确的表示其剂量的问题非常关键。另一个挑战是能否开发新的仪器检测通过空气和水的暴露的纳米材料。人们期望能够检测潜在危险性暴露和确认潜在环境或健康反应的"智能传感器"[118]。显然，战胜这种挑战需要科学家与设计仪器的专家以及毒理学家之间的密切合作。另外，关于纳米颗粒的长期暴露、生物分布、清除和可能的生物聚集等方面，也需要更多的研究。

事实上，需要完整而准确地描述在现实生物环境内纳米颗粒的毒理学评价，非常不易。比如，我们最常用的表征纳米颗粒的技术仅仅提供了纳米颗粒的一个静态图像（如 TEM、X 射线衍射和原子力显微镜），而难以表征在实际的生物学环境中这些纳米颗粒的动态图像，它们是动态变化的。例如，忽略复杂的生物学环境，单独在水和有机溶剂中或在真空下进行表征，或者过于简单的模拟体系，比如添加 BSA 等模拟蛋白等，这些结果和真实情况有一定的差距。新的表征方法需要研究蛋白质怎么吸附到颗粒或聚集体表面，可能影响吸收或清除机制以及药物从载体中扩散和释放机制。理想的新方法要求能够表征细胞或组织内在化之前或之后的纳米颗粒的动力学特点，同时考虑表面性质和颗粒的完整性。然而，目前很少有满足类似要求的实验或分析技术。纳米材料暴露之前和暴露期间的特点对于其毒性机制的理解也非常重要。

结合体内、体外实验结果，综合解释毒性研究结果，获得一致的结果是很重要的，势在必行。首先，我们需要仔细表征和检测未功能化、未载药的纳米载体的毒性。随后，在有无纳米治疗剂的控制条件下，每添加一种成分，都进行新的毒性评估。这种系统性的分析，能够使我们了解究竟是哪种成分加剧或减弱总的毒性。这些全面的评估非常重要，能够确保把纳米颗粒的毒性反应从复杂的材料体系中分离出来，因为已经发现即使存在痕量的杂质也会引起不可忽视的毒性反应[208~210]。另一个重要的挑战是发展系统的方法学，能够使科学家评估纳米材料在整个生命循环中自始至终地潜在地作用和影响。

尽管许多用于药物传输和光动力学治疗的纳米治疗剂具有细胞毒性的趋势，但是为了设计新一代的纳米治疗试剂，了解哪部分作用是由于药物造成的，哪部分作用是由于载体造成的，是非常重要的。尤其是探索研究用于化疗的纳米治疗剂的毒性机制。多种纳米材料如脂质体、聚合物、树状大分子、富勒烯等，已经被用于药物传输。但是在每个纳米载体中关于各种材料性质的研究还很少。将来设计安全纳米颗粒有两个途径：一是得益于对不同纳米颗粒毒理学的广泛研究；二是与高效、低毒治疗型纳米颗粒制备专家之间开展密切合作。

关于纳米技术的风险和挑战，获得全球性的理解至关重要。这样，无论国家大小，企业大小，都将在公平竞争的环境中经营和发展，同时也不会因为缺乏安全纳米技术设计的重要信息而破产或发展不起来。为了实现这个目标，建立透明的机制、网络和会议，能够使各种信息资源实现国际化分享，公共和私人企业之间进行协作，这样大家都能够在适当的时机降低风险性，抓住发展机遇。如果全世界的研究团体、企业能够建立和充分利用好这样的良好环境，迎接挑战，那么我们相信能够期待一个安全的纳米技术时代。

参 考 文 献

［1］ Woodrow Wilson International Center for Scholars, Washington DC, 2009: Published online at www. nanotechproject. org/consumerproducts.

［2］ Nanoscience and Nanotechnologies: Opportunities and Uncertainties (The Royal Society and The Royal Academy of Engineering, London, 2004).

［3］ Borm P, Klaessig F C, Landry T D, Moudgil B, Pauluhn J, Thomas K, Trottier R, Wood S. Toxicological Sciences, 2006, 90 (1): 23-32.

［4］ Nel A, Xia T, Madler L, Li N. Science, 2006, 311 (5761): 622-627.

［5］ Xia T, Kovochich M, Brant J, Hotze M, Sempf J, Oberley T, Sioutas C, Yeh J I, Wiesner M R, Nel a E. Nano Letters, 2006, 6 (8): 1794-1807.

［6］ Fischer H C, Chan W C W. Current Opinion in Biotechnology, 2007, 18 (6): 565-571.

［7］ Taking Action on Nanotech Environmental, Health and Safety Risks (Lux Research, New York, 2006).

［8］ Report of the OECD Workshop on the Safety of Manufactured Nanomaterials: Building Co-operation, Co-ordination and Communication (Organization for Economic Co-operation and Development, Paris, 2006).

［9］ Maynard A D. Nanotechnology: A Research Strategy for Addressing Risk (Woodrow Wilson International Center for Scholars, Washington DC, 2006).

［10］ Two-Year Review of Progress on Government Actions: Joint Academies' Response to the Council for Science and Technology's Call for Evidence (The Royal Society and The Royal Academy of Engineering, London, 2006).

［11］ Caruthers S D, Wickline S A, Lanza G M. Current Opinion in Biotechnology, 2007, 18 (1): 26-30.

［12］ Renaud G, Hamilton R L, Havel R J. Hepatology, 1989, 9 (3): 380-392.

［13］ Hardonk M J, Harms G, Koudstaal J. Histochemistry and Cell Biology, 1985, 83 (5): 473-477.

［14］ Kumar C. Nanomaterials for Medical Diagnosis and Therapy. Weinheim: Wiley-VCH, 2007.

［15］ James W D, Hirsch L R, West J L, O' neal P D, Payne J D. Journal of Radioanalytical and Nuclear Chemistry, 2007, 271 (2): 455-459.

［16］ Smart S K, Cassady A I, Lu G Q, Martin D J. Carbon, 2006, 44 (6): 1034-1047.

［17］ Dobrovolskaia M A, Mcneil S E. Nature Nanotechnology, 2007, 2 (8): 469-478.

［18］ Oberdörster G, Oberdörster E, Oberdörster J. Environmental Health Perspectives, 2005, 113 (7): 823-839.

［19］ Ballou B, Lagerholm B C, Ernst L A, Bruchez M P, Waggoner A S. Bioconjugate Chemistry, 2004, 15 (1): 79-86.

［20］ Yang R S H, Chang L W, Wu J P, Tsai M H, Wang H J, Kuo Y C, Yeh T K, Yang C S, Lin P. Environmental Health Perspectives, 2007, 115 (9): 1339-1343.

［21］ Lee H A, Imran M, Monteiro-Riviere N A, Colvin V L, Yu W W, Riviere J E. Nano Letters, 2007, 7 (9): 2865-2870.

［22］ Choi H S, Liu W, Misra P, Tanaka E, Zimmer J P, Ipe B I, Bawendi M G, Frangioni J V. Nature Biotechnology, 2007, 25 (10): 1165-1170.

［23］ Medintz I L, Uyeda H T, Goldman E R, Mattoussi H. Nature Materials, 2005, 4 (6): 435-446.

［24］ Yates J R W, Sepp T, Matharu B K, Khan J C, Thurlby D A, Shahid H, Clayton D G, Hayward C, Morgan J, Wright A F. New England Journal of Medicine, 2007, 357 (6): 553-561.

［25］ Fifis T, Gamvrellis A, Crimeen-Irwin B, Pietersz G A, Li J, Mottram P L, Mckenzie I F C, Plebanski M. The Journal of Immunology, 2004, 173 (5): 3148-3154.

［26］ Reddy S T, Van Der Vlies A J, Simeoni E, Angeli V, Randolph G J, Oneill C P, Lee L K, Swartz M A, Hubbell J A. Nature Biotechnology, 2007, 25 (10): 1159-1164.

［27］ Duncan R, Izzo L. Advanced Drug Delivery Reviews, 2005, 57 (15): 2215-2237.

［28］ Khan M K, Nigavekar S S, Minc L D, Kariapper M S, Nair B M, Lesniak W G, Balogh L P. Technology in Cancer Research & Treatment, 2005, 4 (6): 603-613.

［29］ Ostrowski A D, Martin T, Conti J, Hurt I, Harthorn B H. Journal of Nanoparticle Research, 2009, 11 (2): 251-257.

［30］ Oberdorster G, Stone V, Donaldson K. Nanotoxicology, 2007, 1 (1): 2-25.

［31］ Zhang Z Y, Zhao Y L, Chai Z F. Chinese Science Bulletin, 2009, 54 (2): 173-182.

［32］ Yin J J, Lao F, Fu P P, Wamer W G, Zhao Y L, Wang P C, Qiu Y, Sun B Y, Xing G M, Dong J Q, Liang X J, Chen C Y. Biomaterials, 2009, 30 (4): 611-621.

［33］ Wu H C, Chang X L, Liu L, Zhao F, Zhao Y L. Journal of Material Chemistry, 2009, DOI: 10.1039/B911099M.

［34］ Wang Y, Feng W Y, Zhao Y L, Chai Z F. Science in China B, 2009, 39 (2): 106-120.

［35］ Wang B, Feng W Y, Zhu M T, Wang Y, Wang M, Gu Y Q, Ouyang H, Wang H J, Li M, Zhao Y L, Chai Z F, Wang H F. Journal of Nanoparticle Research, 2009, 11 (1): 41-53.

［36］ Liu Y, Jiao F, Qiu Y, Li W, Lao F, Zhou G Q, Sun B Y, Xing G M, Dong J Q, Zhao Y L, Chai Z F, Chen C Y. Biomaterials, 2009, 30 (23-24): 3934-3945.

［37］ Liu B, Li X Y, Li B L, Xu B Q, Zhao Y L. Nano Letters, 2009, 9 (4): 1386-1394.

［38］ Li W, Zhao F, Chen C Y, Zhao Y L. Progress in Chemistry, 2009, 21 (2-3): 430-435.

［39］ Lao F, Li W, Dong H, Qu Y, Liu Y, Zhao Y L, Chen C Y. Nanotechnology, 2009: 225103 (9).

［40］ Zhu M T, Feng W Y, Wang B, Wang T C, Gu Y Q, Wang M, Wang Y, Ouyang H, Zhao Y L, Chai Z F. Toxicology, 2008, 247 (2-3): 102-111.

［41］ Zhao Y L, Xing G M, Chai Z F. Nature Nanotechnology, 2008, 3: 191-192.

［42］ Zhao F, Zhao Y L, Wang C. Journal of Cleaner Production, 2008, 16 (8-9): 1000-1002.

［43］ Yin J J, Lao F, Fu P P, Wamer W G, Zhao Y L, Xing G M, Gao X Y, Sun B Y, Li X Y, Wang P C, Chen C Y, Liang X J. Molecular Pharmacology, 2008, 74 (4): 1132-1140.

［44］ Wang J X, Liu Y, Jiao F, Lao F, Li W, Gu Y Q, Li Y F, Ge C C, Zhou G Q, Li B, Zhao Y L, Chai Z F, Chen C Y. Toxicology, 2008, 254 (1-2): 82-90.

［45］ Wang J X, Chen C Y, Liu Y, Jiao F, Li W, Lao F, Li Y, Li B, Ge C C, Zhou G Q, Gao Y X, Zhao Y L, Chai Z F. Toxicology Letters, 2008, 183 (1-3): 72-80.

［46］ Wang J X, Chen C Y, Li Y F, Li W, Zhao Y L. NANO: Brief Reports and Reviews, 2008, 3 (4): 279 - 285.

［47］ Wang J, Deng X Y, Yang S T, Wang H F, Zhao Y L, Liu Y F. Nanotoxicology, 2008, 3 (1): 1-5.

［48］ Wang B, Wang Y, Feng W Y, Zhu M T, Wang M, Ouyang H, Wang H J, Li M, Zhao Y L, Chai Z F. Chemia Analityczna, 2008, 53: 927-942.

［49］ Wang B, Feng W Y, Wang M, Wang T C, Gu Y Q, Zhu M T, Ouyang H, Shi J W, Zhang F,

Zhao Y L, Chai Z F, Wang H F, Wang J. Journal of Nanoparticle Research, 2008, 10: 263-276.

[50] Liang X J, Chen C Y, Zhao Y L, Jia L, Wang P C. Current Drug Metabolism, 2008, 9: 697-709.

[51] Li W, Chen C Y, Ye C, Wei T T, Zhao Y L, Lao F, Chen Z, Meng H, Gao Y X, Yuan H, Xing G M, Zhao F, Chai Z F, Zhang X J, Yang F Y, Han D, Tang X H, Zhang Y G. Nanotechnology, 2008, 19: 145102 (12).

[52] He X, Zhang Z Y, Zhang H F, Zhao Y L, Chai Z F. Toxicological Sciences, 2008, 103 (2): 354-361.

[53] Ge C C, Lao F, Li W, Li Y F, Chen C Y, Mao X Y, Li B, Chai Z F, Zhao Y L. Analytical Chemistry, 2008, 80 (24): 9426-9434.

[54] Gao X Y, Xing G M, Yang Y L, Shi X L, Liu R, Chu W G, Jing L, Zhao F, Ye C, Yuan H, Fang X H, Wang C, Zhao Y L. Journal of The American Chemical Society, 2008, 130: 9190-9191.

[55] Chen Z, Meng H, Xing G M, Yuan H, Zhao F, Liu R, Chang X L, Gao X Y, Wang T C, Jia G, Ye C, Chai Z F, Zhao Y L. Environmental Science & Technology, 2008, 42 (23): 8985-8992.

[56] Chen Z, Chen H, Meng H, Xing G M, Gao X Y, Sun B Y, Shi X L, Yuan H, Zhang C C, Liu R, Zhao F, Zhao Y L, Fang X H. Toxicology and Applied Pharmacology, 2008, 230 (3): 364-371.

[57] Wang M, Feng W Y, Lu W, Li B, Wang B, Zhu M T, Wang Y, Yuan H, Zhao Y L, Chai Z F. Analytical Chemistry, 2007, 79 (23): 9128-9134.

[58] Wang J X, Zhou G Q, Chen C Y, Yu H W, Wang T C, Ma Y M, Jia G, Gao Y X, Li B, Sun J, Li Y F, Jiao F, Zhao Y L, Chai Z F. Toxicology Letters, 2007, 168 (2): 176-185.

[59] Wang J X, Chen C Y, Yu H W, Sun J, Li B, Li Y F, Gao Y X, Chai Z F, He W, Huang Y Y, Zhao Y L. Journal of Radioanalytical and Nuclear Chemistry, 2007, 272 (3): 527-531.

[60] Wang B, Feng W Y, Wang M, Shi J W, Zhang F, Ouyang H, Zhao Y L, Cha Z F, Huang Y Y, Xie Y N, Wang H F, Wang J. Biological Trace Element Research, 2007, 118: 233-243.

[61] Tang J, Xing G M, Zhao F, Yuan H, Zhao Y L. Journal of Nanoscience and Nanotechnology, 2007, 7 (4-5): 1085-1101.

[62] Meng H, Chen Z, Xing G M, Yuan H, Chen C Y, Zhao F, Zhang C C, Zhao Y L. Toxicology Letters, 2007, 175 (1-3): 102-110.

[63] Meng H, Chen Z, Xing G M, Yuan H, Chen C Y, Zhao F, Zhang C C, Wang Y, Zhao Y L. Journal of Radioanalytical and Nuclear Chemistry, 2007, 272 (3): 595-598.

[64] He X, Feng L X, Xiao H Q, Li Z J, Liu N Q, Zhao Y L, Zhang Z Y, Chai Z F. Toxicology Letters, 2007, 170: 94-96.

[65] Chen Z, Meng H, Yuan H, Xing G M, Chen C Y, Zhao F, Wang Y, Zhang C C, Zhao Y L. Journal of Radioanalytical and Nuclear Chemistry, 2007, 272 (3): 599-603.

[66] Chen Z, Meng H, Xing G M, Chen C Y, Zhao Y L. International Journal of Nanotechnology, 2007, 4 (1/2): 179-196.

[67] Ye C, Chen C Y, Chen Z, Meng H, Xing L, Jiang Y X, Yuan H, Xing G M, Zhao F, Zhao Y L, Chai Z F, Fang X H, Han D, Chen L, Wang C, Wei T T. Chinese Science Bulletin, 2006, 51 (9): 1060-1064.

[68] Wang J X, Chen C Y, Li B, Yu H W, Zhao Y L, Sun J, Li Y F, Xing G M, Yuan H, Tang J, Chen Z, Meng H, Gao Y X, Ye C, Chai Z F, Zhu C F, Ma B C, Fang X H, Wan L J. Biochemical Pharmacology, 2006, 71 (6): 872-881.

[69] Wang B, Feng W Y, Wang T C, Jia G, Wang M, Shi J W, Zhang F, Zhao Y L, Chai Z

F. Toxicology Letters，2006，161（2）：115-123.

[70] Qu L，Cao W B，Xing G M，Zhang J，Yuan H，Tang J，Cheng Y，Zhang B，Zhao Y L，Lei H. Journal of Alloys and Compounds，2006，408/412：400-404.

[71] Feng L X，Xiao H Q，He X，Li Z J，Li F L，Liu N Q，Zhao Y L，Huang Y Y，Zhang Z Y，Chai Z F. Toxicology Letters，2006，165（2）：112-120.

[72] Feng L X，Xiao H Q，He X，Li Z J，Li F L，Liu N Q，Chai Z F，Zhao Y L，Zhang Z Y. Neurotoxicology and Teratology，2006，28（1）：119-124.

[73] Chen C Y，Zhao J J，Qu L Y，Deng G L，Zhang P Q，Chai Z F. Science of the Total Environment，2006，366（2-3）：627-637.

[74] Wang B，Feng W Y，Zhao Y L，Xing G M，Chai Z F，Wang H F，Jia G. Science in China Series B-Chemistry，2005，48（5）：385-394.

[75] Jia G，Wang H F，Yan L，Wang X，Pei R J，Yan T，Zhao Y L，Guo X B. Environmental Science & Technology，2005，39（5）：1378-1383.

[76] Feng L X，Xiao H Q，He X，Zhang Z Y，Liu N Q，Zhao Y L，Huang Y Y. High Energy Physics and Nuclear Physics-Chinese Edition，2005，29（10）：1012-1016.

[77] Chen C Y，Xing G M，Wang J X，Zhao Y L，Li B，Tang J，Jia G，Wang T C，Sun J，Xing L，Yuan H，Gao Y X，Meng H，Chen Z，Zhao F，Chai Z F，Fang X H. Nano Letters，2005，5（10）：2050-2057.

[78] Wang H F，Wang J，Deng X Y，Sun H F，Shi Z J，Gu Z N，Liu Y F，Zhao Y L. Journal of Nano-science and Nanotechnology，2004，4（8）：1019-1024.

[79] Wang H F，Deng X Y，Wang J，Gao X F，Xing G M，Shi Z J，Gu Z N，Liu Y F，Zhao Y L. Acta Physico-Chimica Sinica，2004，20（7）：673-675.

[80] Zhu M T，Feng W Y，Wang Y，Wang B，Wang M，Ouyang H，Zhao Y L，Chai Z F. Toxicological Sciences，2009，107（2）：342-351.

[81] Chen Z，Meng H，Xing G M，Chen C Y，Zhao Y L，Jia G，Wang T，Yuan H，Ye C，Zhao F. Toxicology Letters，2006，163（2）：109-120.

[82] 赵宇亮. 纳米颗粒的毒性问题//21 世纪 100 个科学难题. 北京：科学出版社，2005：266-273.

[83] 赵宇亮. 创新科技，2007，（4）：44-45.

[84] 汪冰，丰伟悦，王萌，史俊稳，张芳，欧阳宏，赵宇亮，柴之芳，黄宇营，谢亚宁. 高能物理与核物理，2005，29（增刊）：71-75.

[85] 王江雪，陈春英，孙瑾，喻宏伟，李玉锋，李柏，邢丽，黄宇营，何伟，高愈希，柴之芳，赵宇亮. 高能物理与核物理，2005，29（增刊）：76-79.

[86] 王天成，贾光，沈惠麒，闫蕾，王翔，赵宇亮. 工业卫生与职业病，2005，31（6）：373-375.

[87] 王天成，王江雪，陈春英，贾光，沈惠麒，赵宇亮. 工业卫生与职业病，2007，33（3）：129-131.

[88] 何潇，张智勇，张海凤，赵宇亮，柴之芳. 广东微量元素科学，2008，15（5）：1-7.

[89] 汪冰，荆隆，丰伟悦，邢更妹，王萌，朱墨桃，欧阳宏，赵宇亮，吴忠华. 核技术，2007，30（7）：576-579.

[90] 王天成，何潇，张智勇，贾光，王翔，沈惠麒，赵宇亮，赵一鸣. 环境与健康杂志，2007，24（4）：192-194.

[91] 王天成，贾光，沈惠麒，闫蕾，王翔，李振荣，李国权，赵宇亮. 环境与职业医学，2004，21（6）：434-436.

[92] 孟幻，陈真，赵宇亮．基础医学与临床，2006，26（7）：699-703.

[93] 王天成，王翔，贾光，沈惠麒，赵宇亮．解剖科学进展，2007，13（1）：5-7.

[94] 赵宇亮，袁慧．科学，2007，59（4）：28-31.

[95] 赵宇亮，白春礼．纳米安全性：纳米材料的环境健康效应//科学发展报告 2005．北京：科学出版社，2005：137-142.

[96] 白伟，张程程，姜文君，张智勇，赵宇亮．生态毒理学报，2009，4（2）：174-182.

[97] 周国强，陈春英，李玉锋，李炜，高愈希，赵宇亮．生物化学与生物物理进展，2008，35（9）：998-1006.

[98] 王天成，何萧，张智勇，贾光，沈惠麒，赵宇亮．实用预防医学，2007，14（2）：525-526.

[99] 王天成，贾光，王翔，丰伟悦，汪冰，张志勇，沈慧麒，赵宇亮．实用预防医学，2006，13（5）：1101-1102.

[100] 王天成，贾光，王翔，闫蕾，沈惠麒，赵宇亮．实用预防医学，2006，13（3）：486-487.

[101] 赵宇亮，白春礼．世界科学技术-中医药现代化，2005，7（4）：104-107.

[102] 王天成，陈真，孟幻，贾光，王翔，沈惠麒，赵宇亮．卫生研究，2006，35（6）：705-706.

[103] 王天成，贾光，王翔，陈春英，孙红芳，沈惠麒，赵宇亮．现代预防医学，2007，34（3）：405-406.

[104] 王天成，贾光，王翔，闫蕾，沈惠麒，赵宇亮．现代预防医学，2007，34（1）：7-8.

[105] 常雪灵，邢更妹，孙宝云．中国标准化，2007，（9）：18-20.

[106] 常雪灵，赵宇亮，周平坤．中国毒理学通讯，2008，12（2）：3-8.

[107] 王天成，汪冰，丰伟悦，贾光，赵宇亮，徐融，汪整辉．中国工业医学杂志，2006，19（5）：267-268,274.

[108] 王天成，张智勇，贾光，沈惠麒，赵宇亮．中国工业医学杂志，2005，18（3）：140-142.

[109] 冯流星，于彤，张智勇，刘年庆，李福亮，王文仲，任艳，李亚明，赵宇亮．中国公共卫生，2004，20（7）：836.

[110] 王天成，汪冰，丰伟悦，贾光，沈惠麒，赵宇亮．中国公共卫生，2006，22（8）：934-935.

[111] 赵宇亮，赵峰，叶昶．中国基础科学．科学前沿，2005，2：19-23.

[112] 王云，丰伟悦，赵宇亮，柴之芳．中国科学 B 辑：化学，2009，39：106-120.

[113] 汪冰，丰伟悦，赵宇亮，邢更妹，柴之芳，王海芳，贾光．中国科学 B 辑 化学，2005，35（1）：1-10.

[114] 赵宇亮，柴之芳．中国科学院院刊，2005，20（3）：194-199.

[115] 王天成，孙红芳，贾光，沈惠麒，赵宇亮．中国职业医学，2006，33（3）：171-173.

[116] 王江雪，李玉锋，周国强，李柏，焦芳，陈春英，高愈希，赵宇亮，柴之芳．中华预防医学杂志，2007，41（2）：91-95.

[117] 王天成，何萧，张智勇，贾光，王翔，沈惠麒，赵宇亮．中华预防医学杂志，2006，40（6）：419-421.

[118] Maynard A D, Aitken R J, Butz T, Colvin V, Donaldson K, Oberdorster G, Philbert M A, Ryan J, Seaton A, Stone V, Tinkle S S, Tran L, Walker N J, Warheit D B. Nature, 2006, 444 (7117)：267-269.

[119] Lubick N. Environmental Science & Technology, 2008, 42 (6)：1821-1824.

[120] Hutchison J E. Acs Nano, 2008, 2 (3)：395-402.

[121] Buzea C, Pacheco, Ii, Robbie K. Biointerphases, 2007, 2 (4)：MR17-MR71.

[122] Suh W H, Suslick K S, Stucky G D, Suh Y H. Progress in Neurobiology, 2009, 87 (3)：133-170.

[123] Ray P C, Yu H T, Fu P P. Journal of Environmental Science and Health Part C-Environmental Carcinogenesis & Ecotoxicology Reviews, 2009, 27 (1): 1-35.

[124] Maurer-Jones M A, Bantz K C, Love S A, Marquis B J, Haynes C L. Nanomedicine, 2009, 4 (2): 219-241.

[125] Marquis B J, Love S A, Braun K L, Haynes C L. Analyst, 2009, 134 (3): 425-439.

[126] Farre M, Gajda-Schrantz K, Kantiani L, Barcelo D. Analytical and Bioanalytical Chemistry, 2009, 393 (1): 81-95.

[127] USEPA. Air quality criteria for particulate matter. Washington, DC 20460. Office of Research and Development, 2004.

[128] Douglas T, Young M. Science, 2006, 312 (5775): 873-875.

[129] Mj B. Verhandelingen der Koninkyke akademie Wettenschapppen te Amsterdam, 1898, 65: 3-21.

[130] Smith A E, Helenius A. Science, 2004, 304 (5668): 237-242.

[131] P D, Rm T, Jl F. Journal of Industrial Hygiene and Toxicology, 1927, 9: 331-345.

[132] Lu G. Experimental Pneumoconiosis. In: Silicosis and Asbestosis. Aj L, ed. New York: Oxford University Press, 1938.

[133] Kt W, We C, Va M, Gm S, Gj S, K W, Byh L, Dyh P. Atmospheric Environment, 1975, 9: 463-482.

[134] Annals of the ICRP: Human respiratory tract model for radiological protection. H Sed. Oxford, UK: Pergamon: ICRP Publication 66, 1994: 24, 1-3.

[135] Delorenzo A. The olfactory neuron and the blood-brain barrier. In: Taste and Smell in Vertebrates. Wolstenholme G, Kinght J ed. London: J. & A. Churchill, 1970: 151-176.

[136] Amdur M O, Mccarthy J F, Gill M W. American Industrial Hygiene Association Journal, 1982, 43 (12): 887-889.

[137] Ferin J, Oberdorster G, Penney D P, Soderholm S C, Gelein R, Piper H C. Journal of Aerosol Science, 1990, 21 (3): 381-384.

[138] Oberdorster G, Ferin J, Finkelstein G, Wade P, Corson N. Journal of Aerosol Science, 1990, 21 (3): 384-387.

[139] Oberdorster G, Ferin J, Gelein R, Soderholm S C, Finkelstein J. Enviromental Health Perspectives, 1992, 97: 193-199.

[140] Derfus A M, Chan W C W, Bhatia S N. Nano Letters, 2004, 4 (1): 11-18.

[141] Hoshino A, Fujioka K, Oku T, Suga M, Sasaki Y F, Ohta T, Yasuhara M, Suzuki K, Yamamoto K. Nano Letters, 2004, 4 (11): 2163-2169.

[142] Sayes C M, Fortner J D, Guo W, Lyon D, Boyd A M, Ausman K D, Tao Y J, Sitharaman B, Wilson L J, Hughes J B, West J L, Colvin V L. Nano Letters, 2004, 4 (10): 1881-1887.

[143] Warheit D B, Laurence B R, Reed K L, Roach D H, Reynolds G A M, Webb T R. Toxicological Sciences, 2004, 77 (1): 117-125.

[144] Kirchner C, Liedl T, Kudera S, Pellegrino T, Javier A M, Gaub H E, Stolzle S, Fertig N, Parak W J. Nano Letters, 2005, 5 (2): 331-338.

[145] Shvedova A A, Kisin E R, Mercer R, Murray A R, Johnson V J, Potapovich A I, Tyurina Y Y, Gorelik O, Arepalli S, Schwegler-Berry D, Hubbs A F, Antonini J, Evans D E, Ku B K, Ramsey D, Maynard A, Kagan V E, Castranova V, Baron P. American Journal of Physiology-Lung

Cellular and Molecular Physiology, 2005, 289 (5): L698-L708.

[146] Lam C W, James J T, Mccluskey R, Hunter R L. Toxicological Sciences, 2004, 77: 126-134.

[147] Donaldson K, Brown D, Clouter A, Duffin R, Macnee W, Renwick L, Tran L, Stone V. Journal of Aerosol Medicine, 2002, 15 (2): 213-220.

[148] Borm P J A, Kreyling W. Journal of Nanoscience and Nanotechnology, 2004, 4 (5): 521-531.

[149] Hoet P H M, Brüske-Hohlfeld I, Salata O V. Journal of Nanobiotechnology, 2004, 2 (1): 12.

[150] Kreyling W G, Semmler M, Moller W. Journal of Aerosol Medicine, 2004, 17 (2): 140-152.

[151] Biswas P, Wu C Y. Journal of the Air & Waste Management Association, 2005, 55 (6): 708-746.

[152] Donaldson K, Tran L, Jimenez L A, Duffin R, Newby D E, Mills N, Macnee W, Stone V. Particle and Fibre Toxicology, 2005, 2 (10): 1-14.

[153] Donaldson K, Aitken R, Tran L, Stone V, Duffin R, Forrest G, Alexander A. Toxicological Sciences, 2006, 92 (1): 5-22.

[154] Lam C, James J T, Mccluskey R, Arepalli S, Hunter R L. Critical Reviews in Toxicology, 2006, 36 (3): 189-217.

[155] Dowling A, Clift R, Grobert N, Hutton D, Oliver R, O'Neill O, Pethica J, Pidgeon N, Porritt J, Ryan J. Nanoscience and Nanotechnologies: Opportunities and Uncertainties. The Royal Society and the Royal Academy of Engineering 2004, 29.

[156] ILSI. A report from the ILSI Research Foundation/Risk Science Institute Nanomaterial Toxicity Screening Working Group. 2005.

[157] Oberdörster G, Maynard A, Donaldson K, Castranova V, Fitzpatrick J, Ausman K, Carter J, Karn B, Kreyling W, Lai D. Particle and Fibre Toxicology, 2005, 2 (1): 8.

[158] NNI: Environmental, Health and Safety Research Needs for Engineered Nanoscale Materials. NNI White paper issued by the Office of the President of the United States, 2006.

[159] Berry J P, Arnoux B, Stanislas G, Galle P, Chretien J. Biomedicine, 1977, 27 (9-10): 354.

[160] Heckel K, Kiefmann R, Dorger M, Stoeckelhuber M, Goetz A E. American Journal of Physiology-Lung Cellular and Molecular Physiology, 2004, 287 (4): 867-878.

[161] Howe H A, Bodian D. Proceedings of the Society for Experimental Biology and Medicine, 1940, 43: 718-721.

[162] Oberdorster G, Sharp Z, Atudorei V, Elder A, Gelein R, Kreyling W, Cox C. Inhalation Toxicology, 2004, 16 (6-7): 437-445.

[163] Elder A, Gelein R, Silva V, Feikert T, Opanashuk L, Carter J, Potter R, Maynard A, Ito Y, Finkelstein J. Environmental Health Perspectives, 2006, 114 (8): 1172-1178.

[164] Gopinath P G, Gopinath G, Kumar T C A. Current Therapeutic Research, 1978, 23 (5): 596-607.

[165] Li N, Sioutas C, Cho A, Schmitz D, Misra C, Sempf J, Wang M, Oberley T, Froines J, Nel A. Environmental Health Perspectives, 2003, 111 (4): 455-460.

[166] Timbrell V. Annals of Occupational Hygiene, 1982, 26: 347-369.

[167] Park J Y, Raynor P C, Maynard A D, Eberly L E, Rarnachandran G. Atmospheric Environment, 2009, 43 (3): 502-509.

[168] Heitbrink W A, Evans D E, Ku B K, Maynard A D, Slavin T J, Peters T M. Journal of Occupational and Environmental Hygiene, 2009, 6 (1): 19-31.

[169] Müller R H, Keck C M. Journal of Nanoscience and Nanotechnology, 2004, 4 (5): 471-483.

[170] Kreuter J. Advanced Drug Delivery Reviews, 2001, 47 (1): 65-81.

[171] Kato T, Yashiro T, Murata Y, Herbert D C, Oshikawa K, Bando M, Ohno S, Sugiyama Y. Cell and Tissue Research, 2003, 311 (1): 47-51.

[172] Cedervall T, Lynch I, Lindman S, Berggörd T, Thulin E, Nilsson H, Dawson K A, Linse S. Proceedings of the National Academy of Sciences, 2007, 104 (7): 2050-2055.

[173] Vicent M J, Duncan R. Trends in Biotechnology, 2006, 24 (1): 39-47.

[174] Gulyaev A E, Gelperina S E, Skidan I N, Antropov A S, Kivman G Y, Kreuter J. Pharmaceutical Research, 1999, 16 (10): 1564-1569.

[175] Baker C, Pradhan A, Pakstis L, Pochan D J, Shah S I. Journal of Nanoscience and Nanotechnology (Print), 2005, 5 (2): 244-249.

[176] Ito A, Kuga Y, Honda H, Kikkawa H, Horiuchi A, Watanabe Y, Kobayashi T. Cancer Letters, 2004, 212 (2): 167-175.

[177] Lee K J, Nallathamby P D, Browning L M, Osgood C J, Xu X H N. Acs Nano, 2007, 1 (2): 133-143.

[178] Fresta M, Fontana G, Bucolo C, Cavallaro G, Giammona G, Puglisi G. Journal of Pharmaceutical Sciences, 2001, 90 (3): 288-297.

[179] Sayes C M, Marchione A A, Reed K L, Warheit D B. Nano Letters, 2007, 7 (8): 2399-2406.

[180] Gokhale P C, Zhang C, Newsome J T, Pei J, Ahmad I, Rahman A, Dritschilo A, Kasid U N. Clinical Cancer Research, 2002, 8 (11): 3611-3621.

[181] Dransfield I, Buckle A M, Savill J S, Mcdowall A, Haslett C, Hogg N. The Journal of Immunology, 1994, 153 (3): 1254-1263.

[182] Bruckner S, Rhamouni S, Tautz L, Denault J B, Alonso A, Becattini B, Salvesen G S, Mustelin T. Journal of Biological Chemistry, 2005, 280 (11): 10388-10394.

[183] Dumortier H, Lacotte S, Pastorin G, Marega R, Wu W, Bonifazi D, Briand J P, Prato M, Muller S, Bianco A. Nano Letters, 2006, 6 (7): 1522-1528.

[184] Sayes C M, Reed K L, Warheit D B. Toxicological Sciences, 2007, 97 (1): 163-180.

[185] Marquis B J, Haynes C L. Biophysical Chemistry, 2008, 137 (1): 63-69.

[186] Semmler M, Seitz J, Erbe F, Mayer P, Heyder J, Oberdorster G, Kreyling W G. Inhalation Toxicology, 2004, 16 (6/7): 453-459.

[187] Ryman-Rasmussen J P, Riviere J E, Monteiro-Riviere N A. Toxicological Sciences, 2006, 91 (1): 159-165.

[188] Rouse J G, Yang J, Ryman-Rasmussen J P, Barron a R, Monteiro-Riviere N A. Nano Letters, 2007, 7 (1): 155-160.

[189] Tinkle S S, Antonini J M, Rich B A, Roberts J R, Salmen R, Depree K, Adkins E J. Environmental Health Perspectives, 2003, 111 (9): 1202-1208.

[190] Characterising the potential risks posed by engineered nanoparticles: a first UK government research report. Department for Environment FaRA, 2005 (www. defra. gov. uk/environment/nanotech/nrcg).

[191] Chithrani B D, Ghazani a A, Chan W C W. Nano Letters, 2006, 6 (4): 662-668.

[192] Chen F, Gerion D. Nano Letters, 2004, 4 (10): 1827-1832.

[193] Deng X, Jia G, Wang H, Sun H, Wang X, Yang S, Wang T, Liu Y. Carbon, 2007, 45 (7): 1419-1424.

[194] Ryman-Rasmussen J P, Riviere J E, Monteiro-Riviere N A. Nano Letters, 2007, 7 (5): 1344-1348.

[195] Fischer H C, Liu L, Pang K S, Chan W C. Advanced Functional Materials, 2006, 16 (10): 1299-1305.

[196] Gopee N V, Roberts D W, Webb P, Cozart C R, Siitonen P H, Warbritton A R, Yu W W, Colvin V L, Walker N J, Howard P C. Toxicological Sciences, 2007, 98 (1): 249.

[197] Asuri P, Bale S S, Karajanagi S S, Kane R S. Current Opinion in Biotechnology, 2006, 17 (6): 562-568.

[198] 王心如，周宗灿. 毒理学基础. 第四版. 北京：人民卫生出版社，2006：1-23.

[199] Neubauer A M, Sim H, Winter P M, Caruthers S D, Williams T A, Robertson J D, Sept D, Lanza G M, Wickline S A. Magnetic Resonance in Medicine, 2008, 60 (6): 1353-1361.

[200] Song Y G, Li X, Du X. European Respiratory Journal, 2009, 34 (3): 559-567.

[201] Donaldson K E N, Borm P J A. Annals of Occupational Hygiene, 1998, 42 (5): 287-294.

[202] Davis J M G, Addison J, Bolton R E, Donaldson K, Jones A D, Smith T. British Journal of Experimental Pathology, 1986, 67 (3): 415-430.

[203] Laaksonen T, Santos H, Vihola H, Salonen J, Riikonen J, Heikkil T, Peltonen L, Kumar N, Murzin D Y, Lehto V P. Chemical Research in Toxicology, 2007, 20 (12): 1913-1918.

[204] Zhang T, Stilwell J L, Gerion D, Ding L, Elboudwarej O, Cooke P A, Gray J W, Alivisatos A P, Chen F F. Nano Letters, 2006, 6 (4): 800-808.

[205] Jan E, Byrne S J, Cuddihy M, Davies A M, Volkov Y, Gun'ko Y K, Kotov N A. Acs Nano, 2008, 2 (5): 928-938.

[206] Marquis B J, Mcfarland A D, Braun K L, Haynes C L. Analytical Chemistry, 2008, 80 (9): 3431-3437.

[207] Ku T, Gill S, Lobenberg R, Azarmi S, Roa W, Prenner E J. Journal of Nanoscience and Nanotechnology, 2008, 8 (6): 2971-2978.

[208] Vallhov H, Qin J, Johansson S M, Ahlborg N, Muhammed M A, Scheynius A, Gabrielsson S. Nano Letters, 2006, 6 (8): 1682-1686.

[209] Worle-Knirsch J M, Pulskamp K, Krug H F. Nano Letters, 2006, 6 (6): 1261-1268.

[210] Pulskamp K, Diabaté S, Krug H F. Toxicology Letters, 2007, 168 (1): 58-74.

第 2 章 纳米材料的生物吸收、分布、代谢、排泄与急性毒性

目前，各种不同人造纳米材料已经应用于化工、石油、微电子、涂料等工业产品，以及食品、防晒剂、化妆品、汽车零件等日常消费品中。这些纳米物质的介入不仅改善了原有产品的功能，甚至创造出具有全新功能的产品。同时，人造纳米材料也正逐渐被应用于生物医学领域，如临床治疗、疾病诊断和药物传输系统等。与相同化学成分的常规大尺寸材料相比，纳米材料往往表现出新颖的物理化学性质（纳米特性），如超高反应活性、巨大比表面积、特殊的电子特征和量子效应等。近年来，一些关于纳米材料生物效应的研究表明，部分人造纳米颗粒作用于生物机体后能导致难以预测的毒性反应，这些纳米材料的不正确使用必将危及健康与安全。随着对纳米材料的生物效应研究的不断深入，已经派生出两个学科分支：一是专门研究纳米材料有利生物活性以及纳米尺度上的生物学行为的"纳米生物学"，集中于正面的生物效应研究，旨在应用独特性能的纳米材料或先进的纳米生物技术来解决人类健康问题；另一是关注纳米物质负面生物效应的"纳米毒理学"，主要致力于研究纳米物质与生物体系作用产生的毒理学效应、评价纳米物质的安全性、探讨纳米毒性作用机理，以及纳米技术的安全应用方法和途径等。

随着颗粒尺寸减小到纳米量级，物质常表现出一些超常的性质。以水为例，当粒径减小时水滴的比表面积（a_m）和表面吉布斯自由能（G）急剧增大（表2.1）。水滴半径减小，致使比表面积（a_m）急剧增大，表面吉布斯自由能（G）升高。当水滴半径减小至 10^{-9} m（1 nm）时，整个体系具有相当大的能量。化学反应中，颗粒初始表面分子和数量与其反应活性密切相关。图 2.1 显示了水滴半径变化与表面分子数量的关系[1]。当粒径在小于 100 nm 的范围内继续减小时，暴露在颗粒表面的分子数急剧升高。对于那些化学活性物质所制成的纳米颗粒而言，巨大的比表面积将为化学反应过程中的分子碰撞提供一个巨大的反应截面，这也正是导致这些纳米颗粒具有超高化学反应活性的原因所在（图 2.2）。由于物理化学性质的改变必将影响纳米物质与机体间的相互作用，从而影响其在体内的生物学行为，纳米物质在进入机体内以后会产生与常规大尺寸材料完全不同的生物学或毒理学效应。因此人造纳米物质在环境中的扩散可能为人类和自然界其他物种的生态系统带来极大的转变。本章主要介绍纳米特性和传统毒性因素对纳米材料的体内、体外毒理学效应的影响，主要阐述纳米材料在生物体系的吸

收、分布、代谢、排泄与急性毒性等方面的研究。

表 2.1　水滴的比表面积和吉布斯自由能随粒径的变化

半径	颗粒数	总表面积 $A_总$（$=N\times4\pi r^2$）/m^2	比表面积 a_m（$=A_总/m_总$）/(m^2/kg)	表面吉布斯自由能/J
1 nm	10^{21}	12.57×10^3	3.00×10^6	9.16×10^2
1 μm	10^{12}	12.57×10^0	3.00×10^3	9.16×10^{-1}
1 mm	10^3	12.57×10^{-3}	3.00×10^0	9.16×10^{-4}

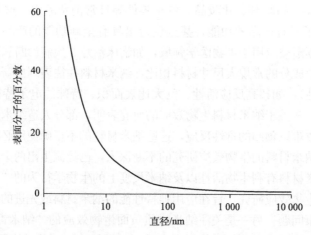

图 2.1　颗粒尺寸与表面分子数的关系。<100 nm，表面分子数（以颗粒分子的百分数）与颗粒尺寸成反比；30 nm，表面分子约为10%；10 nm 和 3 nm，比率分别增加到20%和50%。颗粒表面分子或原子的数目决定了它的反应活性，是决定纳米颗粒生物效应和化学性质的关键因素[1]

　　纳米毒理学的研究在很多方面有别于传统毒理学。首先，质量或浓度是传统毒理学用来描述剂量的主要参数，而沿用仅以质量或浓度来描述纳米材料量-效关系的传统方法来研究纳米材料的纳米毒理学显然不够全面（表 2.2）。因为纳米尺寸（比表面积和粒径分布）、化学组成（纯度、晶型、电子结构等）、表面性质（表面基团、亲水/疏水性等）和聚集状态等参数的改变同样会影响纳米颗粒的毒理学效应。纳米毒理学研究的重点就是探索由这些纳米特性所导致的机体损伤和对正常生理功能的影响。另外，纳米颗粒在暴露时的纳米形态往往存在不确定性，因为纳米颗粒巨大的比表面积使之在暴露或体内迁移的过程中易发生吸附或聚集，从而形成较大尺寸的颗粒。一些高化学活性的纳米颗粒容易在暴露操作过程中发生氧化而改变其原有的化学性质。因此，如何确认纳米材料与生物体相互作用时仍然保持其原有的纳米形态仍然是纳米毒理学研究中面临的难题。

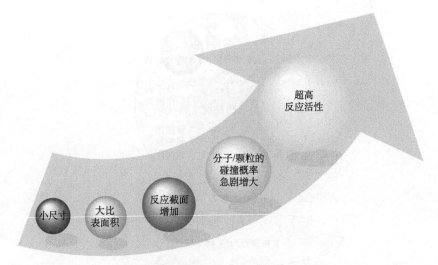

图 2.2　纳米尺寸减小导致超高反应活性

表 2.2　传统毒理学与纳米毒理学的比较

项　目	传统毒理学	纳米毒理学
	质量/浓度	质量/浓度
		尺寸
		结构
影响量-效关系的关键因素		比表面积
		表面修饰
		表面电荷
		……

　　同时，由于纳米颗粒具有巨大的比表面积和可修饰的化学表面，人们也可以通过控制纳米物质的某些理化特性来实现对其体内生物学行为的调节，如立体化学、离子化程度、分配系数、氧化-还原电位、溶解性、分子间作用力、官能团间的原子间距等都是与表面性质直接相关的参数（图 2.3），这些表面结构参数的任何变化都能有效地改变纳米颗粒与细胞、生物分子等生物体系的相互作用，从而改变纳米颗粒体内的生物效应/活性。它们对体内生物微环境较为敏感，其中细小的变化都可能改变纳米颗粒与细胞、生物分子等生物体系的相互作用，从而影响其在体内的活性（或毒性）效应和生物学行为。因此，在建立纳米毒理学研究模型时除剂量-效应之外，同时更重要的是思考纳米特性（如尺寸、表面性质等）对纳米材料生物效应的影响。

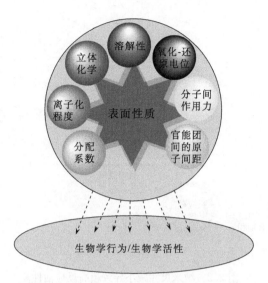

图 2.3　影响纳米颗粒生物学效应的表面特性

2.1　纳米颗粒的体内吸收

纳米颗粒在体内的吸收是其产生生物效应的重要阶段。生物机体摄取纳米颗粒后，可能引起接触局部的急性损伤，但是它们被生物体吸收的数量决定它们导致系统毒性或肌体损伤的程度。呼吸道、胃肠道和皮肤是纳米颗粒暴露于人体的三个主要途径。进入机体内的纳米颗粒所产生的生物效应及其强度依赖于在靶器官的浓度、尺寸和表面性质等，而在靶部位的浓度依赖于暴露剂量、吸收、分布、结合、排泄及其聚集的可能性等多种因素。纳米颗粒在体内形成聚集体（第二种尺寸）的尺寸受不同器官或组织的 pH 和离子浓度的影响。即使具有相同初始尺寸的纳米颗粒进入体内，到达各器官或组织后，其尺寸也可能发生较大程度的变化，并且纳米颗粒的真实尺寸还依赖于其与体内微环境的相互作用[2]。由呼吸道吸入的纳米颗粒途经呼吸道内各层防御屏障，直接沉积在肺泡区域。纳米颗粒确切的沉积位点主要受纳米尺寸和表面性质的影响。另外，纳米颗粒也可能通过在皮肤表面的沉积，穿越表皮屏障进入到真皮层，甚至皮下组织，在此过程中纳米尺寸和表面性质同样起着决定性的作用，因此，讨论纳米颗粒的吸收首先需要了解纳米颗粒在体内的沉积性质。

2.1.1　纳米颗粒在肺部的沉积和吸收

呼吸道是纳米颗粒进入体内的重要途径。纳米颗粒的尺寸、水溶性和表面性质等直接影响吸收位点和强度。纳米颗粒的渗透和沉积部位在很大程度上依赖于纳米尺寸。空气动力学直径小于 100 nm 的纳米颗粒主要定位于肺泡区。Kanapilly 等发现，大鼠吸入暴露纳米尺寸的^{239}PuO$_2$ 颗粒（10～30 nm）后在肺部深处的沉积量是吸入相同化学组成微米尺寸颗粒的 2～4 倍[3]。根据国际放射防护委员会（ICRP）提出的人呼吸道颗粒沉积模型，直径 20 nm 的纳米颗粒在肺泡组织的沉积率约 50%，而在鼻咽部和气管支气管的沉积率仅约 10%；当粒径尺寸减小至 5～10 nm 时，主要分布在鼻咽部和气管支气管，肺泡沉积的有效率为 20%～30%[4]。这些数据表明，颗粒越小，进入肺部的程度就越深。图 2.4 是 Oberdörster 等所总结出的吸入不同尺寸颗粒在呼吸道中的沉积行为示意图[1]。纳米颗粒在呼吸道的靶向区域主要取决于颗粒尺寸的大小。

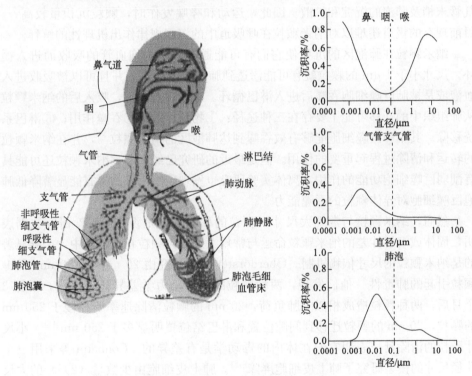

图 2.4　吸入颗粒在人呼吸道、鼻咽、气管、支气管、肺泡等区域的
沉积部位随尺寸大小的改变而不同[1]

颗粒在体内的沉积过程通常包括截留、压紧、沉淀和扩散。在颗粒迁移过程中，与呼吸道表面紧密接触时可被截留。那些形状较长的纳米颗粒（如纳米管）易于被截留，如纳米管、纳米线、纳米绳或纳米带应易于被截留。其沉积概率受纳米颗粒长度的影响，因为纳米颗粒越长，与通道表面接触的可能性越大。然

而，经过压紧和沉淀形成的沉积概率对颗粒直径的变化则更加敏感。研究发现，单壁碳纳米管（SWNTs）主要沉积在肺泡区，但其沉积过程还不清楚[5]。另外，由于扩散是亚微米颗粒布朗运动沉积的重要形式，粒径减小布朗运动就会加剧，因此扩散也是纳米颗粒在呼吸道和肺泡区沉积的重要机制之一。有研究发现，大鼠经气管滴注 SWNTs 颗粒的沉积是非均匀性的，造成部分肺叶的肉芽肿损伤，并且在暴露一个月后，出现多灶性巨噬细胞肉芽肿扩散。这说明，碳纳米管在肺部的沉积也存在扩散模式[6]。此外，呼吸模式也是决定纳米颗粒沉积强度的重要因素。例如，静息状态下，呼吸道通道总体积仅是解剖无效腔（不发生气体交换的通道体积）的 2～3 倍，大量吸入的颗粒可能同时被排出体外。运动状态下，呼吸道内气流速度和气流体积的增加，大大增加了颗粒在支气管中的压紧和在支气管末梢及肺泡的沉淀和扩散。因此，运动和哮喘发作时，颗粒沉积量较高[7]。目前现有的报道还难以对纳米颗粒在呼吸道中的沉积规律作出机理性的解释。

纳米颗粒在肺泡区的沉积使它们有可能通过肺泡毛细血管的吸收而进入循环。尺寸小于 1 μm 的颗粒就有可能渗透到肺的肺泡囊中，并且可以被吸收进入血液或是被肺巨噬细胞吞噬后进入淋巴循环。根据现有报道，吸入后的纳米颗粒从肺组织中的迁移可能主要存在三种途径：①物理扩散；②吞噬作用；③淋巴系统移除。其中肺巨噬细胞能够有效吞噬到达肺泡区的纳米颗粒[8]，并在纳米颗粒的转运和清除过程起重要的作用。但是最近的研究已经表明，纳米颗粒还可能具有削弱巨噬细胞功能的作用，离体实验研究也发现碳纳米管的暴露能显著降低肺泡巨噬细胞对异体颗粒的吞噬能力[9]。

然而，纳米颗粒与常规大尺寸大颗粒的移除机制是否不同呢？研究数据表明，固体或溶解性差的纳米颗粒命运与常规大尺寸大颗粒相似，其中，差异显著的是纳米颗粒的尺寸依赖机制。Oberdörster 等正研究由 20 nm 和 250 nm TiO$_2$ 颗粒引起的肺毒性。他们发现，两种颗粒的保留动力学差异显著[10,11]，暴露 3 个月后，两种颗粒造成相似的肺负荷，20 nm 的颗粒清除速率明显慢于 250 nm 的颗粒，20 nm 的颗粒迁移到间隙位置和淋巴结位置明显多于 250 nm[11]。小尺寸颗粒的清除延长表明它们在体内的毒动学是有差异的。Conhaim 等采用三个孔径尺寸的模型研究了肺上皮细胞屏障[12]。肺上皮细胞由少数量（2%）的大尺寸孔径（孔半径 400 nm）、中间数量（30%）的中等尺寸孔径（孔半径 40 nm）和大数量（68%）的小尺寸孔径（孔半径 1.3 nm）组成。通常，纳米颗粒的尺寸分布宽泛，它们很可能恰好通过这些孔径的肺上皮细胞屏障。尽管纳米颗粒的沉积和吸收机制与微米颗粒不同，造成体内不同毒理学性质的根本原因也不清楚，但由于纳米颗粒的团聚，易形成与常规大尺寸颗粒类似的尺度[13,14]，从而可能导致它们的行为相似。因此，有关微米颗粒沉积特征的知识对于理解纳米颗粒的行为仍然有用。进一步、全面地研究这些问题也非常必要。

2.1.2　纳米颗粒在皮肤的渗透和吸收

皮肤是人体的最大器官，也是纳米颗粒侵入机体的重要途径。皮肤由表皮、真皮、皮下层三层组织结构组成。最外层表皮是覆盖在整个身体的角质层，是人体第一道防御层，是防止大多数颗粒与化学物质渗透的限速屏障。尽管皮肤直接与毒性试剂接触，但幸运的是，不易被微米颗粒渗透，因此它能够作为防御外源毒性物质侵入机体的有效屏障。然而，皮肤屏障可以有效抵御纳米颗粒的入侵吗？又将会发生什么情况呢？而且，皮肤上分散密度不同的汗腺和毛囊（占总皮肤表面的 0.1%～1.0%）可能会成为纳米颗粒到达深层皮肤，甚至进入体内血液循环的新入口。

近年来，由于从事生产溶剂、杀虫剂或医药品工作者的职业暴露的危险性，人们逐渐关注纳米颗粒通过完整皮肤的通道的相关研究。人们对脂质体、固体颗粒，TiO_2、聚合物颗粒，以及像固体脂质纳米颗粒的亚微乳胶颗粒等含不同化学物质或颗粒的载体材料的皮肤渗透能力做了初步的研究。而 TiO_2 纳米颗粒因其宽泛的紫外吸收光谱和在化妆品防晒剂中的广泛应用而备受青睐。其中人们最为关注的是皮肤屏障能否防御 TiO_2 纳米颗粒的渗透。为此科学家研究了不同尺寸大小的 TiO_2 纳米颗粒的皮肤渗透能力。例如，Tan 等反复对自愿受试者进行皮肤损伤实验。初步研究表明，10～50 nm 的 TiO_2 颗粒能够渗透到角质层进入真皮层[15]。45～150 nm 长、17～35 nm 宽、针状的 TiO_2，暴露 6 h 后，主要沉积在最外层角质层，而不会渗透到角质层深处、表皮和真皮。TiO_2 纳米颗粒（粒子平均尺寸 100 nm，针状）的任何表面性质、尺寸和形状都不会促进真皮吸收[16]。但是，在另一些研究中，却发现微米尺寸的 TiO_2 颗粒能够渗透角质层甚至到达深处毛囊[17]。Kreilgaard 等认为，角质层细胞的脂质层形成一个孔径，5～20 nm TiO_2 颗粒可渗透皮肤，与免疫系统相互作用[18,19]，并且纳米颗粒在被 Langerhans 细胞吞噬前都能沿此孔径移动[20~22]。对于粒径小于等于 1 μm 的颗粒来说，具有尺寸依赖性，而对较大尺寸的颗粒无此现象[23]。此外，也有研究发现 3～8μm 的颗粒也能渗透皮肤[17,24,25]。纳米脂质体的皮肤渗透也是尺寸依赖性的模式，粒径较大（586 nm）的一般到达活性表皮，平均粒径 272 nm 的脂质体不仅能到达活性表皮，有些甚至可达到真皮。平均粒径 116 nm 和 71 nm 的较小尺寸的脂质体在活性表皮和真皮具有较高的浓度[26]。

纳米颗粒的皮肤渗透不仅依赖于纳米尺寸，而且其渗透能力也具有化学依赖性。它们的化学组成是直接决定其渗透能力的根本因素之一。例如，Verma 等发现 50 nm～1μm 的亚乳胶颗粒（非离子表面活性剂结合的脂质体）在表皮与细胞膜结合[26]。类似于颗粒的单个分子能渗透到细胞间隙或角质层的某个区域，也可能聚集而再次形成微球进行皮肤渗透，研究者们采用膜扩散和共聚焦显微镜技术研究发现载体微球能渗透到恶性黑素瘤细胞，甚至到达其细胞核[27]。

总之，纳米颗粒渗透皮肤具有尺寸依赖性、化学依赖性，小尺寸颗粒比大尺寸颗粒更易进入皮肤而到达深层皮肤。颗粒类型不同则其渗透行为也不同，在深层皮肤中我们往往能发现各种类型的颗粒。然而，现在由于纳米颗粒皮肤渗透和吸收的数据资料仍然十分有限，我们不可能预测纳米颗粒在皮肤的渗透行为。目前几乎没有关于纳米颗粒皮肤渗透与吸收的详细机制的报道，偶尔有人讨论，也是模糊的推论机制；人们仍然不清楚渗透皮肤的纳米颗粒能否进入循环系统。

2.1.3　纳米颗粒在胃肠道的沉积和吸收

胃肠道是吸收外源性有毒物质最重要的部位之一。食物链的多数环境毒物是与食物一起经胃肠道吸收的。目前，纳米颗粒可用作营养产业、医学行业及其相关产品的添加剂。此外，某些纳米颗粒吸入暴露，经肺黏膜系统排出，可被吞入到胃肠道。各种日用品、工业产品、农产品中广泛使用的纳米材料和纳米颗粒将通过工业和生活废水的排放及处理等渠道进入环境，然后，被植物与生物机体吸收，或者被细菌吞噬。因此，各类型的纳米颗粒将进入食物链，而最终进入人体。

最近，我们研究了金属纳米颗粒的动物胃肠道急性毒性。实验中分别给小鼠灌胃剂量为 5 g/kg，尺寸大小分别为 1.08 $\mu m \pm 0.25$ μm 和 58 nm$\pm$16 nm 的锌颗粒悬浮液。初始几天，纳米锌颗粒处理的小鼠组出现严重的乏力、恶心、呕吐、腹泻等症状。微米锌颗粒处理的小鼠组除轻微乏力外，并未出现以上症状[28]。试验前三天，小鼠纳米锌颗粒组与生理盐水对照组相比体重下降了 22%。然而，微米组和生理盐水对照组之间小鼠体重无显著性差异。试验第 2 天和第 6天，小鼠纳米组有两只死亡（雌、雄各 1），微米组无死亡。尸体检查发现，纳米组小鼠的死亡是由纳米锌颗粒的严重聚集引起肠梗阻而造成的（图 2.5）。

图 2.5　小鼠口服纳米锌颗粒后，出现肠梗阻现象，而对照试验的
口服微米锌颗粒的小鼠无此现象[28]

　　肠道对（剂量相同的）纳米锌颗粒和微米锌颗粒的沉积和吸收有显著性差异：纳米锌颗粒更易引起肠梗阻[28]。由于锌纳米颗粒在体外介质中易团聚，在体内自然也可能易聚集。所以，经口暴露的金属纳米颗粒比相同化学组成的常规尺寸颗粒可能更易引起严重的肠道反应。

　　纳米颗粒能够通过含有 M 细胞（特殊的肠上皮噬菌细胞）集合的肠淋巴组织（派伊结，Peyer's patches，PP）从肠道内腔迁移[20,29]。纳米颗粒的摄入不仅可通过 PP 的 M 细胞与肠道淋巴组织的独立囊泡，而且也可通过正常肠上皮细胞。通常，惰性颗粒的摄入多数是通过正常肠上皮细胞和 PP 的 M 细胞发生胞内转运，少数是经细胞旁路途径[30]。在传统毒理学和生理学研究中，PP 不能区分吸收尺寸大小不同的颗粒[20]。但淋巴组织和 PP 的 M 细胞参与纳米颗粒的摄入和捕集过程[31]。Jani 等报道了荧光标记的聚苯乙烯纳米球和微米球（50 nm～3 μm）经口暴露，集中在 PP 绒毛膜层的实验数据，并且颗粒可穿过肠系膜淋巴管，到达淋巴结和肝组织，而在肺和心脏未出现[32~34]。TiO$_2$ 颗粒经胃肠道暴露，主要在肠道淋巴组织，500 nm TiO$_2$ 颗粒可迁移至肝、脾、肺及腹膜组织，而在心脏或肾中未检测到[35]。Bockmann 等发现纳米 TiO$_2$ 可从胃肠道进入血液[36]。

　　纳米颗粒的尺寸、表面电荷、亲水性、连接配体的生物包覆、表面活性剂化学修饰等诸多新因素都可能影响它们在胃肠道的作用区域和位点[37~46]。颗粒在肠内的迁移动力学依赖于它们扩散、通过黏液层的能力、与内皮细胞或 M 细胞的接触情况以及细胞的传输和迁移等。由于静电排斥和黏液捕集，像羧酸盐聚苯乙烯荷电纳米颗粒[34]或荷正电的聚合物等，生物利用度较差。表面电荷影响它们扩散、通过黏液层进入内皮细胞表面的速率[41]。荷负电的羧基荧光乳胶纳米颗粒可扩散、通过黏液层，而阳离子纳米乳胶颗粒却不可通过，并且被负电荷黏液层捕集。此外，Caco-2 单细胞的实验表明，疏水性可使颗粒快速扩散、通过黏液层，同时，与荷负电的突起表面相互作用[42]。颗粒与细胞表面间的作用是颗粒摄入的标志，疏水/亲水平衡和电荷也将影响颗粒的摄入速率[43]。疏水颗粒可达到较高的摄入水平，荷负电颗粒的吸收减少。同时，颗粒的沉积具有尺寸依赖性，颗粒越小越易穿过胃肠道[45,46]。另外，Szentkuti 等发现，颗粒穿过黏液层到达内皮细胞表面的速率也具有尺寸依赖性，颗粒越小，渗透黏液层进入结肠内皮细胞的速度越快[41]。例如，直径 14 nm 和 415 nm 的颗粒其渗透黏液层的时间分别为 2 min 和 30 min，并且 1000 nm 的颗粒不能通过此屏障。因此，我们能够初步推测，尺寸、疏水性和表面电荷可有效地影响纳米颗粒扩散、通过黏液层到内皮细胞表面的速率，然而，它们的作用机制仍需进一步研究。

2.2　纳米颗粒在体内的迁移和分布

纳米颗粒经呼吸系统、皮肤、胃肠道及静脉注射等途径吸收，可进入血液而迅速分布到全身。某些研究集中于纳米颗粒的体内迁移及分布，有助于人们认识和理解它们的体内靶向作用和行为。例如，经吸入暴露，纳米颗粒能迁移到上皮细胞、血液、中枢神经系统，而分布到整个体内的组织或器官，甚至可达到细胞、亚细胞和分子等水平。同时，纳米颗粒的迁移和分布也受暴露途径、纳米特征（例如，纳米尺寸、比表面积）等因素决定。

2.2.1　吸入暴露的迁移和分布

2.2.1.1　在组织/器官的迁移和分布

纳米颗粒一旦在肺部沉积和吸收将迁移到肺组织外，这种迁移将极大程度地影响纳米颗粒的最终分布。目前，人们知道，某些纳米颗粒能迁移到上皮细胞[10,11,47~53]，进入血液系统，而分布到其他器官[54~61]，也有一些颗粒甚至能够到达神经系统[62~76]。

事实上，用于确定纳米颗粒在生物系统内迁移的实时、定量监测技术非常有限。最近，北京大学刘元方院士等率先采用同位素标记技术，[125]I 标记了羟基化单壁纳米管（SWNTols）（长～300 nm，平均直径 1.4 nm，相对分子质量600 000）[73]，通过测量[125]I 原子发出的 γ 射线来确定小鼠器官中羟基化[125]I-SWNTols聚集的数量。图 2.6 为羟基化[125]I-SWNTols 随时间变化的分布图。

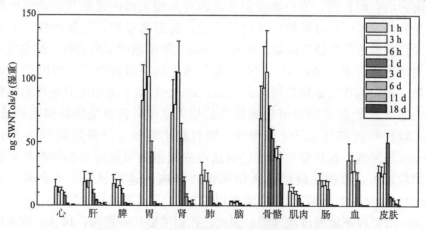

图 2.6　单壁碳纳米管在小鼠不同脏器的分布
以及随时间的变化（代谢情况）（平均数±SD，$n=5$）[73]

1 h 后，吸收最多的器官按顺序依次为胃、肾、骨骼；而 6 h 后，顺序与此相反，说明不同器脏对单壁碳纳米管的代谢速率有很大差别。羟基化 ^{125}I-SWNTols 易在多数器官组织分布，聚集在骨骼，并保持一段较长时期。暴露 18 天后，几乎所有器官的含量都已接近或低于检测限，而骨骼中的浓度仍可保持 20 ng/g。同时，腹腔注射、皮下注射、胃插管、静脉注射等不同暴露途径不会对羟基化 ^{125}I-SWNTols 的分布产生显著影响[73]。

2.2.1.2　在上皮细胞的迁移和分布

纳米材料在呼吸道系统沉积，易通过肺泡区迁移到上皮细胞或间隙位置[11,48,49]。Ferin 等发现不同尺度的纳米 TiO_2 能够进入肺间质[10]。Oberdörster 等也发现纳米尺寸的聚四氟乙烯颗粒沉积后，能迅速迁移到上皮细胞[47]。同时，Takenaka 等[50]、Videira 等[51]和 Oberdörster 等[11]都发现纳米颗粒中的一些较大颗粒不仅可转移到肺，而且可进入淋巴系统。这些研究表明，颗粒肺泡沉积后，纳米材料比常规尺寸材料进入间隙位置的能力强。

纳米颗粒一旦从肺泡区迁移到上皮细胞或间隙位置，就可以迁移、进入血液循环系统，而到达其他器官。大多数吸入颗粒保留在肺间质，时间甚至可长达几年[52]。Kato 等已证明了肺上皮细胞能够选择性地吞噬不溶性外源物质[53]。因此，上皮细胞与内皮细胞是防止纳米颗粒进入血液系统的重要屏障。此外，纳米颗粒迁移到上皮细胞和内皮细胞层也受其尺寸、表面化学（包覆）和电荷的影响。

2.2.1.3　在循环系统的迁移和分布

目前，许多研究已证明纳米颗粒能够迁移进入循环系统[54~61]。Berry 等研究了纳米材料通过肺上皮细胞的迁移，大鼠经气管灌注 30 nm 的金颗粒，30 min 后，在肺泡毛细管的血小板中可观察到大量的金纳米颗粒[54]。Nemmar 等研究了仓鼠吸入锝标记碳纳米颗粒（80 nm）的迁移，5 min 内，发现 25%～30% 的碳颗粒能够从肺部扩散进入血液循环[55,56]。Kawakami 等也报道了类似的结果，锝气体吸入暴露后，自愿受试者的血液可立即检测到放射活性[57]。尽管许多文献都已观察到纳米颗粒经动物气管灌注或吸入的肺外迁移现象[48,50,58,59]，但是关于从肺部迁移到血液循环系统的实验数据仍非常有限，并且有些结果互相冲突。最近研究已发现，受试者体内沉积的 60 nm 锝标记气溶胶经 2 h 可清除，肝脏仅存 1%～2% 的放射活性，而在血液中未检测到放射活性[77]。

不同纳米颗粒迁移到血液和肺外器官的情况不同。即使对较大的颗粒，鼻腔传输的聚苯乙烯微颗粒（1.1 μm）也能够迁移到系统内组织，形态学观察表明，聚苯乙烯颗粒可能通过转包吞作用定位于肺毛细血管间隙[53,60]。Oberdörster 等用[13]C 标记纳米颗粒进行大鼠吸入实验[59]。24 h 后，发现 25 nm 颗粒出现在几个器官内，从肺部迁移到其他器官可能有额外的通道。虽然巨噬细胞的吞噬或上皮细胞和内皮细胞的内吞是颗粒迁移到血液的首要途径，但是也不排除有其他迁移途径的存在[55]。最近，Meiring 等单独利用肺灌注进行大鼠的药理学研究，确认了纳米颗粒从肺部进入血液循环系统的迁移[61]。纳米颗粒对肺屏障的渗透性可能受上皮细胞和内皮细胞水平控制，炎症情况影响其屏障功能，从而可能影响纳米颗粒的迁移。纳米颗粒迁移的机制和途径需要深入研究、确定。此外，究竟什么因素影响纳米颗粒的体内迁移？暴露途径、剂量、尺寸、表面化学及时间等因素的影响也需要系统研究。

纳米颗粒进入血液，易流经全身，而分布到肝、心、肾、脾、骨髓等各个靶器官[48,59]。Kreyling 等研究了机体肺部摄入颗粒的迁移，发现在肝、脾、心、脑器官的沉积量不到 1%[48]。Oberdörster 等证明了碳纳米颗粒，经吸入暴露，一天后，可迁移到肝脏，而在其他器官未检测到纳米颗粒的显著增长，表明碳纳米颗粒随肝脏的摄入而进入血液循环[59]。

2.2.1.4 沿神经系统的迁移

多年的流行病学调查及动物学实验研究发现，与粗颗粒相比，大气颗粒物中的细颗粒（空气动力学直径小于 2.5 μm）和超细颗粒（空气动力学直径小于 100 nm）是影响人体健康的重要组分。纳米颗粒能够迁移进入各种啮齿动物的嗅球和中枢神经系统[62~76]。最近的研究表明，中枢神经系统是吸入细颗粒物潜在的靶器官。而嗅球和嗅神经是纳米颗粒沿神经轴突进入中枢神经的入口[65,66]。Delorenzo 等根据松鼠猴鼻腔灌注金胶态颗粒（50 nm），报道了它们沿神经轴突到嗅球的迁移[62]。像病毒（30 nm）[63]、银包覆的胶态金颗粒（50 nm）[62]、合成的固体颗粒（500 nm）[64]等各种直径的颗粒传输速率接近 2.4 mm/h，鼻腔接种后，在 30~60 min 内就可出现在嗅球中。

碳纳米材料的体内生物分布研究发现大鼠脑内也可检测到像 C_{60}[67,68]、^{140}La@C_{82}[69]、^{166}Hox@C_{82}(OH)$_y$[70]、^{99m}Tc-C_{60}(OH)$_x$[71]、Gd@C_{82}(OH)$_x$[72]和碳纳米管[125]I-SWNTols[73]等。最近，我们利用 ICP-MASS 定量检测技术和 X 射线荧光光谱同步辐射扫描分析技术发现吸入 20 nm 和 200 nm TiO$_2$ 纳米颗粒都可以迁移到大鼠脑内，而引起脑部结构的破坏；并发现纳米颗粒沿着神经系统到脑内的迁移表现出明显的尺寸依赖性，然而，关于纳米颗粒怎么迁移进入脑内的机制还不清楚，针对这些问题，我们利用同步辐射 X 射线荧光技术（SRXRF）的微区（达十几微米）分析特性分析了不同尺寸的 TiO$_2$ 纳米颗粒（25 nm、80 nm 和 155 nm），小鼠经鼻腔吸入暴露后，钛及其他金属元素在嗅球中的空间微区分布情况如图 2.7 及图 2.8 所示。结果表明，吸入的 TiO$_2$ 纳米颗粒可以通过嗅神经进入嗅球，并且影响嗅球中 Fe、Cu、Zn 等金属元素的分布（图 2.8）。从这些研究结果可以推断，纳米颗粒可以通过初级和次级嗅觉通道进入大脑内。嗅球和脑中纳米颗粒的代谢途径及其潜在的神经毒性同样是非常重要的问题，仍需要进一步系统的研究[74]。

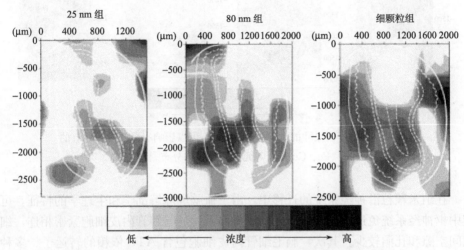

图 2.7　吸入不同尺寸的 TiO_2 纳米颗粒在小鼠嗅球中（钛）的分布

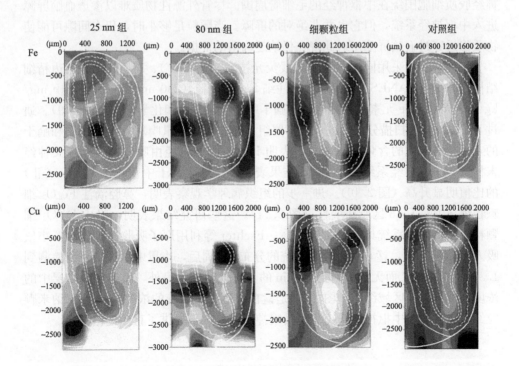

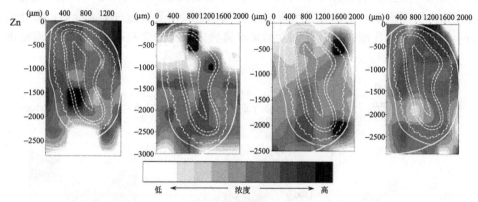

图 2.8　吸入不同尺寸的 TiO_2 纳米颗粒，可以影响小鼠嗅球中原有的

Fe、Cu、Zn 等元素的含量和分布[74]

在纳米颗粒沿神经系统的迁移中，由于血脑屏障解剖学和生理学的特征，可使中枢神经系统免遭破坏。首先，中枢神经系统的毛细管内皮细胞紧密相连，细胞间空隙和孔洞较少。其次，脑毛细管内皮细胞包含 ATP 依赖的转运子、多种药物抗体蛋白（如糖蛋白，PGP），能够把物质排出，返回到血液。再次，星形神经胶质细胞围绕在中枢神经的毛细管周围。尽管外源性物质难以渗透血脑屏障进入中枢神经系统，但它也并非绝对的屏障。当颗粒足够小时，仍有间隙可能使物质渗透穿过血脑屏障。对此现在仍缺乏确凿的证据。

最近，我们采用同步辐射 X 射线荧光技术（SRXRF）、X 射线吸收近边精细结构谱技术（XANES）分析鼻腔滴注细 Fe_2O_3 颗粒（280 nm±80 nm），40 mg/kg、14 天后，Fe 元素在小鼠嗅球和脑干中的微区分布和化学形态（图 2.9）。通过 SRXRF 微区扫描分析发现，与对照组相比，铁在小鼠嗅球的嗅神经层和脑干的三叉神经区域的含量显著升高，表明 Fe_2O_3 细颗粒经由嗅觉神经和三叉神经末梢进入中枢神经系统。XANES 结果表明，嗅球和脑干中 Fe（Ⅲ）/Fe（Ⅱ）的比值明显升高（图 2.10）。进一步的组织病理学观察表明，鼻腔滴注 Fe_2O_3 细颗粒诱导海马 CA3 区脂肪变性（图 2.11）。这些研究结果表明，吸入 Fe_2O_3 细颗粒对中枢神经系统具有潜在危害[75]。Fechter 等利用原子吸收光谱检测了小鼠吸入 MnO_2 颗粒，锰在中枢神经系统的分布，3 周后，小鼠中枢神经系统检测到 1.3 μm 的颗粒，而无法检测到 18 μm 的大尺寸颗粒。另外，嗅球和脑皮层中的浓度显著高于其区域组织。图 2.12 是锰在中枢神经系统的浓度分布[76]。纳米颗粒经鼻吸入进入中枢神经系统为其沿嗅神经迁移入脑提供了直接证据。

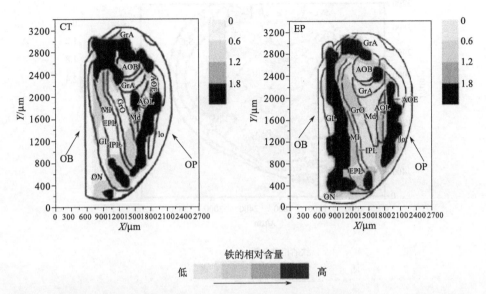

图 2.9 小鼠吸入 Fe_2O_3 细颗粒后，Fe 元素在嗅球（OB）中的分布。CT：对照组（$n=3$）；EP：暴露组（$n=3$）。字母表示不同的脑分区：OB：嗅球，OP：嗅茎，ON：嗅神经，GL：突触小球层，EPL：外丛层，MI：僧帽细胞层，IPL：内丛层，GrO：嗅球颗粒细胞层，Md：髓质层，GrA：副嗅球颗粒细胞层，AOB：副嗅球，AOE：前嗅核外部，AOL：前嗅核外侧部，lo：嗅束神经纤维层

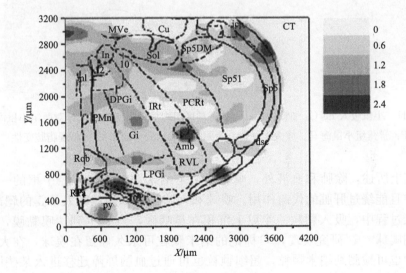

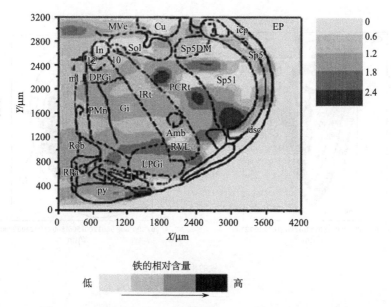

图 2.10　小鼠吸入 Fe_2O_3 细颗粒后，Fe 元素在脑干区的分布

CT：对照组（$n=3$）；EP：暴露组（$n=3$）。虚线之间的字母表示不同的脑分区

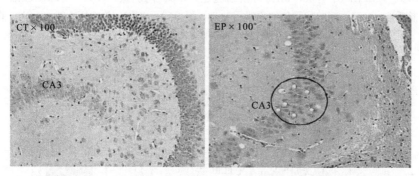

图 2.11　小鼠吸入 Fe_2O_3 细颗粒后，大脑海马区组织病理学变化。CT：对照组小鼠海马；
EP：暴露组小鼠海马。放大 100 倍。圆圈区域显示海马的 CA3 区出现脂肪变性[75]

综上所述，除肺和血液外，嗅神经也是纳米颗粒进入神经中枢的一种途径，并且能绕过肝脏的代谢作用。嗅球和大脑是纳米颗粒吸入暴露的靶部位。在吸入过程中，吸入颗粒一半以上沉积在鼻咽区，约 20% 到达嗅黏膜，进而迁移到嗅球[65]。研究发现，[13]C 标记的纳米颗粒可永久停留在嗅球，在大脑和小脑中也可检测到纳米颗粒。超细颗粒也可通过血脑屏障迁移进入某些区域，有些纳米颗粒可靶向到中枢神经系统。迄今为止，纳米颗粒最可能的迁移机制是首先沉积在呼吸道鼻咽区的嗅黏膜，然后，通过嗅神经进入大脑[65]。富勒烯通过嗅神经可迁移入鱼脑，同时，也可引起一些脑损伤[66]。纳米颗粒在大脑不同区域的迁移和分布情况以及对大脑结构和功能的影响等都是未来研究探索的重要命题。

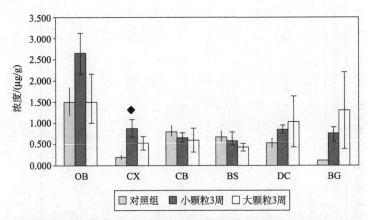

图 2.12　小鼠吸入 1.6 μm 和 18 μm MnO₂ 颗粒 3 周后，脑部区域中锰的浓度。平均数±S. E. M.；◆表示 Mn 处理组和对照组差异显著（$p < 0.05$）。OB：嗅球，CX：脑皮层，CB：小脑，BS：脑干，DC：间脑，BG：神经中枢[76]

2.2.2　口服暴露的迁移和分布

根据 OECD 化学物质急性毒性实验指南，我们评价了 20 nm ZnO 和 120 nm ZnO 在不同剂量（1 g/kg、2 g/kg、3 g/kg、4 g/kg、5 g/kg）下的急性口服毒性[78]。纳米和亚微米 ZnO 的急性口服毒性与普通 ZnO 化合物的类似，LD₅₀ 为 7950 mg/kg。根据全球化学品分类标准（GHS），20 nm ZnO 和 120 nm ZnO 均属于无毒级别。急性经口暴露纳米和亚微米 ZnO 后，Zn 元素主要分布在胰腺、肾、骨骼中，以骨骼为最明显；心肌中锌的含量也有轻微的升高（图 2.13）。血液学结果表明，低、中剂量的 20 nm ZnO 和高剂量的 120 nm ZnO 诱导了血液黏度的明显升高（表 2.3）。病理学结果表明，120 nm ZnO 暴露导致小鼠胃、肝、心肌和脾组织的病理损伤呈现正向的量-效关系，而纳米 ZnO 组，除胃组织外，肝、脾、胰腺和心肌的损伤均呈现负向的量-效关系（表 2.4），出现肝水肿、恶化以及胰腺炎。这些研究结果表明，肝、心肌、脾、胰腺、骨骼是急性口服暴露20 nm 和 120 nm ZnO 颗粒的靶器官，纳米和亚微米 ZnO 对成年小鼠经口暴露的毒性反应具有微弱的差异，低剂量 20 nm ZnO 的潜在毒性应引起人们更多的关注。

表 2.3　小鼠口服 20nm 和 120nm ZnO 纳米颗粒后，小鼠血清的生化指标随暴露剂量的变化（$x \pm SD$，$n=10$）

组	LDH/(U/L)	ALT/(U/L)	ALP/(U/L)	TP/(g/L)	LAP/(U/L)	TG/(mmol/L)	TC/(mmol/L)	UA/(μmol/L)	CR/(μmol/L)	P/(mmol/L)	HBD/(U/L)
N1	672±218*	28.3±2.6*	94.8±10.4	43.6±2.0	43.0±6.1	1.4±0.4	3.0±0.9	125±46	42.0±3.2	2.7±0.3	351±125*
N2	466±183	25.9±4.9	108±29	46.3±3.0*	40.9±3.9	1.5±0.4	3.3±0.7	115±28	41.2±1.3	2.7±0.1	236±97
N3	496±155	20.1±3.4*	93.3±15.3	41.8±2.5	37.0±3.7	1.2±0.4	3.0±0.7	88.1±28.2	39.9±3.8	2.7±0.2	253±89
N4	325±146	22.0±1.0	103±46	38.4±9.8	34.3±9.1	1.4±0.4	2.6±0.8	93.8±36.7	36.3±9.4	2.6±0.5	162±71
N5	409±103	19.4±4.5	96.6±22.8	41.8±6.4	38.1±9.0	1.1±0.2	3.3±0.4	78.3±20.0	37.5±3.9	2.8±0.2*	199±53
SM1	1018±263**	21.9±4.4	107±26	43.0±2.4	44.3±4.4*	1.5±0.4	2.5±0.5	190±77	54.0±7.5**	2.5±0.1	406±126**
SM2	915±209**	22.0±3.4	133±49**	40.6±2.4	40.0±3.2	1.3±0.3	2.7±0.4	181±70	49.3±5.5**	2.7±0.3	382±109*
SM3	1202±281**	20.3±5.2	122±19**	41.6±2.0	39.0±6.4	1.6±0.5	2.6±0.4	187±44**	50.4±7.3**	2.8±0.4	509±150**
SM4	1079±228**	20.9±6.3	111±26	41.8±2.6	39.0±3.5	1.6±0.4	2.4±0.2	168±18**	45.4±3.5*	2.6±0.2	439±106**
SM5	651±194	28.9±6.1*	106±14	44.7±3.3*	41.1±4.6	1.9±0.2*	3.5±0.6**	91±36	43.4±8.6	3.2±0.5*	384±85**
CT	464±162	23.1±4.3	86.6±15.6	40.7±4.0	37.1±1.7	1.3±0.3	2.8±0.4	105±37	38.8±4.0	2.4±0.2	244±85

* $\alpha \leqslant 0.05$ vs. 对照组。

** $\alpha \leqslant 0.01$ vs. 对照组。

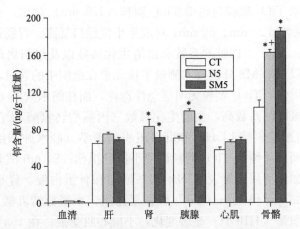

图 2.13　小鼠口服 20 nm 和 120 nm ZnO 颗粒（剂量：5 g/kg 体重）后第 14 天，其血清和
组织中 Zn 元素含量的变化。CT：对照组；N5：口服 20 nm ZnO 组；SM5：
口服 120 nm ZnO 组。＊：20 nm 和 120 nm 组与对照组相比较，$p<0.05$；
＋：20 nm 组与 120 nm 组相比较，$p<0.05$

表 2.4　病理解剖观测 20 nm ZnO（N1～N5）和 120nm ZnO（SM1～SM5）暴露后 14 天
小鼠靶器官组织病理损伤。分组中的数字 1～5 分别代表不同暴露剂量[78]

（1 g/kg、2 g/kg、3 g/kg、4 g/kg、5 g/kg）

组别	胃[a]	肝[b]	胰腺[c]	肾[d]	脾[e]	心肌[f]
N1	＋	＋＋	＋	－	＋	＋＋
N2	＋	＋＋	＋	－	－	－
N3	＋	＋＋	＋	－	－	－
N4	＋	＋	－	－	－	－
N5	＋＋	＋	－	±	－	－
SM1	－	＋	－	－	＋	－
SM2	－	＋＋	－	－	＋	＋
SM3	＋＋	＋＋	－	－	＋	＋＋
SM4	＋＋	＋＋	－	－	＋＋	＋＋
SM5	＋＋	＋＋	＋	±	＋＋	＋＋
CT	－	－	－	－	－	－

a. 胃膜，黏膜或浆膜层出现炎症。

b. 中央静脉或汇管区周围肝细胞的脂肪变性。

c. 在胰腺间隙出现炎性细胞。

d. 肾小管的蛋白质特性。

e. 大量的脾小体。

f. 心血管细胞的脂肪变性。

注：－无病理变化；±轻度变化；＋中度变化；＋＋重度变化。

　　我们将纳米 TiO_2 颗粒与超细 TiO_2 颗粒（155 nm）对比，也研究了不同纳米尺寸 TiO_2 颗粒（25 nm、80 nm）对成年小鼠经口暴露、胃肠道摄取的急性毒性，剂量为 5 g/kg[79]。以脏器系数和血清生化参数以及组织病理学观察研究了它们的毒性，以 ICP-MS 分析技术测量了钛元素在组织中的含量，研究了它们的生物分布。两周内，TiO_2 颗粒无明显急性毒性，而在纳米（25 nm、80 nm）实验组，雌性小鼠肝脏系数高，血清生化参数（丙氨酸转氨酶/天门冬氨酸转氨酶 ALT/AST、乳酸脱氢酶 LDH）和肝脏组织病理学（肝水肿和细胞坏死）的变化也表明，不同尺寸纳米 TiO_2 颗粒诱使小鼠肝损伤；80 nm 试验组也观察到小鼠的肾毒性，如血清尿素氮（BUN）水平增加和肾蛋白液、肾小球肿胀等组织病理学变化；25 nm 和 80 nm TiO_2 颗粒暴露组，小鼠血清乳酸脱氢酶（LDH）和 α-羟丁酸脱氢酶（HBDH）显著变化，小鼠心肌受损；在 155 nm 暴露组，出现小鼠脑组织脂肪变性。然而，在心、肺、睾丸（卵巢）和脾等组织未观察到反常的病理学变化。小鼠生物组织分布试验表明，TiO_2 纳米颗粒经胃肠道摄取后，主要分布在肝、脾、肾和肺组织，并且在体内能够转运或迁移到其他的组织或器官（图 2.14）。此外，小鼠 TiO_2 纳米颗粒的经口暴露急性毒性在某种程度上，具有一定的尺寸和性别依赖性。

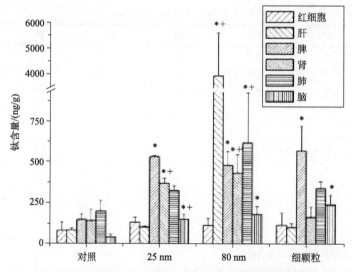

图 2.14　小鼠口服不同尺寸 TiO_2 纳米颗粒以后 2 周，雌性小鼠组织中 Ti 元素含量的分布图。* 号代表纳米组与对照组相比具有显著性统计学差异（$p<0.05$），＋号代表纳米组与微米组相比具有显著性统计学差异（$p<0.05$）[79]

2.2.3　其他暴露途径的迁移和分布

纳米颗粒可到达皮肤的表皮、真皮，甚至皮下层。真皮有丰富的血液、组织巨噬细胞、淋巴管、树枝状细胞以及五种不同类型的感觉神经末梢，颗粒可能通过与它们的相互作用而迁移到体内其他部位。最近，Kim 等把近红外量子点（15～20 nm）对小鼠和猪进行皮下注射，发现纳米颗粒一旦进入真皮层，将定位在淋巴结区域[80]。众所周知，分子经由胞外腔隙域中的一个孔道通过角质层，然后，由皮肤巨噬细胞和枝状细胞（Langerhans 细胞）输送到淋巴结[21,22]。纳米颗粒可通过噬菌细胞的吞噬作用迁移，这与颗粒由 Langerhans 细胞吞噬进入皮肤的假设一致[23]。此外，纳米颗粒可能通过淋巴结迁移而进入血液循环系统，沿皮肤感觉神经末梢的神经细胞运输可能是纳米颗粒潜在的又一个途径。但目前对皮肤暴露的研究仍然具有局限性[1]。

在众多的暴露途径中，静脉注射和腹腔注射是常用的暴露途径之一。近年来，通过静脉注射，我们着重研究了表面修饰羟基的二氧化硅包覆 CdSeS 量子点的网状结构的生物动力学行为，将剂量为 5nmoL/mouse 水溶性 CdSeS 量子点注入雄性癌症小鼠体内，采用等离子体质谱仪检测 ^{111}Cd 的含量以确定 CdSeS 在血液、器官和在预先确定的时间间隔里收集的排泄物中的浓度，同时通过病理分析和微分离心法研究了 CdSeS 量子点在组织中的分布和聚集态。CdSeS 量子点的半衰期和消除速率分别为 19.8 h±3.2 h 和 57.3 mL/(h·kg) ±9.2 mL/(h·kg)，肝和肾是 CdSeS 主要的靶器官，CdSeS 依靠其在体内独特的聚集态，以三条通路产生代谢变化。其中继续保持原有形状释放的量子点被肾小球毛细管过滤，在 5 天内以小分子结构通过尿液排泄出体外，而大多数量子点与蛋白质结合，聚集成大粒子在肝脏中代谢后，经粪便排出体外。5 天后 CdSeS 注射剂量的 8.6％仍保留在肝组织中，很难将之清除[81]。

最近，我们通过荷瘤雌性昆明小鼠（体重 20 g±2 g）腹腔注射，发现纳米颗粒 [Gd@C$_{82}$(OH)$_{22}$]$_n$ 具有高效抑制肿瘤生长的效果，在体内无任何可观测的毒性。利用 ICP-MS 进一步研究其生物分布，发现其主要聚集在骨骼，其他器官的含量很少（图 2.15）。这可能与其主要是由碳元素组成的有关。

除了在血清、红细胞和脑样品中，纳米颗粒小鼠处理组 Gd 的浓度比对照小鼠组（生理盐水处理）的高达 2～30 倍。在相同实验条件下，可通过研究大鼠中离子化 Gd（GdCl$_3$）的生物分布，清楚地观察到 [Gd@C$_{82}$(OH)$_{22}$]$_n$ 纳米颗粒与金属钆离子本身的生物分布完全不同[82]。这说明 [Gd@C$_{82}$(OH)$_{22}$]$_n$ 纳米颗粒在体内十分稳定，不会分解。

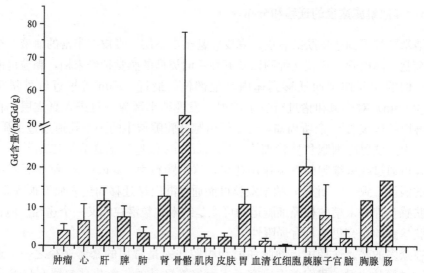

图 2.15　腹腔注射 22.5 nm 的 $[Gd@C_{82}(OH)_{22}]_n$ 纳米颗粒在荷瘤小鼠体内的
生物分布（以钆元素的含量表示，ng Gd/g 体重）[82]

2.2.4　迁移和分布的影响因素

影响纳米颗粒在体内的迁移和分布的因素很多。传统毒理学研究中，主要根据血流速度测定颗粒分布到组织器官的速率，即颗粒从毛细血管床外进入器官或组织细胞的扩散速率。初始分布受控于血流，而最终分布取决于外源性物质与组织的亲和力。另外，颗粒在特殊器官或组织的分布在很大程度上依赖于被动扩散或输运进入细胞的渗透能力。脂溶性分子易渗透细胞膜，而极性大的分子和中等尺寸的离子由于水合作用造成分子本身尺寸增大，则不易进入细胞。水溶性小分子和离子可经水溶性通道或孔径扩散进入细胞膜，纳米颗粒与水溶性小分子相比，尺寸较大，而不可能通过类似的通道或孔径进入细胞；纳米颗粒在细胞的迁移或扩散可能取决于本身的纳米特征。

除传统因素外，纳米特征可能是决定纳米颗粒最终生物分布的主导因素。Araujo 等研究了纳米颗粒的表面性质对其体内分布的影响，发现不同类型或浓度的表面活性剂包覆的纳米颗粒体内生物分布的差异显著[83]。纳米颗粒经大于等于 0.1% 的波洛沙姆 908 修饰，在肝脏中的颗粒浓度从静脉注射总剂量的 75% 明显减少到 13%。纳米颗粒表面经双十二烷基双甲基溴化铵（DDAB）修饰，可促使动脉摄入量提高 7～10 倍[84]。

尺寸也是一个重要的影响因素，纳米颗粒的迁移和分布表明了强烈的尺寸依赖性。Jani 等研究了雌性 Sprague Dawley 小鼠以 1.25 mg/(kg·d) 的剂量 10 天口服给药不同尺寸的聚苯乙烯球（50 nm～3 μm）的摄入情况[33]。在心脏和肺组织未发现可检测颗粒。在肝、脾、血液和骨髓中，50 nm 和 100 nm 纳米颗粒的总含量分别为 7% 和 4%。骨髓中不存在直径大于 100 nm 的颗粒，血液中也观察不到直径大于 300 nm 的颗粒。大多数颗粒都具有迁移进入细胞间质的功能，迁移过程与尺寸、输送剂量以及输送速率有关[10]。Oberdörster 等利用 12～20 nm 的和尺寸相对较大的纳米颗粒（220～250 nm）进行了一系列实验[11]。他们发现，大约 50% 的高剂量纳米材料已经到达肺细胞间质，致使炎症细胞反应从肺泡区域迁移到细胞间质。12～20 nm 纳米颗粒的迁移量是 220～250 nm 颗粒的 3 个数量级。显然，尺寸是决定颗粒通过肺上皮细胞迁移和输送速率的重要因素[10]。

正如上述，纳米颗粒的体内生物分布也依赖于它们渗透细胞膜的能力。人们已经研究了应用在生物医学领域的碳纳米管通过细胞膜进入细胞的传输能力，发现多肽修饰功能化的水溶性碳纳米管能够跨过细胞膜；共价连接多肽的单壁碳纳米管有助于功能性的 G 蛋白渗透细胞膜进入细胞。由于功能化的碳纳米管没有细胞毒性，因此可以作为一种小肽、拟肽类或有机小分子化合物进入细胞的新型输送工具，以解决药理学上药物输送的问题。其在疫苗输送方面可能具有潜在的应用价值[85]。

2.3 纳米颗粒的代谢和排泄

纳米颗粒在生物机体内吸收分布的速度无论快、慢，最终都将被排出体外。通常，以半衰期参数（$t_{1/2}$）表示，即毒物自体内消除 50% 所需的时间。一般的，毒物主要通过尿液、粪便、肺等几种途径自体内消除。肾脏是排泄外源化学物最重要的器官，它需要把大量化合物转化成水溶性强的物质，才能以尿液形式排出体外。另外，外源性化合物可通过粪便自体内消除，气体物质主要通过肺消除。通常，胆汁分泌排泄也是外源化学物及其代谢物消除的重要途径，当然也存在其他的消除途径。所有体内的分泌器官都具有消除典型化学物的能力，如在汗液、唾液、泪水和乳汁中可发现有毒物。排泄途径不同会对我们的生活产生直接的影响，比如未代谢的纳米颗粒通过排泄自体内消除，那就可能会输送到环境中去；如果通过像乳汁的分泌形式消除，则可能输送给婴儿等。因此，阐明各种纳米颗粒的排泄途径将显得尤为重要。

肾脏是有毒物质排出体外的重要器官。纳米颗粒通过尿液排出体外的机制，可能与代谢终产物通过肾脏（肾小球的滤过、肾小管的被动扩散排泄和主动分泌）排出体外的机制相同。肾脏接受约 25% 的心输出量，其中约 20% 通过肾小球过滤。因此，血液中部分纳米颗粒可直接输送到肾小球，肾小球的毛细血管的膜孔是 7～10 nm，能够滤过相对分子质量小于等于 60 000 的目标物质，尺寸大于等于 7～10 nm 的颗粒不能通过。而且，血浆蛋白的结合程度影响肾小球的滤过速率，外源性化合物与蛋白结合形成复合物，将致使其尺寸增大而不易通过肾小球膜孔。

MSAD-C_{60}、p,p'-双（2-氨基乙基）-联苯-C_{60} 双琥珀酰亚胺衍生物是水溶性富勒烯衍生物的一种，它具有抵抗人类免疫缺陷病毒（HIV）抗滤过性病原体的活性[86]。Hrabhu 等研究了该活性纳米结构分子的药代动力学，大鼠静脉注射后采用高效液相色谱技术（HPLC）检测其血浆浓度[87]。血浆中时间-剂量关系表明 MSAD-C_{60} 的下降符合双指数动力学方程或一级吸收三项指数方程。平均半衰期是 6.8 h±1.1 h，平均总的清除率是 0.19 L/(h·kg) ±0.06 L/(h·kg)，稳态分布容积平均为 2.1 L/kg±0.8 L/kg[87]。结果表明，大部分药物分子与血浆蛋白结合，不经肾脏清除而进入组织分布。

Bullard-Dillard 等合成了 ^{14}C 标记的富勒烯衍生物，大鼠静脉注射给药[88]。他们发现该物质可被肝脏迅速吸收和聚集：5 天内，其中 95% 的量积聚在肝脏中，而在尿液或粪便中未发现。Yamago 等对于富勒烯衍生物采用相同的给药方式也出现了部分类似的结果。富勒烯纳米颗粒快速定位在肝脏，缓慢排出体外（160 h 后在粪便中有 5.4%）[67]。暴露方式以静脉改为口服后，在 48 h 之内，97% 的颗粒经粪便排出体外。暴露方式可能影响纳米颗粒的排泄。然而，有时，暴露方式不会影响纳米颗粒的体内生物分布。通过腹腔注射、皮下注射、灌胃和静脉注射 100 μL ^{125}I-SWNTols 溶液等四种不同暴露方式，北京大学刘元方院士等通过 ^{125}I 标记研究了水溶性多羟基单壁碳纳米管（SWNTols）在小鼠的体内分布。如图 2.16 所示，发现四种暴露方式的 SWNTols 颗粒体内生物分布无显著性差异。

通过计算小鼠粪便和尿液中共价结合到单壁碳纳米管颗粒表面的 ^{125}I 发出的 γ 射线，发现约 80% 的碳纳米管在暴露后 0～11 天通过尿液和粪便清除体外[73]。碳纳米管通过尿液的清除百分比高达 94%，而通过粪便的清除百分比仅有 6%，多羟基单壁碳纳米管（SWNTols）主要是通过尿液清除。然而，这种情况与目前的生理学和药理学知识相冲突。虽然肾脏中肾小球毛细管的孔径为 7～10 nm，仅可滤过相对分子质量大小约为 60 000 的物质，而且单个单壁碳纳米管的相对分子质量大于 600 000，但是 SWNTols 的直径远远小于 7 nm，这样，可能使微米长的 SWNTols 径向直接穿过肾小球孔径，通过尿液排出。因此，我们在分析纳米颗粒的排泄行为时，除需要兼顾传统理论或因素之外，更重要的应考虑其纳米特性等因素。

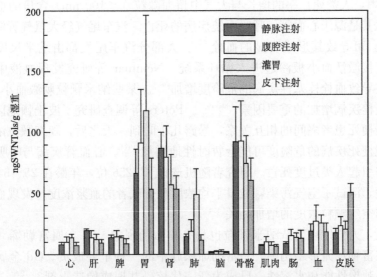

图 2.16 小鼠经腹腔注射、皮下注射、灌胃和静脉注射暴露 SWNTols 以后 3 h 的生物分布图（平均数±SD，$n=5$）[73]

2.4 纳米颗粒的急性毒性

不同组织或器官的生物微环境（例如，pH、离子类型、离子强度等）、组织成分、结构和功能不同，与外源性纳米颗粒的相互作用也应不同。确定的有毒纳米颗粒可能有其自身的毒性靶器官，在不同的器官中，其毒理学效应也会不同。皮肤（空气暴露）、肠道（食物、药物暴露等）和肺部（呼吸暴露）总是与含有纳米颗粒的环境直接接触。例如，皮肤作为环境与人体的界面屏障，是人体最大的器官，可保护人体免受外源性纳米颗粒的破坏。肺部是呼吸氧气、二氧化碳、水分与周围环境等各种气体物质的交换场所。肠道与所有口服物质和材料紧密接触，可进行水、营养物质或氧气等物质的转运和运输（被动或主动）。这些器官和组织可能是纳米颗粒入侵人体的第一道关口，经过这些器官或组织传输的纳米颗粒可能进入循环系统、免疫系统、神经系统、肾脏和肝脏等生物系统或器官而与其相互作用。心血管系统、呼吸系统、皮肤、肝脏、肾脏可能成为各种类型纳米颗粒特殊的靶器官，而出现纳米毒性反应。

2.4.1 心血管系统对纳米颗粒的急性毒性反应

人体流行病学研究数据表明，引起空气污染的超细颗粒与心血管疾病有关[56,89~104]，人类死亡率的增长与大气中超细微粒（＜100 nm）含量的增长密切相关，尤其是源于心血管、呼吸系统疾病的死亡。汽车尾气经大鼠气管灌注，仅暴露 1 h，可导致其形成明显的血栓[98]。大部分汽车尾气都由纳米尺度颗粒组成，将直接激活血小板渗透进入循环系统。Nemmar 等研究发现血液中污染颗粒的存在导致血栓栓塞性疾病的危险度增加[99]。某些纳米颗粒刺激血小板聚集，是引起血栓疾病增加的重要因素[100~102]。Peters 等调查研究了波士顿地区颗粒浓度和心肌梗死患者之间的相互关系，暴露几小时到一天之后，随细颗粒浓度的提高，心肌梗死疾病的危险度可能会暂时性地增加[103]。心血管疾病与呼吸系统疾病一样将引起人类过度死亡。研究者随机选择了 3256 位，年龄在 25~64 岁的男性和女性，测试了空气污染颗粒日平均浓度和受试者的血浆浓度，发现血浆黏度的增加与空气颗粒浓度的增加相关[104]。

最近，人们发现人造纳米颗粒也具有相似的现象[82]。金属富勒烯（金属原子内包在富勒烯笼形结构中）是富勒烯家族中的一种重要成员。Gd-金属富勒烯具有超高弛豫性能和水溶性，已成为新一代核磁共振成像造影剂[70,72,105~107]。我们采用常规弧光放电法制备了 $Gd@C_{82}$ 的金属富勒烯，高效液相色谱法分离纯化，获得高纯度（≥99%）的水溶性钆金属富勒烯醇 $Gd@C_{82}(OH)_x$[108]。$[Gd@C_{82}(OH)_x]_n$ 的盐溶液稳定，储存 6 个多月，未形成任何肉眼可见颗粒或不溶性残留物，仍然澄清透明。小鼠尾静脉注射 0.1 μm 滤膜过滤的 $[Gd@C_{82}(OH)_x]_n$ 盐溶液，采用核磁共振成像观测了 $[Gd@C_{82}(OH)_x]_n$ 的小鼠体内动力学行为。注射剂量为 3 $\mu mol Gd/kg$ 体重（仅是临床上使用的典型造影剂商品 Gd-DTPA 剂量的 1/33），通过瓦里安 4.7 T Unity INOVA 仪器来检测小鼠中 $[Gd@C_{82}(OH)_x]_n$ 的活性，获得颗粒在小鼠体内组织器官的生物分布。实验也发现一些小鼠经血管注射 $[Gd@C_{82}(OH)_x]_n$ 后，小鼠主动脉血管的切片层发现血管中已形成直径为毫米尺寸的黑色栓塞颗粒[82]，致使小鼠死亡。这些大颗粒可能是由碳纳米颗粒与血液相互作用而形成的，生物环境明显加速了体内纳米颗粒的聚集过程。

为了消除血栓形成，我们把暴露途径由静脉注射改变成腹腔注射，浓度从 3 $\mu mol/kg$ 降低到 0.1 $\mu mol/kg$，研究了荷瘤小鼠的血凝物和纤维蛋白溶解系统[82,109]，补充 $[Gd@C_{82}(OH)_x]_n$ 后与未治疗处理的小鼠相比，其凝血功能的活性或变化仍然存在。经 $[Gd@C_{82}(OH)_x]_n$ 处理的荷瘤小鼠，部分促凝血酶原激酶活性时间延长，纤维蛋白原增加，并且凝血酶原时间（PT）缩短[82]。凝血酶原时间（PT）缩短和纤维蛋白原增加意味着血栓的存在。此外，不只凝血因子，凝血酶-抗凝血酶（TAT）复合物也会加速凝血，小鼠注射 $[Gd@C_{82}(OH)_x]_n$ 颗粒后，一种或多种凝血因子的变化可能诱导了凝血酶-抗凝血酶水平的增加[82]。

纳米颗粒诱导心血管系统的血栓栓塞疾病的副反应，仍需要对各种人造纳米颗粒展开进一步研究,来阐明它们诱导心血管疾病的机制。纳米表面、尺寸的变化将极大地改变体内纳米颗粒与血细胞相互作用的方式和结果,不仅需要从生物医学方面,而且还需要从纳米特性的角度对颗粒类型、浓度、暴露途径、比表面积、表面性质和尺寸等的依赖关系进行透彻、系统的研究。

2.4.2 呼吸系统对纳米颗粒的急性毒性反应

呼吸系统是生物机体与外界环境接触的一个主要界面,是纳米颗粒无意暴露侵入机体的一个重要入口。同时,呼吸系统也是大多数环境有毒物质经由皮肤吸收侵入机体的主要靶器官之一。呼吸系统进一步可分割成不同的靶向区域,它对外源性有毒物质的选择性有赖于暴露途径、有毒物质的性质等因素。肺由气道(肺部气体进出的通道)和肺泡(气体交换场所)两部分组成,气道长约 2300 km,肺泡约 3 亿个多,成人的肺表面积大约 140 m^2(如果摊开,面积相当于一个标准网球场的面积)。虽然气道黏液层是保护上皮细胞活性的屏障,但纳米颗粒一旦进入呼吸系统,肺部仍是最大的靶向区域。

在气体交换场所(肺泡)肺泡壁和毛细管间的屏障非常薄,气血屏障厚度仅约为 0.5 μm,气血屏障是肺泡与血液间气体分子交换所通过的结构。它由肺泡表面液体层、Ⅰ型肺泡细胞与基膜、薄层结缔组织、毛细血管基膜与连续性内皮组成。此区域为气-血接触气体交换场所,易受环境破坏。Lee 等曾发现,聚四氟乙烯(PTFE)染毒的三位工人,患有致命的急性肺水肿,出现了严重的低氧血症,一位死亡,另两位虽经医治幸存,但病情严重[110]。PTFE 是一个对肺部具有严重毒性的物质[111]。PTFE 高温分解产物具有致命性的毒性,不同于四氟乙烯单体($CF_2=CF_2$;大鼠染毒 4 h,半数致死浓度 $LC_{50}=40\ 000$ mg/kg)、全氟异丁烯(($CF_3)_2C=CF$)[2]、氢氟酸(HF)和羰基氟化物(COF_2)等毒性由低到高的化学物质[110]。Oberdörster 等发现由 PTFE 产生的烟雾主要由大量的纳米颗粒和低浓度的气相混合物组成[112]。他们通过在管式炉中加热 PTFE 到 486℃,产生聚四氟乙烯烟雾,对大鼠进行染毒处理,超细颗粒浓度达 50 mg/m^3,仅 15 min,大鼠出现急性毒性。

最近,我们以纳米 Fe_2O_3 颗粒进行支气管滴注,大鼠肺部的毒性效应和对凝血系统效应的尺寸,剂量和时间依赖性[113]。分别将 22nm 和 280nm 两种粒径的 Fe_2O_3 悬浮液用支气管滴注的方法以 0.8mg/kg 和 20mg/kg 体重的剂量给予雄性 SD 大鼠,在滴注后第 1 天、7 天及 30 天后观测产生的毒性效应。结果显示,纳米 Fe_2O_3 颗粒暴露能引发肺部的氧化应激反应,以及高剂量暴露下肺泡巨噬细胞的吞噬过载。滴注 1 天后,可观测到逃避了吞噬的纳米 Fe_2O_3 颗粒进入肺泡上皮细胞。同时,也观察到肺部的炎症反应,如炎性细胞和免疫细胞增多,以及一些病理学的变化,如肺组织的淋巴滤泡形成、蛋白渗出、肺毛细血管的充血和脂蛋白沉积症等。肺泡巨噬细胞和上皮细胞中纳米颗粒持续性的负载导致了肺气肿和肺部纤维化前兆的形成。在滴注后 30 天，滴注了 22nm Fe_2O_3 的大鼠血液中具有代表性的凝血参数-凝血酶原时间（PT）和部分凝血酶原激活时间（APTT）都显著延长。

我们发现两种尺寸的 Fe_2O_3 颗粒都能引起肺损伤。但相比于 280nm 的 Fe_2O_3 颗粒，22nm 的 Fe_2O_3 颗粒更易引起肺泡毛细血管的通透性增加和细胞裂解，并能更显著地导致凝血系统的紊乱。肺部的损伤程度对纳米 Fe_2O_3 颗粒尺度具有一定的选择性。

2.4.2.1　肺清除

沉积在呼吸道的颗粒或被清除，或保留在肺中，或对肺有毒性。肺清除对肺颗粒毒性非常重要，肺负载由颗粒清除和沉积速率的大小决定。然而，某些纳米颗粒可能经呼吸系统到胃肠道、上皮细胞、循环系统和神经系统等途径迁移清除。

Oberdörster 认为清除主要通过物理移位和化学溶解或浸滤两种过程清除[1,20]。一般的，清除机制受控于颗粒本身的性质及在呼吸系统沉积的位点。物理过程主要针对不溶性固体，颗粒沉积在上呼吸道，24 h，可经肺黏膜纤毛快速清除[48,114]，化学过程针对生物溶解的材料或细胞内外流体介质中的可溶物[20]。通常，清道夫细胞会阻止外源性、大尺寸颗粒。当颗粒经吞咽进入胃肠道，可被呼吸道清除[49]。当颗粒进入肺泡时，可通过巨噬细胞吞噬清除，它们易受黏膜纤毛吸附，发生趋化而被清除[115]。巨噬细胞吞噬颗粒，激活而引发趋化因子、细胞因子、活性氧和其他介质的释放，将导致肺炎而最终演变为肺纤维化[20]。纳米颗粒的特性是造成肺负载的根本因素，直接影响黏膜纤毛和巨噬细胞的清除。纳米颗粒的物理化学性质和尺寸对颗粒的清除和沉积速率都具有强烈的影响。自然，纳米颗粒与呼吸系统的相互作用也将会产生不可预知的毒性反应。颗粒尺寸越小，进入肺部的程度就越深。尺寸小于等于 100 nm 的颗粒主要沉积在肺泡区，长径比大于等于 3∶1 的纤维渗透入肺也依赖于其直径大小，直径小的纤维渗透入肺的程度较深，较长的纤维（＞20 μm）则主要保留在上呼吸道[116,117]。对于纳米线、纳米带和纳米管（如碳纳米管）等的情况，在某种程度上，人们可以以纤维为参照。例如，单壁碳纳米管直径约为 1.4 nm，长为几百纳米或微米，长径比大于等于 100∶1、1000∶1，甚至更大。这时可能对其沉积位点和清除速率造成非同寻常的影响。

Ferin 等证明，纳米颗粒的清除速率具有尺寸依赖性，超细颗粒吸入暴露 12 周，肺清除速率（$t_{1/2}=501$ 天）比大颗粒的清除速率（$t_{1/2}=174$ 天）缓慢[10]，并且 20 nm 和 250 nm TiO_2 颗粒的滞留动力学具有显著性差异[11]。暴露 3 个月时，

20 nm 和 250 nm TiO$_2$ 颗粒的肺负载相似，20 nm TiO$_2$ 颗粒与 250 nm 的相比肺清除速度明显缓慢，原因可能是它们在肺泡区和肺间质中不同的生物持久性。假如吸入纳米颗粒的沉积速率弱于其肺泡巨噬细胞吞噬的清除速率，大鼠肺纳米颗粒体内半衰期为 70 天，推算到人就是几百天。从根本来讲，所有颗粒在肺泡沉积后，经 6~12 h 都将被吞噬。传统概念上，颗粒清除效率高度依赖肺巨噬细胞对颗粒的敏感度、颗粒沉积速率及巨噬细胞的吞噬效率。肺泡及其他巨噬细胞吞噬颗粒的最佳尺寸是 1~3 μm[118~120]。肺巨噬细胞不能有效地吞噬较小尺度的纳米颗粒[1]，巨噬细胞很难识别粒径小于等于 70 nm 的颗粒[121,122]，同时，肺巨噬细也具有胞吞噬纳米颗粒的活性[123~126]。肺清除速率不仅依赖于颗粒的总量和尺寸，而且依赖于颗粒表面性质[11,127,128]。人们仍需要大量相关的实验数据来证实这些观点。

虽然环境颗粒与人造纳米颗粒尺度相似，但它们的结构和化学组成却相当不同。在空气中，纳米颗粒的表面吸附使其化学成分非常复杂而不被确定，人造纳米颗粒的结构和成分是可确认且能够被很好表征。因此，可通过对比研究空气纳米颗粒和结构、成分、尺寸确定的人造纳米颗粒，有效揭示实验中复杂现象的根本规律。

2.4.2.2　肺部炎症反应

人们对人造纳米颗粒肺炎的毒理学研究一般较少。Adelmann 等研究了体外肺泡巨噬细胞的富勒烯效应[129]。在此研究中，采用弧光放电法制备了 C$_{60}$ 和 C$_{60~70}$ 的富勒烯混合物，并分别与人巨噬细胞和牛肺泡巨噬细胞进行细胞共孵育 4 h 和 20 h，发现两种细胞的生长发育能力均约下降至对照组的 60%。此外，处理组与对照组相比，巨噬细胞培养上清液中的肿瘤坏死因子（TNF）、白细胞介素 6（IL-6）和白细胞介素 8（IL-8）的水平增加，细胞损伤，与石英颗粒对巨噬细胞的作用类似。富勒烯造成了肺巨噬细胞的细胞毒性[129]。

TiO$_2$ 颗粒 20 nm、10 mg/m^3 的剂量比 300 nm、250 mg/m^3 的剂量可诱变更严重的肺肿瘤[130,131]，颗粒尺寸不同引发的效应可能差别很大。大鼠分别经 20 nm 和 250 nm 的 TiO$_2$ 颗粒亚慢性吸入暴露 3 个月后，Oberdörster 等发现它们的体内保留动力学具有显著性差异，小尺寸 TiO$_2$ 纳米颗粒更明显地向间隙位置和淋巴结迁移。纳米颗粒尺寸不同不仅引起肺的生物效应不同，而且毒动学行为也不同，可能会引起小尺寸颗粒过载，清除时间延长，肺炎反应增强[11]。

然而，动物实验研究模型不同，得到的结论不同[132,133]。天竺鼠是大鼠之外的又一种用于评价肺效应的实验动物。Huczko 等发现，天竺鼠经气管灌注富勒烯碳纳米管 4 周，实验组和对照组的肺功能无任何差异或异常，呼吸道也未观测到炎症反应[132]。究竟是富勒烯无毒，还是动物（天竺鼠）对富勒烯纳米颗粒不敏感呢？至今，仍然不得而知。

确定尺寸和种类的纳米颗粒与动物毒性反应的依赖性研究对于纳米颗粒的危险性评估极其重要，文献报道了大鼠、小鼠和仓鼠对 21 nm TiO_2 颗粒的毒性反应的比较研究，三种动物出现了相似的肺负载和肺炎反应。大、小鼠的巨噬细胞与嗜中性粒细胞的数量增加，支气管肺泡灌洗液中可溶性标记物（LDH 和总蛋白）的浓度增加，而仓鼠无此现象。大鼠的上皮细胞和纤维增殖变化，并随暴露时间延长，其变化显著性增强，小鼠或仓鼠并无此损伤征兆。呼吸毒理学研究中，吸入纳米颗粒的动物模型不同，肺损伤反应存在差异。大鼠的肺炎与上皮细胞和纤维增殖变化比小鼠的更严重。大鼠和小鼠的纳米颗粒肺清除能力明显削弱，而仓鼠变化不明显[133]。啮齿类动物对 TiO_2（21 nm）纳米颗粒暴露的肺反应具有差异性，原因可能也需要强调纳米尺寸的因素，不同尺寸的相同纳米颗粒可能在体内引起不同的毒性反应。

人们发现典型的人造纳米材料碳纳米管能够造成肺部损伤。大、小鼠经气管灌注 SWNTs，发现 SWNTs 导致的肺肉芽肿具有剂量依赖性的特征[5,6]。肺组织病理学检查发现，肺沉积的炭黑颗粒和 SWNTs 改变了肺细胞增殖，负载SWNTs 的巨噬细胞迁移到肺小叶中心部位，多灶性肺肉芽肿形成，它是肺对不易降解外源性物质清除的免疫反应表现[5]。同等条件下，SWNTs 比石英对肺的毒性强，可较好地确认慢性吸入暴露相关的职业健康危害。Shvedova 等证明，咽部吸取 SWNTs 引发了同系种 C57BL/6 小鼠的肺效应，具有强烈的急性炎症，且早期引发肺纤维化和肉芽肿[134]。经 SWNTs 处理的小鼠，呼吸功能缺乏，细菌（单核细胞增生李斯特菌）的清除能力下降。然而，同等剂量的超细炭黑颗粒或石英的细颗粒却与 SWNTs 的诱导结果相反。虽然目前已把 SWNTs 归属为安全材料石墨的一种新的形态，但是仍然不能以石墨的毒理学数据来有效地推断SWNTs 的暴露。

空气中的超细颗粒的研究数据表明，大气纳米颗粒也能诱发肺部炎症，有时也与心血管疾病密切关联[56,89~104]。汽车尾气排放颗粒能够导致与周围血管血栓栓塞疾病关联的严重肺炎[98]。汽车尾气排放颗粒诱导组胺的释放与肺炎直接关联[93]。空气传播的纳米颗粒表面和组成非常复杂，很难准确确定。因此，我们首先需要进行大量实验研究，揭示结构和成分可清晰表征的人造纳米颗粒诱导肺炎的一些根本的内在规律。

2.4.2.3　肺泡巨噬细胞对纳米颗粒的毒性反应

在肺部，肺泡巨噬细胞具有重要的防御功能。它们可摄取外源性材料，消化细菌和病毒，产生抗原，激发特定的免疫学防御机制。巨噬细胞在肺泡内游走，趋向于颗粒快速沉积的部位，发生一系列的吞噬过程，如颗粒与膜上的囊泡合并、细胞内吞摄取、溶酶体融合等。吞噬溶酶体是酸性的（pH≈5），含有酶和反应物质（H_2O_2）。大多数的细菌和真菌都能在此被消化。

许多研究都已发现动物肺泡巨噬细胞对纳米颗粒的毒性反应。例如，Zhang等进行纳米颗粒诱导肺损伤研究，实验动物经纳米颗粒［超细二氧化钛（Uf-TiO_2）、超细镍（Uf-Ni）和超细钴（Uf-Co）等颗粒］暴露后，观察到大多数实验动物的肺清除能力显著下降[135]。金属纳米颗粒加重了肺和淋巴结的负载，削弱了肺泡巨噬细胞的吞噬能力，肺负载成剂量依赖性增长。纳米颗粒迁移到间隙位置和淋巴结与大尺寸颗粒相比，具有明显的变化。肺泡巨噬细胞的损伤与肺清除能力的削弱直接关联。几个研究都已经发现纳米颗粒显著地削弱了巨噬细胞的吞噬能力[9]。实验中，细胞释放的调控因子对巨噬细胞的吞噬活性无显著影响，细胞-细胞接触不是吞噬作用的模式。此外，纳米材料也能破坏肺泡巨噬细胞的细胞膜，诱使 LDH 泄露，释放 TNF-a[136]，甚至使细胞骨架功能紊乱[135]。

同样，纳米颗粒也能诱使人肺泡巨噬细胞损伤。健康受试者经支气管肺泡灌洗，收集肺泡巨噬细胞，与纳米颗粒共孵育，细胞贴壁和消化两个过程的剂量相关性明显削弱[137]，与从大鼠肺泡巨噬细胞观察结果相符[138]。

确定化学组成的纳米材料、纳米尺度不同，呼吸系统毒理学效应也将不同。微米 TiO_2 颗粒，$LD_{50} > 5\ g/kg$，被认为无毒或低毒。然而，TiO_2 纳米颗粒却比微米颗粒表现出更多的毒性特征[11]。Donaldson 等以图 2.17 中模型比较研究了颗粒清除、进入肺间质的过程[139]。

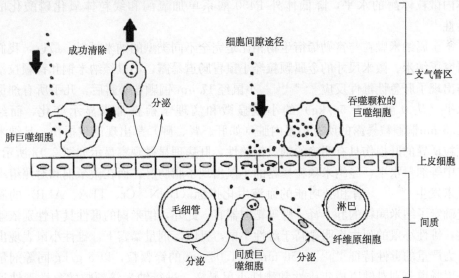

图 2.17　肌体对大颗粒物的清除途径（左）和对小颗粒物（进入肺间隙）的清除途径（右）对照图[139]

同等质量的纳米颗粒，大多数不能通过正常途径清除而必须被保留在肺间质，它们将长期刺激细胞或转移到淋巴结。巨噬细胞吞噬较大尺寸颗粒将影响它们的清除功能，最终导致不能有效地大量吞噬或输运沉积在肺表面的颗粒[131]。未被吞噬的纳米颗粒将会与上皮细胞相互作用，横跨过上皮细胞，积聚在肺间质[10]。纳米颗粒继续暴露，可造成一系列的肺负载，如炎症、上皮膜渗透性增加、细胞增殖和清除延迟等，最后，形成肺纤维化和肺癌[139,140]。

2.4.3　肝脏对纳米颗粒的急性毒性反应

大多数工业化合物和医疗试剂都将引起肝损伤，它们已被清除或限用，纳米材料或纳米颗粒可能也具有类似的危险性。早期研究已发现纳米颗粒体外[141,142]或体内[141,143]的肝毒性。Fernandez-Urrusuno 等通过大鼠体内外的模型研究了纳米尺寸的聚氰基丙烯酸烷基酯（PACA）的亚急性毒性效应，静脉注射纳米颗粒后，肝脏有轻微的变化[144]，肝脏主要的网状内皮组织系统可迅速摄入纳米颗粒。大鼠出现肝部炎症的信号反应，肝细胞的 α_1-酸性糖蛋白（AGP）分泌物增加，白蛋白分泌物减少。治疗 15 天后，这些效应可发生逆转。在体外研究中，枯否 Kupffer 细胞和聚合物降解物质不会调节肝细胞对纳米颗粒的反应，在纳米颗粒与肝细胞直接接触的情况下，出现肝细胞蛋白合成的修饰，当治疗结束时，发现这些效应可逆[144]。小鼠经腹腔注射，Ueng 等研究了羟基化富勒烯 $[C_{60}(OH)_x]$ 体内外的急性毒性，LD_{50} 估计为 1.2 g/kg，羟基化富勒烯能够抑制体内微粒体酶的水平，降低体外 P450 酶系单加氧酶和线粒体氧化磷酸化的活性[145]。

金属纳米颗粒与富勒烯衍生物相比是完全不同类型的纳米材料。最近，我们研究了纳米、微米尺寸的金属颗粒经小鼠胃肠道暴露，小鼠经纳米铜和锌颗粒暴露出现了肝急性毒性反应[28,146,147]。小鼠经 17 μm 铜颗粒暴露后，几乎所有剂量水平（从 0 到大于 5g/kg）的小鼠显微和病理学检查都未显示变化，而经 23.5 nm 铜颗粒暴露的所有小鼠内脏（如肝、肾、脾）都出现严重损伤，且纳米颗粒诱导的肝损伤具有明确的剂量依赖性，肝病理显微观察显示如图 2.18 所示。在中等剂量水平，经纳米颗粒暴露的小鼠出现了脂肪肝，而在微米铜和对照组小鼠未发生[146,147]。肾和肝功能的血液生化指标（BUN、Cr、TBA、ALP）的测定确定了纳米颗粒的肝、肾、脾等靶向器官。此外，纳米铜的毒性具有性别依赖性，雄性小鼠的死亡率明显高于雌性小鼠，且同等剂量暴露下，雄性小鼠表现出更为严重的毒性特征[146,147]。58 nm 和 1.08 μm 的锌颗粒，以 5 g/kg 同等剂量经胃肠道分别对健康成年雄性和雌性小鼠暴露，进行纳米锌颗粒的急性毒性评价，小鼠出现了乏力、恶心、呕吐以及腹泻等严重症状。肝组织病理图像（图 2.18）说明纳米、微米尺寸颗粒处理的小鼠都表现出了浮肿、水肿变性和肝细胞的轻微坏死等临床上的病理变化，纳米 Zn 和微米 Zn 暴露的两组小鼠无显著差异[28]。纳米颗粒类型不同，引起的毒性反应也不相同。

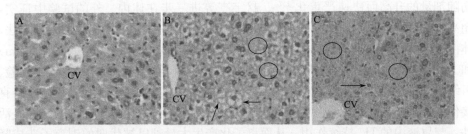

图 2.18　小鼠口服不同尺寸的纳米锌颗粒（一次暴露，5 g/kg 体重）的肝组织病理解剖结果（×200）。A：对照组（口服 1%的羧甲基纤维素钠滴注，CV：中央静脉）；B：微米组（箭头所指为肝细胞的水肿恶化；圆形区域为肝细胞的轻微坏死）；C：纳米组（箭头所指为肝细胞的水肿恶化；圆形区域为肝细胞的轻微坏死）

2.4.4　肾脏对纳米颗粒的急性毒性反应

健康的肾对人体内流体体积、矿物质浓度以及酸碱平衡的调节都具有重要作用。肾可维持水平衡、清除体内废物、调节正常血液化学、产生尿液等。肾可把钠、钾、钙、镁、氯、重碳酸根、硫酸根、磷酸根和氢离子等阴、阳离子输送给原尿，然后根据身体需要，再被血液重新吸收。肾也调控一些有机营养物质，排泄体内的代谢废物和一些外源性化学物。假如肾的这些工作停止，就会出现严重的甚至致命的肾衰。

肾脏是纳米铜颗粒经小鼠口暴露的靶器官之一[146,147]。图 2.19 为 17 μm 铜（1077 mg/kg）、23.5 nm 铜（1080 mg/kg）口暴露的小鼠试验和对照组的肾脏形态学变化。17 μm 铜暴露的小鼠肾脏与对照组几乎相似，但是 23.5 nm 铜暴露的小鼠肾脏颜色变成青铜色。纳米铜和微米铜的半数致死剂量（LD_{50}）值相差 14 倍之多，分别是 413 mg/kg 和 5610 mg/kg。微米铜的颗粒数（以每 μg/cm³ 计算）仅 44 /cm³，而纳米铜为 1.7×10^{10}/cm³。23.5 nm 和 17 μm 铜颗粒的比表面积分别是 1.8×10^5 cm²/g 和 3.9×10^2 cm²/g。因此，纳米铜与体内生物物质碰撞概率比同等质量的微米铜高，反应活性强。23.5 nm 纳米颗粒暴露导致所有小鼠肾脏都严重受损，小鼠近端肾小管细胞受损清晰可见，出现肾小球炎从肾小囊间隙中肾小球膨胀和收缩的肾组织图像（图 2.20）可看出。而微米颗粒处理的小鼠肾脏并未发现受损现象[146,147]。图 2.21 为肾小管病理变化观察结果：①纳米铜颗粒中剂量暴露，小鼠近端肾小管的上皮细胞退化；②纳米铜颗粒高剂量暴露，小鼠发生了不可逆的细胞成块地、渐进性坏死；③低剂量组和对照组肾小管上皮细胞的胞核清晰可见，而中剂量组少量可见，高剂量组几乎消失；

④蛋白质液体充满肾小管，中剂量组和高剂量组小鼠肾组织发现紫色沉积物，而低剂量组未出现。纳米铜颗粒诱使肾组织损伤具有剂量依赖性特点，小鼠肾脏损伤随剂量的升高而快速严重化[147]。赵宇亮等进一步在体内、外的试验中证实，超高化学反应活性的铜纳米颗粒的特殊纳米毒性。在体外采用化学动力学方法，体内采用血气和血浆电解参数分析，发现高反应活性是引起小尺寸（23.5 nm）和大尺寸（17 μm）颗粒之间毒性巨大差异的原因，该结果也与体内生化检验、组织病理学检查、肾组织中铜浓度测定等结果一致。金属铜纳米颗粒可能不会直接作用于小鼠，然而，这种纳米铜离子在胃内酸性环境中具有超高化学反应活性，与胃液中的 H^+ 持续作用，从而离子化产生大量难以被代谢的铜离子造成肾组织损伤。同时，胃液中的 H^+ 被大量消耗，使得 HCO_3^- 在体内蓄积，形成代谢性碱中毒。与此相反，相对惰性的微米铜颗粒在胃中并不发生离子化反应，所以不会出现上述毒性[146]。

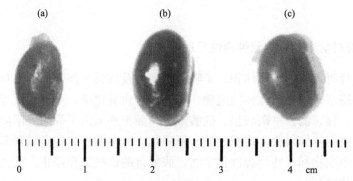

图 2.19　不同尺寸铜纳米颗粒暴露后，引起的小鼠肾器官形态变化。
(a) 直径 17 μm 铜颗粒；(b) 直径 23.5 nm 铜颗粒；(c) 对照组[147]

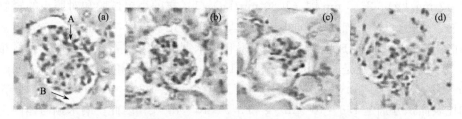

图 2.20　小鼠胃肠道暴露铜纳米颗粒后，小鼠肾脏病理学变化的显微图像（×100）。
(a) 对照组；(b) 低剂量微米组（0.108 g/kg）；(c) 中等剂量组（0.341 g/kg）；
(d) 高剂量组（1.080 g/kg）。A：肾小球；B：鲍曼氏囊

金属锌纳米颗粒（5.0 g/kg）经小鼠经胃肠道暴露，同样临床观察到肾损伤，58 nm 或 1.08 μm 锌颗粒处理的小鼠均出现轻微的肾小球膨胀（图 2.22），而纳米锌颗粒暴露的小鼠出现肾小管扩张和肾小管内蛋白管型[28]。

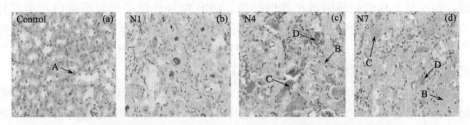

图 2.21　小鼠胃肠道暴露铜纳米颗粒后，小鼠肾小管病理变化的显微图像（×200）
（见彩插）。(a)，(b)，(c)，(d) 与上图相同。A：肾小管的活性上皮细胞；
B：肾小管的坏死细胞；C：蛋白液；D：紫色沉积

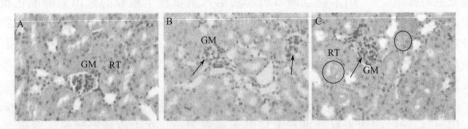

图 2.22　小鼠口服锌纳米颗粒（急性毒性剂量：5 g/kg 体重）后第 14 天，肾脏组织的显
微图像（×200）。A：对照组（1% 羧甲基纤维素钠滴注）。GM：肾小球；RT：肾小管；
B：显微组，箭头所指为肾小球膨胀。C：纳米组，箭头所指为肾小球膨胀。
圆形区为肾小管蛋白管型

　　Chen 等用雌性 Sprague-Dawley 大鼠单次口服聚烷基磺酸酯 C_{60} 进行了急性毒性研究和 12 天的亚急性毒性研究，发现肾脏是其主要的靶器官[148]。虽然此纳米材料口服无毒，但其腹腔注射的 LD_{50} 约为 600 mg/kg，靶器官也是肾脏，且发现肾外皮质层和内皮质层、骨髓之间的着色差异，此纳米笼诱导独特的溶酶体负载肾病和吞噬溶酶体的肾病。此外，急性暴露的大鼠出现吞噬溶酶体的肾病，腹腔和静脉注射后，出现吞噬溶酶体肾病和膜聚结。肝脏中的（细胞色素 P450、b5 酶系和 BP 羟化酶）和肾脏的（NADPH 细胞色素 P450 还原酶）一些酶对 C_{60} 衍生物敏感。它们可能是纳米材料诱导肝功能紊乱诊断的生物学指示剂[148]。

2.4.5　神经系统对纳米颗粒的急性毒性反应

　　血脑屏障（brain-blood-barrier，BBB）可保护神经系统免受毒性物质的侵袭。大部分脑、脊髓、视网膜以及外围神经系统维持血液屏障，其选择性与细胞内外的间隔界面相似。BBB 有丰富的血管内皮细胞，位于大脑的微脉管系统。神经系统上皮细胞的独特性表现在细胞间紧密连接处；上皮细胞与外界神经系统之间仅相隔 4 nm 间隙。当小分子试图进入神经系统时，通常必须通过上皮细胞膜，而不是上皮细胞间纳米尺度的间隙。BBB 也包含像多药耐药蛋白之类的异型转运蛋白，可输送一些外源性物质，通过上皮细胞扩散返回进入血液。除活性分子转运进入大脑外，神经系统中的毒性物质及其代谢物的渗透性，主要与它们的脂溶性和通过屏障细胞质膜的能力有关。

迄今，纳米颗粒能够渗透通过 BBB 进入中枢神经系统的实验数据较少。然而，存在这种可能性。Kreuter 等通过大鼠静脉注射吐温 80 包覆的阿霉素纳米颗粒，颅内移植胶质母细胞瘤治愈率为 40%，但是仍不能完全阐明纳米颗粒调节药物转运通过血脑屏障的机制。最可能的机制是通过毛细血管内上皮细胞的细胞内吞，纳米颗粒诱导细胞紧密连接处的接口调制或 P 糖蛋白类抑制等也是可能发生的机制[149]。纳米颗粒调节药物转运入脑依赖于颗粒的聚山梨醇酯包覆层，尤其是吐温 80，这些材料包覆层可诱使血浆中阿朴脂蛋白 E 吸附到纳米颗粒表面。然后，这种类似于低密度脂蛋白（LDL）的颗粒，与 LDL 受体作用，最后被上皮细胞摄入。随后，药物可能在细胞内释放，扩散进入大脑内部或可能被胞吞转运。

另外，研究者已发现纳米颗粒能够通过嗅神经进入神经系统。Oberdörster 等用 ^{13}C 标记的碳纳米材料进行大鼠吸入暴露实验，在中枢神经系统，发现 25 nm 碳纳米颗粒可被神经细胞吸收[59]。这些结果表明，纳米颗粒可能是通过嗅神经转运，其转运速度估计约为 2.5 mm/h。为了确定纳米颗粒是否沉积在鼻腔嗅黏膜区域，并沿嗅神经转移到嗅球，他们用 36 nm ^{13}C 标记的碳纳米颗粒进行了进一步的实验研究。结果表明，纳米颗粒保留在嗅球，并随时间显著性增长。处理后，第一天，嗅球中纳米颗粒的量是 0.35 $\mu g/g$，到第七天增长到了 0.43 $\mu g/g$。第一天，大脑和小脑中纳米颗粒浓度也显著性增长，但是增长程度不一致[59]。为了深入理解或解释这些现象，还需要大量的深入研究。

2.4.6　皮肤对纳米颗粒的急性毒性反应

人体皮肤具有巨大的表面积（1.5～2 m^2），是防御外界物质侵入机体的第一道防线，不经意间可能成为局部接触性过敏原的入口。农业和制造工业的暴露是形成大量皮肤疾病的主要原因。皮肤是最大而又最易接触的人体器官，可抵御周围环境中纳米颗粒的侵入，具有非常重要的机体保护作用。现今，纳米颗粒接触人体皮肤的主要途径是含有各种功能成分纳米颗粒的化妆品和防晒剂等产品的使用。在工作场所或纳米材料研究实验室，也存在纳米颗粒的皮肤暴露。人们通过实验室研究评估了 SWNTs 在机械搅拌期间形成气溶胶的物理性质。用实验室操作产生的纳米管的估计浓度来表示空气中的纳米管浓度，大约为 0.53 $\mu g/m^3$，操作过程中 SWNTs 沉积在每只手套上的量在 0.2～6 $mg^{[150]}$。显然，这些结果说明研究者、生产者或消费者，无论在工作或生活的环境中，都很难避免人造纳米颗粒的暴露。

目前，人们已经拥有了一些关于碳纳米材料对皮肤的生物学包括毒理学效应研究的实验数据与信息[132,151,152]。Nelson 等研究了溶解在苯中的富勒烯在小鼠皮肤上的急性和亚慢性毒性效应，发现工业暴露水平的富勒烯在小鼠皮肤表皮不会引起急毒效应[151]。Huczko 等把水溶性富勒烯黑（C_{60} 含量为质量的 0~15%）的悬浮液应用在 30 位受试者皮肤上，控制在 96 h 之内进行皮肤过敏试验，受试者皮肤未发现过敏反应。实验中，把炭黑样品慢慢地灌进四只野兔的眼睛中，在24 h、48 h、72 h 未观察到任何异常现象。在随后的研究中，在 40 位受试者皮肤上测试了碳纳米管烟尘引起皮肤反应的潜在能力，并且把样品慢慢地灌进了 4只兔子的眼中[132]。结果与对富勒烯黑测试的结果相似。聚乙二醇（PEG）修饰的水溶性 C_{60} 衍生物对上覆正常皮肤未显示任何破坏作用[153]。然而，不同条件下不同纳米颗粒对皮肤可能产生不同的毒性效应，并且对于某些纳米尺寸或缺乏表面化学修饰的纳米颗粒，它们产生的毒性可能更为强烈。

一些体外研究数据表明，纳米颗粒可能会引起皮肤损伤。Shvedova 等对人表皮角质细胞（HaCaT）进行培养，在细胞水平观察了 SWNTs 对人体皮肤的副反应[154]。SWNTs 18 h 暴露后，出现了自由基的形成、过氧化物产品的积聚、抗氧化剂的损耗以及细胞存活率的降低等细胞功能性的变化，同时也改变了细胞的超微结构。超细 SWNTs 对暴露皮肤具有潜在的危险性，可能将加速氧化应激反应，对生产工人、研究者、消费者等暴露人群造成皮肤毒性[154]。

然而，经表面化学修饰的碳纳米材料，出现了完全相反的生物效应。富勒烯羧酸衍生物（羧基富勒烯，CF）可作为一种抑制脂质过氧化反应的保护剂[155]。Fumelli 等体外研究发现，CF 可有效地保护角化细胞免受 UVB 辐射引起的细胞凋亡，具有降低由 UVB 诱导抑制角质细胞增殖的能力，CF 剂量的增加不会引起角质细胞的细胞毒性增强。而且，CF 预处理组和对照组，细胞增殖速率无差异，CF 对人皮肤细胞不会产生细胞毒性[156]。

2.4.7　系统急性毒性反应：氧化应激损伤

高浓度、低毒、溶解性差的空气颗粒与肺纤维化和肺癌等的肺部疾病有关。这些颗粒通常是以质量为标准的。然而，对于人造 TiO_2 纳米颗粒，大鼠吸入暴露研究已表明颗粒尺寸比较重要，并且表面积比颗粒质量或数量具有更好的剂量依赖性特点[157]。虽然上述现象背后隐藏的机制还在研究中，但是在上皮细胞或肺巨噬细胞，纳米颗粒的氧化应激调节对于炎症初期是非常重要的过程。上皮细胞和肺巨噬细胞产生白介素 8（IL-8）的炎症调节因子，促使炎症细胞迁移到沉积部位。这些调节因子的释放能导致炎症初期反应，削弱它们对纳米颗粒的清除能力[158]。大量研究已经发现毒性效应与纳米颗粒总面积和表面化学等表面性质有关。不过，实验发现同等质量不同纳米材料（超细炭黑、钴和镍）诱导引起的肺损伤不是与其尺寸或表面积相关的，而是与它们产生表面自由基的能力以及随后引起的氧化损伤相关[159]。

纳米颗粒容易激活抗氧化剂的防御系统。而氧化应激被认为是癌症发生的一种重要机制，纳米结构物质体内的抗氧化效率的研究成为抗肿瘤试剂发现的一个活跃领域。最近，我们发现 $[Gd@C_{82}(OH)_{22}]_n$ 纳米颗粒在体内具有高效率的抗肿瘤活性[109]，随之我们在荷瘤小鼠中对它们的抗氧化活性进行了研究。众所周知，好氧微生物拥有 GSHPx、SOD 和 CAT 三个重要的抗氧化酶，它们能够还原过氧化氢和超氧化物自由基，保护多元不饱和脂肪酸（PUFA）免于脂质过氧化，保留细胞膜的完整结构，对于保持机体的正常功能具有重要作用。在 $[Gd@C_{82}(OH)_{22}]_n$ 处理的小鼠组，其肝脏的 GSHPx 活性是 110.36 U/mg± 15.64 U/mg，比环磷酰胺处理组低，而环磷酰胺处理组 CAT 和 SOD 的活性明显高于那些正常组。经过 $[Gd@C_{82}(OH)_{22}]_n$ 纳米颗粒处理后，小鼠的两种酶明显恢复到正常水平，内部抗氧化系统能保护机体免于受自由基的攻击。荷瘤小鼠形成了活性氧（ROS），改变了肝脏的抗氧化防御系统。$[Gd@C_{82}(OH)_{22}]_n$ 处理的小鼠组观察到 MDA（反映细胞损伤程度的脂质过氧化生物指标）是最低水平，而在生理盐水组是最高水平[82]。在小鼠肿瘤生长期间，$[Gd@C_{82}(OH)_{22}]_n$ 可有助于保持氧化系统和抗氧化系统的平衡。经 $[Gd@C_{82}(OH)_{22}]_n$ 处理后，小鼠的 GST 解毒酶活性非常低，$[Gd@C_{82}(OH)_{22}]_n$ 具有清除体内 ROS、缓解肝脏解毒负担的功能。

参 考 文 献

[1] Oberdörster G, Oberdorster E, Oberdorster J. Environmental Health Perspectives, 2005, 113 (7): 823-839.

[2] Chen Z, Meng H, Xing G M, Chen C Y, Zhao Y L, Jia G A, Wang T C, Yuan H, Ye C, Zhao F, Chai Z F, Zhu C F, Fang X H, Ma B C, Wan L J. Toxicology Letters, 2006, 163 (2): 109-120.

[3] Kanapilly G M, Diel J H. Health Physics, 1980, 39: 505.

[4] James A C, Stahlhofen W, Rudolf G, Briant J K, Egan M J, Nixon W, Birchall A. Human Respiratory Tract Model for Radiological Protection. In International Commission on Radiological Protection Series. Smith H ed. International Commission on Radiological Protection (ICRP) Publication, 1994, 24: 1.

[5] Lam C W, James J T, Mccluskey R, Hunter R L. Toxicological Sciences, 2004, 77 (1): 126-134.

[6] Warheit D B, Laurence B R, Reed K L, Roach D H, Reynolds G A, Webb T R. Toxicological Sciences, 2004, 77 (1): 117-125.

[7] Oberdörster G, Utell M J. Environmental Health Perspectives, 2002, 110 (8): A440-A441.

[8] Renwick L C, Brown D, Clouter A, Donaldson K. Occupational and Environmental Medicine, 2004, 61 (5): 442.

[9] Jia G, Wang H, Yan L, Wang X, Pei R, Yan T, Zhao Y, Guo X. Environmental Science & Tech-

nology，2005，39 (5)：1378-1383.

[10] Ferin J，Oberdörster G，Penney D P. American Journal of Respiratory Cell and Molecular Biology，1992，6 (5)：535-542.

[11] Oberdörster G，Ferin J，Lehnert B E. Environmental Health Perspectives，1994，102 (S5)：173.

[12] Conhaim R L，Eaton A，Staub N C，Heath T D. Journal of Applied Physiology，1988，64：1134.

[13] Jefferson D A. Philosophical Transactions of the Royal Society A，2000，358：2683.

[14] Preining O. Journal of Aerosol Science，1998，29：481.

[15] Tan M H，Commens C A，Burnett L，Snitch P J. Australasian Journal of Dermatology，1996，37：185.

[16] Schulz J，Hohenberg H，Pflucker F，Gartner E，Will T，Pfeiffer S，Wepf R，Wendel V，Gers-Barlag H，Wittern K P. Advanced Drug Delivery Reviews，2002，54 (Supplement 1)：S157-S163.

[17] Lademann J，Weigmann H，Rickmeyer C，Barthelmes H，Schaefer H，Mueller G，Sterry W. Skin Pharmacology and Applied Skin Physiology，1999，12：247.

[18] Kreilgaard M. Advanced Drug Delivery Reviews，2002，54 (Supplement 1)：S77-S98.

[19] Menon G K，Elias P M. Skin Pharmacology，1997，10：235-246.

[20] Hoet P H M，Brüske-Hohlfeld I，Salata O V. Journal of Nanobiotechnology，2004，2：12.

[21] Sato K，Imai Y，Irimura T. Journal of Immunology，1998，161：6835.

[22] Ohl L，Mohaupt M，Czeloth N，Hintzen G，Kiafard Z，Zwirner J，Blankenstein T，Henning G，Forster R. Immunity，2004，21 (2)：279-288.

[23] Tinkle S，Antonini J，Rich B，Roberts J，Salmen R，Depree K，Adkins E. Environmental Health Perspectives，2003，111 (10)：1202-1208.

[24] Andersson K G，Fogh C L，Byrne M A，Roed J，Goddard A J，Hotchkiss S A. Health Physics，2002，82：226.

[25] Lademann J，Otberg N，Richter H，Weigmann H J，Lindemann U，Schaefer H，Sterry W. Skin pharmacology and Applied Skin Physiology，2001，14：17.

[26] Verma D D，Verma S，Blume G，Fahr A. International Journal of Pharmaceutics，2003，258 (1-2)：141-151.

[27] Saunders J，Davis H，Coetzee L，Botha S，Kruger A，Grobler A. Journal of Pharmacy & Pharmaceutical Sciences，2 (3)：99.

[28] Wang B，Feng W Y，Wang T C，Jia G，Wang M，Shi J W，Zhang F，Zhao Y L，Chai Z F. Toxicology Letters，2006，161 (2)：115-123.

[29] Hussain N，Jaitley V，Florence A T. Advanced Drug Delivery Reviews，2001，50 (1-2)：107-142.

[30] Aprahamian M，Michel C，Humbert W，Devissaguet J P，Damge C. Biology of the Cell，1987，61：69.

[31] Kerneis S，Pringault E. Seminars in Immunology，1999，11：205.

[32] Jani P U，Florence A T，Mccarthy D E. International Journal of Pharmaceutics，1992，84 (3)：245-252.

[33] Jani P，Halbert G W，Langridge J，Florence A T. Journal of Pharmacy and Pharmacology，1990，42：821-826.

[34] Jani P，Halbert G W，Langridge J，Florence A T. Journal of Pharmacy and Pharmacology，1989，41：809.

[35] Jani P U，Mccarthy D E，Florence A T. International Journal of Pharmaceutics，1994，105 (2)：157-168.

[36] Bockmann J, Lahl H, Eckert T, Unterhalt B. Pharmazie, 2000, 55: 140.

[37] Durrer C, Irache J M, Puisieux F, Duchêne D, Ponchel G. Pharmaceutical Research, 1994, 11 (5): 674-679.

[38] Durrer C, Irache J M, Puisieux F, Duchêne D, Ponchel G. Pharmaceutical Research, 1994, 11 (5): 680-683.

[39] Irache J M, Durrer C, Duchêne D, Ponchel G. Pharmaceutical Research, 1996, 13 (11): 1716-1719.

[40] Delie F. Advanced Drug Delivery Reviews, 1998, 34 (2-3): 221-233.

[41] Szentkuti L. Journal of Controlled Release, 1997, 46: 233.

[42] Norris D A, Sinko P J. Proc Control Release Soc, 1997, 24: 17.

[43] Delie F, Blanco-Prieto M J. Molecules, 2005, 10: 65.

[44] Sanders N N, De Smedt S C, Van Rompaey E, Simoens P, De Baets F, Demeester J. American Journal of Respiratory and Critical Care Medicine, 2000, 162 (5): 1905-1911.

[45] Lamprecht A, Schäfer U, Lehr C-M. Pharmaceutical Research, 2001, 18 (6): 788-793.

[46] Hillyer J N F, Albrecht R M. Journal of Pharmaceutical Sciences, 2001, 90 (12): 1927-1936.

[47] Oberd Rster G, Finkelstein J, Johnston C, Gelein R, Cox C, Baggs R, Elder A. Research report (Health Effects Institute), 2000, (96): 5-74.

[48] Kreyling W G, Semmler M, Erbe F, Mayer P, Takenaka S, Schulz H, Oberdörster G, Ziesenis A. Journal of Toxicology and Environmental Health, Part A, 2002, 65: 1513.

[49] Kreyling W, Scheuch G. In Particle-Lung Interactions, Gehr P, Heyder J, Dekker M eds. Informa Healthcare, 2000: 323.

[50] Takenaka S, Karg E, Roth C, Schulz H, Ziesenis A, Heinzmann U, Schramel P, Heyder J. Environmental Health Perspectives, 2001, 109: 547.

[51] Videira M A, Botelho M F, Santos A C, Gouveia L F, Lima J J D, Almeida a J. Journal of Drug Targeting, 2002, 10: 607.

[52] Borm P J, Schins R P, Albrecht C. International Journal of Cancer, 2004, 110: 3.

[53] Kato T, Yashiro T, Murata Y, Herbert D C, Oshikawa K, Bando M, Ohno S, Sugiyama Y. Cell and Tissue Research, 2003, 311: 47-51.

[54] Berry J P, Arnoux B, Stanislas G, Galle P, Chretien J. Biomedicine, 1977, 27: 354.

[55] Nemmar A, Vanbilloen H, Hoylaerts M F, Hoet P H, Verbruggen A, Nemery B. American Journal of Respiratory and Critical Care Medicine, 2001, 164 (9): 1665-1668.

[56] Nemmar A, Hoet P H, Vanquickenborne B, Dinsdale D, Thomeer M, Hoylaerts M F, Vanbilloen H, Mortelmans L, Nemery B. Circulation, 2002, 105 (4): 411-414.

[57] Kawakami K, Iwamura A, Goto E, Mori Y, Abe T, Hirasawa Y, Ishida H, Shimada T, Tominaga S. Kaku Igaku, 1990, 27: 725.

[58] Brooking J, Davis S S, Illum L. Journal of Drug Targeting, 2001, 9: 267.

[59] Oberdörster G, Sharp Z, Atudorei V, Elder A, Gelein R, Lunts A, Kreyling W, Cox C. Journal of Toxicology and Environmental Health, 2002, 65 (20): 1531.

[60] Eyles J E, Bramwell V W, Williamsson E D, Alpar H O. Vaccine, 2001, 19: 4732.

[61] Meiring J J, Borm P J, Bagate K, Semmler M, Seitz J, Takenaka S, Kreyling W G. Particle and Fibre Toxicology, 2005, 2 (3): 1-13.

[62] Delorenzo A. Taste and Smell in Vertebrates. In CIBA Foundation Symposium Series. Wolstenholme G,

Knight J P eds. London: J&A Churchill, 1970: 151.

[63] Bodian D, Howe H. Bulletin of the Johns Hopkins Hospital, 1941, 69: 79.

[64] Adams R J, Bray D. Nature, 1983, 303: 718.

[65] Oberdorster G, Sharp Z, Atudorei V, Elder A, Gelein R, Kreyling W, Cox C. Inhalation Toxicology, 2004, 16 (6-7): 437-445.

[66] Oberdorster E. Environmental Health Perspectives, 2004, 112 (10): 1058-1062.

[67] Yamago S, Tokuyama H, Nakamuralr E, Kikuchi K, Kananishl S, Sueki K, Nakahara H, Enomoto S, Ambe F. Chemistry & Biology, 1995, 2 (6): 385-389.

[68] Satoh M, Matsuo K, Kiriya H, Mashino T, Nagano T, Hirobe M, Takayanagi I. European Journal of Pharmacology, 1997, 327 (2-3): 175-181.

[69] Kobayashi K, Kuwano M, Sueki K, Kikuchi K, Achiba Y, Nakahara H, Kananishi N, Watanabe M, Tomura K. Journal of Radioanalytical and Nuclear Chemistry, 1995, 192 (1): 81-89.

[70] Cagle D W, Kennel S J, Mirzadeh S, Alford J M, Wilson L J. Proceedings of the National Academy of Sciences, 1999, 96 (9): 5182-5187.

[71] Qingnuan L, Yan X, Xiaodong Z, Ruili L, Qieqie D, Xiaoguang S, Shaoliang C, Wenxin L. Nuclear Medicine and Biology, 2002, 29 (6): 707-710.

[72] Mikawa M, Kato H, Okumura M, Narazaki M, Kanazawa Y, Miwa N, Shinohara H. Bioconjugate Chemistry, 2001, 12 (4): 510-514.

[73] Wang H F, Wang J, Deng X Y, Mi Q X, Sun H F, Shi Z J, Gu Z N, Liu Y F, Zhao Y L. Journal of Nanoscience and Nanotechnology, 2004, 4: 1019.

[74] Wang J X, Chen C Y, Yu H W, Sun J, Li B, Li Y F, Gao Y X, Chai Z F, He W, Huang Y Y, Zhao Y L. Journal of Radioanalytical and Nuclear Chemistry, 2007, 272 (3): 527-531.

[75] Wang B, Feng W Y, Wang M, Shi J W, Zhang F, Ouyang H, Zhao Y L, Cha Z F, Huang Y Y, Xie Y N, Wang H F, Wang J. Biological Trace Element Research, 2007, 118: 233-243.

[76] Fechter L D, Johnson D L, Lynch R A. NeuroToxicology, 2002, 23 (2): 177-183.

[77] Brown J S, Zeman K L, Bennett W D. American Journal of Respiratory and Critical Care Medicine, 2002, 166 (9): 1240-1247.

[78] Wang B, Feng W Y, Wang M, Wang T C, Gu Y Q, Zhu M T, Ouyang H, Shi J W, Zhang F, Zhao Y L, Chai Z F, Wang H F, Wang J. Journal of Nanoparticle Research, 2008, 10: 263-276.

[79] Wang J X, Zhou G Q, Chen C Y, Yu H W, Wang T C, Ma Y M, Jia G, Gao Y X, Li B, Sun J, Li Y F, Jiao F, Zhao Y L, Chai Z F. Toxicology Letters, 2007, 168 (2): 176-185.

[80] Kim S, Lim Y T, Soltesz E G, De Grand A M, Lee J, Nakayama A, Parker J A, Mihaljevic T, Laurence R G, Dor D M, Cohn L H, Bawendi M G, Frangioni J V. Nature Biotechnology, 2004, 22 (1): 93-97.

[81] Chen Z, Chen H, Meng H, Xing G M, Gao X Y, Sun B Y, Shi X L, Yuan H, Zhang C C, Liu R, Zhao F, Zhao Y L, Fang X H. Toxicology and Applied Pharmacology, 2008, 230 (3): 364-371.

[82] Wang J X, Chen C Y, Li B, Yu H W, Zhao Y L, Sun J, Li Y F, Xing G M, Yuan H, Tang J, Chen Z, Meng H, Gao Y, Ye C, Chai Z F, Zhu C F, Ma B C, Fang X H, Wan L J. Biochemical Pharmacology, 2006, 71 (6): 872-881.

[83] Araujo L, Lobenberg R, Kreuter J. Journal of Drug Targeting, 1999, 6: 373.

[84] Labhasetwar V, Song C, Humphrey W, Shebuski R, Levy R J. Journal of Pharmaceutical Sciences,

1998，87 (10)：1229-1234.

[85] Pantarotto D，Briand J，Prato M，Bianco A. Chemical Communications，2004，2004 (1)：16-17.

[86] Friedman S H，Decamp D L，Sijbesma R P，Srdanov G，Wudl F，Kenyon G L. Journal of the American Chemical Society，1993，115：6506-6509.

[87] Rajagopalan P，Wudl F，Schinazi R F，Boudinot F D. Antimicrob Agents Chemother，1996，40 (10)：2262-2265.

[88] Bullard-Dillard R，Creek K E，Scrivens W A，Tour J M. Bioorganic Chemistry，1996，24 (4)：376-385.

[89] Samet J M，Dominici F，Curriero F C，Coursac I，Zeger S L. The New England Journal of Medicine，2000，343 (24)：1742-1749.

[90] Peters A，Wichmann H E，Tuch T，Heinrich J，Heyder J. American Journal of Respiratory and Critical Care Medicine，1997，155 (4)：1376-1383.

[91] Gold D R，Litonjua A，Schwartz J，Lovett E，Larson A，Nearing B，Allen G，Verrier M，Cherry R，Verrier R. Circulation，2000，101 (11)：1267-1273.

[92] Salvi S，Blomberg A，Rudell B，Kelly F，Sandstrom T，Holgate S T，Frew A. American Journal of Respiratory and Critical Care Medicine，1999，159 (3)：702-709.

[93] Nemmar A，Hoet P H，Vermylen J，Nemery B，Hoylaerts M F. Circulation，2004，110 (12)：1670-1677.

[94] Bascom R，Bromberg P A，Costa D A，Devlin R，Dockery D W，Frampton M W，Lambert W，Samet J M，Speizer F E，Utell M. American Journal of Respiratory and Critical Care Medicine，1996，153 (1)：3-50.

[95] Pekkanen J，Peters A，Hoek G，Tiittanen P，Brunekreef B，De Hartog J，Heinrich J，Ibald-Mulli A，Kreyling W G，Lanki T，Timonen K L，Vanninen E. Circulation，2002，106 (8)：933-938.

[96] Gauderman W J，Avol E，Gilliland F，Vora H，Thomas D，Berhane K，Mcconnell R，Kuenzli N，Lurmann F，Rappaport E，Margolis H，Bates D，Peters J. The New England Journal of Medicine，2004，351 (11)：1057-1067.

[97] Maynard A D，Maynard R L. Atmospheric Environment，2002，36 (36-37)：5561-5567.

[98] Nemmar A，Nemery B，Hoet P H，Vermylen J，Hoylaerts M F. American Journal of Respiratory and Critical Care Medicine，2003，168 (11)：1366-1372.

[99] Nemmar A，Hoylaerts M F，Hoet P H，Dinsdale D，Smith T，Xu H，Vermylen J，Nemery B. American Journal of Respiratory and Critical Care Medicine，2002，166 (7)：998-1004.

[100] Dockery D W，Pope C A. Annual Review of Public Health，1994，15 (1)：107-132.

[101] Schwartz J. Environmental Research，1994，64 (1)：36-52.

[102] Schwartz J，Morris R. American Journal of Epidemiology，1995，142：23.

[103] Peters A，Dockery D W，Muller J E，Mittleman M A. Circulation，2001，103 (23)：2810-2815.

[104] Peters A，Doring A，Wichmann H E，Koenig W. The Lancet，1997，349 (9065)：1582-1587.

[105] Wilson L J，In The Electrochemical Society Interface，the electrochemical society Pennington，NJ，1999，24.

[106] Zhang S，Sun D，Li X，Pei F，Liu S. Fullerene Science and Technology，1997，5：1635.

[107] Qu L，Cao W，Xing G，Zhang J，Yuan H，Tang J，Cheng Y，Zhang B，Zhao Y，Lei H. Journal of Alloys and Compounds，2006，408-412：400-404.

[108] Xing G M，Zhang J，Zhao Y L，Tang J，Zhang B，Gao X F，Yuan H，Qu L，Cao W B，Chai Z F，Ibrahim K，Su R. Journal of Physical Chemistry B，2004，108 (31)：11473-11479.

[109] Chen C Y, Xing G M, Wang J X, Zhao Y L, Li B, Tang J, Jia G, Wang T C, Sun J, Xing L, Yuan H, Gao Y X, Meng H, Chen Z, Zhao F, Chai Z F, Fang X H. Nano Letters, 2005, 5 (10): 2050-2057.

[110] Lee C H, Guo Y L, Tsai P J, Chang H Y, Chen C R, Chen C W, Hsiue T-R. European Respiratory Journal, 1997, 10: 408.

[111] Harris K D. The Lancet, 1951: 1008.

[112] Johnston C J, Finkelstein J N, Mercer P, Corson N, Gelein R, Oberdorster G. Toxicology and Applied Pharmacology, 2000, 168 (3): 208-215.

[113] Zhu M T, Feng W Y, Wang B, Wang T C, Gu Y Q, Wang M, Wang Y, Ouyang H, Zhao Y L, Chai Z F. Toxicology, 2008, 247 (2-3): 102-111.

[114] Howard C V. Occasional Paper Series, 2003, 7: 15.

[115] Warheit D B, Overby L H, George G, Brody a R. Experimental Lung Research, 1988, 14: 51.

[116] Oberdorster G. Inhalation Toxicology, 2002, 14 (1): 29-56.

[117] Warheit D B, Hart G A, Hesterberg T W, Collins J J, Dyer W M, Swaen G M H, Castranova V, Soiefer A I, Kennedy G L. Critical Reviews in Toxicology, 2001, 31 (6): 697-736.

[118] Hahn F F, Newton G J, Bryant P L. In Pulmonary Macrophages and Epithelial Cells. Sanders C L, Schneider R P, Dagle G E, Ragan H A eds. Oak Ridge, TN: Technical Information Center, Energy Research and Development Administration, 1977: 424.

[119] Tabata Y, Ikada Y. Biomaterials, 1988, 9 (4): 356-362.

[120] Green T R, Fisher J, Stone M, Wroblewski B M, Ingham E. Biomaterials, 1998, 19 (24): 2297-2302.

[121] Wichmann H H, Peters A. Philosophical Transactions of the Royal Society A, 2000, 358: 2751.

[122] Wojciak-Stothard B, Curtis A, Monaghan W, Macdonald K, Wilkinson C. Experimental Cell Research, 1996, 223 (2): 426-435.

[123] Brown D M, Wilson M R, Macnee W, Stone V, Donaldson K. Toxicology and Applied Pharmacology, 2001, 175 (3): 191-199.

[124] Stone V, Shaw J, Brown D M, Macnee W, Faux S P, Donaldson K. Toxicology in Vitro, 1998, 12 (6): 649-659.

[125] Donaldson K, Brown D, Clouter A, Duffin R, Macnee W, Renwick L, Tran L, Stone V. Journal of Aerosol Medicine, 2002, 15: 213.

[126] Li N, Sioutas C, Cho A, Schmitz D, Misra C, Sempf J, Wang M, Oberley T, Froines J, Nel A. Environmental Health Perspectives, 2003, 111 (4): 455-460.

[127] Driscoll K E, Deyo L C, Carter J M, Howard B W, Hassenbein D G, Bertram T A. Carcinogenesis, 1997, 18 (2): 423-430.

[128] Oberdörster G, Yu C P. Experimental Lung Research, 1999, 25: 1.

[129] Adelmann P, Baierl T, Drosselmeyer E, Politis C, Polzer G, Seidel A, Schwegler-Berry D, Steinleitner C. In Toxic and Carcinogenic Effects of Solid Particles in the Respiratory Tract. Mohr U, Dungworth D L, Mauderly J, Oberdoerster G eds. Washington, DC: ILSI Press, 1994: 405.

[130] Lee K P, Trochimowicz H J, Reinhardt C F. Toxicology and Applied Pharmacology, 1985, 79 (2): 179-192.

[131] Morrow P E. Fundamental and Applied Toxicology, 1988, 10 (3): 369-384.

[132] Huczko A, Lange H, Ca Ko E, Grubek-Jaworska H, Droszcz P. Fullerenes, Nanotubes and

Carbon Nanostructures, 2001, 9 (2): 251-254.

[133] Bermudez E, Mangum J B, Wong B A, Asgharian B, Hext P M, Warheit D B, Everitt J I. Toxicological Sciences, 2004, 77: 347-357.

[134] Shvedova A A, Kisin E R, Mercer R, Murray A R, Johnson V J, Potapovich A I, Tyurina Y Y, Gorelik O, Arepalli S, Schwegler-Berry D, Hubbs A F, Antonini J, Evans D E, Ku B K, Ramsey D, Maynard A, Kagan V E, Castranova V, Baron P. American Journal of Physiology - Lung Cellular and Molecular Physiology, 2005, 289 (5): L698-708.

[135] Moller W, Hofer T, Ziesenis A, Karg E, Heyder J. Toxicology and Applied Pharmacology, 2002, 182 (3): 197-207.

[136] Zhang Q W, Kusaka Y. Inhalation Toxicology, 2000, 12 (Sl): 267.

[137] Lundborg M, Johard U, Lastbom L, Gerde P, Camner P. Environmental Research, 2001, 86 (3): 244-253.

[138] Lundborg M, Johansson A, Lastbom L, Camner P. Environmental Research, 1999, 81 (4): 309-315.

[139] Donaldson K, Li X Y, Macnee W. Journal of Aerosol Science, 1998, 29 (5-6): 553-560.

[140] Mauderly J L, Mccunney R J. Inhalation Toxicology, 1996, 8 (Sl): 1.

[141] Kante B, Couvreur P, Dubois-Krack G, Meester C D, Guiot P, Roland M, Mercier M, Speiser P. Journal of Pharmaceutical Sciences, 1982, 71: 786.

[142] Kreuter J, Wilson C G, Fry J R, Paterson P, Ratcliffe J H. Journal of Microencapsulation, 1984, 1: 253.

[143] Brasseur F, Biernacki A, Lenaerts V, Galanti L, Couvreur P, Deckers C, Roland M, In Proceedings 3rd International Conference on Pharmaceutical Technology, Association de Pharmacie Galenique et Industrielle, Paris, 1983: 194.

[144] Fernandezurrusuno R, Fattal E, Porquet D, Feger J, Couvreur P. Toxicology and Applied Pharmacology, 1995, 130 (2): 272-279.

[145] Ueng T H, Kang J J, Wang H W, Cheng Y W, Chiang L Y. Toxicology Letters, 1997, 93 (1): 29-37.

[146] Meng H, Chen Z, Xing G M, Yuan H, Chen C Y, Zhao F, Zhang C C, Zhao Y L. Toxicology Letters, 2007, 175 (1-3): 102-110.

[147] Chen Z, Meng H, Xing G M, Chen C Y, Zhao Y L, Jia G, Wang T C, Yuan H, Ye C, Zhao F, Chai Z F, Zhu C F, Fang X H, Ma B C, Wan L J. Toxicology Letters, 2006, 163 (2): 109-120.

[148] Chen H H, Yu C, Ueng T H, Chen S, Chen B J, Huang K J, Chiang L Y. Toxicologic Pathology, 1998, 26 (1): 143.

[149] Kreuter J. Advanced Drug Delivery Reviews, 2001, 47 (1): 65-81.

[150] Maynard A D, Baron P A, Foley M, Shvedova A A, Kisin E R, Castranova V. Journal of Toxicology and Environmental Health, Part A, 2004, 67: 87.

[151] Nelson M A, Domann F E, Bowden G T, Hooser S B, Fernando Q, Carter D E. Toxicology and Industrial Health, 1993, 9: 623.

[152] Huczko A, Lange H, Calko E. Fullerene Science and Technology, 1999, 7: 935.

[153] Tabata Y, Murakami Y, Ikada Y. Cancer Science, 1997, 88 (11): 1108-1116.

[154] Shvedova A A, Castranova V, Kisin E R, Schwegler-Berry D, Murray A R, Gandelsman V Z, Maynard A, Baron P J. Journal of Toxicology and Environmental Health, Part A, 2003, 66

(20)：1909.

[155] Wang I C, Tai L A, Lee D D, Kanakamma P P, Shen C K F, Luh T Y, Cheng C H, Hwang K C. Journal of Medicinal Chemistry, 1999, 42 (22)：4614-4620.

[156] Fumelli C, Marconi A, Salvioli S, Straface E, Malorni W, Offidani A M, Pellicciari R, Schettini G, Giannetti A, Monti D, Franceschi C, Pincelli C. The Journal of Investigative Dermatology, 2000, 115 (5)：835-841.

[157] Oberdörster G. International Archives of Occupational and Environmental Health, 2001, 74：1.

[158] Donaldson K, Stone V. Annali Dell'Istituto Superiore di Sanità, 2003, 39 (3)：405.

[159] Dick C A J, Brown D M, Donaldson K, Stone V. Inhalation Toxicology, 2003, 15：39.

第3章 细胞纳米毒理学：纳米颗粒与细胞的相互作用

细胞大小在几微米到几十微米量级。比细胞小几个量级的纳米颗粒进入人体后，将与细胞发生什么样的相互作用？它们会给生命过程带来什么影响？那些具有自组装能力的人工纳米颗粒进入生命体后，会给生命过程本身的分子自组装带来什么影响？与微米颗粒相比，纳米颗粒容易进入细胞这个维持正常生命过程的基本单元，它们对细胞的影响已经成为人们关注的焦点。另外，已有研究结果显示，纳米颗粒与环境因素的协同作用，可能产生增强效应，使原本低毒或无毒的纳米颗粒变成高毒性，这也可能成为导致纳米物质的生物以及环境毒性的重要因素。事实上，人们发现，纳米物质与生命过程相互作用，既有正面的效应也有负面的效应。正面纳米生物效应，将给疾病早期诊断和高效治疗带来新的机遇和突破；负面纳米生物效应，即纳米毒理学，它研究和阐明纳米物质对人体健康、生存环境等的潜在影响，是发展安全健康绿色纳米技术的重要组成部分。

3.1 纳米颗粒的细胞摄入

纳米颗粒与细胞相互作用过程的具体细节还很不清楚。目前，在纳米颗粒与活细胞相互作用的研究中，由于实验方法学上的限制，基本上是针对水溶性纳米材料的。其中研究最广泛的可能是水溶性碳纳米材料，如富勒烯、碳纳米管的各种衍生物。由于在药物传输体系的应用，水溶性碳纳米材料的细胞摄入和相关毒性是人们高度关注的问题。在已报道的纳米颗粒与不同类型细胞的相互作用研究中，主要集中在它们的细胞摄入以及穿越细胞膜的过程[1~19]。迄今为止，尽管人们已经研究了纳米颗粒与多种细胞如内皮细胞[2,3]、肺上皮细胞[4~6]、肠上皮细胞[7,8]、肺泡巨噬细胞[9~13]、其他种类的巨噬细胞[14~17]、神经细胞[18]及其他细胞[19]的相互作用。然而，它们的细胞摄入机制却仍然是悬而未决的问题。

细胞摄入纳米颗粒以后，在细胞内的具体定位一直是人们关注的焦点。细胞摄入纳米颗粒以后，在细胞内的具体定位一直是人们关注的焦点。由于人造纳米颗粒具有较易进入细胞的特性，因此在生物医学应用上已得到快速发展。但是，对于不同的纳米颗粒，它们是通过哪条通路穿过细胞膜进入细胞并最终到达细胞内的哪些区域？它们进入细胞的过程有哪些规律性？影响这些过程的关键因素是什么？是纳米尺寸、纳米结构、表面电荷、表面修饰基团、纳米颗粒化学成分吗？等等，这些目前还不清楚。我们在利用荧光显微成像方法观察了

$[C_{60}(C(COOH)_2)_2]_n$ 纳米颗粒穿过细胞膜进入 3T3 L1 和 RH-35 活体细胞内的运动行为。研究了表面修饰的富勒烯纳米颗粒跨越细胞膜过程。发现富勒烯纳米颗粒很快进入细胞内，以点状区域分布于细胞质中，最后主要定位在溶酶体。$[C_{60}(C(COOH)_2)_2]_n$ 纳米颗粒的细胞摄入主要依靠笼形蛋白介导内吞，而不是胞饮介导的方式进入细胞内。细胞摄入富勒烯纳米颗粒具有时间依存性、温度依存性和能量依存性[20]。纳米颗粒内吞作用的机理和亚细胞器的定位不仅对理解和预知其生物安全性，而且对理解和预知细胞内生物医学效应具有重要意义。Larroqueb 等也利用间接荧光免疫检验法和同位素示踪技术，研究了细胞摄入羧基富勒烯 $C_{61}(CO_2H)_2$ 颗粒后，在 HS 68 人成纤维原细胞簇（CRL-1635）和猴肾 COS-7(CRL-1651)细胞簇内的定位，发现富勒烯衍生物 $C_{61}(CO_2H)_2$ 易于穿透细胞膜，优先与线粒体结合[21]，且富勒烯笼结构与胞吞作用密切相关的笼形蛋白包裹的囊泡类似。这种相似性也可能使细胞将纳米颗粒误为"知己"而吞食。

3.1.1　细胞摄入的纳米表面结构效应以及表面修饰效应

纳米表面结构与表面修饰，可能是与细胞作用最直接相关的两个重要因素，也为调控纳米颗粒细胞生物学效应提供了方便有效的途径[20,22]。为了研究纳米结构与其细胞摄入行为的相关性，Dugan 等结合硝基氧自旋标记小鼠脑部脂质混合物的电子顺磁共振光谱学，发现水溶性羧基 C_{60} 衍生物的两个同分异构体中 C_3 比 D_3 更易进入细胞膜。从结构上看，C_3 和 D_3 的每个分子包含三个丙二酸基团，且 C_3 和 D_3 的结构对称。这些羧基富勒烯有效地减少了由谷氨酸受体激活分子（N-甲基-D-天冬氨酸或 α-氨基-3-羟基-5-甲基异噁唑-4-丙酸）暴露引起的神经元死亡[23]。最新的生物学技术也被应用到纳米细胞生物学的研究中，借助强型黄色荧光蛋白（eYFP）标记线粒体，构建并转染大脑皮层神经细胞，再进行荧光免疫成像，Ali 等发现，仅 30 min C_3 就可以部分定位在脑皮层神经细胞的线粒体上[24]。当 C_{60} 表面分别修饰 2 个、3 个、4 个丙二酸基团形成 $DMAC_{60}$、$TMAC_{60}$ 和 $QMAC_{60}$ 三个不同的衍生物，比较研究它们与 HeLa 细胞的相互作用，通过 MTT 法和流式细胞仪测试细胞周期变化，发现不同纳米表面的纳米物质对 HeLa 细胞的细胞毒性，细胞生长抑制的顺序依次是：$DMAC_{60}$ ＞ $TMAC_{60}$ ＞ $QMAC_{60}$[25]。尽管这些研究结果还比较初步，但是已经明确显示纳米结构和纳米表面修饰，二者皆是决定纳米材料与细胞作用的生物活性的重要因素。

当然，以上述的富勒烯衍生物为例，控制它们细胞生物学效应的关键因素，究竟是表面修饰还是 C_{60} 本身的球形纳米结构？这个问题意义深远。未功能化 C_{60} 在无血清 MCDB153-LB 培养基中，会迅速与细胞结合，而不会影响细胞增殖[26]。在生物体系中 C_{60} 检测困难，人们因此以 ^{14}C 标记 C_{60} 水悬浮液的方法来观

察人细胞对 C_{60} 的摄入。未功能化的 C_{60} 没有引起人体细胞的急性毒性，并且在 11 h 之内保持与细胞结合。一般的，物质能够通过两种途径进入细胞。大分子或颗粒，最大的可能是被载体运输进入细胞；离子和小分子，通常经过离子通道与跨膜转运进入细胞。根据细胞质膜的厚度、C_{60} 水悬浮液的特点和细胞摄入的效率，人们推测 C_{60} 颗粒可能是通过 C_{60} 分子或小颗粒片段的扩散，随后与细胞表面结合而进入细胞的[26]。后来的研究，根据瑞士白变种小鼠单次服用 C_{60}（100 mg/mL）的结果，发现小鼠体内发生了类似第尔斯-阿尔德（Diels-Alder-like）的反应。这也意味着 C_{60} 能够渗透通过细胞膜进入细胞内[27]。

当人们深入对比研究不同表面修饰的富勒烯的生物活性时，揭示了 C_{60} 的 DL-丙氨酸与 DL-丙氨酰基-DL-丙氨酸等物质的量加成产物对卵磷脂脂质双分子层渗透性的影响[28]。这些 C_{60} 衍生物能定位在人工膜中，可通过脂质双分子层渗透进入脂质体，完成激活二价金属离子（Co^{2+}）的跨膜转运。C_{60}-Pro、C_{60}-ε 氨基己酸和 C_{60}-Arg 等水溶性氨基酸 C_{60} 衍生物，它们能以其离子形式渗入红细胞的细胞膜[29]。由于 C_{60}-Arg 载体在生理 pH 条件下带有强烈的正电荷，可引起红细胞的细胞膜的 K^+ 扩散膜电位的耗散（"内耗"），C_{60}-Arg 可能在 K^+ 缬氨霉素离子载体的帮助下，引起膜的去极化，从而进入细胞[29]。

碳纳米管是碳纳米材料家族中的"明星"成员。人们对功能化碳纳米管跨膜行为进行了多项研究，发现异硫氰酸酯（FITC）荧光标记单壁碳纳米管（SWNTs）衍生物及缩氨酸-SWNT 的结合物能跨过人 3T6 和鼠科动物 3T3 纤维原细胞膜，聚集在细胞质，甚至到达细胞核[30]。Kam 等测试了 SWNTs 和 SWNT-链霉亲和素结合物（用于临床治疗癌症的一种蛋白）进入人早幼粒白血病细胞（HL60）和人 T 细胞（Jurkat）的能力[31]。他们采用经典的细胞内吞作用标记物 FM 4-64 对围绕纳米管的内涵体进行染色，分别在 37℃ 和 4℃ 观察，发现了纳米管结合物直接通过细胞内吞方式进入细胞。由于这些功能化 SWNTs 本身对 HL60 细胞具有较低的毒性，因此，可作为新一代的载体材料应用于药物、蛋白和基因运输体系。功能化的 SWNTs 也是各种类型非共价、非特异性结合在纳米管侧壁的蛋白（～80 kDa）的胞内运输机。内涵体释放 SWNTs 后，出现胞内细胞色素诱导的细胞凋亡或细胞程序性死亡[32]。

在研究肺巨噬细胞与纳米碳管的相互作用时，我们发现有些巨噬细胞吞噬纳米颗粒后仍具有吞噬能力，有些细胞的吞噬作用却被部分抑制了，而有些巨噬细胞吞噬纳米颗粒后会完全丧失其吞噬能力[33]。这可能取决于单个肺巨噬细胞吞噬纳米颗粒数量的多少。然而，人们发现当碳纳米材料表面经化学修饰成为水溶性衍生物时，对外周血液单核细胞、H9、Vero、CEM 等细胞几乎无毒[34,35]。因此，纳米颗粒的表面化学修饰，对它们的实际应用将非常重要，尤其是对于生物医学领域的应用。

3.1.2　细胞摄入的纳米尺寸效应

纳米尺寸是主导纳米颗粒与细胞相互作用的一个关键因素。如第 1 章所述，吸入的纳米颗粒尺寸越小，它越易到达或沉积在肺部深处，与较大尺寸的颗粒在体内的生物学行为也不相同。体内纳米颗粒的生物学行为随其纳米尺寸的变化而变化。在纳米颗粒与细胞相互作用研究中，纳米尺寸很可能影响细胞摄入的方法和途径。对于尺寸非常小的纳米颗粒，也可能会直接穿过细胞膜而进入细胞，并干扰细胞的重要功能[36]。组织巨噬细胞和血液白细胞等专门的吞噬细胞通常会吞噬较大的颗粒，绝大多数纳米颗粒可直接削弱细胞的吞噬作用或使其吞噬能力丧失。

3.2　纳米颗粒对肺泡巨噬细胞的影响

肺巨噬细胞存在于肺泡中，在肺内具有重要的防御作用。它们可吸入颗粒，消化细菌和病毒，促使抗原触发特定的（免疫学的）防御机制。趋化性使巨噬细胞可快速直接到达颗粒沉积部位。在吞噬过程中，颗粒与细胞膜上的囊泡结合，被胞内吞噬小体摄取，与溶酶体融合。酸性（$pH \sim 5$）的含酶和反应物质（H_2O_2）的吞噬溶酶体成为大多数细菌和真菌被消化的一种环境。纳米颗粒可诱导或削弱肺巨噬细胞的吞噬能力[33]。纳米颗粒暴露后，大多数实验结果显示，动物的肺巨噬细胞功能下降，肺巨噬细胞的吞噬能力、趋化性、膜渗透性、细胞骨架功能削弱，甚至出现凋亡、坏死。

前面已经叙述，纳米颗粒表面积也是影响纳米颗粒与细胞作用的一个重要因素。人们已发现脂质介质和氧化应激的发生，与纳米颗粒的比表面积强烈相关[37]。通过研究不同类型的超细颗粒（碳、Printex 90、Printex G 和汽车尾气）分别与犬齿类和人肺泡巨噬细胞的相互作用，来评价形成 AA、PGE2 和 ROS 的活性，结果发现血浆中 8-isoprostane 的水平，诱导形成的细胞 LTB4、氧化应激等与颗粒氧化电位具有强烈的相关性，而 PGE2 和 AA 的合成与颗粒比表面积相关（$r = 0.99$），却与颗粒质量无关。这和传统的物质有所不同。测定血浆中 8-isoprostane 水平表明，颗粒物的初始氧化电位（$r = 0.94$）和颗粒诱导的细胞氧化应激（$r = 0.99$），两者均与颗粒物的表面积直接相关[37]。

3.2.1　细胞吞噬能力和趋化性

外源性沉积颗粒的清除是肺部防御系统功能的一个重要方面。肺泡巨噬细胞首先在局部趋化因子的诱引下，迅速移向外源颗粒沉积部位，黏附住颗粒，然后吞噬清除。随后，肺负载颗粒经多种途径从呼吸道清除。因此，肺清除能力的削弱直接与肺泡巨噬细胞的损伤有关。研究已经表明，纳米颗粒可显著削弱肺巨噬细胞的吞噬能力[33]。比如，如果把 C_{60} 及其粗提物（RS）与巨噬细胞和类似巨噬细胞的细胞一起孵育，C_{60} 和 RS 与阳性对照的 DQ12 石英相比，具有较低的细胞毒性。RS 是组成复杂的混合物，C_{60} 与 RS 相比，对细胞的影响较小。RS 体外细胞暴露产生氧化损伤。在体内研究中，各种 ROS 能够强烈地破坏由光辐射 C_{60} 及其衍生物产生的生物活性分子[38~43]。因此，ROS 的形成是氧化损伤的标志，可能是碳纳米材料存在光毒性的重要表现。然而，人们发现，超氧化物歧化酶（一个专门清除超氧化物自由基的清道夫）能够逆转或减少细胞毒性[25,44]，以 ROS 释放来解释富勒烯的光诱导细胞毒性，但仍需要更深入的研究。

在研究大气颗粒物的细胞毒性效应时，人们也有类似的发现。比如美国科学家在研究加利福尼亚洛杉矶周围环境中超细颗粒（UFPs）时发现，UFPs 能导致细胞血红素加氧酶-1（HO-1）最高效的表达，可耗尽细胞内的谷胱甘肽。血红素加氧酶-1（HO-1）表达是氧化应激的一个敏感标志，通过二硫苏糖醇（DTT）测定分析表明，体外形成大量的 ROS 与超细颗粒 UFPs 中含有的高有机碳和多环芳烃（PAH）的含量直接相关。尽管纳米颗粒与 UFPs 相似也具有很高的 ROS 活性[45]，但是它们产生 ROS 的机理可能不同。

最近，许多研究结果都直接或间接表明，到达纳米尺度的颗粒对肺泡巨噬细胞具有明显的损伤。比如在经 14.3 nm 炭黑和 29.0 nm TiO_2 颗粒暴露后，巨噬细胞吞噬乳胶颗粒指示剂的吞噬能力显著下降。平均粒径 14.3 nm 的炭黑和平均粒径 29.0 nm 的 TiO_2 颗粒，比其同等质量且化学组成相同的细颗粒更能引起中性粒细胞的募集反应、上皮组织的损伤、细胞毒性以及肺泡巨噬细胞吞噬能力的削弱等毒性现象[45]。纳米颗粒显著提高了肺泡巨噬细胞对 C5a 趋化性的敏感度。纳米颗粒严重地削弱了肺巨噬细胞的吞噬能力[46]。纳米颗粒调节或损伤肺泡巨噬细胞的吞噬能力也直接影响肺部对颗粒的清除能力。将健康受试者的支气管肺泡灌洗液中的肺泡巨噬细胞与纳米碳颗粒共孵育，人肺巨噬细胞的损伤随其剂量的大小而变化，其变化趋势与使用大鼠肺泡巨噬细胞为模型的研究结果相符。这个结果说明，科学家利用实验动物得到的纳米毒理学的研究结果，是可以用来外推到人体健康效应或用于安全性评估的[10]。

早些时候，我们研究了 C_{60} 富勒烯、单壁碳纳米管（SWNTs）和多壁碳纳米管（MWNTs）三种碳纳米材料的细胞毒性。豚鼠灌洗肺泡巨噬细胞（AM）经三种纳米颗粒暴露 6 h 后，检测了肺泡巨噬细胞对 2 μm 乳胶微粒的吞噬反应，并对纳米材料诱导抑制肺泡巨噬细胞吞噬能力进行了研究和评价。上述三种碳纳米材料都对细胞产生了明显的毒性反应，并且细胞毒性具有明显的剂量依赖关系（图 3.1）。SWNTs 降低细胞吞噬作用的能力明显高于另外两种纳米材料 MWNTs 和 C_{60}。SWNTs 在 0.38 $\mu g/cm^2$ 的低剂量显著削弱肺泡巨噬细胞的吞噬作用，而对于 C_{60} 富勒烯或 MWNTs 要获得类似的副反应，需要达到 3.06 $\mu g/cm^2$（约 10 倍的高剂量）。在 0.38 $\mu g/cm^2$ 剂量 SWNTs 处理组，非噬菌细胞的数量比例令人吃惊，对肺巨噬细胞吞噬作用的影响几乎与 3.06 $\mu g/cm^2$ 石英颗粒（慢性吸入暴露的职业健康危险物）产生的效果相当[33]。我们还发现，有些巨噬细胞经纳米颗粒暴露后，仍具有吞噬能力（图 3.2 中标记为 PM 的细胞），而有些细胞的吞噬作用却被抑制了（图 3.2 中标记为 PIP 的细胞）；有些细胞经纳米颗粒暴露后完全丧失了吞噬能力（图 3.2 中标记为 NPM 的细胞）[34,35]。因此，纳米颗粒的类型和剂量不同对细胞吞噬能力和趋化能力的影响不同。

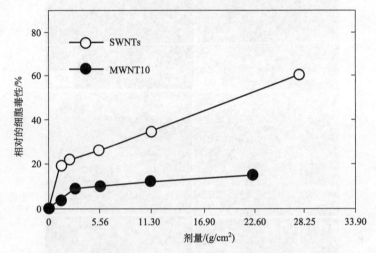

图 3.1　不同剂量的单壁碳纳米管（SWNTs）和多壁碳纳米管（MWNT10）暴露
6 h 后，对肺泡巨噬细胞（AM）的细胞毒性，以及剂量对细胞毒性的影响

3.2.2　细胞膜和细胞骨架

已有的实验数据表明，纳米颗粒能够破坏肺泡巨噬细胞的细胞膜，诱使乳酸脱氢酶（LDH）泄露，引起血清肿瘤坏死因子-α（TNF-α）释放[47]，甚至导致细胞骨架功能紊乱[48]。Beagle 犬肺巨噬细胞和细胞株 J774A.1 巨噬细胞经 TiO_2 纳米颗粒 24 h 体外暴露，J774A.1 巨噬细胞对 TiO_2 纳米颗粒比 Beagle 犬肺泡巨噬细胞更加敏感，浓度大于等于 100 $\mu g/mL/10^6$ 细胞剂量的 TiO_2 纳米颗粒严重削弱了吞噬小体的转运，增大了细胞骨架的硬度。而较大尺寸的 TiO_2 颗粒不会产生任何副反应。由于吞噬作用是一种具有细胞骨架依赖性的肺巨噬细胞的防御作用过程，既然 TiO_2 纳米颗粒能够引起细胞骨架毒性，它进一步诱导削弱细胞增殖和吞噬活性、阻碍胞内转运、增加细胞骨架硬度，将最终导致肺防御能力损伤等一系列的细胞功能紊乱[48]。

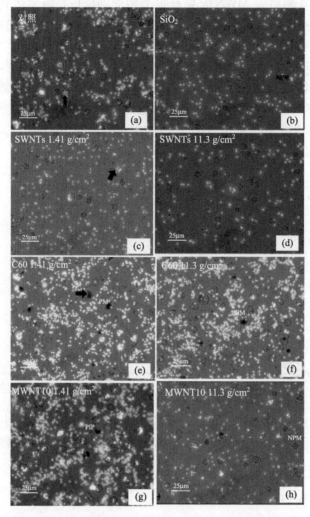

图 3.2　不同剂量的单壁碳纳米管（SWNTs）、多壁碳纳米管（MWNT10）和富勒烯 C_{60} 暴露 6 h 后对肺泡巨噬细胞（AM）的细胞形态的影响。（a）对照组；（b）石英颗粒暴露组（阳性对照）；（c）1.41 $\mu g/cm^2$ 剂量下 SWNTs 的暴露组；（d）11.3 $\mu g/cm^2$ 剂量下 SWNTs 的暴露组；（e）1.41 $\mu g/cm^2$ 剂量下 C_{60} 的暴露；（f）11.3 $\mu g/cm^2$ 剂量下 C_{60} 的暴露；（g）1.41 $\mu g/cm^2$ 剂量下 MWNT10 的暴露；（h）11.3 $\mu g/cm^2$ 剂量下 MWNT10 的暴露。黑色箭头是作为吞噬指示剂的乳胶颗粒。PM：吞噬纳米颗粒的巨噬细胞；PIP：吞噬能力被纳米颗粒部分抑制的巨噬细胞；NPM：没有吞噬能力的巨噬细胞

Kamat 等以肝微粒体为模型，在光敏作用下，检查了 C_{60} 及其水溶性衍生物 $C_{60}(OH)_{18}$ 对细胞膜的损伤[49]。富勒烯及其衍生物导致严重的氧化损伤，具有时间和浓度依赖性。他们发现，通过含重氢的缓冲溶液和各种活性氧的清除剂研究了诱导损伤中不同活性氧分子（ROS）的作用，C_{60} 引起的变化主要归因于单线态氧（$^1O_2$），而 $C_{60}(OH)_{18}$ 引起的变化主要归因于自由基。表面修饰改变了其细胞毒性的机制。生物抗氧化剂，如谷胱甘肽、抗坏血酸维生素 C、α-维生素 E 等具有抑制由富勒烯诱导引起的细胞膜损伤作用。然而，由 $C_{60}(OH)_{18}$ 诱导引起的脂质和蛋白质的损害比未修饰 C_{60} 引起的损伤更严重。此外，C_{60} 诱导增进了恶性毒瘤 180 腹水微粒体脂质过氧化的形成。因此，C_{60} 或其 $C_{60}(OH)_{18}$ 衍生物，在光激发下产生活性氧 ROS，诱导细胞膜上重要的脂质过氧化反应和蛋白质氧化，这是非常值得注意的现象[49]。国外有企业计划利用 C_{60} 掺入化妆品如防晒霜中。上述研究结果表明，在日光照射下，化妆品中的 C_{60} 很可能产生活性氧 ROS，诱导细胞膜上脂质过氧化和蛋白质氧化，导致皮肤损伤。

在研究枝状 C_{60} 单加成产物和丙二酸 C_{60} 三加成产物与 Jurkat 细胞的相互作用时[50]，有人发现细胞与这些富勒烯衍生物共培养 2 周后，枝状单加成产物使细胞生长率降低到 19%，3-丙二酸加成产物对细胞生长只有轻微的抑制作用。在没有光照的情况下，后者的细胞毒性很小。然而，当细胞经 UVA 或 UVB 照射时，两者都成为极毒的物质，细胞毒性很大。并且，3-丙二酸富勒烯对细胞比枝状衍生物具有更强的光诱导细胞毒性，细胞膜受损程度与 UV 光照具有剂量依赖性。因此，人们认为细胞死亡的主要原因，应归因于光诱导细胞膜的受损[50]。如果没有外界的诱因，纳米颗粒本身的细胞毒性是很小的。这些结果提示我们，纳米颗粒与环境因素的协同作用，产生的增强效应，使原本低毒或无毒的纳米颗粒变成高毒性，也是导致纳米物质生物毒性的重要因素。

3.2.3　细胞坏死和凋亡

通过检测线粒体脱氢酶活性的 MTT 实验，人们已经发现了很多纳米颗粒引起细胞坏死和凋亡的现象[51]，研究比较多的如对肺巨噬细胞的细胞毒性[33,48,52]，因为肺是呼吸屏障的重要靶器官，而当我们的肌体主动防御外来物质的损害时，呼吸屏障首当其冲。从我们对 C_{60}、SWNTs 和 MWNT10（直径 10~20 nm）对肺巨噬细胞相互作用的研究结果分析[33]，当 SWNTs 剂量从 0.76 $\mu g/cm^2$ 升高到 3.06 $\mu g/cm^2$ 时，肺巨噬细胞出现内质网的膨胀、液泡变化和吞噬小体都可被清晰地观察到。细胞经 0.76 $\mu g/cm^2$ MWNT10 处理，观察到巨大的吞噬体，当剂量增加到 3.06 $\mu g/cm^2$ 时，细胞核经历了胞核基质的退化、肿大和稀疏的过程。然而，在细胞经 3.06 $\mu g/cm^2$ 剂量 SWNTs 或 MWNT10 暴露后，出现了核膜染色质凝聚、细胞器浓缩、细胞质液泡变化和表面形成突触等现象[33]。虽然仍需要更多直接的实验证据，但这些现象已经是涉及细胞凋亡的一系列过程了。

利用市场上的细胞凋亡试剂盒直接检测细胞坏死和凋亡过程。Moeller 等就利用这个方法研究了 20 nm TiO_2 颗粒引起的肺巨噬细胞的坏死和凋亡的情况[48]。该检验方法是由对磷脂酰丝氨酸（PS）配体具有高黏附性的膜联蛋白 V（AnV）抗体组成，在活细胞里，PS 配体直接联结在细胞质上[53,54]。当细胞凋亡时，这些配体在细胞外的细胞膜上表达。此外，细胞与连接在坏死细胞胞核的碘化丙啶（PI）一起孵育，采用两种染料结合双波长流式细胞仪，分别确定和分析了活细胞的（AnV-PI-）、凋亡细胞的（AnV+）、坏死细胞的（PI+）以及凋亡和坏死细胞的（AnV+PI+）片段。100 μg 纳米 TiO_2/mL/10^6 细胞剂量的肺巨噬细胞孵育 24 h 后，细胞株 J774A.1 巨噬细胞的细胞存活率为 89%，Beagle 犬肺巨噬细胞（BD-AM）的细胞存活率为 94%。在两种细胞株的对照组中，大量失活细胞是坏死细胞（PI+），并且凋亡细胞片段消失。TiO_2 纳米颗粒导致细胞存活率减少，在理想颗粒浓度为 100 mg/mL/10^6 细胞剂量，细胞存活率保持在 75% 以上，与 BD-AMs 相比 J774A.1 AMs 细胞的毒性效应更为明显[48]。

显然，即使是同种纳米颗粒，在相同暴露剂量下其细胞毒性也因细胞类型的不同而不同。流式细胞仪测定结果直接证明了这种推论：BD-AMs 细胞存活率高于 J774A.1 巨噬细胞[48]。这些表明原代细胞对孵育和暴露条件更具有抵抗力。虽然如此，但是两种类型的细胞对 TiO_2 纳米颗粒也显示出一些相似的规律：比表面积增加导致细胞存活率下降。尽管 TiO_2 颗粒的比表面积比炭黑的小许多，但比表面积 48 m^2/g 的纳米 TiO_2（直径 20 nm）与比表面积 300 m^2/g 的炭黑 P90 颗粒（直径 12 nm）相比，其细胞存活率降低[48]。这可能是由于纳米材料之间化学性质或颗粒表面性质（如疏水性、亲水性等）不同造成的。因此，比表面积不是决定纳米颗粒细胞毒性的唯一因素。以表面性质为例，颗粒比表面积不同意味着形成聚集体的能力不同。12 nm P90 炭黑颗粒具有较大的表面积（300 m^2/g），可能容易聚集成比 20 nm TiO_2（48 m^2/g）颗粒更大尺寸的颗粒。因此，为了理解这些现象，非常需要确定纳米颗粒与细胞相互作用时的真实尺寸（表面积）。电镜图像结果表明，炭黑颗粒的聚集体比 TiO_2 颗粒更多、更大。大多数 TiO_2 颗粒显示为单个颗粒，因此在细胞内可能具有不同的细胞毒性途径。失活细胞的主要片段是坏死性的，原因可能是由于长时间孵育使凋亡细胞移向坏死性片段或者被活细胞吞噬。总之，纳米颗粒引起肺巨噬细胞凋亡和坏死具有表面积依赖效应，但是表面积不是唯一的因素，上述分析的其他因素，也对此产生了至关重要的作用和影响。

3.3　纳米颗粒对其他肺细胞的影响

由于纳米颗粒能够穿透细胞膜，有可能在体内的不同器官组织中蓄积。研究 30~50 nm TiO_2 颗粒与仓鼠肺成纤维细胞之间的相互作用发现，TiO_2 纳米颗粒能够诱导 V79 细胞出现细胞毒性和遗传毒性[55]，进一步研究表明，这些细胞毒性和遗传毒性效应与纳米颗粒诱导自由基产生，导致的 DNA 氧化损伤密切关联。当 TiO_2 纳米颗粒表面经过五氧化二矾（V_2O_5）修饰时，可诱使仓鼠肺成纤维细胞产生更加严重的细胞毒性和遗传毒性[55]。

大气颗粒物（PM）暴露与气道炎症相关，且长期暴露可导致气道重塑[56~59]，是已经知道的事实。人们深入研究过 PM 的性质与细胞炎性反应的相关性，并且揭示了 PM 尺寸、组成和物理化学性质会影响细胞信号通路[60]。利用 $PM_{2.5}$(2.5 μm) 暴露人支气管（16HBE 细胞系）和鼻腔（原代培养）的上皮细胞 24 h 后，发现细胞释放出大量的 GM-CSF（炎性细胞因子）和双调蛋白，它们的释放具有剂量依存性。在相同的浓度下，大气颗粒物 PM 与水不溶性颗粒物（完全没有水溶性化合物的 PM）诱导的上皮细胞分泌物量相同，但是少于那些由 PM-有机提取物诱导的分泌物量。研究揭示了 PM 中的有机化合物是引起气道上皮细胞的炎性反应的主要原因[60]。然而，在 PM 的水提取物和炭黑颗粒（95 nm）作用下却未观察到细胞的上述反应。这些结果很重要，因为它表明事实与人们的推测相反，可溶性金属和含碳核在这些生物学反应中的作用并不重要。此外，不同粒径 PM 的实验研究结果也揭示了 GM-CSF 分泌物主要是由较小尺寸的颗粒引起的，而双调蛋白分泌物主要是由于相对尺寸较大的颗粒造成的。因此，即使在同一个大气颗粒物样品中，不同尺寸的颗粒物产生的生物效应各不相同。这也是与传统的大块材料相比，纳米生物效应之所以复杂的重要原因。

支气管上皮细胞对大气颗粒物 PM 的反应，主要表现为细胞炎性因子 GM-CSF 和表皮生长因子受体-配体的增加。由城市颗粒物诱导引起的双调蛋白释放，是细胞炎性和增殖反应的又一个因素[61]。$PM_{2.5}$ 诱导的上皮细胞双调蛋白分泌物归因于 GM-CSF 的释放和有丝分裂过程的影响。当人支气管（16HBE 细胞系）和原代鼻腔上皮细胞暴露于 $PM_{2.5}$(50% 的颗粒小于 260 nm) 24 h 时，颗粒诱导了双调蛋白 mRNA 的表达并具有剂量相关性。人双调蛋白基因重组能够诱导 GM-CSF 释放并具有剂量依赖性。EGFR 抑制剂——酪氨酸激酶（AG1478）可以抑制 $PM_{2.5}$-诱导的 GM-CSF 分泌，这可以削弱抑制抗-双调蛋白抗体的活性。这些结果表明，EGFR 的激活涉及 GM-CSF 的释放和双调蛋白的分泌。$PM_{2.5}$ 能诱导 16HBE 细胞增殖，这种有丝分裂可通过 AG1478 终止[61]。

人 CD83 是Ⅰ型细胞表面糖蛋白，几乎单独由树突状细胞表达。与此同时，源自树突细胞的肺单核细胞（Mo-DC）是与呼吸道过敏性疾病哮喘有关的专职抗原提呈细胞。Verstraelen 等在脂多糖缺乏或存在的情况下，研究了 Mo-DC 与不同浓度范围（0.2～2000 ng/mL）汽车排放颗粒（DEP）的相互作用[62]。他们发现，尽管 Mo-DC 暴露于 DEP 或 LPS，显然，它们单独时不能改变 CD83 的表达水平，而经 DEP、LPS 共同刺激诱导，该标记表达水平在统计意义上才呈现显著增长。

3.4　纳米颗粒对皮肤细胞的影响

Shvedova 等研究了 SWNTs 对人角化细胞的副反应。结果表明，SWNTs 暴露能够加速工人皮肤的氧化应激并产生细胞毒性[63]。SWNTs 暴露 18 h 后，便

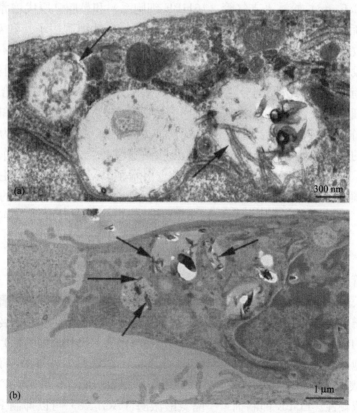

图 3.3　暴露单壁碳纳米管后的人表皮角化细胞（HEK）的 TEM 图像。（a）MWNTs 的细胞内定位，箭头是指 MWNTs（在 HEK 的细胞质液中）；（b）Permanox 腔室表面的角化细胞生长，箭头是指 MWNTs（定位在细胞质质内）[65]

检测到自由基形成、脂质过氧化物积聚、抗氧化剂损耗、细胞活性丧失等表示细胞毒性和氧化剂产生的现象。SWNTs 暴露也将导致人角化细胞的超微结构和形态发生变化。另外，人们发现，碳纳米材料羧基富勒烯（CF，一种水溶性富勒烯的羧酸衍生物）反而能够作为皮肤保护剂，抵抗紫外线对人角化细胞的诱导损伤[64]。CF 剂量的增加，没有引起角化细胞的细胞毒性，而且 CF 预处理的细胞和对照组之间细胞增殖速率并没有差异，同时，CF 能够有效地防御角化细胞由于 UVB 辐射引起的细胞凋亡及细胞周期阻滞，标志着 CF 对人皮肤细胞的无细胞毒性或低细胞毒性。与裸露的 SWNTs 相反，表面修饰的富勒烯（如羧基富勒烯衍生物）确实具有降低由紫外线 UVB 辐射诱导引起的细胞毒性。将人角化细胞（HEK）分别暴露于 0.1 mg/mL、0.2 mg/mL、0.4 mg/mL 的多壁碳纳米管（MWNTs），经过 1 h、2 h、4 h、8 h、12 h、24 h、48 h 以后，透射电镜（TEM）观察多壁碳纳米管在细胞内的定位[65]，发现 MWNTs 出现在 HEK 的细胞质的液泡中（图 3.3），并诱导了类似白细胞介素 8（IL-8）的内源物质的释放。

3.5　纳米颗粒对肝细胞的影响

考虑到肝脏的功能，肝实质细胞有可能成为纳米颗粒作用的重要靶细胞。因此，研究和阐明纳米颗粒与肝实质细胞的相互作用非常重要。在聚氰基丙烯酸烷基酯（PACA）纳米颗粒慢性暴露的实验中，通过肝脏毒性敏感的模型观察到肝功能的改变，但当纳米颗粒暴露停止时，进一步研究发现这些效应是可逆的[66]。果糖代谢，葡萄糖产物浓度降低，导致大鼠肝细胞 α_1-酸性糖蛋白（AGP）分泌水平升高，同时白蛋白分泌水平降低。经纳米颗粒处理的大鼠，其血清 α_1-酸性糖蛋白（AGP）的 hyposialyation 出现暂时性增加，且纳米颗粒暴露停止 15 天后，大鼠肝细胞 α_1-酸性糖蛋白（AGP）分泌水平恢复。对聚合物的降解以及对枯否细胞的进一步研究，揭示了肝细胞蛋白合成的变化仅在纳米颗粒直接与肝细胞接触的时候[66]。在体外，枯否细胞和聚合物降解物质对肝细胞对纳米颗粒的反应影响甚少。同时，肝微粒体的损伤能够被内源性抗氧化剂和活性氧清道夫而缓解[38]。此外，对添加富勒烯组和天然抗氧化剂保护组的比较研究表明，由 C_{60} 和 $C_{60}(OH)_{18}$ 光激发产生的活性氧能够显著诱导脂质过氧化反应和蛋白氧化反应，然后被内源性天然抗氧化剂还原[49]。另外，羧基富勒烯（C_3 和 D_3）可以影响抗氧化剂的功能，如将羧基富勒烯、N-乙酰基-L-半胱氨酸（Ac-Cys）和抗坏血酸维生素 C 添加到经转移生长因子 TGF-b 预处理的 Hep3B 细胞培养基中，C_{60} 水溶性羧酸衍生物可有效地预防 TGF-b 诱导的细胞凋亡[67]。羧基富勒烯 C_3 与脂质体具有较强的相互作用，比其几何异构体 D_3 能更有效地影响抗氧化功能。

3.6　纳米颗粒的细胞生物学效应

纳米颗粒的细胞生物学效应包括毒理学效应十分复杂，目前甚至还没有成型的理论体系能够描述纳米颗粒与细胞膜的相互作用过程[68]。以我们前面讨论过富勒烯纳米颗粒与细胞膜的相互作用为例，富勒烯纳米颗粒很容易进入细胞，人们推测其与细胞表面的作用可能是通过分子或相关小颗粒的扩散作用来实现的，是一个被动的转运过程[20, 69]。计算机模拟结果发现，富勒烯能迅速穿越人造磷脂膜。相对于无修饰的本身，羟基修饰的富勒烯跨越磷脂膜的速度明显降低[70]。而水溶性的富勒烯纳米颗粒能降低水分子的通透性[71]。理论计算的结果表明，单个的疏水分子与质膜的磷脂双分子层存在一定的相互作用，但是这并不能代替真实溶液环境中分子以团聚的颗粒物存在时与细胞膜相互作用的结果。而氨基酸修饰的能作为一种亲脂性的分子，可以直接穿过生物膜，并有可能协助其他分子的跨膜运输[29]。有研究表明，富勒烯类纳米颗粒可以影响到一些膜蛋白的功能并导致膜的氧化损伤而发生膜泄漏[49, 72]。此外，也有人推测其可能的跨膜机制是由于富勒烯衍生物和笼形蛋白结构的相似性，可被胞吞作用的信号受体识别而结合，完成其跨膜运输，但对此还没有直接的证据[21]。此外，细胞膜上存在各种各样的离子通道，富勒烯纳米颗粒是否可以通过离子通道进入细胞？由于离子通道的大小正好与一个分子的尺寸相当，而通常情况下，它们是以团聚物的形式存在的。有人认为，富勒烯以及碳纳米管能够作为离子通道的阻滞剂[73]，因此不论是团聚的还是单个的富勒烯颗粒都很难通过细胞膜上的离子通道进入细胞。尽管如此，现有实验手段的局限，极大地限制了人们对细胞摄取纳米颗粒过程的研究。纳米颗粒与细胞膜表面的相互作用和电荷密切相关，利用这一点研究阳离子氨基富勒烯衍生物发现，这类衍生物能与生物分子结合，从而更好地解释了富勒烯纳米颗粒的细胞胞吞作用。富勒烯衍生物与生物分子结合后形成的团聚体正好能够被细胞胞吞，并且能够在细胞胞浆内释放小分子进入细胞核[74~76]。这类基因载体实验为发展基因转染试剂以及抗肿瘤药物载体设计提供了依据。

胞吞作用[77,78]是细胞外物质特别是较大分子和颗粒进入细胞的一种主要方式。根据被胞吞物质的不同，又可以分为胞饮作用和胞噬作用。胞噬作用主要用于噬取细胞外较大颗粒如细胞碎片、细菌、病毒等，只有一些特殊的细胞有胞噬作用，如巨噬细胞和中性粒细胞。而胞饮作用是细胞摄取水溶性物质以及液体的方式，又可以分为非特异性的液相胞饮作用和特异性的受体介导胞吞作用。颗粒物质从细胞的一端内吞进胞内，通过跨细胞运输到另一端排出，而这个过程称为跨细胞转运[79,80]。受体介导的胞吞是研究比较清楚的一种胞吞作用[81~84]，胞外分子通过结合细胞质膜上的特异受体，受体经过富集与配体一起内吞进入细胞质内。受体介导的胞吞主要是通过附有笼形蛋白包被的小泡进行，这一类胞吞作用称为笼形蛋白介导的胞吞。结合的受体会集中到细胞内面有笼形蛋白的质膜区，形成小窝，此区内凹，最终与质膜脱离进入细胞质。由此形成的胞吞小泡外包有笼形蛋白和 II 型连接蛋白[85]，其大小为 100~150 nm。比如含有酪氨酸激酶的受体、LDL 受体和 G 蛋白偶联受体等都是通过笼形蛋介导的内吞进入细胞[86]。另外，受体介导的胞吞作用也可以通过非笼形蛋白介导的内吞进行[87,88]。

脂筏是细胞质膜上富有葡糖鞘脂类和胆固醇的特化小区。如果胞内面有微囊素，这种特殊的脂筏称为质膜微囊。霍乱毒素 B 亚基和糖基磷脂酰肌醇锚定蛋白从细胞质膜到高尔基复合体的运输，或 SV40 病毒从质膜到内质网都是通过质膜微囊或脂筏介导的胞吞而完成的。一些能结合胆固醇的药物，如 Filipin 和 Nystatin 能选择性地干扰脂筏的结构和功能，并能抑制脂筏介导的胞吞作用[89~92]。如果纳米颗粒是通过胞吞作用进入细胞，那么笼形蛋白、细胞膜穴样内陷（小窝）、脂筏-介导的胞吞过程是三种重要的方式。笼形蛋白介导的胞吞作用与多种细菌、病毒粒子的入侵有密切关系。笼形蛋白是在膜泡运输中起关键作用的蛋白分子。2004 年 12 月，*Nature* 以较大篇幅报道了笼形蛋白晶格的高分辨结构[93,94]。小窝蛋白介导的胞吞可使外源性物质避开机体的免疫反应和一系列的清除行为，得以在体内存在。有人认为，纳米颗粒进入细胞，主要取决于颗粒的粒径尺寸大小[95]。颗粒粒径在 200~500 nm 时，细胞摄入颗粒是一个主动的耗能过程。当颗粒粒径在 200 nm 左右时，细胞容易以笼形蛋白介导的主动胞吞方式进入细胞；而 500 nm 左右的颗粒细胞膜穴样内陷依赖胞吞方式进入细胞。研究富勒烯单丙二酸衍生物发现，该富勒烯纳米颗粒可能通过胞吞作用进入细胞，并且可能与笼形蛋白相关[21]。我们研究了富勒烯羧酸衍生物是否能够跨越细胞膜屏障而进入细胞，发现 FITC 荧光标记的富勒烯二加成丙二羧酸衍生物可跨膜进入人宫颈癌细胞内部[96]，但是具体跨膜机制和细胞内定位不明确。随后，我们发现单个富勒烯在体液内环境中容易团聚成较大的颗粒[20]。根据其粒径的大小，以及我们最新的细胞成像研究结果，表明富勒烯羧酸衍生物的跨膜过程是一种能量依赖的主动胞吞方式[20]。

我们以纤维原细胞为模型，利用原子力显微镜（AFM）研究了富勒烯衍生物的 $C_{60}[C(COOH)_2]_2$ 纳米颗粒对细胞膜的影响。3T3L1 细胞的特点是细胞表面积大，相对于肿瘤细胞，它的细胞表面比较光滑，有利于采用 AFM 技术进行细胞膜表面观察。相对于对照组细胞，经富勒烯纳米颗粒处理的细胞表面形成了许多大小在 200~500 nm 大小的凹陷状结构，其凹陷大小与富勒烯纳米颗粒的团聚大小相当。因此，可能是由于细胞大量胞吞富勒烯纳米颗粒而引起的膜表面结构的改变。进一步通过用 FM4-64 荧光探针标记内吞囊泡，激光共聚焦显微镜研究发现其与 $C_{60}[C(COOH)_2]_2$ 有很好的共定位。这一结果初步证实了富勒烯纳米颗粒是通过胞吞途径进入细胞的,而不是简单的被动渗透过程。

进一步研究细胞摄入纳米颗粒的能力。我们将细胞通过 4℃ 低温培养、鱼藤酮和叠氮钠等抑制剂预处理细胞,抑制细胞的电子传递链,结果发现,与对照组相比,细胞摄入纳米颗粒的能力明显下降,由此进一步证明了该纳米颗粒物进入细胞是细胞的一个主动的、耗能的胞吞过程。此外,通过对细胞采取低渗和高渗以及用胆固醇去除剂 β-环糊精和制霉菌素等预处理细胞,然后研究细胞内吞该富勒烯纳米颗粒的能力。结果表明,不论是 RH35 细胞还是 3T3L1 细胞都依赖于形蛋白介导的内吞方式。用同样的方法也证明了 $C_{60}[C(COOH)_2]_2$ 纳米颗粒进入细胞不是依赖于小窝介导胞吞的。

细胞主动胞吞也是十分重要的过程。细胞主动胞吞作用可以将碳纳米管摄入胞浆中。比如,研究者用化学修饰的方法将碳纳米管设计成为一种高效的转染试剂来转染 siRNA,其效果远远高于市场上的阳离子转染试剂,这同样也证明了细胞可能是通过胞吞作用使碳纳米管跨膜进入细胞的[97]。此外,碳纳米管也可以作为一种很好的载体,用来载带各种小肽和蛋白进入细胞行使相应的功能[32]。然而,也有报道认为,碳纳米管可能直接穿透进入细胞,并且其性质可能与石棉比较相似,可能造成一定的细胞毒性[98]。目前笼形蛋白介导的胞吞方式是大部分细胞胞吞外源物质的常用方式,通过附有笼形蛋白包被的小泡包裹着外源物质形成内吞体,与胞浆内的酸性囊泡融合形成初级溶酶体,最后在溶酶体中将外源物质消化、降解。那么,富勒烯纳米颗粒是否最后也将融合到细胞溶酶体当中?它的最终形式又是什么?这就需要我们阐明其细胞内的具体定位。

纳米颗粒穿越细胞膜以后,接下来的问题就是在细胞内的定位。然而,纳米颗粒定位的检测常常遇到很多技术难题。为了便于检测,有人用 ^{14}C 标记了富勒烯吡咯环衍生物,并研究了它在小鼠体内的生物分布和代谢。当尾静脉注射到 SD 大鼠,富勒烯衍生物很快就分布到小鼠身体的各个器官,90%～95% 富集于肝脏[99]。而且这个水溶性富勒烯可以通过血脑屏障,并且迅速通过肾脏排泄。与此不同,用另外一种同位素 ^{166}Ho 标记的 $Ho@C_{82}(OH)_x$ 则生物分布较广[100],在肝、骨骼、脾、肾、肺的含量依次递减,其他组织分布极低。我们研究了 $Gd@C_{82}(OH)_{40}$ 的生物分布。结果表明,一次给药 24h 后其主要分布于骨骼、肝、肾和脾,并依次递减;在肺和血液中衰减得很快[101,102]。与此结果类似,北京大学刘元方院士等发现,水溶化的单壁碳纳米管能迅速进入小鼠体内,并在肝脏富集[103,104]。

研究纳米颗粒的细胞定位,首先需要参考上述动物实验关于靶器官的研究结果。这样,在选细胞系上就有明确的目的性,便于体内外的研究结果互相结合起来。前期的许多研究没有考虑上述问题,因此,使相互的参考价值减弱。研究纳米颗粒的细胞内定位还不很多。比如,富勒烯单丙二酸衍生物主要集中定位在细胞的线粒体和细胞膜上[21]。富勒烯三丙二酸衍生物部分定位在细胞的线粒体上[24]。我们利用激光共聚焦技术，将 FITC 标记的富勒烯丙二羧酸衍生物与溶酶体荧光标记物以及线粒体荧光标记物在 3T3L1 细胞和 RH35 细胞中共孵育，结果发现 FITC 标记的富勒烯丙二羧酸衍生物与溶酶体标记物发射的红色荧光重合。富勒烯羧酸衍生物能有选择性地跨越细胞膜进入胞浆，在溶酶体中高度富集。相反，FITC 标记的富勒烯丙二羧酸衍生物与线粒体发射的荧光几乎没有重合，因此它与细胞线粒体不存在共定位的现象[20]。这一结果直接证实了富勒烯纳米颗粒物是以笼形蛋白介导的胞吞方式进入细胞。此外，将单壁碳纳米管与细胞共培养两天后，用 HAADF-STEM 技术直接观察到单壁碳纳米管能够进入细胞，并且主要被细胞溶酶体包裹着[105]。富勒烯羧酸衍生物部分定位在线粒体，这对富勒烯羧酸衍生物具有良好的抗氧化作用提供了理论基础，因为它们可以在线粒体上清除细胞所产生的自由基。

然而，研究发现，表面加成不同数目的富勒烯衍生物在细胞内的分布和定位有很大差别，这一现象目前还难以解释。是由于不同的研究手段带来的差别？与纳米颗粒尺寸大小有关？[106]或是与其纳米结构，甚至微结构的改变有关？或者与它们进入细胞的不同方式有关？不同尺寸的纳米颗粒，它们进入细胞的方式可能不同，这会导致其在亚细胞器的定位也不同，因此产生不同的细胞生物学效应。这些结果也是纳米颗粒的生物医学应用的重要理论基础。

纳米生物效应，不论是正面的还是负面的，其核心问题之一，是它们如何与细胞发生相互作用，即纳米细胞生物学效应。探索它们进入细胞的机制和途径，了解它们在细胞胞浆内或者细胞器内所引起的一系列化学或生物学反应，是理解诸多问题的根源和基础。如对纳米颗粒与膜泡运输关系的研究，揭示生物体对纳米颗粒的转运和清除机制，不仅对细胞毒理学研究，而且对发现它们新的生物活性和功能，是十分重要的。现有研究手段的局限，极大地限制了人们对细胞摄取纳米颗粒过程的深入研究。纳米材料尤其是它们表面修饰以后的衍生物，是一个很大的家族，深入揭示这些纳米颗粒的细胞生物学效应，是决定其安全应用，并突破其生物医学应用瓶颈的关键。

参 考 文 献

[1] Tokuyama H, Yamago S, Nakamura E. Journal of the American Chemical Society, 1993, 115: 7918-7919.

[2] Akerman M E, Chan W C, Laakkonen P, Bhatia S N, Ruoslahti E. Proceedings of the National Academy of Sciences, 2002, 99 (20): 12617-12621.

[3] Davda J, Labhasetwar V. International Journal of Pharmaceutics, 2002, 233 (1-2): 51-59.

[4] Boland S, Baeza-Squiban A, Fournier T, Houcine O, Gendron M C, Chevrier M, Jouvenot G, Coste A, Aubier M, Marano F. American Journal of Physiology, 1999, 276: L604.

[5] Juvin P, Fournier T, Boland S, Soler P, Marano F, Desmonts J M, Aubier M. Archives of Environmental Health, 2002, 57: 53.

[6] Kato T, Yashiro T, Murata Y, Herbert D, Oshikawa K, Bando M, Ohno S, Sugiyama Y. Cell and Tissue Research, 2003, 311 (1): 47-51.

[7] Florence A T, Hussain N. Advanced Drug Delivery Reviews, 2001, 50 (Supplement 1): S69-S89.

[8] Hopwood D, Spiers E, Ross P, Anderson J, Mccullough J, Murray F. British Medical Journal, 1995, 37 (5): 598-602.

[9] Hoet P H M, Nemery B. Toxicology and Applied Pharmacology, 2001, 176 (3): 203.

[10] Lundborg M, Johard U, Lastbom L, Gerde P, Camner P. Environmental Research, 2001, 86 (3): 244-253.

[11] Mossman B T, Sesko A M. Toxicology, 1990, 60 (1-2): 53-61.

[12] Oberdorster G. Regulatory Toxicology and Pharmacology, 1995, 21 (1): 123-135.

[13] Takenaka S, Karg E, Roth C, Schulz H, Ziesenis A, Heinzmann U, Schramel P, Heyder J. Environmental Health Perspectives, 2001, 109: 547.

[14] Blundell G, Henderson W J, Price E W. Annals of Tropical Medicine and Parasitology, 1989, (83): 381.

[15] Fernandez-Urrusuno R, Fattal E, Feger J, Couvreur P, Therond P. Biomaterials, 1997, 18 (6): 511-517.

[16] Lomer M C, Thompson R P, Powell J J. Proceedings of the Nutrition Society, 2002, 61: 123.

[17] Powell J, Ainley C, Harvey R, Mason I, Kendall M, Sankey E, Dhillon A, Thompson R. British Medical Journal, 1996, 38 (3): 390-395.

[18] Oberdörster G, Sharp Z, Atudorei V, Elder A, Gelein R, Lunts A, Kreyling W, Cox C. Journal of Toxicology and Environmental Health, Part A, 2002, 65: 1531.

[19] Pratten M K, Lloyd J B. Placenta, 1997, 18 (7): 547-552.

[20] Li W, Chen C Y, Ye C, Wei T T, Zhao Y L, Lao F, Chen Z, Meng H, Gao Y X, Yuan H, Xing G M, Zhao F, Chai Z F, Zhang X J, Yang F Y, Han D, Tang X H, Zhang Y G. Nanotechnology, 2008, 19: 145102 (12pp).

[21] Foley S, Crowley C, Smaihi M, Bonfils C, Erlanger B F, Seta P, Larroque C. Biochemical and Biophysical Research Communications, 2002, 294 (1): 116-119.

[22] Zhao Y L, Xing G M, Chai Z F. Nature Nanotechnology, 2008, 3: 191-192.

[23] Dugan L L, Turetsky D M, Du C, Lobner D, Wheeler M, Almli C R, Shen C K, Luh T Y, Choi D W, Lin T S. Proceedings of the National Academy of Sciences, 1997, 94 (17): 9434-9439.

[24] Ali S S, Hardt J I, Quick K L, Sook Kim-Han J, Erlanger B F, Huang T-T, Epstein C J, Dugan L L. Free Radical Biology and Medicine, 2004, 37 (8): 1191-1202.

[25] Yang X L, Fan C H, Zhu H S. Toxicology in Vitro, 2002, 16 (1): 41-46.

[26] Scrivens W A, Tour J M. Journal of the American Chemical Society, 1994, 116: 4517-4518.

[27] Moussa F, Roux S, Pressac M, Genin E, Hadchouel M, Trivin F, Rassat A, Ceolin R, Szwarc H. New Journal of Chemistry, 1998: 989-992.

[28] Kotelnikova R A, Kotelnikov A I, Bogdanov G N, Romanova V S, Kuleshova E F, Parnes Z N, Vol'pin M E. FEBS Letters, 1996, 389 (2): 111-114.

[29] Andreev I, Romanova V, Petrukhina A, Andreev S. Physics of the Solid State, 2002, 44 (4): 683-685.

[30] Pantarotto D, Briand J, Prato M, Bianco A. Chemical Communications, 2004, 2004 (1): 16-17.

[31] Shikam N W, Jessop T C, Wender P A, Dai H. Journal of the American Chemical Society, 2004, 126 (22): 6850-6851.

[32] Kam N W S, Dai H. Journal of the American Chemical Society, 2005, 127 (16): 6021-6026.

[33] Jia G, Wang H, Yan L, Wang X, Pei R, Yan T, Zhao Y, Guo X. Environmental Science & Technology, 2005, 39 (5): 1378-1383.

[34] Sijbesma R, Srdanov G, Wudl F, Castoro J A, Wilkins C, Friedman S H, Decamp D L, Kenyon G L. Journal of the American Chemical Society, 1993, 115: 6510-6512.

[35] Schinazi R F, Sijbesma R, Srdanov G, Hill C L, Wudl F. Antimicrob Agents Chemother, 1993, 37 (8): 1707-1710.

[36] Renwick L C, Donaldson K, Clouter A. Toxicology and Applied Pharmacology, 2001, 172 (2): 119-127.

[37] Beck-Speier I, Dayal N, Karg E, Maier K L, Semmler M, Takenaka S, Stettmaier K, Bors W, Ghio A, Samet J M, Schulz H, In Abstract Book of Nanoparticle Workshop. Combustion Generated Nanoparticles and Their Health Effects: Molecular and Cellular Basics, Bonn, Germany, 2005: 61.

[38] Kamat J P, Devasagayam T P A, Priyadarsini K I, Mohan H, Mittal J P. Chemico-Biological Interactions, 1998, 114 (3): 145-159.

[39] Arbogast J W, Foote C S. Journal of the American Chemical Society, 1991, 113: 8886-8889.

[40] Orfanopoulos M, Kambourakis S. Tetrahedron Letters, 1995, 36 (3): 435-438.

[41] Hamano T, Okuda K, Mashino T, Hirobe M, Arakane K, Ryu A, Mashiko S, Nagano T. Chemical Communications, 1997, 1997 (1): 21-22.

[42] Yang X L, Zhao D X, Zhu H S, Guan W C. Progress in Natural Science, 1999, 9: 512.

[43] Cheng F Y, Yang X L, Zhu H S. Fullerene Science and Technology, 2000, 8: 113.

[44] Nakajima N, Nishi C, Li F, Ikada Y. Fullerenes, Nanotubes and Carbon Nanostructures, 1996, 4 (1): 1-19.

[45] Li N, Sioutas C, Cho A, Schmitz D, Misra C, Sempf J, Wang M, Oberley T, Froines J, Nel A. Environmental Health Perspectives, 2003, 111 (4): 455-460.

[46] Renwick L C, Brown D, Clouter A, Donaldson K. Occupational and Environmental Medicine, 2004, 61: 442.

[47] Zhang Q W, Kusaka Y. Inhalation Toxicology, 2000, 12: 267.

[48] Moller W, Hofer T, Ziesenis A, Karg E, Heyder J. Toxicology and Applied Pharmacology, 2002, 182 (3): 197-207.

[49] Kamat J P, Devasagayam T P A, Priyadarsini K I, Mohan H. Toxicology, 2000, 155 (1-3): 55-61.

[50] Rancan F, Rosan S, Boehm F, Cantrell A, Brellreich M, Schoenberger H, Hirsch A, Moussa F. Journal of Photochemistry and Photobiology B: Biology, 2002, 67 (3): 157-162.

[51] Mosmann T. Journal of Immunological Methods, 1983, 65 (1-2): 55-63.

[52] Sayes C, Fortner J, Guo W, Lyon D, Boyd A, Ausman K, Tao Y, Sitharaman B, Wilson L, Hughes J. Nano Letters, 2004, 4 (10): 1881-1887.

[53] Engeland M V, Nieland L J W, Ramaekers F C S, Schutte B, Reutelingsperger C P M. Cytometry, 1998, 31: 1-9.

[54] Vermes I, Haanen C, Reutelingsperger C. Journal of Immunological Methods, 2000, 243 (1-2):

167-190.

[55] Dopp E, Cramer H, Bhattacharya K, Yadav S, Geh S, Shi T, Shokouh B, In Abstract Book of Nanoparticle Workshop. Combustion Generated Nanoparticles and Their Health Effects: Molecular and Cellular Basics, Bonn, Germany, 2005: 65.

[56] Churg A, Brauer M, Avila-Casado M D C, Fortoul T I, Wright J L. Environmental Health Perspectives, 2003, 111 (5): 714-718.

[57] Nemmar A, Nemery B, Hoet P H M, Vermylen J, Hoylaerts M F. American Journal of Respiratory and Critical Care Medicine, 2003, 168: 1367.

[58] Salvi S, Blomberg A, Rudell B, Kelly F, Sandstrom T, Holgate S, Frew A. American Journal of Respiratory and Critical Care Medicine, 1999, 159 (3): 702-709.

[59] Nemmar A, Hoet P H, Vermylen J, Nemery B, Hoylaerts M F. Circulation, 2004, 110 (12): 1670-1677.

[60] Ramgolam K, Rumelhard M, Baulig A, Martinon L, Chevaillier S. In Abstract Book of Nanoparticle Workshop. Combustion Generated Nanoparticles and Their Health Effects: Molecular and Cellular Basics, Bonn, Germany, 2005: 67.

[61] Rumelhard M, Ramgolam K, Marano F, Baeza A. In Abstract Book of Nanoparticle Workshop. Combustion Generated Nanoparticles and Their Health Effects: Molecular and Cellular Basics, Bonn, Germany, 2005: 66.

[62] Verstraelen S, Heuvel R V D, Nelissen I, Witters H, Verheyen G, Schoeters G. In Abstract Book of Nanoparticle Workshop. Combustion Generated Nanoparticles and Their Health Effects: Molecular and Cellular Basics, Bonn, Germany, 2005: 68. .

[63] Shvedova A, Castranova V, Kisin E, Schwegler-Berry D, Murray A, Gandelsman V, Maynard A, Baron P. Journal of Toxicology and Environmental Health, Part A, 2003, 66 (20): 1909-1926.

[64] Fumelli C, Marconi A, Salvioli S, Straface E, Malorni W, Offidani A M, Pellicciari R, Schettini G, Giannetti A, Monti D, Franceschi C, Pincelli C. Journal of Investigative Dermatology, 2000, 115 (5): 835-841.

[65] Monteiro-Riviere N A, Nemanich R J, Inman a O, Wang Y Y, Riviere J E. Toxicology Letters, 2005, 155 (3): 377-384.

[66] Fernandezurrusuno R, Fattal E, Porquet D, Feger J, Couvreur P. Toxicology and Applied Pharmacology, 1995, 130 (2): 272-279.

[67] Huang Y L, Shen C K, Luh T Y, Yang H C, Hwang K C, Chou C K. European Journal of Biochemistry, 1998, 254: 38.

[68] 李炜, 赵峰, 陈春英, 赵宇亮. 化学进展, 2009, 21 (2): 430-435.

[69] Bedrov D, Smith G D, Davande H, Li L. Journal of Physical Chemistry B, 2008, 112 (7): 2078-2084.

[70] Qiao R, Roberts A P, Mount A S, Klaine S J, Ke P C. Nano Letters, 2007, 7 (3): 614-619.

[71] Isobe H, Homma T, Nakamura E. Proceedings of the National Academy of Sciences, 2007, 104 (38): 14895-14898.

[72] Sayes C M, Gobin A M, Ausman K D, Mendez J, West J L, Colvin V L. Biomaterials, 2005, 26 (36): 7587-7595.

[73] Park K H, Chhowalla M, Iqbal Z, Sesti F. Journal of Biological Chemistry, 2003, 278 (50): 50212-50216.

[74] Isobe H, Nakanishi W, Tomita N, Jinno S, Okayama H, Nakamura E. Chemistry-An Asian Journal, 2006, 1 (1-2): 167-175.

[75] Isobe H, Nakanishi W, Tomita N, Jinno S, Okayama H, Nakamura E. Molecular Pharmacology, 2006, 3 (2): 124-134.

[76] Klumpp C, Lacerda L, Chaloin O, Ros T D, Kostarelos K, Prato M, Bianco A. Chemical Communications, 2007, 2007 (36): 3762-3764.

[77] Goldstein J L, Anderson R G W, Brown M S. Nature, 1979, 279: 679-685.

[78] Geisow M. Nature, 1980, 288 (5790): 434-436.

[79] Tuma P L, Hubbard A L. Physiological Reviews, 2003, 83 (3): 871-932.

[80] Okamoto C T. Advanced Drug Delivery Reviews, 1998, 29 (3): 215-228.

[81] Aguilar R C, Wendland B. Proceedings of the National Academy of Sciences, 2005, 102 (8): 2679-2680.

[82] Ahrens E T, Feili-Hariri M, Xu H, Genove G, Morel P. Magnetic Resonance in Medicine, 2003, 49 (6): 1006-1013.

[83] Adams A, Thorn J M, Yamabhai M, Kay B K, O'bryan J P. Journal of Biological Chemistry, 2000, 275 (35): 27414-27420.

[84] Allison a C, Davies P. Symposia of the Society for Experimental Biology, 1974, (28): 419-446.

[85] Kelly R B. Nature, 1995, 374 (6518): 116-117.

[86] Kirkham M, Parton R G. Biochimica et Biophysica Acta (BBA) - Molecular Cell Research, 2005, 1746 (3): 350-363.

[87] Aulinskas T H, Oram J F, Bierman E L, Coetzee G A, Gevers W, Van Der Westhuyzen D R. Arteriosclerosis, Thrombosis, and Vascular Biology, 1985, 5 (1): 45-54.

[88] Baba T, Rauch C, Xue M, Terada N, Fujii Y, Ueda H, Takayama I, Ohno S, Farge E, Sato S. Traffic, 2001, 2 (7): 501-512.

[89] Qaddoumi M G, Gukasyan H J, Davda J, Labhasetwar V, Kim K J, Lee V H. Molecular Vision, 2003, 9: 559-568.

[90] Self T, Oakley S M, Hill S. British Journal of Pharmacology, 2005, 146 (4): 612-624.

[91] Marella M, Lehmann S, Grassi J, Chabry J. Journal of Biological Chemistry, 2002, 277 (28): 25457-25464.

[92] Torgersen M L, Skretting G, Van Deurs B, Sandvig K. Journal of Cell Science, 2001, 114 (20): 3737-3747.

[93] Fotin A, Cheng Y, Grigorieff N, Walz T, Harrison S C, Kirchhausen T. Nature, 2004, 432 (7017): 649-653.

[94] Fotin A, Cheng Y, Sliz P, Grigorieff N, Harrison S C, Kirchhausen T, Walz T. Nature, 2004, 432 (7017): 573-579.

[95] Rejman J, Oberle V, Zuhorn I S, Hoekstra D. Biochemical Journal, 2004, 377 (Pt 1): 159-169.

[96] Ye C, Chen C Y, Chen Z, Meng H, Xing L, Jiang Y X, Yuan H, Xing G M, Zhao F, Zhao Y L, Chai Z F, Fang X H, Han D, Chen L, Wang C, Wei T T. Chinese Science Bulletin, 2006, 51 (9): 1060-1064.

[97] Liu Z, Winters M, Holodniy M, Dai H. Angewandte Chemie International Edition in English, 2007, 46 (12): 2023-2027.

[98] Chen Z, Chen H, Meng H, Xing G M, Gao X Y, Sun B Y, Shi X L, Yuan H, Zhang C C, Liu R, Zhao F, Zhao Y L, Fang X H. Toxicology and Applied Pharmacology, 2008, 230 (3): 364-371.

[99] Yamago S, Tokuyama H, Nakamura E, Kikuchi K, Kananishi S, Sueki K, Nakahara H, Enomoto S, Ambe F. Chemistry & Biology, 1995, 2 (6): 385-389.

[100] Cagle D W, Kennel S J, Mirzadeh S, Alford J M, Wilson L J. Proceedings of the National Academy of Sciences, 1999, 96 (9): 5182-5187.

[101] Chen C Y, Xing G M, Wang J X, Zhao Y L, Li B, Tang J, Jia G, Wang T C, Sun J, Xing L, Yuan H, Gao Y X, Meng H, Chen Z, Zhao F, Chai Z F, Fang X H. Nano Letters, 2005, 5 (10): 2050-2057.

[102] Wang J X, Chen C Y, Li B, Yu H W, Zhao Y L, Sun J, Li Y F, Xing G M, Yuan H, Tang J, Chen Z, Meng H, Gao Y X, Ye C, Chai Z F, Zhu C F, Ma B C, Fang X H, Wan L J. Biochemical Pharmacology, 2006, 71 (6): 872-881.

[103] Wang H F, Wang J, Deng X Y, Sun H F, Shi Z J, Gu Z N, Liu Y F, Zhao Y L. Journal of Nanoscience and Nanotechnology, 2004, 4 (8): 1019-1024.

[104] Wang J, Deng X Y, Yang S T, Wang H F, Zhao Y L, Liu Y F. Nanotoxicology, 2008, 2 (1): 28-32.

[105] Porter a E, Gass M, Muller K, Skepper J N, Midgley P A, Welland M. Nature Nanotechnology, 2007, 2 (11): 713-717.

[106] Liang X J, Chen C Y, Zhao Y L, Jia L, Wang P C. Current Drug Metabolism, 2008, 9: 697-709.

第4章 细胞纳米毒理学效应机制：
纳米材料的细胞摄取、胞内转运及其细胞毒性

纳米颗粒与细胞等生物系统柔软表层的相互作用，在纳米颗粒发挥其生物功能或产生生物毒性时起着至关重要的作用。在发现或设计新的具有生物医学功能的纳米体系或者预测某种纳米颗粒在生物体内的毒性的时候，需要首先了解纳米颗粒与作用细胞或靶向细胞相互作用过程。本章重点介绍纳米颗粒的细胞摄取、定位和迁移过程，并选取一些典型的纳米颗粒（如碳纳米材料、金属纳米颗粒、量子点等）作为例子进行讨论。同时，也讨论纳米颗粒的尺寸、形状、组成、电荷以及表面性质对上述过程如细胞摄取方式和激活信号通路等的影响。

4.1 背　　景

毫无疑问，合理设计、合成纳米材料或者纳米颗粒是纳米技术发展不可或缺的基础。过去20年，纳米材料被广泛地而且越来越多地应用到了生物医药[1,2]、电子学[3]、光刻技术[4]、有机污染去除[5]、催化[6]以及材料工程[7]等各个领域。早些时候，美国的一个公共的非盈利性质的健康和环境组织，对美国市场上基于纳米技术的产品作了综合统计，产品包括面霜、洗液、喷雾、洗涤物、化妆品、各式各样的个人护理产品以及营养补充剂等[8]，多达千种以上。而现在，几乎不可能统计出市场上有多少产品包含了纳米材料。它们独特的性质，比如大的比表面积、晶体结构、形状（也影响着纳米材料的性质和功能）、表面性质和自组装特性等，赋予了这些纳米尺度材料许多新的功能，人们对它们的实际应用也产生了巨大的期盼。例如，许多人工纳米材料在生物传感[9]、药物传送[10]、基因传送[11-13]以及肿瘤治疗[14-17]等领域中表现出巨大的应用前景。对于生物医学应用，特别是生物体内的疾病诊断和治疗[18]，纳米颗粒（NPs）与细胞之间的相互作用，是决定其功能和毒性的一个非常重要的过程。在利用纳米药物对疾病进行诊断和治疗的过程中，保证设计合成的纳米颗粒能够进入细胞是最主要的问题之一，这对于纳米药物能够实现他们在生物体内的诊断和治疗功能是非常重要的。另外一方面，纳米技术的应用中一个主要的关注点即潜在的风险（毒副作用等），也是源于它们容易进入细胞这个优点：纳米药物，作为特殊的药物，比起传统的药物，能够很轻易地进入细胞[19-24]。但是，它们进入正常细胞之后的命运如何呢？一些内在化了的纳米颗粒由于它们的小尺寸、高反应性以及巨大的比表面

积，也有可能对人体健康产生不利的反应[19,20,25,26]。众所周知，小尺寸可以使得纳米颗粒易于穿透细胞，在不同的细胞、组织、器官之间穿梭，到达作用区域，这最终有可能对人体健康产生潜在威胁[27-29]。

因此，了解细胞摄取的机理，是了解这些纳米颗粒的体内命运——不管是好的方面还是不利的方面——的重要环节。细胞膜是一个动态的脂质双层膜，膜蛋白将细胞质与外部的培养基隔离开来，并且调节着物质在细胞内外的进出。这导致纳米颗粒可以通过与之相关的细胞摄取过程直接穿过细胞膜。然而，我们仍然缺乏对这个过程的系统了解。以纳米颗粒的副作用为例，在生物系统中，纳米尺寸的物质如何产生毒性仍然是一个未知的问题。但是由于不同的方法、不同的纳米颗粒、不同的细胞系、不同的孵育条件、不同的表面功能化、不同的蛋白吸收、不同的凝聚状态以及实验中所用的剂量、观测的毒理学终点不尽相同[26,30]，导致不同实验室的研究结果不尽相同。细胞特异性和敏感性以及纳米材料的多样性和复杂性也加大了我们所面临的挑战。为了对上述问题有更好的理解，本章总结了关于纳米颗粒与细胞之间相互作用的已知的以及仍未明确的方面，特别是纳米颗粒独特的性质是怎样在细胞水平上影响细胞对它们的摄取方式、它们在细胞内的定位以及迁移、毒性和生物功能。调控纳米颗粒的物理化学性质可以调控纳米颗粒与细胞的有效相互作用，不管是有利的还是不利的，了解这些性质不仅可以帮助我们理解实验结果，最重要的是，可以帮助我们设计出安全的纳米材料以便应用于生物医学。

4.2　纳米材料的细胞吸收

4.2.1　纳米颗粒（NPs）可能的细胞吸收途径

细胞膜具有选择渗透性，只允许小分子物质透过。细胞以各种已被认定的生物学机制通过质膜完成对营养物质的吸收和细胞间的信息传递及微环境的形成。氧气、二氧化碳、水和小的疏水性非极性分子能够利用以浓度差为驱动力的自由扩散方式通过质膜。小分子，如离子和氨基酸，通过整合膜蛋白泵或离子通道的主动运输系统通过质膜[31]，而纳米级的亲水性生物大分子进入细胞通常是通过内吞途径，细胞将物质分子内化入质膜衍生出的转运膜泡中[32]。那么，纳米颗粒是如何影响细胞吸收过程的呢？实验结果表明，经过修饰的纳米颗粒，如金属簇、碳纳米管、富勒烯和量子点（QDs），能够渗透细胞膜，转运进各种类型的细胞，例如内皮细胞[33,34]、肺上皮细胞[35,36]、肠道上皮细胞[37]、肺泡巨噬细胞[38-40]及其他巨噬细胞[41]以及神经元细胞[42]。表 4.1 总结了纳米颗粒的物理化学性质和表面性质对细胞吸收影响的主要实验结果。不过，不同实验室在纳米颗粒细胞吸收的研究中提出的摄取机制不甚相同，甚至是完全冲突。因此，最重要的是对于纳米颗粒的细胞吸收和胞内转运过程有一个系统的认识。

表 4.1　细胞摄入纳米材料的主要途径

摄入方式	主要描述	纳米材料特性	参考文献
网格蛋白介导的内吞	网格蛋白包裹的囊泡主要组成：纳米材料与质膜蛋白上受体特异位点结合内吞	$[C_{60}(C(COOH)_2)_2]_n$ 125nm 3T3 L1 纤维母细胞,RH-35 大鼠肝癌细胞主要通过时间和能量依赖网格蛋白介导的内吞作用	[19]
		PVP 包被的银纳米材料，80nm，人骨髓间充质干细胞	[52]
		聚乙二醇修饰的带正电荷的纳米材料，90nm，HeLa 细胞	[49]
		层状双羟基氧化物纳米复合材料，50～200nm	[76]
	可循环到质膜的受体	量子点，4nm	[51]
		氨基功能化聚苯乙烯（NPS）纳米颗粒，100nm，～6000 氨基表面修饰。NPS 纳米颗粒通过网格蛋白介导细胞内吞	[80]
	能量依赖性	骨髓间充质干细胞中，聚苯乙烯小球主要受网格蛋白途径调控细胞内吞；蛋白包被的单壁碳纳米管，50～200nm，人源髓细胞 HL60	[53]
		人骨髓间充质干细胞，介孔二氧化硅，110nm	[145]
	100～150nm	2～100nm 范围的赫赛汀胶体金纳米颗粒在人乳腺癌细胞（SK-BR-3）的内吞	[61]
小窝依赖的内吞作用	小窝，在膜上，小的闪烁凹陷，由胆固醇键合小窝蛋白构成	富勒醇衍生物，4nm，人胚肾细胞，阳性	[54]
		全氟化碳纳米材料，200nm，人 C32 黑色素瘤细胞	[59]
		fWGA-聚乳酸-羟基乙酸共聚物纳米颗粒，250nm，人胚腺癌细胞	[132]
		表面修饰 wGA 的 PLGA 纳米材料通过受体介导和小窝依赖途径显著增强人肺腺癌细胞内吞	
	200～500nm	白蛋白包被的纳米材料，20～100nm，内皮细胞	[27]
		金纳米棒，56nm×13nm，通过小窝介导和脂筏依赖的内吞途径，人肺腺癌细胞、人支气管上皮细胞和骨髓间充质干细胞	[144]
胞饮/大胞饮	非特异性胞饮	聚乙烯吡咯烷酮包被的银纳米颗粒，80nm，人骨髓间充质干细胞	[52]

续表

摄入方式	主要描述	纳米材料特性	参考文献
	$0.5 \sim 5\mu m$ 粒径的大胞饮	带正电荷荧光聚苯乙烯颗粒，113nm，人宫颈癌细胞发生大胞饮，形成微管网络，环氧酶参与，网格蛋白起的作用微小	[62]
		穿膜肽（Tat 肽）共轭的量子点，发射波长655nm。纳米材料主动运输进入人宫颈癌细胞的机制是通过微管途径介导的	[113]
吞噬作用	中性粒细胞吞噬大块颗粒物	金属富勒醇 $Gd@C_{82}(OH)_{22}$ 纳米材料 100nm 左右，原始巨噬细胞、淋巴细胞	[48]
		巨噬细胞特异和非特异的吞噬经配体修饰的PLGA 微球，$2.5\mu m$，三种配体（WGA、RGD肽和甘露糖-PEG_3-NH_2），阳离子分子（PLL）与纳米颗粒共价结合	[146]

在图 4.1 中，我们进一步总结了纳米颗粒通过内吞途径被细胞内化的过程。内吞作用是细胞通过将物质包裹到从细胞膜上衍生的膜泡或液泡，从而将其摄入胞内的一种主动运输方式。我们所熟知的以能量依赖的方式将纳米颗粒包裹到膜泡的内吞过程主要是通过吞噬作用、胞饮作用及小窝依赖的或网格蛋白介导的内

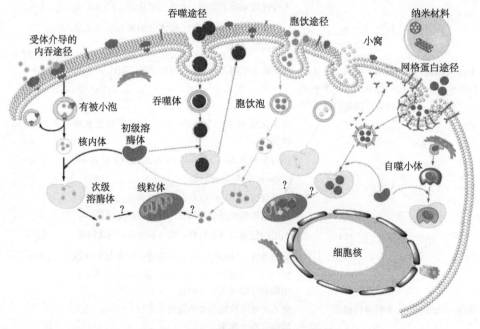

图 4.1　纳米颗粒细胞摄取路径示意图

吞作用[26,43-46]。吞噬作用主要在特定的哺乳动物细胞（如单核细胞、巨噬细胞和
中性粒细胞）中进行，通过细胞膜形成内部吞噬体来吞噬粒径大于 750nm 的固
体颗粒[47,48]。从几纳米到几百纳米的稍小的颗粒通过胞饮或巨胞饮作用内化。
胞饮或巨胞饮作用发生在几乎所有类型的细胞上。能量依赖的网格蛋白介导的内
吞作用很可能是纳米颗粒被细胞吸收的主要特征机制[19,49-54]，在这个过程中，粒
子被存储在内吞小泡（粒径通常小于 100nm）中，与早期内涵体融合[55]。最近，
出现了更多的非网格蛋白依赖的机制，如胆固醇依赖的脂锚定蛋白聚集到不同的
膜性微区[56]。小窝/脂筏由 50~80nm 的内陷质膜构成，含有胆固醇、鞘脂和小
窝蛋白[57]。需要注意的是，对于内皮细胞，小窝介导的内吞作用是其最重要的
纳米颗粒摄取途径[27,58,59]。

不同的纳米颗粒表现出不同的最佳细胞吸收途径。比较典型的是，金纳米颗
粒孵育细胞时血清蛋白会在金纳米颗粒表面吸附，导致纳米颗粒以受体介导的内
吞作用（RME）内化入细胞[60]。受体介导的内吞作用，也被称为网格蛋白依赖
的内吞作用，是由细胞内化分子（内吞作用）调控的过程，通过含有能与被内化
分子结合的特异性受体位点的胞质膜泡向内出芽而被内化。赫赛汀包被的金纳米
颗粒也是通过受体介导的内吞作用，在膜 ErbB2 受体的协助下内化入细胞。在
这个过程中，膜受体的结合与激活以及随后的蛋白表达，强烈地依赖于纳米颗粒
的大小[61]。如果金纳米颗粒表面修饰了有机分子，那么有机分子的作用主要是
改变细胞吸收途径。多数聚合物表面的细胞吸收是能量依赖的，并涉及发动蛋白
和 F-肌动蛋白（F-actin）。巨胞饮作用对于带正电的纳米表面似乎是一个重要的
内化机制，而迄今未经证实的网格蛋白/小窝依赖的内吞作用或许有助于带负电
的纳米表面的吸收[62]。例如，普通的金纳米颗粒（带正电荷）通过巨胞饮以及
网格蛋白和小窝蛋白介导的内吞作用被摄取，而聚乙二醇（PEG）修饰的金纳米
颗粒（带负电荷）主要通过小窝蛋白或网格蛋白介导的内吞作用进入细胞，而不
是通过巨胞饮[63]。

自噬是一种进化上保守的降解胞内蛋白和细胞器的过程，这个过程中会通过
包绕自噬泡、包裹细胞器形成自噬体。近几年来，纳米颗粒可诱导自噬的观点已
经引起越来越多的关注[64,65]。一些纳米颗粒（如纳米氧化铈，C_{60} 或 Au）能够在
不同的细胞内引起自噬[66-69]。如果这种情况能够在肿瘤细胞内发生，那么它可
能成为一种治疗癌症的有用的新方式。例如，含铈富勒烯纳米颗粒[nC_{60}(Nd)]
在增强化疗敏感方面比 C_{60} 纳米颗粒更有效，并且，nC_{60}(Nd) 在化疗敏化中杀
死肿瘤细胞的作用是通过调节自噬来实现的[67,68]。相反，自噬体可能诱发纳米
颗粒的胞吐。最近，有报道称，金纳米颗粒在肺成纤维细胞中的吸收伴随着自噬
体的形成，而且自噬蛋白[经处理的样品中自噬微管相关蛋白（MAP-LC3）和
自噬基因 7（ATG7）]表达上调。有趣的是，金纳米颗粒暴露被认为是肺成纤

维细胞中氧化应激的潜在原因，这表明自噬或许是细胞使自己免受氧化应激伤害的一种自我防御机制[69]。然而，关于纳米颗粒暴露后自噬的真实过程还有很多问题，所涉及的机制也尚不清楚。

以上简要概括了所有参与纳米材料胞内摄取的已知通路（图 4.1 和表 4.1）。下面讨论这些细胞摄取途径与纳米材料的尺度特征之间的关系。

4.2.2　纳米颗粒尺寸和形状依赖的细胞吸收

4.2.2.1　金纳米材料

对于传统的材料，其尺寸和形状并不是影响细胞吸收这一生物过程的主要因素。然而，纳米颗粒的尺寸和形状是决定其性质的关键参数，因此也同样决定了细胞摄取过程。例如，金纳米颗粒在 HeLa 细胞中的吸收随其粒径的变化而变化[70,71]。赫赛汀胶体金颗粒（2～100nm）的内化很大程度上取决于共粒径：最有效的吸收发生在 25～50nm 的尺寸范围内，这是因为在受体介导的内吞中涉及的膜受体的多价交联与膜包裹过程的直接平衡[61]。值得注意的是，一些金属纳米材料，如氧化铁纳米颗粒，它们在胞外环境是十分稳定的，但在内吞作用后显示出显著的聚集。这种内涵体内聚集表现出磁性增强，并在磁共振成像时呈现出更高的对比度[72]。虽然对于金纳米颗粒没有这么深入的类似的研究结果报道，但这直接使其内吞的机制广受关注。

纳米颗粒的形状是另一个直接影响其细胞吸收途径的重要因素。还是以金纳米颗粒为例，我们研究了金纳米棒的几何形状方面对其细胞吸收的影响[21]，结果发现金纳米棒的细胞吸收具有高度的形状依赖性：当表面带有相似的电荷的情况下，短的纳米棒比长的纳米棒具有更高的内化率（图 4.2）。球状纳米颗粒比大小相似的棒状金纳米颗粒更容易进入细胞，这主要是因为对于棒状颗粒，越长其被膜包裹所需的时间越长[43]。

4.2.2.2　碳纳米材料

由于粒径非常小，聚合物纳米颗粒可以直接渗透细胞膜进入细胞，因此有可能干扰重要的细胞功能[72]。纳米颗粒的内化可以以各种方式发生，其中粒径或聚集状态极大地影响了它们的内吞过程和细胞摄取能力（见表 4.1）[27-29,71,73,74]。特定的吞噬细胞，例如组织巨噬细胞和血液中的白细胞，一般可以摄取更大的颗粒[47,48]，其中大量的纳米颗粒可以直接损害或使细胞丧失吞噬作用。正如前面讨论的，从几个到几百纳米的更小的颗粒，主要由胞饮作用内化。对于 150～200nm 的柱状颗粒，小窝介导的内吞作用被证明是其主要的内化途径，而不是那些大于 1μm 的颗粒的内化途径[74]。据报道，对于较大的或聚集的颗粒，巨胞

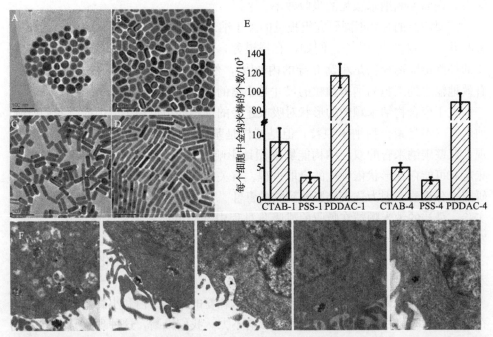

图 4.2　MCF-7 细胞对金纳米棒的摄取过程。A)～D) 为包被 CTAB 的不同纵横比的金纳
米棒的 TEM 照片：A) CTAB-1；B) CTAB-2；C) CTAB-3；D) CTAB-4。E) 金纳米棒
的细胞摄入与形貌、表面修饰的关系。F) TEM 图显示细胞摄入的情况[21]

饮作为内吞途径伴随诱导膜边缘波动以形成 $0.2\sim 2\mu m$ 的巨肥饮体或吞噬体[52,62,75]。生物医学用途的大多数纳米颗粒具有一定的尺寸分布，并不均匀，因此，一个给定类型的纳米颗粒可根据其尺寸使用多个内吞途径。直径为 24nm 的羧基改性的荧光聚苯乙烯纳米颗粒能够经由非经典（非网格蛋白依赖，小窝蛋白依赖和胆固醇依赖）的途径进入 HeLa 细胞，而化学性质相同的 43nm 的颗粒进入细胞主要通过网格蛋白介导的内吞作用[29]。

此外，细胞摄取的效率也表现出尺度依赖性。对于小窝介导的途径，小窝的尺寸限制了较大纳米颗粒的内化[27-29]。作为药物递送载体的层状双氢氧化物纳米颗粒的细胞摄取速率高度取决于粒径：尺度在 50～200nm 范围内的颗粒选择通过网格蛋白介导的内吞作用增强渗透性和保留，它们的细胞吸收效率顺序如下：50＞200≥100＞350 nm[76]。20nm 和 40nm 的白蛋白包被的纳米颗粒的吸收效率比 100nm 的颗粒高 5～10 倍[27]。更小的纳米颗粒经由小窝介导的通路具有高效率的吸收，并且，小窝仍然有能力摄取约 100nm 的聚合物纳米颗粒，尽管由于小窝的动态变化而效率降低。此外，在纳米颗粒的修饰过程中，纳米颗粒的大小决定了包被在其表面的分子的密度，这反过来又影响纳米颗粒与细胞的结合能力，进而影响纳米颗粒的吸收效率。

　　需要注意的是，不同研究组报道的关于纳米尺度与内吞途径之间的关系数据有时并不一致[67,71,73,74,77]。例如，有报道称，当纳米颗粒最大为500nm时，主要的细胞摄取途径仍是小窝介导的内化[73]，然而，其他研究报道，通过小窝被有效地输送到细胞的纳米颗粒的尺寸是小窝的尺寸，即低于100nm[27,28]。

　　关于聚合物纳米颗粒的形状对吸收途径的影响的报道很少。因此，我们以碳纳米管（不是聚合物纳米颗粒，但是同样是基于碳的纳米颗粒）为例。研究发现，双壁碳纳米管的双层结构能够强烈地影响其与细胞膜的相互作用[78]，这意味着有可能存在形状依赖性的摄取过程。有关纳米颗粒形状对细胞吸收的影响的研究十分重要，因为这直接影响到它的毒性[21,26,79]。然而，无论是体外还是体内实验，最初的纳米颗粒在吸收前或吸收过程中都有可能聚集和团聚成块。因此，发展能够表征纳米颗粒形状的新的实验技术——尤其是在细胞摄取期间或在摄取之后或它们在细胞内随之而来的相互作用过程中，对其形状变化进行表征的技术，意义重大。

　　虽然一些研究检测到了不同尺寸的纳米颗粒的网格蛋白和小窝蛋白介导的内吞作用，有时尺寸对细胞内化过程的影响不大。我们推断，这种现象与纳米级颗粒性质的复杂性在很大程度上具有相关性，比如，纳米颗粒的化学组成、电荷、表面分子功能化、表面反应性、表面吸附性等。尺寸效应可能存在，但被许多可以影响细胞摄取过程的其他因素所掩盖。以表面化学性质为例，经配体修饰的纳米颗粒的内吞途径不同于未经修饰的颗粒。另外，纳米颗粒在生物系统中的团聚和聚集也在这方面发挥了重要的作用。聚集程度也改变了纳米颗粒在生物系统中的整体尺寸，这相应地影响了细胞内化途径。

4.2.3　纳米颗粒表面化学性质依赖的细胞吸收

4.2.3.1　金纳米材料

　　对于多数纳米颗粒的应用，为达到诸如多功能化、减少表面反应、降低毒性或增强稳定性等目的，表面化学修饰是不可缺少的。金纳米棒（Au NRs）是用于生物医学领域（传感检测、医学成像、基因和药物的输送、疾病治疗等）的最重要的纳米材料之一，它常常需要进行表面化学改性。我们研究了Au NRs的表面修饰对其细胞摄取和细胞毒性的影响，发现这些Au NRs的细胞摄取高度依赖于它们的表面化学性质，如由聚（二烯丙基二甲基氯化铵）（PPDDAC）修饰的Au NRs表现出更强的被细胞内化的能力[21]。

　　纳米颗粒的表面蛋白吸附是另一个影响其胞内吸收过程的重要因素。蛋白吸附在相互作用过程中诱导表面发生动态变化。例如，铁蛋白或柠檬酸稳定的Au

NPs 能够通过受体介导的内吞作用被细胞吸收，并且在 6h 时达到最大吸收值[70]。

在 4.2.2 节中，我们讨论过另一重要因素，金纳米棒的形状。因为实验结果显示，Au NRs 的长径比对其细胞摄取具有重要影响：短的 Au NRs 比长的 Au NRs 更容易内化。存在一个细胞摄取率最高，毒性却可忽略不计的理想的长径比[21]。因此，设计纳米颗粒的生物功能时，必须考虑表面化学和形状的协同效应。此外，应对于不同生物体系中的 Au NRs 的物理化学特性，如尺寸、形状、表面化学、电荷以及其他参数对细胞摄取过程的影响，进行系统地研究。

4.2.3.2　碳纳米材料

金纳米颗粒与细胞的相互作用在很大程度上受其表面化学性质的影响，对其他纳米材料是否也是如此？为了将双壁碳纳米管用作人造跨膜通道蛋白的纳米器件[78]，可以化学修饰其内管壁，以使其具备一定的生物学功能。碳纳米管的外表面连接亲水端，以减少与生物膜的疏水错配。比较原始聚苯乙烯（PS）纳米颗粒与氨基官能化的聚苯乙烯（NPS）纳米颗粒的细胞摄取，NPS 纳米颗粒具有更高的细胞内化率，其主要是通过网格蛋白介导的途径，而聚苯乙烯纳米颗粒是通过非网格蛋白依赖的内吞作用[80]。这一明显的区别支持了表面化学修饰是调节纳米颗粒与细胞相互作用的最有效方法之一这个重要观点。

富勒烯纳米颗粒容易进入细胞[19,81]，因此它已经被开发出了很多生物医学的用途。表面修饰的富勒烯 $C_{60}[C(COOH)_2]_2$ 纳米颗粒很容易进入细胞，主要是以时间、温度及能量依赖的方式，通过内吞作用内化[60]。$C_{60}[C(COOH)_2]_2$ 纳米颗粒通过网格蛋白而不是小窝介导的胞吞作用被细胞摄取（图 4.3）[19]。非常有趣的是，表面化学也可以逆转纳米颗粒的生物结果。例如，我们发现，$C_{60}[C(COOH)_2]_2$ 纳米颗粒可以选择性地进入氧化脑微血管内皮（CMEC）细胞，但不进入正常的细胞。纳米颗粒被细胞摄取后，可以保护 CMEC 细胞减少活性氧（ROS）诱导的细胞损伤，如 F-肌动蛋白的解聚（图 4.4），然而，未经修饰的富勒烯却可以生成 ROS，导致对细胞的严重损害[82]。

人们对碳纳米管的表面化学和它们的生物医学应用进行了较为系统的研究。实验发现，表面改性的单壁碳纳米管（SWNTs）能被 HeLa 细胞通过网格蛋白介导的内吞作用这一传统的过程摄取[53]。有趣的是，之后有人对于 SWNTs 的细胞摄取提出了一种新的、不同的易位机制，被称为纳米针机制，碳纳米管可以充当纳米针被动地刺穿或穿透许多不同类型细胞的细胞膜[83]。这种细胞吸收纳米颗粒的纳米针机制通过分子模拟在理论上得到了证实[84]。上述细胞摄取机制的不同，很可能是源于 CNT 表面上不同的化学基团（包括类和数量），和/或不同的实验条件[53,84]。然而，表面化学极大地影响细胞对纳米颗粒的摄取过程，这一结论在不同的系统和实验中都是成立的。

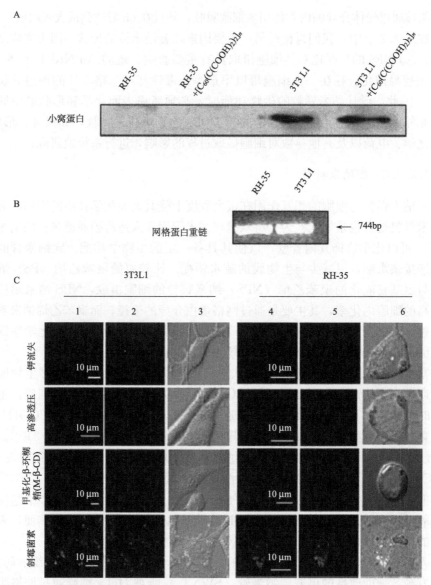

图 4.3　$C_{60}[C(COOH)_2]_2$纳米颗粒主要通过网格蛋白介导的内吞途径进入细胞。
A) 免疫印迹表明两种细胞 RH-35 和 3T3 L1 在加入 $C_{60}[C(COOH)_2]_2$纳米颗粒后
小窝蛋白-1 的表达情况；B) 实时荧光定量 PCR 表明 RH-35 和 3T3 L1 细胞中编码
小窝蛋白重链的基因 *mRNA* 水平的表达变化情况；C) 激光共聚焦实验表明，钾的
流失和高渗透压可抑制网格蛋白途径，从而阻碍纳米材料 $C_{60}[C(COOH)_2]_2$的内
吞。然而，用制霉菌素破坏小窝后，并没有影响纳米材料的细胞内吞。M-β-CD 显
著抑制纳米材料的内吞

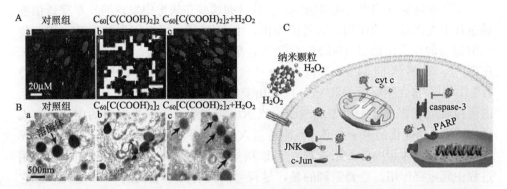

图 4.4　氧化应激可以促进更多 $C_{60}[C(COOH)_2]_2$ 纳米颗粒进入细胞。A) 经 H_2O_2 刺激后，绿色荧光素修饰的 $C_{60}[C(COOH)_2]_2$ 荧光增强；B) TEM 超微图观察表明，与对照组及只加 $C_{60}[C(COOH)_2]_2$ 组比，氧化应激后加入的 $C_{60}[C(COOH)_2]_2$ 积聚成团，定位在核内体样处（箭头处）；C) $C_{60}[C(COOH)_2]_2$ 纳米颗粒可调控包括 JNK、ERK、p38 信号通路在内的几条下游事件。应激反应、遗传毒性以及生长因子可显著地下调磷酸化 JNK，活化 AP-1 和 Caspase-3 抑制 PARP 的剪切，线粒体细胞色素 C 的释放[82]

　　此外，由于表面改性可以调节纳米颗粒的胞吞作用，因此纳米颗粒的医疗功能可以通过操纵其表面化学来实现。以纳米颗粒的抗癌活性为例，多羟基金属富勒醇 $Gd@C_{82}(OH)_{22}$ 的表面化学使得它们主要被巨噬细胞和其他吞噬细胞通过吞噬作用内化，同时，若腹腔注射，很少的部分通过腹膜或肠系膜直接进入血液[48]。然而，修饰 PEG 后，泊洛沙姆和泊洛沙胺聚合物抑制了吞噬作用[85,86]。出现这种情况的部分原因是空间位阻促进颗粒分散，部分原因是表面修饰性质[56,57]，如电荷和表面配体，导致受体和非受体介导细胞吸收[14]。另外，纳米颗粒与血液及其他体液相互作用，使颗粒表面被免疫球蛋白表面修饰，促进吞噬作用[85]，包括通过黏附免疫球蛋白和补体产物的调理作用，进而通过 Fcγ 和补体受体促进吞噬作用[85,87]。吞噬体介导的纳米材料的摄取在其在体内的分布和降解中起重要作用。因此，表面化学也是解决生物持久性纳米材料的安全性问题的重要途径[26]。

4.2.3.3　纳米颗粒表面吸附生物分子对其细胞摄取的影响

　　当纳米颗粒在循环系统中，甚至在温育实验的细胞培养系统中时，血清蛋白可以吸附在纳米颗粒表面的最外层。这将成为决定纳米颗粒与细胞膜相互作用的一个重要因素。关于蛋白质（如转铁蛋白）包被的纳米颗粒在各种细胞系中的细胞吸收已有报道[67]。转铁蛋白包被的纳米颗粒能够通过网格蛋白介导的内吞途径，以尺寸依赖的方式被胞吞和胞吐。

　　细胞穿透肽（CPP）或细胞膜融合肽（如那些在病毒中发现的）在穿透细胞膜过程中发挥重要的作用。到目前为止，由 HIV-Tat 蛋白衍生的 CPP[88-92]，与 CPP 结合的核定位信号（NLS）肽[92,93]，精氨酸-、甘氨酸-、天冬氨酸（RGD）-序列[94]，咽侧体抑制素 allatostatin 1（昆虫神经肽）[95]，聚（L-赖氨酸）(PLL)[96]，富含精氨酸的肽[97]，以及由莫洛尼鼠白血病病毒（钼-MLV）衍生的蛋白质[98]已经在各种类型的细胞中显示出能有效介导纳米材料的内化。有人认为，Tat 功能化的量子点通过巨胞饮进入细胞，Tat-量子点与带负电的细胞膜结合而引发流体相内吞作用过程[90]。该结构还在纳米颗粒与细胞膜的相互作用过程中起重要作用。需要强调的是，尽管它们具有几乎相同的 Zeta 电位，但它们的表面有不同的分子排布，它们会有显著不同的细胞膜渗透性能。一种表现出条纹状配体的组织，而另一种缺乏这种结构布置。这些 CPP 修饰的纳米颗粒具有亲水性和疏水性表面基团的有序排布，这可以改变其在细胞中的亚细胞定位模式[99]。

　　有趣的是，细胞渗透/膜融合蛋白等生物分子与制造的纳米颗粒结合后可以保留它们的固有特性，因此，它们在体内能够被用作胞内纳米材料的有效转运体。这种性质为人造纳米材料在生物医学的应用建立了更安全、更重要的基础。事实上，一些生物细胞渗透序列也有两亲性表面结构（亲水残基与疏水残基交替），可以帮助纳米颗粒穿透细胞膜或以"隐形"的方式与细胞膜融合。然而，有机基团功能化的分子在纳米颗粒表面的结构有些难以控制，这也就是为什么它们在该领域留下了许多悬而未决问题的原因。

4.2.4　纳米颗粒表面电荷依赖的细胞摄取

　　实际上，纳米表面修饰也是改变纳米颗粒表面电荷的重要手段之一，另一种是通过直接攻击磷脂头部的电荷基团，或攻击细胞表面的蛋白质结构域，这些都是直接关系到它们的细胞摄取的最重要因素[63]。

　　尽管纳米颗粒与带负电荷的细胞膜之间存在不利的相互作用，但是带负电的纳米颗粒进入细胞的证据已经有报道[100-106]。研究已经发现，细胞膜的氧化应激可以导致细胞表面上负电荷的显著下降[82,107,108]。例如，带负电荷的 $C_{60}[C(COOH)_2]_2$ 纳米颗粒最初在正常生理条件下被 CMECs 拒绝，当外源性 ROS 刺激导致细胞表面负电荷降低，$C_{60}[C(COOH)_2]_2$ 就会黏附到细胞膜[82]。尤其是在纳米颗粒的医疗功能设计中，利用这种独特的性质将能提高纳米颗粒向胞内转运的机会。因为大多数制造的纳米颗粒具有使细胞产生 ROS 的能力，最重要的是，我们可以通过这条途径，保持其有利的作用和副作用之间的平衡。

　　与中性和带负电荷的纳米颗粒相反，带正电荷的粒子由于能有效结合到细胞表面的负电荷基团，因而能实现最有效的膜渗透和细胞内化。合成用于药物和基

因传递的载体即利用了这一原理。例如，短聚阳离子或两亲性肽，CPPs 被开发
为目前最流行的纳米颗粒细胞转运系统[85]。许多这样的生物序列似乎都有带正
电荷的残基（通过疏水性残基协助），以实现有效的细胞内化，这与带正电荷的
有机官能化的纳米材料的行为具有非常好的相关性[109]。

　　HeLa 细胞对表面带正电或负电的纳米颗粒的内吞作用的结果表明，电荷暴
露不只是对它们的内化能力，对细胞的内吞作用机制也有显著影响[49]。带负电
荷的纳米颗粒表现出较低的内吞效率，并且很少利用网格蛋白介导的内吞途径。
另一方面，带正电荷的纳米颗粒可以迅速地通过网格蛋白介导的内吞作用内化。
当这条途径被阻断，纳米颗粒激活补偿性的内吞途径导致更多的纳米颗粒在细胞
内积累[49]。纳米颗粒的表面电荷在其进入细胞的过程中，可能是通过顶端质膜
和细胞内通路发挥作用。例如，阳离子和阴离子纳米颗粒都是主要通过网格蛋白
介导的内吞机制。阴阳离子纳米颗粒制剂的一小部分被怀疑通过巨胞饮依赖的途
径被内化。一些阴离子（而不是阳离子）纳米颗粒可以通过溶酶体降解途径
转运[50]。

　　实际上，细胞的摄取机制不仅随纳米颗粒的大小、形状、表面电荷和表面化
学的变化而变化，也与许多其他因素有关，如纳米颗粒的纯度、化学组成、聚集
/附聚状态，纳米颗粒-蛋白质相互作用，纳米颗粒孵育的细胞培养条件，细胞类
型，细胞治疗，等等。因此，一个给定类型的纳米颗粒的实际吸收过程可能是更
复杂的，虽然并不是所有的这些因素都占主导地位。

4.3　纳米颗粒细胞内的定位和迁移

4.3.1　金纳米材料

　　在纳米颗粒被细胞摄取后，接下来的问题就是它们在细胞内的定位和迁移，
这个过程与内在化了的纳米颗粒的毒性或药物功能直接相关。一般地，在进入细
胞后，内在化了的纳米颗粒通常通过核内体和溶酶体囊泡迁移，这些囊泡中包含
各种水解酶，因此导致纳米颗粒被破坏，如被降解，释放出原子或离子[74,110,111]。
有趣的是，十六烷基三甲基溴化铵（CTAB）可以在没有金纳米棒（AuNRs）的
情况下进入细胞，破坏线粒体，然后引发细胞凋亡，这对设计药物载有着很大
的启发：对于 CTAB 包裹的 AuNRs，溶酶体中的酶可以水解释放键连的 CTAB
分子到细胞液中；这一过程和真正的药物的作用过程相似[21]。

　　RNA 输运是纳米颗粒的一项很令人振奋的功能，因为 siRNA 载体可以成功
地从内涵体中逃逸。例如，cy5-siRNA/PEI/PAN-Cit/PEI/MUA-AuNPs 复合物
中的 cy5-siRNA，它在细胞质中是分布最广的，然而，siRNA 与脂质体 2000 或
者 PEI 形成的复合物很可能紧密聚合在一起，形成聚集结构，而不是均匀地分

散在细胞质中。通过 PEI/PAH-Cit/PEI/MUA-AuNPs 传送的 siRNA 在运送到细胞内部时能够更有效地释放，有助于 PAH-Cit 的电荷反转。重要的是，这个结果显示，siRNA 被有效地输运到细胞质，是发挥其作用（沉默一个特异性的 mRNA）的先决条件[112]。

4.3.2 碳纳米材料

富勒烯是一种典型的碳纳米材料，据报道，$[Gd@C_{82}(OH)_{22}]_n$ 纳米颗粒在 CP-r 细胞中激活的细胞内吞，可能导致含铂化合物的囊泡运输更加有效，这可以使更多的铂化合物结合到核酸上，从而在肿瘤治疗中加强 CP-r 细胞对铂化合物的敏感度（图 4.5）[14]。再以 $C_{60}[C(COOH)_2]_2$ 为例，我们在上面讨论过，它可以很容易地进入细胞，而且主要定位在细胞质中[81]。$C_{60}[C(COOH)_2]_2$ 纳米颗粒在 3T3LI 和 RH-35 活细胞中迅速内在化之后，在细胞质中呈点状分布，在进入细胞的时候，它们同步到了溶酶体类似的囊泡中[19]。除了溶酶体，纳米颗粒也会进入到细胞内的其他结构中，比如说内涵体以及相关的细胞器等。NPs 以及 NPs-Bp4eT 的共轭物可以通过（至少部分通过）溶酶体路径被细胞摄取从而分布于细胞内。基于这个发现，NPs-Bp4eT 共轭物在溶酶体适合的 pH 时表现出了较高的效率，通过溶酶体的传送很可能加强药物的释放[22]。

实际上，在设计更为安全的功能性纳米材料时，纳米颗粒在细胞中的降解是一个需要被认真考虑的问题。例如，铁纳米颗粒的降解导致游离的铁在晚期内涵体或者运输二价金属化合物的溶酶体中往复穿梭，这导致细胞质中铁含量的增加（不稳定的铁池），从而很大程度地破坏细胞功能[72]。在银团聚体的例子中，纳米颗粒特异性地定位在细胞核周围的区域。通过荧光探针对细胞内结构（内涵体、溶酶体、细胞核、高尔基体复合物以及内质网）进行特殊的染色，我们发

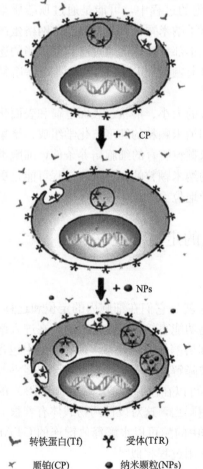

图 4.5　$[Gd@C_{82}(OH)_{22}]_n$ 纳米颗粒可以大大提高 CP-r 细胞对铂化合物的敏感度[14]

现，银纳米颗粒主要定位在内涵体、溶酶体结构上，而不是细胞核、内质网或者
高尔基体复合物中。

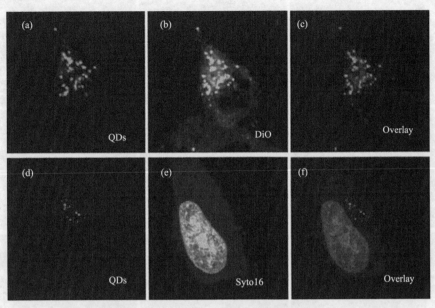

图 4.6　Tat-QDs 量子点被细胞器捕获，定位在细胞核周围。（a）（d）为 Tat-
QDs（即 Tat-量子点，红色）；（b）Dio 为膜染色（绿色）；（c）为（a）和（b）
的叠加图；（e）Syto16 为细胞核染色（绿色）；（f）为（d）和（e）的叠加图[113]

　　追踪活细胞内的纳米颗粒为理解纳米颗粒的摄取过程、细胞内的传输以及它
们的复杂行为提供了新的视角（图 4.6）[113]。肝细胞对荧光聚苯乙烯纳米颗粒
（直径为 20nm 或 200nm）的摄取与纳米颗粒的尺寸、摄取时间以及血清息息相
关。特别地，200nm 颗粒的摄取被限制了，但是 20nm 的颗粒可以被所有的细胞
在 10min 或以上的时间内内在化。内在化了的纳米颗粒并没有被内涵体或者溶
酶体包含，而是进入到了细胞的线粒体中（图 4.7）[114]。
　　另一个有趣的问题是纳米材料能否穿过细胞核膜。最初的纳米材料还没有
在细胞核中发现过。FITC-碳纳米管可以穿过细胞核膜进入细胞核[83]。单层的
碳纳米管可以进入细胞质，也可以定位在细胞核中[115]。最近有文献报道，
FITC-二氧化钛纳米管可以穿过小鼠神经干细胞的核膜进入细胞核[116]。另外，
通过使用核定位信号肽，一些纳米材料，比如金纳米棒，也可以传送到细胞核
中去[117]。

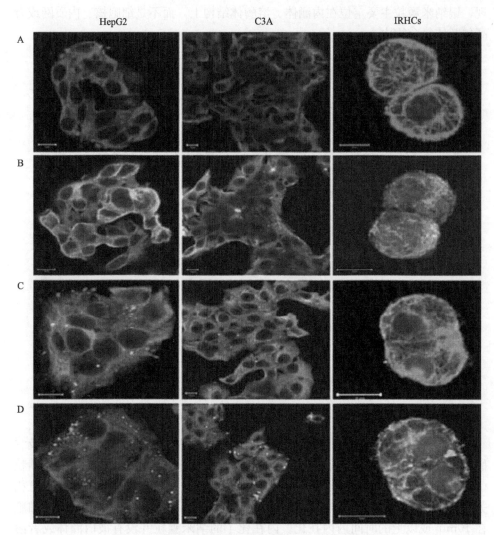

图 4.7　肝细胞系和鼠源肝细胞摄取 20nm 荧光聚苯乙
烯纳米颗粒，在不同时间的摄取图像：A）0min；
B）10min；C）30min；D）1h。图中标尺为 $10\mu m$[114]

4.4　纳米颗粒的细胞清除及其细胞毒性

　　纳米颗粒被细胞摄取，经历细胞内定位及转运后，引发何种生物效应成了下一步我们要关注的问题。在此仅讨论可能引起的细胞毒性，因为这是纳米颗粒应用于生物医学领域最关键的问题。另外，我们不进行体内毒性问题的综合讨论。

如果需要，读者可以参考我们在过去 15 年里发表的有关纳米毒理学的体内研究的文章。值得注意的是，一些早期发表的纳米毒理学的实验数据缺乏一致性。近年来，由于纳米材料表征手段的改进，这方面数据的一致性得到了提高，但是仍存在许多问题，我们需要一些相关方面的实验设计来证实这些纳米毒性研究：选择一个合适的毒理学终点来表示细胞毒性，纳米颗粒表面吸附的化学物质的表征，以及它们与细胞相互作用过程的表征和观测等，都是需要进一步解决的方法学问题。

4.4.1　金纳米材料

在最近兴起的纳米级生物材料中，金纳米棒（AuNRs）由于其极好的生物医用应用潜力，尤其是在成像和肿瘤热疗中的应用，成为最有前景并且可被广泛应用的材料[118]。然而，AuNRs 的安全性一直备受争议。有报道称，AuNRs 会引起肝纤维母细胞的 DNA 损伤和氧化性损伤[69,119]。目前，合成金纳米颗粒最普通便捷的方法是基于十六烷基溴化铵（CTAB）的种子生长法[120]，而 CTAB 是一种剧毒阳离子表面活性剂。近些年来，我们发现，AuNRs 的细胞毒性来源于 CTAB 的残留[21,71,72,121]，这一发现与之前的报道达成共识，之前研究报道过 AuNRs 不引起基因表达过程中的突变，并且用 AuNRs 溶液孵育细胞无明显毒性[71]。并且，只有极少数的基因在表达的过程中会经历有意义的突变（10000 个基因检查中仅有 0.35％的发生率），其中大多数受影响的基因是有关凋亡、细胞周期调节、细胞新陈代谢和电子离子转运的。CTAB 分子（无论是束缚态还是游离态）在被观测到的 AuNRs 引起的细胞毒性中发挥了一定作用，如 CTAB 的释放可以破坏线粒体并最终引发凋亡[21]。

4.4.2　碳纳米材料

利用相对简单的表面化学法，我们可以轻易地消除纳米颗粒的细胞毒性。例如，表面化学已成功地应用于金纳米颗粒的修饰，提高了纳米颗粒的基因传递效率和基因表达效率，并降低了其毒性。酸性条件下的电荷反转已被证明可促进金纳米颗粒/核酸复合物从胞内体/溶酶体中的逃逸和功能性核酸在细胞质中的释放[112]。未经修饰的碳纳米材料，SWNTs、MWNTs 和富勒烯 C_{60}，其细胞毒性依其质量下降：SWNTs＞MWNT10≫C_{60}。不同结构的碳纳米材料显示出了不同的细胞毒性和生物活性（见图 4.8）[79,122]，即便这不能准确地反映出其在体内的毒性。然而，适当的化学修饰可以清除甚至反转毒性效应。例如，利用表面羟基修饰金属富勒烯，$Gd@C_{82}(OH)_x$ 会变成无毒的，与传统的分子结构的药物（分子药物）相比，具有颗粒结构的纳米药物（粒子药物）在肿瘤治疗方面展现出良好的优越性[123]。C_{60} 会通过产生活性氧（ROS）杀死细胞。我们已证明通过表面修饰，水溶性$C_{60}(OH)_{20}$纳米颗粒不会杀死细胞，并可通过清除胞内的 ROS 来保护细胞。在这一实验结果的基础上，$C_{60}(OH)_{20}$被用作体内抗癌药物[124]，在体内和体外环境中均显示出了对免疫细胞、T 淋巴细胞和巨噬细胞的特定免疫调节作用。$C_{60}(OH)_{20}$和细胞间的相互作用可以促进血清样品中 1 型辅助 T 细胞（Th1）细胞因子（IL-2、IFN-γ、TNF-α）的释放，并且减少 2 型辅助 T 细胞细胞因子（IL-4、IL-5、IL-6）的释放[16]。除此之外，两亲性超支化聚合物 HPAE-co-PLA 纳米颗粒被用来制备高效疏水抗肿瘤药物 Bp4eT（2-苯甲酰基吡啶-4-乙基-3-巯基-缩氨基脲），并通过增加其到肿瘤部位的转运来提高抗肿瘤活性，NPs 的各项公式化参数可以通过调节表面物理、化学、生物性质的方式来达到充分利用其载药容量的目的。两亲性超支化共聚物 HPAE-co-PLA 的一个可行的应用是作为一种纳米药物载体，在胞内传递抗肿瘤药物[22]。

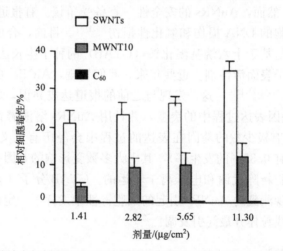

图 4.8　碳纳米材料对肺泡巨噬细胞的细胞毒性表现出纳米结构依赖的特点

4.5　展　　望

在图 4.9 中，我们总结了纳米颗粒与细胞相互作用过程中可能发生的细胞应答和毒理学信号通路等。可以看出，纳米颗粒主要的细胞应答方式包括抗氧化响应，促炎症效应，溶酶体渗透，线粒体膜电势下调，Ca^{2+}释放，细胞凋亡蛋白酶活化，细胞凋亡和细胞坏死。纳米颗粒相互作用可以激活一些细胞通路，例如，通过炎症促进细胞因子，如丝裂原活化蛋白激酶（MAPK）和核转录因子 B（NF-κB），激活一系列级联反应。

在纳米颗粒与细胞作用的通路中，最重要的是考虑纳米材料表面容易通过自

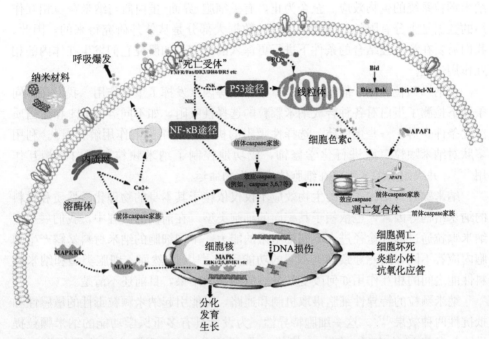

图 4.9 纳米颗粒与细胞作用的过程中可能发生的细胞应答与信号通路

修饰吸附的生物分子，如生物体中的蛋白质[125-135]。当纳米颗粒进入生物体液
（如血液、细胞胞浆、间隙液）时，生物体液中的蛋白质会包裹纳米材料，并改
变其表面性状而导致新的抗原表位的暴露。纳米颗粒-蛋白环（也称为"纳米颗
粒-蛋白冠"）这一概念对描述纳米颗粒的表面性状、电荷、抗聚集能力和体内
流体力学过程具有重要作用[26]。例如，血清蛋白的数量，特别是胎牛血清蛋白
（BSA）可以吸附在 AuNRs 表面，对 AuNRs 进入细胞有一定的促进作用[21]。
血清蛋白结合可以改变表面电荷，因此，通过受体介导的内吞作用加速了细胞对
纳米级物质的摄取（图 4.1）。

生物介质中的大多数细胞对纳米材料的响应来自于表面吸附的生物分子，而
不是生物材料本身[126,128,131]。组成蛋白的氨基酸序列决定了蛋白的性状、结构和
功能，蛋白质二级结构的基本单元是 α-螺旋 和 β-折叠，而这些结构的 3D 排列称
为蛋白质的三级结构。疏水残基形状互补，控制着蛋白质的天然构型，并且这些
疏水残基向核心靠拢[136]。然而，在与纳米颗粒相互作用并且发生吸附之后，蛋
白结构会发生扭曲。因此，与细胞直接作用（或暴露）的蛋白质氨基酸残基基团
会被改变，并可区分于自由蛋白质分子[137]。这改变了蛋白-纳米颗粒界面的相
互作用形式，而这一现象常被忽视。事实上，在细胞-纳米颗粒相互作用的过程
中，细胞表面的蛋白发挥了十分重要的作用，而这种相互作用自然会影响细胞-

纳米颗粒系统的生物效应。至今为止，有关细胞-界面-蛋白质与纳米颗粒相互作用的数据是十分有限的。此外，现有的数据大部分是从体外研究得来的，因此，我们需要在竞争性结合的条件下进行更深入的研究，如研究它们发生在体内的相互作用过程。

在纳米颗粒表面，静电作用、疏水作用等因素发挥了重要作用。我们在不同条件下检测了蛋白对各种合成纳米颗粒的选择性吸附，如不同溶液 pH 和蛋白质浓度条件。对于一些蛋白质，选择性吸附的机制可以用静电作用解释[138]。利用多肽对纳米颗粒表面进行化学修饰，成功地控制了纳米颗粒与蛋白的相互作用[139]，并决定了纳米颗粒在细胞体内的生物命运。

纳米颗粒与细胞作用的生物效应不仅仅依赖于其本身的物理化学性质和材料的纳米结构等因素，也依赖于其靶向的细胞类型。在前面的内容中，我们展示了纳米颗粒通过内吞途径进入不同细胞系的能力。不同细胞的纳米材料暴露产生的胞内应答不同，因此导致细胞不同的功能障碍[140-142]。然而，细胞类型和纳米材料性能之间的相互作用如何改变其最终的毒理学结果，目前还不清楚。

纳米颗粒的特异性细胞摄取机制和通路，可能引起纳米颗粒毒性的敏感性和抵抗性两种效果[142]。这一细胞特异性，为设计具有多重医学功能的纳米颗粒提供了一条良好的途径。例如，修饰过的 AuNRs 可以选择性地杀伤肿瘤细胞（A549），而对正常细胞（正常人细支气管内皮细胞，16HBE）和干细胞（间充质干细胞，MSC）无影响[143,144]，这一现象是由纳米颗粒在肿瘤细胞和肿瘤干细胞中的胞内运输方式不同引起的。

即使一种给定的纳米颗粒在不同细胞系中的摄取过程是相同的，纳米颗粒的清除过程也各不相同。例如，网格蛋白依赖、脂阀依赖（动力蛋白锚定）和能量依赖的内吞途径都参与了 AuNRs 在 A549、16HBE 和 MSCs 细胞中的内在化。即使 AuNRs 在三种细胞中的摄取过程是相似的，但其清除过程却不尽相同[129]。MSCs 细胞在再生医学中是一种重要的细胞群，由于 MSCs 细胞具有与不同的组织环境相互作用的能力（如参与免疫耐受）使其在细胞和基因治疗中十分有应用前景。探索纳米颗粒与 MSCs 之间的相互作用，从中得到一些启示，有望为人类疾病的基因治疗提供新的途径。除此之外，理解纳米颗粒引起细胞特异毒性的分子机制，有助于设计靶向细胞器的纳米药物，并应用于肿瘤的治疗、活细胞成像和药物载体的设计[144]。

调控纳米颗粒的独特物理化学性质，广泛应用于药物输运或基因转送，这一疾病治疗策略已得到广泛而深入的研究。然而，一些最基本的问题，例如细胞摄取过程、细胞毒性机制、胞内定位和转运过程等，都还不清楚。我们需要进一步研究纳米颗粒与细胞的相互作用过程，纳米颗粒的胞内命运及其与生物医学功能或毒理学终点的关系。然而，现有的研究手段仍存在局限性。弄清楚这些纳米颗粒的胞内转运及命运是一个非常重要的课题。例如，纳米颗粒的胞内代谢、清除和生物降解过程及机理都是非常重要的方面并且有待于进一步研究。我们仍有必要将纳米颗粒在体外的细胞研究中得出的结论与纳米颗粒在体内的生物效应相关联。由于体外研究结果通常与体内结果之间缺乏直接关联，特别是缺乏必要的临床相关性，所以，这是未来研究中极具挑战性的课题[147]。

参 考 文 献

[1] Riehemann K, Schneider S W, Luger T A, Godin B, Ferrari M, Fuchs H. Angewandte Chemie International Edition, 2009, 48: 872.

[2] Kemp M M, Linhardt R J. Wiley Interdisciplinary Reviews: Nanomedicine and Nanobiotechnology, 2010, 2: 77.

[3] Evans D J. Inorganica Chimica Acta, 2010, 363: 1070.

[4] Grigorescu A E. Nanotechnology, 2009, 20: 292001.

[5] Zhang L, Fang M. Nano Today, 2010, 5: 128.

[6] Roldan Cuenya B. Thin Solid Films, 2010, 518: 3127.

[7] Peralta-Videa J R, Zhao L, Lopez-Moreno M L, de la Rosa G, Hong J, Gardea-Torresdey J L. Journal of Hazardous Materials, 2010, 186 (1): 1-15.

[8] Nanotechnology: A Report of the US Food and Drug Administration Nanotechnology Task Force. http://wwwfdagov/nanotechnology/taskforce/report2007pdf, (accessed 2007).

[9] Hiep H M, Yoshikawa H, Saito M, Tamiya E. ACS Nano, 2009, 3: 446 .

[10] Cho K, Wang X, Nie S, Chen Z G, Shin D M. Clinical Cancer Research, 2008, 14: 1310.

[11] Ditto A J, Shah P N, Yun Y H. Expert Opinion on Drug Delivery, 2009, 6: 1149.

[12] Rosi N L, Giljohann D A, Thaxton C S, Lytton-Jean A K, Han M S, Mirkin C A. Science, 2006, 312: 1027.

[13] Tanaka T, Mangala L S, Vivas-Mejia P E, Nieves-Alicea R, Mann A P, Mora E, Han H D, Shahzad M M, Liu X, Bhavane R, Gu J, Fakhoury J R, Chiappini C, Lu C, Matsuo K, Godin B, Stone R L, Nick A M, Lopez-Berestein G, Sood A K, Ferrari M. Cancer Research, 2010, 70: 3687.

[14] Liang X J, Meng H, Wang Y, He H, Meng J, Lu J, Wang P C, Zhao Y, Gao X, Sun B, Chen C, Xing G, Shen D, Gottesman M M, Wu Y, Yin J J, Jia L. Proceedings of the National Academy of Sciences of the United States of America, 2010, 107: 7449.

[15] Chen C Y, Xing G M, Wang J X, Zhao Y L, Li B, Tang J, Jia G, Wang T C, Sun J, Xing L, Yuan H, Gao Y X, Meng H, Chen Z, Zhao F, Chai Z F, Fang X H. Nano Letter, 2005, 5: 2050.

[16] Liu Y, Jiao F, Qiu Y, Qu Y, Tian C, Li Y, Bai R, Lao F, Zhao Y, Chai Z, Chen C. Nanotechnology, 2009, 20: 415102.

[17] Lu J, Liong M, Sherman S, Xia T, Kovochich M, Nel A E, Zink J I, Tamanoi F. Nanobiotechnology, 2007, 3: 89.

[18] Yan L, Zhao F, Li S, Hu Z, Zhao Y. Nanoscale, 2011, 3: 362.

[19] Li W, Chen C Y, Ye C, Wei T T, Zhao Y L, Lao F, Chen Z, Meng H, Gao Y X, Yuan H, Xing G M, Zhao F, Chai Z F, Zhang X J, Yang F Y, Han D, Tang X H, Zhang Y G. Nanotechnology, 2008, 19: 145102.

[20] Giljohann D A, Seferos D S, Patel P C, Millstone J E, Rosi N L, Mirkin C A. Nano Letter, 2007, 7: 3818.

[21] Qiu Y, Liu Y, Wang L, Xu L, Bai R, Ji Y, Wu X, Zhao Y, Li Y, Chen C. Biomaterials, 2010, 31: 7606.

[22] Miao Q H, Xu D X, Wang Z, Xu L, Wang T W, Wu Y, Lovejoy D B, Kalinowski D S, Richardson D R, Nie G J, Zhao Y L. Biomaterials, 2010, 31: 7364.

[23] Xia T, Kovochich M, Liong M, Meng H, Kabehie S, George S, Zink J I, Nel A E. ACS Nano, 2009, 3: 3273.

[24] a) Tanaka T, Mangala L S, Vivas-Mejia P E, Nieves-Alicea R, Mann A P, Mora E, Han H D, Shahzad M M, Liu X, Bhavane R, Gu J, Fakhoury J R, Chiappini C, Lu C, Matsuo K, Godin B, Stone R L, Nick A M, Lopez-Berestein G, Sood A K, Ferrari M. Cancer Res, 2010, 70: 3687; b) Ferrari M. Trends in Biotechnology, 2010, 28: 181.

[25] Decuzzi P, FerrariM. Biomaterials, 2007, 28: 2915.

[26] Nel A E, Mädler L, Velegol D, Xia T, Hoek E M V, Somasundaran P, Klaessig F, Castranova V, Thompson M. Nat Mater, 2009, 8: 543.

[27] Wang Z, Tiruppathi C, Minshall R D, Malik A B. ACS Nano, 2009, 3: 4110.

[28] Nishikawa T, Iwakiri N, Kaneko Y, Taguchi A, Fukushima K, Mori H, Morone N, Kadokawa J. Biomacromolecules, 2009, 10: 2074.

[29] Lai S K, Hida K, Man S T, Chen C, Machamer C, Schroer T A, Hanes J. Biomaterials, 2007, 28: 2876.

[30] Soenen S J H, Cuyper M D. Nanomedicine, 2010, 5: 1261.

[31] Alberts B, Lewis J, Raff M, Roberts K, Walter P. Molecular Biology of the Cell. New York: Garland Science, Taylor and Francis Group, 2002.

[32] Conner S D, Schmid S L. Nature, 2003, 4223: 7.

[33] Akerman M E, Chan W C, Laakkonen P, Bhatia S N, Ruoslahti E. Proceedings of the National Academy of Sciences of the United States of America, 2002, 9: 12617.

[34] Davda J, Labhasetwar V. International Journal of Pharmaceutics, 2002, 23: 51.

[35] Juvin P, Fournier T, Boland S, Soler P, Marano F, Desmonts J M, Aubie M. International Archives of Occupational and Environmental Health, 2002, 5: 53.

[36] Kato T, Yashiro T, Murata Y, Herbert D C, Oshikawa K, Bando M, Ohno S, Sugiyama Y. Cell and Tissue Research, 2003, 311: 47.

[37] Florence A T, HussainN. Advanced Drug Delivery Reviews, 2001, 50: S69.

[38] Hoet P H, Nemery B. Toxicology and Applied Pharmacology, 2001, 176: 203.

[39] Lundborg M, Johard U, Lastbom L, Gerde P, Camner P. Environ Res, 2001, 86: 244.

[40] Takenaka S, Karg E, Roth C, Schulz H, Ziesenis A, Heinzmann U, Schramel P, Heyder J. Environmental Health Perspectives, 2001, 109: 547.

[41] Lomer M C, Thompson R P, Powell J J. Proceedings of the Nutrition Society, 2002, 61: 123.

[42] Oberdörster G, Sharp Z, Atudorei V, Elder A, Gelein R, Lunts A, Kreyling W, Cox C. Journal of Toxicology and Environmental Health, 2002, 65: 1531.

[43] Verma A, Stellacci F. Small, 2010, 6: 12.

[44] Liu Z, Cai W, He L, Nakayama N, Chen K, Sun X, Chen X, Dai H. Nature Nanotechnology, 2007,

2：47.

[45] Mailänder V, Landfester K. Biomacromolecules, 2009, 10：2379.

[46] Conner S D, Schmid S L. Nature, 2003, 422：37.

[47] Ishimoto H, Yanagihara K, Araki N, Mukae H, Sakamoto N, Izumikawa K, Seki M, Miyazaki Y, Hirakata Y, Mizuta Y, Yasuda K, Kohno S. Japanese Journal of Infectious Diseases, 2008, 61：294.

[48] Liu Y, Jiao F, Qiu Y, Li W, Lao F, Zhou G, Zhao Y, Sun B, Xing G, Dong J, Chai Z, Chen C. Biomaterials, 2009, 30：3934.

[49] Harush-Frenkel O, Debotton N, Benita S, Altschuler Y. Biochemical and Biophysical Research Communications, 2007, 353：26.

[50] Harush-Frenkel O, Rozentur E, Benita S, Altschuler Y. Biomacromolecules, 2008, 9, 435.

[51] Jiang X, Röcker C, Hafner M, Brandholt S, Dörlich R M, Nienhaus G U. ACS Nano, 2010, 4：6787.

[52] Greulich C, Diendorf J, Simon T, Eggeler G, Epple M, Köller M. Acta Biomaterialia, 2011, 7, 347.

[53] Kam N W, Liu Z, Dai H. Angewandte Chemie International Edition, 2006, 45：577.

[54] Zhang L W, Yang J, Barron A R, Monteiro-Riviere N A. Toxicology Letters, 2009, 191, 149.

[55] Rappoport J Z. Biochemical Journal, 2008, 412：415.

[56] Kirkham M, Parton R G. Biochimicaet Biophysica Acta-General Subjects, 2005, 1745, 273.

[57] Mclntosh D P, Tan X Y, Oh P, Schnitzer J E. Proceedings of the National Academy of Sciences of the United States of America, 2002, 99：1996.

[58] Contreras J, Xie J, Chen Y J, Pei H, Zhang G, Fraser C L, Hamm-Alvarez S F. ACS Nano, 2010, 4：2735.

[59] Partlow K C, Lanza G M, Wickline S A. Biomaterials, 2008, 29：3367.

[60] Khan J A, Pillai B, Das T K, Singh Y, Maiti S. Chembiochem, 2007, 8：1237.

[61] Jiang W, S Kim B Y, Rutka J T, ChanW C W. Nat Nanotechnol, 2008, 3：145.

[62] Dausend J, Musyanovych A, Dass M, Walther P, Schrezenmeier H, Landfester K, Mailänder V. Macromolecular Bioscience, 2008, 8：1135.

[63] Brandenberger C, Mühlfeld C, Ali Z, Lenz A G, Schmid O, Parak W J, Gehr P, Rothen-Rutishauser B. Small, 2010, 6：1669.

[64] Klionsky D J. Nature Reviews Molecular Cell Biology, 2007, 8：931.

[65] Mizushima N. Genes & Development, 2007, 21：2861.

[66] Chen Y, Yang L S, Feng C, Wen L P. Molecular and Cellular Biochemistry, 2005, 337：52.

[67] Wei P, Zhang L, Lu Y, Man N, Wen L P. Nanotechnology, 2010, 21：495101.

[68] Zhang Q, Yang W J, Man N, Zheng F, Shen Y Y, Sun K J, Li Y, Wen L P. Autophagy, 2009, 5：1107.

[69] Li J J, Hartono D, Ong C N, Bay B H, Yung L Y. Biomaterials, 2010, 31：5996.

[70] Chithrani B D, Chan W C W. Nano Letter, 2007, 7：1542.

[71] Hauck T S, Ghazani A A, Chan W C W. Small, 2008, 4：153.

[72] Soenen S J H, Himmelreich U, Nuytten N, Pisanic II T R, Ferrari A, De Cuyper M. Small, 2010, 6：2136.

[73] Rejman J, Oberle V, Zuhorn I S, Hoekstra D. Biochemical Journal, 2004, 377：159.

[74] Gratton S E, Ropp P A, Pohlhaus P D, Luft J C, Madden V J, Napier M E, De Simone J M. Proceedings of the National Academy of Sciences of the United States of America, 2008, 105：11613.

[75] Falcone S, Cocucci E, Podini P, Kirchhausen T, Clementi E, Meldolesi J. Journal of Cell Science, 2006, 119: 4758.

[76] Oh J M, Choi S J, Lee G E, Kim J E, Choy J H. Asian Journal of Chemistry, 2009, 4: 67.

[77] Min Y, Akbulut M, Kristiansen K, Golan Y, Israelachvili J. Nat Mater, 2008, 7: 527.

[78] Liu B, Li X, Li B, Xu B, Zhao Y. Nano Letter, 2009, 9: 1386.

[79] Wu H, Chang X, Liu L, Zhao F, Zhao Y. Journal of Materials Chemistry, 2010, 20: 1036.

[80] Jiang X, Dausend J, Hafner M, Musyanovych A, Röcker C, Landfester K, Mailänder V, Nienhaus G U. Biomacromolecules, 2010, 11: 748.

[81] Ye C, Chen C, Chen Z, Meng H, Xing L, Yuan H, Xing G, Zhao F, Zhao Y, Chai Z, Fang X, Han D, Chen L, Wang C, Wei T. Chinese Science Bulletin, 2006, 51: 1060.

[82] Lao F, Chen L, Li W, Ge C, Qu Y, Sun Q, Zhao Y, Han D, Chen C. ACS Nano, 2009, 3: 3358.

[83] Pantarotto D, Briand J P, Prato M, Bianco A. Chemical Communications, 2004, 1: 16.

[84] Lopez C F, Nielsen S O, Moore P B, Klein M L. Proceedings of the National Academy of Sciences of the United States of America, 2004, 101: 4431.

[85] Dobrovolskaia M A, McNeil S E. Nat Nanotechnol, 2007, 2: 469.

[86] Vonarbourg A, Passirani C, Saulnier P, Benoit J P. Biomaterials, 2006, 27, 4356

[87] Owens III D E, Peppas N A. International Journal of Pharmaceutics, 2006, 307: 93.

[88] Berry C C, de la Fuente J M, Mullin M, Chu S W L, Curtis A S G. IEEE Transactions on Nanobioscience, 2007, 6: 262.

[89] Xue F L, Chen J Y, Guo J, Wang C, Yang W L, Wang P N, Lu D R. Journal of Fluorescence, 2007, 17: 149.

[90] Chen B, Liu Q L, Zhang Y L, Xu L, Fang X H. Langmuir, 2008, 24: 11866.

[91] Delehanty J B, Medintz I L, Pons T, Brunel F M, Dawson P E, Mattoussi H. Bioconjugate Chemistry, 2006, 17: 920-927.

[92] Patel P C, Giljohann D A, Seferos D S, Mirkin C A. Proceedings of the National Academy of Sciences of the United States of America, 2008, 105: 17222.

[93] Nativo P, Prior I A, Brust M. ACS Nano, 2008, 2: 1639.

[94] Green J J, Chiu E, Leshchiner E S, Shi J, Langer R, Anderson D G. Nano Letter, 2007, 7: 874.

[95] Biju V, Muraleedharan D, Nakayama K, Shinohara Y, Itoh T, Baba Y, Ishikawa M. Langmuir, 2007, 23: 10254.

[96] Mok H, Park J W, Park T G. Bioconjugate Chemistry, 2008, 19: 797.

[97] Sun L L, Liu D J, Wang Z X. Langmuir, 2008, 24: 10293.

[98] Deniger D C, Kolokoltsov A A, Moore A C, Albrecht T B, Davey R A. Nano Letter, 2006, 6: 2414.

[99] Verma A, Uzun O, Hu Y, Han H S, Watson N, Chen S, Irvine D J, Stellacci F. Nature Materials, 2008, 7: 588.

[100] Fleck C C, Netz R R. Europhys Letter, 2004, 67: 314.

[101] Cho E C, Xie J W, Wurm P A, Xia Y N. Nano Letter, 2009, 9: 1080.

[102] Villanueva A, Canete M G, Roca A, Calero M, Veintemillas-Verdaguer S, Serna C J, Morales M D, Miranda R. Nanotechnology, 2009, 20: 15103.

[103] Wilhelm C, Billotey C, Roger J, Pons J N, Bacri J C, Gazeau F. Biomaterials, 2003, 24: 1001.

[104] Shi X Y, Thomas T P, Myc L A, Kotlyar A, Baker J R. Physical Chemistry Chemical Physics, 2007,

9：5712.

[105] Patil S, Sandberg A, Heckert E, Self W, Seal S. Biomaterials, 2007, 28：4600.

[106] Mortensen L J, Oberdorster G, Pentland A P, De Louise L A. Nano Letter, 2008, 8：2779.

[107] Sangeetha P, Balu M, Haripriya D, Panneerselvam C. Experimental Gerontology, 2005, 40, 820.

[108] Fung L W, Kalaw B O, Hatfi eld R M, Dias M N. Biophysical Journal, 1996, 70：841.

[109] Thomas M, Klibanov A M. Proceedings of the National Academy of Sciences of the United States of America, 2002, 99：14640.

[110] Zhang L W, Monteiro-RiviereN A. Toxicological Sciences, 2009, 110：138.

[111] Lewinski N, Colvin V, Drezek R. Small, 2008, 4：26.

[112] Guo S, Huang Y, Jiang Q, Sun Y, Wang L, Wang Y, Deng L, Liang Z, Du Q, Xing J, Wu Y, Zhao Y, Wang P C, Dong A, Liang X J. ACS Nano, 2010, 4：5505.

[113] Ruan G, Agrawal A, Marcus A I, Nie S M. Journal of the American Chemical Society, 2007, 129：14759.

[114] Johnston H J, Semmler-Behnke M, Brown D M, Kreyling W, Tran W, StoneV. Toxicology and Applied Pharmacology, 2010, 242：66.

[115] Porter A E, Gass M, Muller K, Skepper J N, Midgley P A, Welland M. Nature Nanotechnology, 2007, 2：713.

[116] Wang Y, Wang J, Deng X, Wang J, Wang H, Wu M, Jiao Z, Liu Y. Nano Research, 2009, 2：543.

[117] Oyelere A K, Chen P C, Huang X, El-Sayed I H, El-Sayed M A. Bioconjug Chemistry, 2007, 18：1490.

[118] Jain P K, El-Sayed I H, El-Sayed M A. Nano Today, 2007, 2：18.

[119] Li J J, Zou L, Hartono D, Ong C N, Bay B H, Lanry Yung L Y. Adv Mater, 2008, 20：138.

[120] Sau T K, Murphy C J. Langmuir, 2004, 20：6414.

[121] Alkilany A M, Nagaria P K, Hexel C R, Shaw T J, Murphy C J, Wyatt M D. Small, 2009, 5：701.

[122] Jia G, Wang H F, Yan L, Wang X, Pei R J, Yan T, Zhao Y L, Guo X B. Environmental Science &Technology, 2005, 3：1378.

[123] Meng H, Xing G, Sun B, Zhao F, Lei H, Li W, Song Y, Chen Z, Yuan H, Wang X, Chen C, Liang X, Zhang N, Chai Z, Zhao Y. ACS Nano, 2010, 4：2773.

[124] Liu Y, Jiao F, Qiu Y, Li W, Qu Y, Tian C, Li Y, Bai R, Lao F, Zhao Y, Chai Z, Chen C. Nanotechnology, 2009, 20：415102.

[125] Lynch I, Dawson K A. Nano Today, 2008, 3：40.

[126] Lynch I, Dawson K A, Linse S. Science STKE, 2006, 327：pe14.

[127] Cedervall T, Lynch I, Lindman S, Berggård T, Thulin E, Nilsson H, Dawson K A, Linse S. Proceedings of the National Academy of Sciences of the United States of America, 2007, 104：2050.

[128] Norde W, Lyklema J. Journal of Biomaterials Science-polymer Edition, 1991, 2：183.

[129] Norde W, Gage D. Langmuir, 2004, 20：4162.

[130] Allen L T, Tosetto M, Miller I S, O'Connor D P, Penney S C, Lynch I, Keenan A K, Pennington S R, Dawson K A, GallagheW M. Biomaterials, 2006, 27：3096.

[131] Gray J J. Current Opinion in Structural Biology, 2004, 14：110.

[132] Mo Y, Lim L Y. Journal of Pharmaceutical Sciences, 2004, 93：20.

[133] Engel M F M, Visser A J W G, Van Mierlo C P M. Proceedings of the National Academy of Sciences

of the United States of America, 2004, 101: 11316.

[134] Shen M, Garcia I, Maier R V, HorbettT A, Biomed J. Materials Research Bulletin, 2004, 70: 533.

[135] Chen C S, Ostuni E, Whitesides G M, Ingber D E. Methods in Molecular Biology, 2000, 139: 209.

[136] Klein J. Journal of Colloid and Interface Science, 1986, 111: 305.

[137] Word J M, Lovell S C, LaBean T H, Taylor H C, Zalis M E, Presley B K, Richardson J S, Richardson D C. Journal of Molecular Biology, 1999, 285: 1711.

[138] Arai T, Norde W. Colloids and Surfaces, 1990, 51: 17.

[139] Aubin-Tam M E, Hamad-SchifferliK. Langmuir, 2005, 21, 1: 2080.

[140] Sohaebuddin S K, Thevenot P T, Baker D, Eaton J W, Tang L. Particle and Fibre Toxicology, 2010, 7: 22.

[141] Rothen-Rutishauser B M, Kiama S G, Gehr P. Am J Respir Cell Mol Biol, 2005, 32: 281.

[142] Meng H, Xia T, George S, Nel A E. ACS Nano, 2009, 3: 1620.

[143] Wang L, Li Y-F, Zhou L, Liu Y, Meng L, Zhang K, Wu X, Zhang L, Li B, Chen C. Analytical and Bioanalytical Chemistry, 2010, 396: 1105.

[144] Wang L, Liu Y, Liu W, Jiang X, Ji Y, Wu X, Xu L, Qiu Y, Zhao K, Wei T, Li Y, Zhao Y, Chen C. Nano Letter, 2011, 11: 772.

[145] Huang D M, Hung Y, Ko B S, Hsu S C, Chen W H, Chien C L, Tsai C P, Kuo C T, Kang J C, Yang C S, Mou C Y, Chen Y C. FASEB Journal, 2005, 19: 2014.

[146] Brandhonneur N, Chevanne F, ViéV, Frisch B, Primault R, Le Potier M F, Le Corre P. European Journal of Pharmaceutical Sciences, 2009, 36: 474.

[147] 本章改写自我们的综述论文: Zhao F, Zhao Y, Liu Y, Chang X L, Chen C Y, Zhao Y L. Small, 2011, 7 (10): 1322-1337.

第5章 纳米材料理化性质与其细胞 摄取、转运及命运的关系

5.1 概　述

　　尽管纳米生物技术和纳米医学领域创新呈上升趋势，新型人造纳米材料的物理化学特性还是对全面理解纳米材料生物界面提出了新的挑战。由于这些新的理化性质可能引起潜在的负面的生物反应，因此我们需要对纳米材料的毒理特征及如何改良和提升其安全性具有更深入的了解与认识。为了理解纳米材料特性如何影响其生物利用度、转运、命运、细胞摄取及不良生物反应的产生，相关研究还需继续深入。人造纳米材料的大小和表面特性不仅影响其毒性，更在生物体内外的纳米生物界面方面影响深远。另外，体外实验可为体内实验的生物动力学建模及材料行为提供参考。然而，我们必须谨慎考虑剂量学差异及体内实验环境的复杂性，防止对体外毒理实验结果的理解过于片面化。

　　本章综述了人造纳米材料的物理化学性质对生物过程的影响。不同大小、形状和表面修饰的有机、无机或混合纳米材料已可制造，化学组成在也一定程度下可依据不同生物或环境条件进行动态调节。因此，本章涵盖了人造纳米材料的疏水性、亲水性、材料组成、表面功能化和电荷、分散状态和表面蛋白吸附等化学性质对材料的细胞摄取、细胞内生物转化、生物清除及生物体内蓄积的影响。

　　我们总结了人造纳米材料的大小、长径比和表面等物理性质如何影响其与生物系统的相互作用及潜在的不良反应，讨论了如何调节这些性质以控制纳米材料的细胞摄取、生物转化、命运和不良反应。本章提供了人造纳米材料生物学行为和安全问题的具体信息，对发展更安全的纳米诊疗技术以及研发在纳米生物界面执行新功能的新型纳米材料也有指导作用。

　　纳米级别的结构调控使人造纳米材料的设计在产业及纳米医疗应用领域获得突破性进展[1]。然而，新兴人造纳米材料数量的激增以及它们的新物理化学特性可能为人体和环境带来负面生物学影响[2-4]。为了更清楚地理解材料的危害和研发更安全的人造纳米材料，我们需要能够合理解释纳米材料在细胞水平与生物界面互相作用的理论参考，参考应包括人造纳米材料物理化学性质与细胞利用率、摄取和生物学过程的关系。

　　已有很多研究试图阐明物理化学特性在人造纳米材料摄取，转运和命运中的

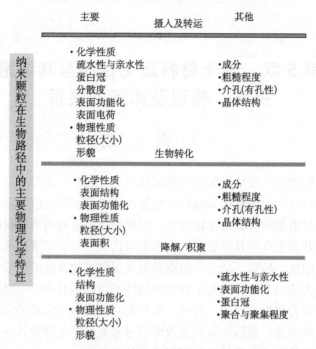

图 5.1　纳米颗粒在生物路径中的主要物理化学特性

作用。人造纳米材料的物理化学性质包括（图 5.1）：①表面化学[5-8]；②物理性质（大小，形状和表面积）[7,9]；③生物学条件下的表面修饰（如蛋白质外冠的获得）[7,10,11]；④材料的分散、累积及凝聚[12,13]；⑤生理学条件下的稳定性[14-16]。然而，大部分关于人造纳米材料生物过程和生物学命运的研究，都缺乏用来解释特性与活性之间定量关系的信息[17]，从而阻碍了对纳米材料生物学行为的理解、实际应用及安全性评估。为了推动该研究领域的进一步发展，我们需要建立一个科学的方法去理解人造纳米材料物理化学性质与生物学行为的关系以及如何利用这些性质使人造纳米材料在医疗中得到理想、安全的应用。

　　为了阐明人造纳米材料的摄取、转运和命运，我们对传统小分子和微米级粒子的认识必须超越生物学行为的范畴。大部分有机和无机的人造纳米材料通常不能仅仅通过化学成分来描述，还需要考虑其大小、形状和表面修饰。此外，可调控的成分和结构特征使材料在生物学环境下经历动态和细微的变化，进而导致人造纳米材料的一系列独特的行为，包括对细胞摄取、转运材料及材料命运的影响[17]。大部分小分子药物通过被动扩散进入细胞，而人造纳米材料由于其独特的物理化学性质，它们进入细胞的方式是主动运输的胞吞或胞饮[4,6,8,9,18]。这种截然不同的途径可应用到医疗领域或用于更好地研究潜在不良反应。此外，人造纳米材料的细胞内命运和转运机制因材料的组成、物理化学性质，以及与细胞的复杂相互作用而不同于小分子或较大颗粒[19]，由此引入额外的生物学变化。生物耐受的人造纳米材料在细胞内的命运和毒性是非常复杂的[12,18]。

本章我们主要讨论在细胞水平上影响生物相互作用（摄取、集聚、生物转化及命运）的人造纳米材料的重要物理化学性质。以我们实验室的纳米生物界面实验和纳米毒理实验为例，尽量解释人造纳米材料化学和物理性质对生物学过程的影响。

5.2　纳米材料化学性质对细胞摄取、转运和累积的影响

当纳米材料遇到细胞时，材料对细胞意味着什么？细胞将如何应答？纳米材料的表面化学特性此时起到决定材料-生物界面反应的重要作用[4,19]。在细胞转运和摄取过程中，材料表面的组成、表面修饰、电荷、配体排布和亲水性对生物分子的吸附起到一定作用[11-13]。这些表面特性同样通过决定与细胞膜、亚细胞器、核酸等的相互作用影响生物分子与细胞的结构和功能，进而影响内稳态，或产生毒性反应。表面成分同样决定人造纳米材料的生物学稳定性和命运[12,14,16,20,21]。这里，我们主要阐述以上性质对材料的细胞摄取、生物转化、命运及安全性的影响，并介绍一些通过调节表面特性成功提高人造纳米材料生物相容性和安全性的方法。

5.2.1　纳米材料表面亲水性和疏水性的影响

疏水纳米粒子通常不稳定，在生物体液和培养基中不易分散[11,13]。疏水相互作用促使疏水纳米颗粒团聚，或与血液中蛋白和多肽的疏水残基相互作用促进颗粒的分散[10,22]。以团聚体形式被摄取的人造纳米材料仍然不易被宿主清除。剩余的纳米粒子可在巨噬细胞或基质细胞中滞留一个月甚至数个月，进而由累积导致毒性反应[12,15]。高疏水性可能有利于材料与血液蛋白结合[10-12]。我们最近的研究结果显示，当纳米粒子进入生物环境后，材料原始表面会与蛋白及其他生物分子相接处，形成动态的蛋白冠冕，冠冕的成分会随着环境变化连续地与蛋白质结合和解离[10]。蛋白质冠冕组分主要依赖于颗粒表面的化学性质（主要是疏水性和电荷）及化学成分[10,22]。我们最近的研究结果表明，血清蛋白会竞争性地与单壁碳纳米管的疏水表面结合。单壁碳纳米管与酪氨酸、苯丙氨酸和色氨酸疏水残基之间的 π-π 堆积相互作用决定它们与单壁碳纳米管之间吸附能力的强弱[11]。蛋白质冠冕的形成是人造纳米材料表面化学性质的重要改变之一，其进而影响颗粒的摄取、生物转化和生物相容性[10,11]。例如，我们发现，通过提前将碳纳米管和血清蛋白进行孵育，碳纳米管可呈个体分散并可以较高浓度地被人

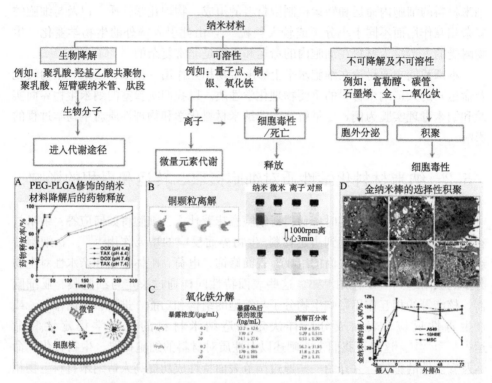

图 5.2　可生物降解的、可溶性的、不可溶性的和不可降解的材料的生物转化和命运。A：由 PLGA 纳米颗粒释放的药物；B：在鼠胃以及人造胃液中，小尺寸（23.5nm）和大尺寸（17μm）的铜纳米颗粒溶解情况区别[16]；C：在单核细胞中，氧化铁纳米颗粒的溶解情况[14]；D：在癌细胞和正常细胞中，金纳米棒的选择性积累造成的不同的细胞毒性

间充质干细胞、HeLa 细胞、单核/巨噬细胞及支气管上皮和内皮细胞摄取[11,12]。大剂量单壁碳纳米管如果不能产生任何明显的急性细胞毒性，实验研究将没有任何意义[23]。这同样暗示体内慢性毒理实验非常重要。反之，未包被且聚合的碳纳米生物利用度较低，其诱导细胞纤维化和肺纤维化的程度不及分散的碳纳米管[12]。

　　由于生物体对纳米材料的表面会产生额外的免疫调节反应，故单核细胞以及巨噬细胞能在数分钟内将其清除[24]。由于机体的免疫调节反应，网状内皮组织将对纳米颗粒产生相当大的清除作用，使得纳米颗粒在相应部位的循环率和生物利用率降低[24,25]。因此，为了提高纳米颗粒的生物利用率并降低其生物毒性，常在纳米颗粒表面修饰聚乙烯乙二醇/聚乙二醇（PEG），它还可以提高纳米颗粒的溶解性，并降低可能带来的免疫调节反应[25]。如果在 SiO$_2$ 孔状介质中结合聚乙烯亚胺（PEI），形成 PEI-PEG 共聚体纳米颗粒（MSNP），由于静电排斥作用，纳米颗粒会具有良好的溶液分散性，延长材料可循环的时间，并具有被动肿瘤靶向性[26]。

5.2.2　纳米材料的表面功能化和表面电荷的影响

为了使纳米材料在治疗和诊断上具备特定功能，往往会使用到生物分子（如肽段、配体）或化学基团，使得药物、核酸或双重药物-核酸能更有效地被运输至细胞并靶向疾病部位。纳米颗粒的表面基团与细胞膜表面的受体之间的相互作用，受纳米颗粒表面基团的种类和电荷的影响[5,8,19]。

细胞膜具有带负电的亲水性表面，使得相对于中性或表面带负电的颗粒，表面带正电的纳米颗粒与细胞膜有着更高的亲和性，在尺寸合适的情况下，这些颗粒更容易被细胞摄取[7]。因此，表面带正电的纳米颗粒更有利于药物进入细胞，也有利于药物的胞内运输[6,8]。我们的实验结果显示，相对无修饰的材料（硅醇修饰的表面），用 PEI 表面修饰或用磷酸基/聚乙二醇基团表面修饰的纳米颗粒更容易被细胞摄取[6]。纳米颗粒表面为正电荷的情况下，不论是摄取效率还是摄取量都有所提高[7]。用聚乙烯亚胺修饰的纳米颗粒，较长的聚合物表面有更多的不对称分布的正电荷。与较短的聚合物相比，较长的聚合物与细胞磷脂层具有更好的亲和性[6]。但是，随着表面正电荷的升高，纳米颗粒会带有更多的毒性，增加的表面正电荷有可能打破细胞膜表面的电荷平衡，导致细胞内的钙离子流出以及细胞毒性[5,6]。表面修饰有不饱和亚胺的纳米颗粒进入溶酶体的时候，也会导致细胞内损伤。根据质子假说[19]，具有高质子的亚胺基团可能导致质子泵的活性增大或者减缓。使更多的氯离子从膜外流入以平衡电荷，但氯离子浓度增加又会使胞内渗透压增大从而导致溶酶体破裂[19]。例如，我们的实验结果显示，表面修饰有亚胺的阳离子聚苯乙烯纳米颗粒会导致大量巨噬细胞的死亡，同时伴随着溶酶体破裂、钙离子流失以及线粒体损伤[5,27]。

要想得到更有治疗效果的带正电的纳米颗粒，控制阳离子密度十分有必要。我们构建了分子质量为 $0.6 \sim 25 kDa$ 的聚乙烯亚胺，测定其在体内的运输性能和毒性[6]。我们的实验证明，随着聚合物分子质量的减小，其细胞毒性也成比例下降。分子质量小于等于 10kDa 的聚乙烯亚胺聚合物，与细胞膜具有高亲和性，并易于被细胞膜包被，因此细胞摄取能力很高。此外，分子质量小于等于 10kDa 的聚乙烯亚胺包被 MSNP 纳米颗粒，能够有效结合运输 siRNA，siRNA 能有效介导基因沉默而无细胞毒害作用[5,8]。因此，有效地选择和控制阳离子基团，可以得到在哺乳动物体内有效运输 siRNA 的无生物毒性的材料。

大多数纳米运输材料最后都进入到细胞内膜囊泡中，如晚期的胞内体和溶酶体[28]。为了使纳米材料具备从胞内体中逃逸的能力，阳离子基团上往往加上可还原的聚乙烯亚胺或者细胞穿透肽。这种可逃逸出胞内体的靶向运输体系，需要满足以下几个条件：①能够从胞内体/溶酶体中逃逸；②有细胞器定位信号（排位信号），例如细胞核定位信号（NLS）或者线粒体引导肽以便于核孔复合体或线粒体相互作用[29]；③如果定位信号在细胞核上，则需控制其尺寸（小于30nm），以保证能够通过细胞核膜[30]。

5.2.3　纳米材料及其表面组成的影响

纳米材料通过胞吞作用进入细胞，将进入一系列早期或晚期的胞内体中[24]。一些胞内体内部为酸性环境，早期的胞内体 pH 为 6.2～6.5，晚期的胞内体以及溶酶体中 pH 为 4.4～5.5。该过程同时涉及一些酶的招募以降解胞内的物质。因此，纳米材料的组成和表面修饰成分决定了其在这些破坏性环境中的命运及其生物持久性。根据材料和表面的稳定性特征，可以将纳米材料分为：①生物可降解的（如生物可降解性的聚合物和肽）[31,32]；②可溶解的（如，量子点、氧化锌、铜、银、氧化铁）[14-16,21,33]；③非生物可降解的以及不可溶解的纳米材料（如，碳纳米管、石墨烯、金）（图 5.2）。对于生物可降解的聚合物，例如聚乳酸-羟基乙酸共聚物（PLGA）和聚乳酸（PLA），它们在低 pH 的胞内体和溶酶体中降解更快[31,32]。这些纳米材料的代谢产物形成乳酸或是糖酵解途径的一些中间酸，最终进入生物体正常的代谢途径[31]。而代谢效率以及释放的动力学则由纳米颗粒的尺寸、组成以及壳状聚合物的分子质量大小决定（图 5.2A）[31,32]。

含金属成分的纳米颗粒，例如量子点、铜纳米颗粒、磁性氧化铁颗粒，其降解的动力学过程受到生物环境的调节（图 5.2B 和 C）[14,16,34]。材料的可溶性由溶液的性质决定（如 pH 值、离子强度和浓度），同时也与不同的细胞内环境有关（如，早期胞内体、溶酶体和细胞质）。含金属成分的纳米颗粒其代谢时间可能长达几周甚至数月[34]。如果发生了降解酶耗尽或者是质子泵活力耗尽的情况，这些过量的纳米颗粒可能会扰乱细胞内的平衡甚至导致细胞死亡，此时细胞通过死亡的方式释放尚未降解的纳米颗粒，从而开始新的细胞循环[14]。混合型的纳米颗粒包含有一个核心——其外层可能具有多层结构。因此，其核心内包裹的内容物可以被保护不被降解，或是需要更长的生物转化周期才能被降解。含镉的量子点（QDs）由于含有游离的镉（镉量子点核心降解），或是与细胞内容物相互作用而产生细胞毒性。通过将镉量子点包被（材料、功能性的基团）以减少镉量子点的暴露面积，可以将其细胞毒性降至最低[20,21]。我们最近的研究显示，不同手性的生物分子（如 D-和 L-谷胱甘肽）包被在量子点表面能够决定量子点表面基团和谷胱甘肽的手性基团之间的配基交换，从而最终影响量子点外壳的降解和其生物毒性[20]。

5.3　纳米材料理化性质对细胞吸收、运输和累积的影响

5.3.1　纳米材料尺寸的影响

纳米材料在细胞层面上吸收、运输和积累，其最大影响因素即是纳米材料的尺寸。生物体在调节生物纳米复合物在体内的吸收和运输上，有着高度有序和精细的机制。同时，在细胞内也存在着由尺寸决定的法则，例如，大多数生物膜的厚度在 4～10nm 的范围，脊椎动物的核孔复合体直径大约 80～120nm[17]。这些天然的由尺寸限制的结构，控制着不同尺寸纳米颗粒的进出。图 5.3 显示由多种不同方式吸收、运输和积累纳米颗粒所涉及的重要尺寸范围。这些空间尺寸的集合显示出，生物体在纳米尺度水平上对纳米材料的吸收、运输和积累有着自身的调节机制。接下来，我们按照纳米材料的物理特性，例如尺寸（对于零维的纳米材料）、纵横比（对于一维的纳米材料）以及表面积，对纳米材料在细胞内的吸收、运输和积累特性加以讨论。

为了实现不被约束的双分子细胞膜的胞吞能力，纳米材料的尺寸必须小（仅几纳米），此外，纳米材料的表面必须设计成有利于进入细胞的特征[35,36]。大的颗粒或者表面带正电的颗粒可能会导致细胞膜表面形成空洞，从而产生细胞毒性[35]。纳米颗粒通过胞吞作用介导的内化过程严格受内吞孔道尺寸所影响（图5.3)[24]。在此，哺乳动物的细胞内吞有五种方式：吞噬作用、大胞饮以及网格蛋白介导的、小窝蛋白介导的、网格蛋白/小窝蛋白依赖的内吞作用，这些途径有着自身的尺寸和动力学限制。例如，配体修饰的纳米颗粒容易被网格蛋白包被的囊泡摄取，囊泡的尺寸在 120nm 左右。因此，尺寸大于 120nm 的配体修饰的纳米颗粒几乎不能被网格蛋白囊泡所摄取[37]。

5.3.2　纳米材料纵横比的影响

当纳米材料的尺寸不超过 120nm 时，其纵横比的不同将导致其摄取能力上的差异。纳米材料的摄取过程主要可以分为四步：生物-纳米材料识别、细胞膜结合、细胞膜包裹和摄取[37]。纳米材料的尺寸和纵横比都在第三步起到重要的作用[9,38-40]。为了研究纳米颗粒的纵横比在细胞摄取上起到了怎样的作用，我们构建了一系列不同纵横比的纳米颗粒库，该库包含了纯球状纳米颗粒以及纵横比（AR）为 1～4.5 的纳米棒。纯球状纳米颗粒的直径为 110nm。棒状纳米颗粒的尺寸分别为 110～130nm/60～80nm（AR1.5～1.7）、160～190nm/60～90nm（AR2.1～2.5），和 260～300nm/50～70nm（AR4～4.5）。我们的实验证明，棒状的纳米颗粒会优先在 HeLa 细胞和 A549 细胞中被摄取。纵横比 2.1～2.5 的

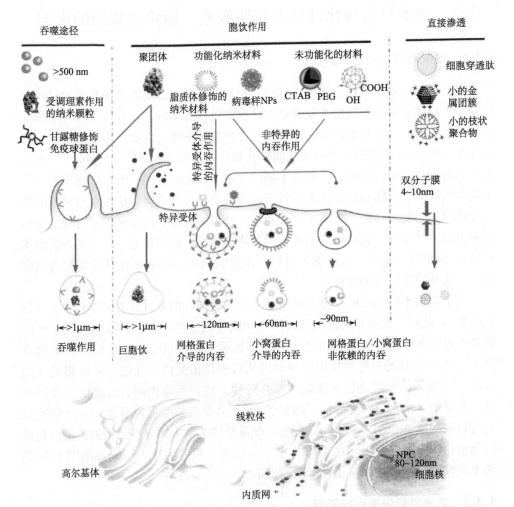

图 5.3　哺乳动物细胞中，天然的尺寸法则充当了门卫的作用。双层细胞膜的厚度约为4～10nm。核孔复合体的直径约为80～120nm[17]。参与纳米颗粒内化过程（吞噬作用以及胞饮作用）的吞噬小泡尺寸如图中所示[24]。吞噬细胞能摄取大的纳米颗粒（或者聚集体形式的纳米颗粒）、受免疫调节或修饰了吞噬作用配基的纳米颗粒。哺乳动物由非吞噬细胞内化纳米颗粒，主要是通过胞饮作用或是直接渗透。如果表面有不同的修饰，纳米颗粒可能由专一的（受体介导的）或者非专一的途径被细胞吞噬。受尺寸控制，这些天然结构在纳米颗粒进出时起到了门卫的作用。因此，这些生物体限制了纳米颗粒的行为（摄取、运输和积累）

纳米颗粒被摄取的速度比球状以及其他纵横比的纳米颗粒要快。更进一步的研究发现，中等长度的棒状纳米颗粒可以通过大胞饮的方式被细胞摄取。具有中等纵横比的纳米棒能诱导形成大量的细胞丝状伪足、肌动蛋白纤维，同时能提高在形成细胞骨架以及细胞丝状伪足过程中的小 G 蛋白的活性[9]。我们通过其他研究证实（图 5.4），具有较长纵横比的金纳米棒（纵横比 1～4，尺寸分别为 33nm×30nm，40nm×21nm，50nm×17nm 和 55nm×14nm），其被摄取的速度要慢于较短的金纳米棒。我们认为其主要原因在于，细胞需要更长的时间才能将较长的金纳米棒包裹[7,39]。通过球状和棒状金纳米颗粒的比较实验我们发现，球状金纳米颗粒被摄取的速度大约是棒状金纳米颗粒的 5～7 倍[37]。

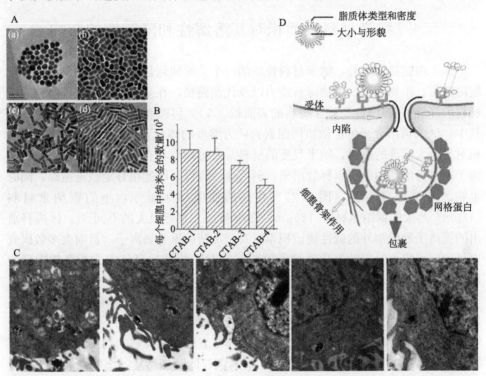

图 5.4　纳米材料的尺寸和纵横比对其被细胞摄取的影响[7]。A：具有不同纵横比的金纳米棒，（a）～（d）依次为 1.0（CTAB-1）、2.0（CTAB-2）、2.9（CTAB-3）和 4.2（CTAB-4），CATB 为十六烷基三甲基溴化铵；B：金纳米棒在人乳腺癌细胞（MCF-7）中的分布数量；C：透射电镜的图片显示了金棒被细胞摄取的过程，其首先被包裹进囊泡，然后被运输至溶酶体[7]；D：纳米颗粒的尺寸和形状如何影响细胞内吞作用的图示。纳米颗粒尺寸的变化在纳米颗粒与细胞膜相互作用时，影响表面配基密度、构象、表面曲率和相对方向。纳米颗粒纵横比的变化可能会影响表面配基的位置和包裹时间

　　纳米颗粒的物理性质如何影响其胞外分泌至今还不明确，但是主要的原因被认为是由其尺寸和纵横比所影响。例如，球状的转铁蛋白包被的金纳米颗粒 (Tf-Au)，其粒径与胞吐速度呈现出线性关系[39]。直径较小的 Tf-Au 表现出更快的胞吐速度。一部分球状的 Tf-Au 胞吐速度可以用公式 $F_{exo}=\alpha N_o/S$ 来表示，其中 α 为由细胞种类决定的常数，其数值由实验学方法测定；N_o 是在胞吐发生之初分泌的 Tf-Au 颗粒数量；S 是 Tf-Au 颗粒的表面积。棒状 Tf-Au 的胞吐速度要比球状 Tf-Au 快[39]。然而，一些更长的、刚性更强的多层碳纳米管 (MWNTs)，具有相当高的纵横比，其在体内显示出极低的胞吐速度[12]。细胞不易清除这些富集的 MWNTs，将导致这些材料具有不期望的细胞毒性[12]。

5.4　纳米材料表面积对其溶解性和降解性的影响

　　除了细胞摄取之外，纳米材料性质的一个关键问题是材料的降解动力学、细胞内滞留、生物转化、生物降解能力以及代谢路径。在某些情况下，可溶解纳米材料的降解常数 (k) 依赖于材料的表面积 (A)，可以表示为：$k=A(D/V)h$。其中，D 为可溶分子的扩散协同因素；V 为溶液的体积；h 为扩散层的厚度[34]。相对于较大尺度的材料，纳米尺度的材料常常被期待具有更好的溶解性。游离的离子通过可溶性纳米材料释放出来，利用这一特点，既能很好地轨迹追踪，同时也能诱导重金属毒性（图 5.2）。我们的实验结果显示，小的铜纳米材料 ($17\mu m$) 与大的铜纳米材料 ($25\mu m$) 在溶解性上有着很大的不同[16]。体内释放出的铜离子导致额外的碱性物质积累以及超负荷的重金属离子。目前大多数研究也显示，可吸入的磁性氧化铁纳米颗粒（MIONs）通过降解方式或者胞内囊泡（命名为 exosomes）分泌作用排出体外[41]。

　　同时，一些非可溶性或者非生物降解性的纳米颗粒，例如碳纳米管、石墨烯、金颗粒、二氧化钛颗粒等，其代谢路径同样需要引起重视。这些颗粒或者被细胞清除或者在细胞中累积。目前有限的研究表明，非降解的纳米颗粒同样主要通过内膜系统被排出细胞[9,18,39]。除了纳米颗粒的物理性质，细胞内的物质交换以及胞内代谢同样受细胞系以及不同细胞阶段的影响[18,39]。例如，研究发现金纳米颗粒在 HeLa 细胞、SNB19 细胞以及 STO 细胞中的分泌途径是不同的，因此其胞内累积状况以及清除率也不尽相同[39]。此外，金纳米棒在癌细胞与正常细胞中，呈现出了不同的选择累积状态（图 5.2D）[18]。金纳米棒在肿瘤细胞中可以被运输至线粒体中，从而导致线粒体膜电势降低，由此引发氧化胁迫反应，最终降低细胞活性。对肿瘤细胞特异，而对正常细胞低毒性，是特异性纳米药物的一个本质特征。近期的研究同时指出，纳米颗粒在细胞中的内化过程与细胞阶段有关，其被摄取强度表现为：$G_2/M>S>G_0/G_1$ [42]。在细胞分裂过程中，纳米颗粒被随机和不均匀地分割，其相关特征同样受细胞周期阶段所影响[43]。

5.5　展　望

　　近二十年来，尽管纳米材料在医学领域有着令人欢欣鼓舞的应用，但系统完整地理解其生物学效应，仍然任重道远。与纳米颗粒在细胞内的物质交换和胞内代谢途径相关的因素中，纳米颗粒的物理特征是最基础的特征。整体理解纳米颗粒的生物学途径以及生物安全性，还需要进一步锲而不舍地研究，纳米颗粒如何与细胞膜、细胞器及细胞内的生物分子相互作用？相互作用会有怎样的效应？这些方向在目前尚缺乏研究[11]。一些研究结果有助于我们预测纳米颗粒的物理特性对其在生物内代谢途径的影响，尤其是在生物转化和降解方面提供了非常有效的信息，但这些信息依然是有限的。目前，关于纳米颗粒的理化特性及其识别、捕获、毒性的研究，仍具有很大的挑战，从胞内追踪的角度来看，目前缺少有效的检测方法和手段，特别是实时、原位、快速、定量追踪纳米颗粒行为特征，在这些领域中尤其需要新的突破和进展。由于纳米颗粒的种类繁多，相关的探索需要较长的时间和较多的经费投入，以更清晰地阐明细胞摄取、运输以及不同纳米颗粒各自的生物学路径。为了设计出更安全的纳米材料和平台，通过计算机由体外实验数据建立体内的代谢模型是项紧迫而有挑战性的任务。我们通过体外细胞实验得到的纳米材料动力学信息来设计更合理的纳米材料。总的来说，在细胞水平上，体外实验的结果对我们了解纳米材料的生物动力学机制，以及预测可能的整个生物体面对纳米材料的毒性反应都十分有意义。例如，将体外实验得到的结果与系统的信息研究相结合，能预测体内纳米材料的 ADME/Tox（摄取、扩散、代谢、分泌以及毒性），具体体现在：①在靶部位最有效的细胞摄取和生物利用率；②细胞内代谢以及氧毒性；③细胞分泌排泄以及长时间尺度上的组织积累和毒性风险。我们需要以上所有信息，以保证纳米科学领域的可持续发展[44]。

参 考 文 献

[1] Yan L, Zheng Y B, Zhao F, Li S, Gao X, Xu B, Weiss P S, Zhao Y L. Chemical Society Reviews, 2011, 41: 97-114.

[2] Gilbert N. Nature, 2009, 460: 937.

[3] Zhao Y L, Xing, G M, Chai Z F. Nauret Nanotechnology, 2008, 3: 191-2.

[4] Zhao F, Zhao Y, Liu Y, Chang X, Chen C. Small, 2011, 7: 1322-37.

[5] Xia T, Kovochich M, Liong M, Zink J I, Nel A E. ACS Nano, 2008, 2: 85-96.

[6] Xia T, Kovochich M, Liong M, Meng H, Kabehie S, George S, Zink J I, Nel A E. ACS Nano, 2009, 3: 3273-86.

[7] Qiu Y, Liu Y, Wang L, Xu L, Bai, RJi, Y, Wu X, Zhao Y, Li Y, Chen C. Biomaterials, 2010, 31:

7606-19.

[8] Meng H, Liong M, Xia T, Li Z, Ji Z, Zink J I, Nel A E. ACS Nano, 2010, 4: 4539-50.

[9] Meng H, Yang S, Li Z, Xia T, Chen J, Ji Z, Zhang H, Wang X, Lin S, Huang C, Zhou Z H, Zink J I, Nel A E. ACS Nano, 2011, 5: 4434-47.

[10] Cedervall T, Lynch I, Lindman S, Berggard T, Thulin E, Nilsson H, Dawson K A, Linse S. Proceedings of the National Academy of Sciences of the United States of America, 2007, 104: 2050-5.

[11] Ge C, Du J, Zhao L, Wang L, Liu Y, Li D, Yang Y, Zhou R, Zhao Y, Chai Z, Chen C. Proceedings of the National Academy of Sciences of the United States of America, 2011, 108: 16968-73.

[12] Wang X, Xia T, Addo Ntim S, Ji Z, Lin S, Meng H, Chung C H, George S, Zhang H, Wang M, Li N, Yang Y, Castranova V, Mitra S, Bonner J C, Nel A E. ACS Nano, 2011, 5: 9772-87.

[13] Wang X, Xia T, Ntim S A, Ji Z, George S, Meng H, Zhang H, Castranova V, Mitra S, Nel A E. ACS Nano, 2010, 4: 7241-52.

[14] Zhu, M T, Wang B, Wang Y, Yuan L, Wang H J, Wang M, Ouyang H, Chai Z F, Feng W Y, Zhao Y L. Toxicology Letters, 2011, 203: 162-71.

[15] Zhu M T, Feng W Y, Wang Y, Wang B, Wang M, Ouyang H, Zhao Y L, Chai Z F. Toxicological Sciences, 2009, 107: 342-51.

[16] Meng H, Chen Z, Xing G, Yuan, H, Chen C, Zhao F, Zhang C, Zhao Y. Toxicology Letters, 2007, 175: 102-10.

[17] Alber F, Dokudovskaya S, Veenhoff L M, Zhang W H, Kipper J, Devos D, Suprapto A, Karni-Schmidt O, Williams R, Chait B T, Sali A, Rout M P. Nature, 2007, 450: 695-701.

[18] Wang L, Liu Y, Li W, Jiang X, Ji Y, Wu X, Xu L, Qiu Y, Zhao K, Wei T, Li Y, Zhao Y, Chen C. Nano Letters, 2011, 11: 772-80.

[19] Nel A E, Madler L, Velegol D, Xia T, Hoek E M, Somasundaran P, Klaessig F, Castranova V, Thompson M. Nature Materials, 2009, 8: 543-57.

[20] Li Y, Zhou Y, Wang H Y, Perrett S, Zhao Y, Tang Z, Nie G. Angewandte Chemie International Edition, 2011, 50: 5860-4

[21] Chen Z, Chen H, Meng H, Xing G, Gao X, Sun B, Shi X, Yuan H, Zhang C, Liu R, Zhao F, Zhao Y, Fang X. Toxicology and Applied Pharmacolog, 2008, 230: 364-71.

[22] Cedervall T, Lynch I, Foy M, Berggard T, Donnelly S C, Cagney G, Linse S, Dawson K A. Angew Chem Int Ed Engl, 2007, 46: 5754-6.

[23] Holt B D, Dahl K N, Islam M F. Small, 20117: 2348-55.

[24] Dobrovolskaia M A, McNeil S E. Nature Nanotechnology, 2007, 2: 469-78.

[25] Gref R, Minamitake Y, Peracchia M T, Trubetskoy V, Torchilin V, Langer R. Science, 1994, 263: 1600-3.

[26] Meng H, Xue M, Xia T, Ji Z, Tarn D Y, Zink J I, Nel A E. ACS Nano, 2011, 5: 4131-44.

[27] Xia T, Kovochich M, Brant J, Hotze M, Sempf J, Oberley T, Sioutas C, Yeh J I, Wiesner M R, Nel A E. Nano Letters, 2006, 6, 1794-1807.

[28] Chou L Y, Ming K, Chan W C. Chemial Society Reviews, 2011, 40: 233-45.

[29] Entelis N S, Kolesnikova O A, Martin R P, Tarassov I A. Advanced Drug Delivery Reviews, 2001, 49: 199-215.

[30] Tkachenko A G, Xie H, Coleman D, Glomm W, Ryan J, Anderson M F, Franzen S, Feldheim D

L. Journal of the American Chemical Society, 2003, 125: 4700-1.

[31] Wang H, Zhao Y, Wu Y, Hu Y L, Nan K, Nie G, Chen H. Biomaterials, 2011, 32: 8281-90.

[32] Miao Q H, Xu D X, Wang Z, Xu L, Wang T W, Wu Y, Lovejoy D B, Kalinowski D S, Richardson D R, Nie G J, Zhao Y L. Biomaterials, 2010, 31: 7364-75.

[33] Zhu M T, Feng W Y, Wang B, Wang T C, Gu Y Q, Wang M, Wang Y, Ouyang H, Zhao Y L, Chai Z F. Toxicology, 2008, 247: 102-11.

[34] Borm P, Klaessig F C, Landry T D, Moudgil B, Pauluhn J, Thomas K, Trottier R, Wood S. Toxicological Sciences, 2006, 90: 23-32.

[35] Verma A, Uzun O, Hu Y, Han H S, Watson N, Chen S, Irvine D J, Stellacci F. Nature Materials, 2008, 7: 588-95.

[36] Won Y W, Lim K S, Kim Y H. Journal of Controlled Release, 2011, 152: 99-109.

[37] Gao H, Shi W, Freund L B. Proceedings of the National Academy of Sciences of the United States of America, 2005, 102: 9469-74.

[38] Jiang W, Kim B Y, Rutka J T, Chan W C. Nature Nanotechnology, 2008, 3: 145-50.

[39] Chithrani B D, Chan W C. Nano Letters, 2007, 7: 1542-50.

[40] Chithrani B D, Ghazani A A, Chan W C. Nano Letters, 2006, 6: 662-8.

[41] Zhu M, Li Y, Shi J, Feng W, Nie G, Zhao Y. Small, 20118: 404-12.

[42] Kim J A, Aberg C, Salvati A, Dawson K A. Nature Nanotechnology, 2012, 7: 9-10.

[43] Summers H D, Rees P, Holton M D, Brown M R, Chappell S C, Smith P J, Errington R J. Nature Nanotechnology, 2011, 6: 170-4.

[44] 本章改写自我们的综述论文: Zhu M, Nie G, Meng H, Xia T, Nel A, Y Zhao. Accounts of Chemical Research, 2013, 46: 622-631.

第6章 分子纳米毒性学：纳米材料
与生物分子的相互作用

生物分子大部分是纳米尺度，而且生物过程大部分也发生在纳米尺度上，因此，纳米颗粒与生物分子的相互作用是纳米毒理学非常重要的一个方面。也可以认为：纳米毒理学是涉及纳米尺度水平的外源性环境物质的纳米生物学，即在分子水平上，外源性纳米物质与生物体系之间在一定程度上的相互作用。

正如分子生物学促进了生命科学的所有分支学科的快速发展一样，事实上，传统毒理学的发展，得益于快速发展的易标准化的、可靠的、可重复的分子生物学实验方法。而且，与动物实验相比，分子生物学方法有很多优点：成本低，简单、快速，只需微量的外源性物质等。分子生物学为纳米物质暴露于生物体系的研究提供了一种高通量、快捷的探索纳米毒理学的方法，可初步用于筛选和评估参数明确的纳米材料的毒性。因此，分子毒理学是理解纳米毒理学现象和评估纳米材料毒性的一个重要方法。人们已经利用这些方法研究生物机体摄取纳米颗粒后，在次级器官的吸收、分布，其分子水平的转运等；纳米颗粒从鼻腔到嗅球脑内的转移[1]，以及从肺间质进入血液循环系统的过程等[2]。

6.1 纳米颗粒与蛋白质的相互作用

蛋白质的许多功能是通过发生在纳米尺度、具有三维选择性的蛋白质分子间的相互作用实现的。科学家推测，由于纳米颗粒的结构和尺寸与蛋白质分子的相似性，可能会引起生物学识别、反应的混淆和异常，而致使蛋白质功能紊乱。例如，纳米颗粒易与某些重要的生物大分子活性中心结合，妨碍蛋白质或蛋白质与其他生物分子之间的识别与相互作用。从分子水平上看，人造纳米材料对生物机体的潜在效应，即是它们与蛋白质、核酸、膜脂质等生物分子的相互作用。比如，对雌性 Sprague-Dawley 大鼠静脉注射 ^{14}C 标记 C_{60} 富勒烯，发现 C_{60} 富勒烯 1 min 内可迅速从循环系统清除，$90\% \sim 95\%$ 积聚到肝脏中，经 120 h 仍然存留肝脏而难被清除[3]。仔细研究发现，其原因是富勒烯与肝脏内的蛋白结合形成了复合物，从而在肝脏保留相当长的时间。此外，人们也发现，进入体内的富勒烯衍生物可抑制半胱氨酸蛋白酶（木瓜蛋白酶和 catepsine）和丝氨酸蛋白酶（tripsine、血浆酶和 trombone）等各种生物酶的活性[4]。

6.1.1　结构特性和化学效应

纳米颗粒的疏水性、亲电性、高还原电位以及特殊的几何学结构等特征，对其相互作用的生物活性分子具有很大影响。例如，为了阐明应用于医学中的碳纳米材料的生物相容性，Baranov 和 Esipova 对 C_{60} 富勒烯空间结构和 286 个精氨基酸序列进行对比分析，对单个球状、纤维状蛋白和人造 C_{60} 结构之间的成键特性、几何形态、尺寸大小等进行了比较研究[5]。结果揭示了 C_{60} 的结构参数与蛋白质多肽链、肽类具有高度的相似性。因此，观察到的富勒烯生物相容性的现象，是否可以理解为富勒烯代替结构相似的氨基酸序列"插到"蛋白分子结构中，就如在分子水平进行 DNA 链序列中链首字母的更换或添加。有人还提出，富勒烯可能会模拟一些生命环境和生化过程中结构相似的短肽。通过共价修饰的富勒烯顺丁烯二酰亚胺与蛋白质相互作用的实验结果，初步显示了上述推论是有可能的[6]。

碳纳米管是碳纳米材料家族中另一个完美的纳米结构。碳纳米管容易通过共价键与蛋白质或 DNA 相互作用形成 CNT-蛋白结合物或 CNT-DNA 复合物。例如，以牛血清白蛋白与单壁纳米碳管 SWNTs 结合反应为例，它们可以通过羧基化纳米管上的羧基和牛血清白蛋白悬挂氨基部分的活性碳化二亚胺的酰胺化反应很容易形成复合物[7]。SWNTs-BSA 复合物能够通过非共价吸附作用进一步直接包覆抗体羊抗埃希菌属 O157（Ab1）[8]。Green 等分析了补体蛋白与碳纳米管的相互作用，发现像 C1q、纤维蛋白原及其他几个蛋白等嵌入性蛋白能通过非共价包覆选择性地直接与大量碳纳米管结合[9]。同时，人们发现链霉亲和素能吸附到 SWNTs 的侧壁，而且表面活性剂和高分子修饰的功能性纳米管能显著防止链霉亲和素对 SWNTs 的非特异性结合[10]。

6.1.2　纳米颗粒与蛋白质的尺寸效应

蛋白质与纳米颗粒容易发生相互作用，部分原因可能是由于它们之间的尺寸相似性，以及由于小尺寸带来的超大比表面积大大提高了反应活性。例如，有人曾发现蛋白质与 SWNTs 的结合能力，与 SWNTs（平均~1.4 nm）上吸附的蛋白质的大小有关。像纤维蛋白原（~340 kDa）这样比较大的蛋白，不易吸附到 SWNTs 上，而像链霉亲和素（~60 kDa）这样相对小的蛋白却更易于吸附[9]。此外，大蛋白的空间位阻较大，也应该是其中可以考虑的原因之一。人血浆纤维蛋白原能结合粒径 1~3 nm 的双壁碳纳米管（DWNTs）。C1q（~46 kDa）能直接结合 DWNTs，而 H 因子（~155 kDa）则不能[9]。这些结果表明，蛋白质与纳米颗粒之间的相互作用可能与二者的尺寸情况相关，而像纳米颗粒的表面性质、蛋白质的空间结构等因素也非常重要。

6.1.3　弱相互（非共价键）作用

当我们考虑纳米颗粒的分子生物学效应时，即在分子水平上与生物体系的相互作用时，与共价键作用力相比，纳米颗粒与蛋白质之间的弱相互（非共价键）作用可能更为重要。弱相互作用力通常是指范德华力、氢键、静电引力、疏水亲水作用等非共价键形式的作用力，它们在生物体系中扮演着极其重要的角色。蛋白质与蛋白质分子间或蛋白质与其他生物分子间固有的作用主要是通过非共价键的弱相互作用力进行的。但是，由于实验技术和方法的难度，目前对这些问题的实验研究鲜少涉及。与实验研究相反，理论研究尤其是分子动力学（MD）的理论模型计算，最近十分活跃。研究者可以利用分子动力学方法模拟和分析蛋白分子与纳米颗粒相互作用的整个过程。比如，将多肽插入 SWNTs 上时，发现影响它们之间亲和力的最重要因素是疏水作用力，并且发现非共价键作用力在多肽与SWNTs 作用过程中起主导作用[11]。巧合的是，对于生命过程，在蛋白质与蛋白质相互作用中非共价键作用力也起着主导作用。进一步分析一系列多肽与SWNTs 的结合自由能与亲和性。结果表明，SWNTs 与不同链长的多肽结合的亲和力不同。并且，理论得到的多肽与 SWNTs 外表面的结合自由能与实验观察的结合力可进行定性比较。根据范德华作用力，人们可以对这种结合力进行测定[12]。

虽然上述结果比较初步，而且许多方面需要进一步阐明，但是采用理论模型计算的方法探索纳米颗粒与生物分子之间的相互作用，是一个新兴的研究领域，可能帮助人们解决实验上的许多难题，尤其对阐述纳米体系与生物分子之间相互作用的复杂过程的机制十分重要。例如，非共价键作用力究竟如何以及在何种程度上推动多肽和碳纳米管之间的有效作用？像纳米尺寸、比表面积、纳米结构、颗粒浓度、表面性质、化学组成等，究竟是哪些纳米特征？它们是如何主导纳米颗粒与生物分子之间的相互作用及结果？这些问题非常重要却又很难通过实验方法得到明确的答案。尽管如此，科学家还需要针对不同人造纳米颗粒的不同特征，发展新的理论框架或有针对性的理论模型，来描述它们与生物体系之间的相互作用，这是该领域十分重要的课题和研究方向。

6.1.4　靶蛋白作用的选择性及其医学应用

众所周知，C_{60} 及其衍生物是最有希望应用于生物医学领域的纳米材料。C_{60}及其衍生物可与各种生理机能酶相结合，并影响酶的活性[13~17]。以艾滋病病毒为例，研究者预测 HIV 蛋白酶可能是抗艾滋病毒治疗的主要靶蛋白之一，HIVP 抑制剂分子已被用于临床医学。因此，Friedman 等就疏水性的富勒烯衍生物，发现它能够进攻 HIV 蛋白酶的活性中心。引入 C_{60} 衍生物以后，HIV 蛋白

酶可与 C_{60} 衍生物形成复合物而失去活性[13]。一个简单修饰的富勒烯能够成为 HIV 蛋白酶的高亲和性配体，一旦富勒烯衍生物接近 HIV-1 酶的活性部位，便可以导致 HIV 蛋白酶失活[14]。显然，通过纳米结构的方法不仅简单而且有效。后来，Schuster 等专门合成了 11 种不同的 C_{60} 衍生物，并在体外测试了它们对感染 HIV-1LAV 的外周血管单核细胞的抗 HIV 活性[15]。结果发现，其中 9 个化合物即使在极低的浓度（微摩［尔］量级）下，也具有抗 HIV 活性。随后，科学家利用计算机药物辅助设计（CADD）的方法，合成了其中的两个水溶性富勒烯衍生物（C_{60} 球状体表面带有两个氨盐基团），实验结果证实了它们的抗 HIV 活性[16]。带有羧酸基团的富勒烯衍生物，也可有效抑制谷胱甘肽还原酶的活性[17]。

β-淀粉样（Aβ）多肽的聚集与阿尔茨海默病（AD）直接相关。科学家给予了重点关注，发现富勒烯可以特异性结合在 β-淀粉样（Aβ）多肽的 16～20 氨基酸残基（lys-leu-fal-phe-phe；KLVFF）中心疏水部位，不仅显示出强烈的抑制多肽早期聚集的能力[18]，且具有很高的 IC_{50} 值。因此，富勒烯或其衍生物对阿尔茨海默病的治疗，可能具有潜在应用前景。

人们发现，C_{60} 富勒烯单丙二酸加成产物能够选择性地阻止产生 NO 的神经元 NO 合酶（NOS）的活性。比如，对 NOS 的三个亚型（nNOS：从神经元和 GH3 垂体细胞分离；iNOS：广泛分布在巨噬细胞；eNOS：从内皮细胞分离的构成 Ca^{2+}-和 CaM-依赖的亚型）研究结果显示，C_{60} 富勒烯单丙二酸加成产物仅对 nNOS 亚型具有下调效应，而对其他两个亚型 iNOS 和 eNOS，均未观察到类似的效应[19]。水溶性 C_{60} 衍生物六丁基磺酸富勒烯［C_{60}-$(CH_2CH_2CH_2CH_2SO_3Na)_6$，FC4S，六个丁基磺酸基团以共价结合到 C_{60} 碳笼表面］，能够清除引起动脉硬化的自由基[20]。利用 FC4S 可保护血浆免于受 Cu^{2+} 诱导的氧化损伤[21]，研究 FC4S 与脂蛋白（包括低密度脂蛋白和高密度脂蛋白）之间的相互作用，磺酸盐的高负电荷性，增强了脂蛋白在琼脂凝胶电泳的迁移流动性。此外，在亲水和亲脂相，研究者发现该物质都可以有效地清除自由基。在动脉硬化症的发病机制中，低密度脂蛋白（LDL）扮演着非常重要的角色。在另外的研究中，Lee 等发现 FC4S 也能保护 LDL 免受由铜离子或含氮自由基的亲水和亲脂相诱导引起的氧化损伤[22]。动物实验表明，FC4S 能够预防患有高胆固醇血症（高脂血症）的兔子形成动脉粥样硬化。由于实验方法学的限制，人们对 FC4S 究竟是怎样保护 LDL 免受金属离子依赖性的氧化和过氧化自由基损伤的，仍然不甚了解。可以假设，在水溶液介质中，具有高电负性的富勒烯碳笼本身及其衍生物，能够有效捕集自由基[22]。

最近，人们研究了富勒烯对 HIB-1 蛋白酶的抑制作用，分子动力学研究结果揭示了水从腔隙中泵出可以致使酶和抑制剂之间疏水作用增强[23]。另外的研究显示，纤维蛋白原分子不仅可以强烈地吸附在碳纳米管的表面，而且可致其分子结构和功能发生变化[24]。这些结果暗示，血浆蛋白质分子一旦结合到单壁碳纳米管表面，它的生物活性必将受到影响。

6.1.5　细胞信号通道调节

纳米颗粒是否能够调节和影响细胞信号传导途径，是人们非常感兴趣的问题。因为生物体内即使存在质量很少的纳米物质，从颗粒物数量看，纳米颗粒的数量也非常庞大，因此，对信号通路的影响一旦存在，可能会十分显著。在研究不同类型的纳米颗粒处理的肺上皮细胞（RLE-6TN）时，科学家发现 RLE-6TN 出现细胞凋亡和细胞增殖等现象[25]，而且细胞增殖是被独立诱导的，而不是推测的细胞凋亡的补偿性增殖。进一步研究细胞外应激是否激活信号的传导途径，结果发现，纳米颗粒可以通过胞外调节激酶 1 和 2（Erk1/2）来激活 MAP-激酶信号传导途径。当上皮细胞暴露于纳米颗粒后，Erk1/2 能够通过转录因子 AP-1 的磷酸化反应，诱导细胞增殖。同时，在时间和剂量依赖模式上，抗凋亡的蛋白激酶 B（AKT）的信号通道活性与 Erk1/2 磷酸化作用非常相似。由于胞外基质中的蛋白或受体本身，可能成为颗粒与细胞相互作用的靶分子，因此利用特异性的抑制剂可以筛选纳米颗粒在细胞膜上的靶位点[25]，尽管此工作的工作量比较巨大。

6.1.6　纳米毒性的生物标志物

寻找和建立能够灵敏识别由纳米颗粒引起的某种生物损伤的特定生物标志物，是一项艰巨的任务。由于很多生物分子本身参与一系列生物过程，涉及诸多生物环节，因此，寻找具有特异性的生物分子标志物，并非易事。二氧化硅（SiO_2）纳米颗粒可诱导细胞核中异常的拓扑异构酶簇，此外还包含细胞核结构域的信号蛋白，以及蛋白质聚集体如泛素蛋白、蛋白酶体、细胞谷氨酰胺重复序列（polyQ）蛋白和亨廷顿蛋白等，这些可能成为细胞毒性识别的生物标志物[26]。测定 BEAS-2B 人支气管上皮细胞和 RAW264.7 小鼠巨噬细胞的氧化应激参数，如细胞的谷胱甘肽含量和大气飞尘颗粒（浓度低至无细胞毒性）诱导的抗氧化酶，血红素加氧酶-1（HO-1）的感应。结果发现是飞尘的不溶物部分，而不是水溶性部分导致了细胞谷胱甘肽含量的下降。同样，飞尘的不溶物部分也是引起血红素加氧酶-1 迅速感应的原因。因此，血红素加氧酶-1 以及细胞谷胱甘肽含量都可能作为纳米颗粒引起氧化应激的生物标志物[27]。

肝脏中的细胞色素 P450、b5、苯并芘酪氨酸羟化酶和肾脏中的 NADPH-细胞色素 P450 还原酶等对 C_{60} 衍生物、$C_{60}(OH)_x$ 等碳纳米材料也比较敏感[28]。它们有望成为识别富勒烯纳米材料及类似物纳米毒性的生物标识，有助于检测碳纳米材料引起的肝、肾功能紊乱。

现有的实验数据表明，各种纳米颗粒和蛋白质分子之间强烈的相互作用可使酶活性发生显著改变。因为主导纳米颗粒与蛋白质分子之间相互作用的关键因素还不是很清楚，所以寻求和建立能够特异性反映某一纳米颗粒（具有特定的纳米尺寸、纳米表面、纳米结构等）诱导纳米毒性的生物标志物仍然很困难。另外，纳米安全性评估至少需要三种不同的生物标志物：暴露标志物、效应标志物和易感性标志物。暴露标志物反映纳米颗粒的生物吸收、分布、代谢和排泄（ADME）、生物聚集、靶器官等的暴露水平；效应标志物反映纳米颗粒暴露后如生物机体的生化、生理学行为改变的生物学效应；易感性标志物反映由纳米颗粒引起的早期生物学效应，如肺损伤、炎症和纤维化等，以及纳米毒性的剂量-效应关系和时间-效应关系。

6.2 纳米颗粒的抗原性

6.2.1 人造纳米材料的免疫学性质

在探索纳米材料的生物应用和生物活性研究中，人们对纳米材料的免疫学功能研究，如寻找人造纳米物质的抗原性，表现出史无前例的兴趣。如果人造纳米颗粒具有生物抗原性，它们在生物医学领域的应用将具有非常广阔的前景。

比如，利用 C_{60} 富勒烯衍生物结合牛甲状腺球蛋白，形成富勒烯-IgG 特异性抗体，通过免疫沉淀反应和 ELISA 测定分析，发现小鼠的免疫系统可识别外来的这些小颗粒物。抗体群包括与富勒烯交叉反应的亚群，琼脂凝胶双扩散结果为抗体群与图 6.1 中的 1 和 2 反应提供了依据。其中免疫原（1-TG，TG：牛甲状腺球蛋白）的载体蛋白有特定的抗体群[29]。Chen 等发现 IgG 直接与富勒烯结合，而不是联结在富勒烯载体的官能团上。这个结果表明，易感蛋白与半抗原结合物可被用作诱导免疫应答[29]。

随后，研究者把口蹄疫病毒的中性 B 细胞抗原蛋白共价结合到衍生化的碳纳米管上，然后，通过小鼠免疫测试它们的免疫学特征。结果表明，导致免疫应答的原因是碳纳米管上共价连接的多肽而不是碳纳米管本身，未检测出抗碳纳米管

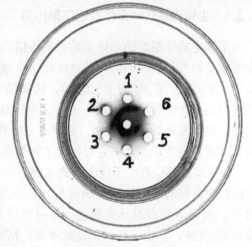

图 6.1 纳米颗粒的免疫学特性研究。琼脂糖凝胶双扩散结果。1.1-TG（免疫原）；2.2-TG；3.1-BSA；4.1-RSA；5.3-RSA；6.TG[29]

抗体。换句话说，碳纳米管本质上不具有抗原性。一般的，FMDV肽偶联一种载体蛋白或辅助性T抗原表位能够引起免疫应答；然而，复合物多肽-碳纳米管能够增强对多肽的免疫应答，但是，它们的增强机制还不清楚[30]。尽管碳纳米管不具有抗原性，但是这个结果意义也很重要，它表明碳纳米管可以作为输送抗原的载体。当然，我们的身体免疫系统是否对它识别以及怎么识别将成为碳纳米管应用于输送抗原载体的主要障碍[31]。尽管我们对纳米颗粒与体内免疫系统两者之间的相互作用仍然了解得很少，但是从文献中还是可以获得一些初步的研究结果[32~34]。

6.2.2　纳米颗粒与补体的相互作用

补体作为人类免疫系统的一部分，在血液中由大约35个可溶性的细胞表面蛋白组成。这些蛋白通过彼此间的相互作用来识别、调理、清除或杀死入侵的微生物病毒，改变宿主细胞和其他的外源性物质。Salvador-Morales等最近研究了纳米颗粒与补体的相互作用，发现碳纳米管能够有效激活人体内的补体[9]。他们观察到双壁碳纳米管（DWNTs）激活人血清补体，而SWNTs（单壁碳纳米管）仅通过经典途径激活补体。他们发现补体活化作用是由高选择性的C1q（经典途径）或C3b（旁路途径）直接结合在碳纳米管上产生的。这种活化作用会产生像C3a、C4a、C5a的炎性肽和作为佐剂的C3b、C4b、iC3b和C3d，它们的产生能够增强机体对外源材料的免疫应答。这些结果有助于理解碳纳米管促进抗肽抗体免疫应答的现象[32]。高水平的补体活化作用能够诱导炎性反应，形成肉芽肿[9, 35]。

6.2.3　生物体系对纳米体系的识别作用

了解生物体系对纳米体系的识别作用，对新型纳米材料的生物医学应用具有非常重要的意义。我们可以通过优化纳米颗粒与生物体系如免疫系统之间的相互作用，来促进"生物-纳米"识别。认识纳米材料与免疫系统相互作用的过程，对它们在生物医学科学领域的实际应用以及对人体的潜在毒性评价，十分重要。比如，根据富勒烯的疏水性、曲率、π折叠、不均匀电荷分布、适合的结合位点、溶剂置换等特点，研究者探究了富勒烯与IgG的结合部位（图6.2）。

IgG结合部位有一个巨大的疏水腔，稍微调整侧链就可以为富勒烯纳米材料提供一个良好的结合位点。研究发现，富勒烯的识别过程是通过免疫系统进行的[24]。通过X射线晶体衍射进一步研究与mAbs的作用并成功分离出几个单克隆抗C_{60}抗体，测定了轻、重链的序列，精炼了Fab片段的三维结构，确认了富勒烯结合位点是在带有疏水氨基酸残基、形状-补充聚类的抗体轻链和重链的界面上，并通过理论模拟证明了它们之间的相互作用（图6.3）[36]。

这些结果表明，抗富勒烯抗体是以疏水作用偶合叠加，以及氢键作用与富勒

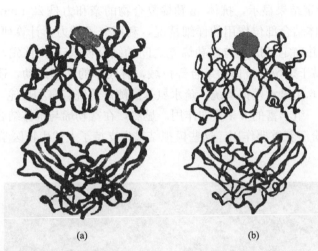

(a)　　　　　　　　　　　　(b)

图 6.2　分子动力学模拟富勒烯 C_{60} 与生物分子的相互作用（见彩插）。（a）孕酮类似物的结合模拟图。5-α-孕烷-20-one-β-b-ol 琥珀酸结合到一个 mAb 特异孕酮的 Fab9 片段上。使用 INSIGHT II 模拟软件，计算机模拟 X 射线晶体结构。红色为类固醇。（b）删除类固醇的富勒烯 C_{60} 分子对接及使用 INSIGHT II 模拟软件的人工对接。红色为富勒烯[29]

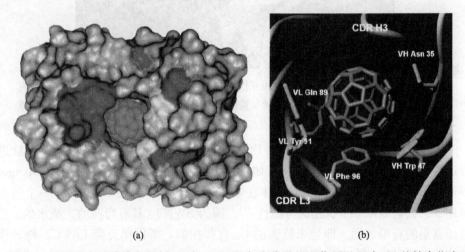

(a)　　　　　　　　　　　　(b)

图 6.3　分子动力学计算富勒烯 C_{60} 与 HIV 蛋白酶分子相互作用过程中 C_{60} 的结合位点（见彩插）[36]。（a）与抗富勒烯抗体结合的 C_{60} 表面范德华力。左为 VL 域；右为 VH。表面为氨基酸的色彩代号：红色，酪氨酸；橙色，苯基丙氨酸；黄色，色氨酸。灰色为其他氨基酸；蓝色为 C_{60}。（b）C_{60} 折叠模拟过程中的残基。左：VL；右：VH

烯结合[36]。测定结果显示，抗体-富勒烯复合物的亲和力是 22 nmol/L。为了获得富勒烯在抗体结合部位作用的详细情况，利用分子动力学计算研究了富勒烯-抗体复合物，并确定了抗体与富勒烯笼之间的结合模式[37]。首先，人们观察到单个 C_{60} 分子易于定位在抗体的结合部位域，有较小的平移运动，还带有重要的转动运动。图 6.4 显示模拟系统：疏水氨基酸侧链围绕着富勒烯笼，笼和芳环抗体侧链之间有一组丰富的 π-π 叠加作用。显然，在富勒烯与抗体结合中，丰富的 π-π 叠加作用扮演着重要作用。这些模拟结果也支持了上述生物医学[24]和结构数据的结果[36]。

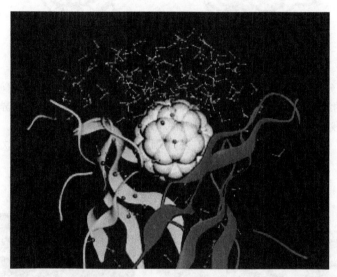

图 6.4　富勒烯与 HIV 蛋白酶分子相互作用的分子动力学模拟结果（见彩插）[37]。由 106 个蛋白残基（带状模型）、富勒烯（黄色模型）和 166 个水分子（球棍模型）组成

　　为了获得关于富勒烯-抗体复合物更加详细的信息，可以对整个抗体多肽进行进一步的 X 射线结晶学研究。正如单克隆抗体能够识别富勒烯一样，Erlanger 等通过原子力显微镜观察了 C_{60} 抗体在 SWNTs 上结合的成像，从另外一个侧面阐述了它们对 SWNTs 识别的可能性[33]。因为 SWNTs 具有弯曲的、疏水的、π-电子富集的石墨表面，即与未修饰的 C_{60} 有些相似，所以单克隆 IgG C_{60}-特异性抗体可以特异地结合在水溶性 SWNTs 上[33]。

6.3　纳米颗粒与核酸的相互作用

6.3.1　尺寸效应

目前，关于纳米颗粒与 DNA 直接相互作用的毒理学效应的实验数据较少。但是，人们已观察到肺细胞中的聚苯乙烯纳米颗粒的副反应，并且认为这种现象的原因是颗粒小尺寸造成的[38]。聚苯乙烯超细颗粒经动物支气管肺泡灌洗处理，可以增加乳酸脱氢酶、蛋白质等的含量[39]。分子毒理学研究表明，纳米颗粒诱导了钙离子的变化，被认为在趋化因子等的促炎细胞基因表达中扮演着重要角色。人们发现，在纳米颗粒处理的 A549 上皮细胞中，*IL-8* 基因表达被增强，而用大尺寸颗粒处理细胞以后，却未出现类似现象[39]。

6.3.2　协同效应

纳米颗粒的大比表面积，使其容易吸附其他物质形成复合物，这些复合物成分之间的协同效应，很可能增强纳米颗粒的毒性或产生新的生物效应。因此，纳米颗粒与其他化学物质如环境污染物的协同效应，是一个非常重要的问题。Schins 等将炭黑分别经 30 mg/g 苯并芘（BaP）和铁硫酸盐（2.8 mmol/L）处理，以气管滴注的方式模拟呼吸暴露（CB，14 nm），研究了暴露以后大鼠的毒理学反应如肺毒性和炎症，分析了炭黑纳米颗粒与化学污染物［铁硫酸盐（FS）或苯并芘（BaP）］对大鼠的协同效应[40]。此外，采用 HPLC-ECD 方法，对于基因改造的大鼠 lacI-系统，仔细分析了二氢二醇环氧苯并芘（BPDE）加合物（32P-post-labeling）伴随 8-羟基脱氧鸟苷的体内基因突变。他们发现，尽管纳米颗粒的不同复合物，引起的炎症效应与 DNA 氧化损伤无关，但在大鼠组织中，结合了纳米颗粒的 BaP 比没有结合纳米颗粒的 BaP 本身，更易导致 BPDE-DNA 的加合物浓度持续升高。不同类型的 BaP-纳米颗粒形成复合物，导致突变频率、突变光谱出现显著差异[40]。经 CB 和 CB+FS 处理的大鼠组，纳米颗粒使各种肺炎和毒性标志物如骨髓过氧物酶（MPO）、乳酸脱氢酶（LDH）、碱性磷酸酯酶（ALP）、单核细胞趋化蛋白-1（MCP-1）、胞核因子 κ B 抑制剂蛋白 IκBα 等发生明显改变。而在其他试验组却很少观察到这些现象[40]。经 CB+BaP 和 CB+BaP+FS 处理的大鼠组，只有轻微炎症现象，由多种化学成分组成的纳米颗粒（如大气纳米颗粒），其毒理学效应可能蕴含着更为复杂的机制。纳米颗粒在体内的遗传毒性可能与纳米表面、纳米尺度、表面电荷等参数有关，所以复杂成分的纳米颗粒引起的遗传毒性，可能不同于单一成分的纳米颗粒，复杂成分的纳米颗粒应该考虑其综合效应。

6.3.3　DNA 切割

当核苷酸链在动物微生物细胞株（沙门菌属）和质粒 pBR322 与富勒烯衍生物共孵育时，在光照条件下，核苷酸链发生了裂变，纳米颗粒诱导 DNA 与 RNA 破裂[4, 41~44]。DNA 切割主要发生在鸟嘌呤的位置上[4]，富勒烯衍生物对鸟嘌呤具有选择性切割功能[41]。如果有可见光照射，溶解于 PVP 中的 C_{60} 颗粒可以诱导大鼠肝微粒中的沙门菌株 TA102、TA104 和 YG3003 有机体发生突变。他们利用 ESR 光谱分析，确定了基于自由基分子的切割位点，并且发现自由基分子攻击的是鸟嘌呤碱基，而不是胸腺嘧啶、胞核嘧啶和腺嘌呤碱基。为了评估样品中的亲电试剂能否与生物大分子如 DNA 或蛋白质等的亲核位点相互作用形成的加合物，这些加合物能否用作生物标记物和遗传毒性指示剂，Simonelli 等从乙烯气体火焰混合物和汽车排放污染物中分别收集样品，通过艾姆斯试验法研究了有机碳纳米颗粒的诱变性反应[45]。DNA 被各种纳米结构颗粒切割的机制，是人们非常感兴趣的。Boutorine 等为此合成了富勒烯的衍生物 C_{60}R 化合物、它带有短寡核苷酸（R＝3′TCTTTCCTCTTCTT5′）。他们研究了它对 DNA 的作用，结果发现这种化合物既能与单个蛋白丝又能与 DNA 双链发生相互作用，分别在相对稳定的位置形成双重或三重物质[42]。在光照下，DNA 切割的位点具有高度选择性，富勒烯的衍生物切割 DNA 的位点总是在与富勒烯紧邻的鸟嘌呤位。尽管实验设计与方法不尽相同[43]，但其他研究也获得了同样的结果。目前的理解是，在光照条件下，富勒烯诱发产生的单线态氧，在与 DNA 作用和 DNA 切割中起关键作用。然而，这与在脱氧寡核苷酸联结的 C_{60}（C_{60}-DON-1）中所观察的结果矛盾[44]。通过荧光标记 DON-1 的对比实验和利用单线态氧猝灭剂叠氮化钠进行对照试验，人们发现 DNA 单链与 C_{60}-DON-1 结合物杂交，是由鸟嘌呤与 C_{60} 之间单电子转移机制产生的[44]。

6.3.4　诱导基因突变

纳米颗粒进入体内之前，可以是自由状态，也可以是与其他环境物质的结合状态。以富勒烯为例，它可以是自由状态的，也可以与溶剂形成复合物。PVP 是富勒烯的常用溶剂，C_{60} 在 PVP 中可形成一种易于电荷转移的复合物 C_{60}-PVP，从而使其溶解于水[46]。研究发现，这种 C_{60}-PVP 复合物能够诱导基因突变，破坏基因序列，产生 8-OH-dGd，使单链 DNA 在鸟嘌呤位置发生分裂[47]。可是，在研究氧化诱导 DNA 突变和损伤时，发现 C_{60} 或 PVP 本身并不能引起 DNA 突变和损伤[48]。

6.3.5 基因转运载体

碳团簇可以作为载体将 DNA 输送进入哺乳动物细胞[49]。C_{60} 化合物能通过吸附 DNA 双链把超螺旋 DNA 分子压缩成单链分子，DNA 压缩程度与 DNA 结合的富勒烯的浓度有关[50]。天然组蛋白形成核染色质结构，伴随着 DNA 产生10～100 倍体积膨胀，使这种类似组蛋白的活性显著升高。从现有知识推测，在细胞质中，水解酶可以使化合物的酯键逐渐水解，使四氨基 DNA 从富勒烯核的束缚位置分离，结果使 DNA 从富勒烯结合物中释放出来[50]。这些结果表明，富勒烯作为载体可能成为调节细胞转染的新方法。在基因传输中，应用合成纳米颗粒载体显然优于传统的病毒载体系统。合成纳米颗粒载体很容易进入细胞，却也可以毒性很低，这只需要我们进行适当设计即可。然而，对于 DNA 与纳米颗粒的结合机制、释放机制，以及修饰 DNA 的性质变化等重要问题，目前还了解得甚少。

树突状大分子是广泛应用于生物医学领域的一种新型纳米材料。PAMAM树状大分子能够与 DNA 结合，形成复合物，在体外进行有效的细胞转染[51]。DNA-树突状大分子复合物的形成完全是基于电荷的相互作用，可保护 DNA 免受限制性酶引起的降解。质粒 DNA 与树状大分子的结合，改变 DNA 的次级和三级结构，而不是其初级结构[51,52]。所以，PAMAM 树状大分子可作为 DNA载体，在体外转染外源性基因进入细胞。从分子生物传感器到前沿生物纳米技术领域的应用，人们对功能性碳纳米管（f-CNTs）进行了与富勒烯衍生物和PAMAM 树突状分子相似的探索。比如，有人研究了 f-CNTs 与 DNA 的相互作用，探索了它们作为输送生物活性分子载体的可能性[53]。以放射性同位素标记技术，证明了 SWNTs 可进入 MCF7 乳腺癌细胞[54]。SWNT-RNA 与 poly（rU）通过非特异性结合机制形成杂交聚合体，而 poly（rU）又可以从输送载体SWNTs 中释放出来，通过荧光共聚焦显微镜观测了细胞对杂交聚合体摄入的全过程。从图 6.5 中可以很清楚地看到，SWNT-poly（rU）杂交聚合体能够顺利进入细胞。

尽管人们探索了一些细胞和生物分子与纳米颗粒相互作用的过程，但是纳米颗粒与生物分子之间的相互作用机制仍然知之甚少。最近，著名英国毒理学家Donaldson 等对该作用过程提出了一种假设（图 6.6）[55]。若需较为详尽了解的读者，可参见文献 [55～63]。

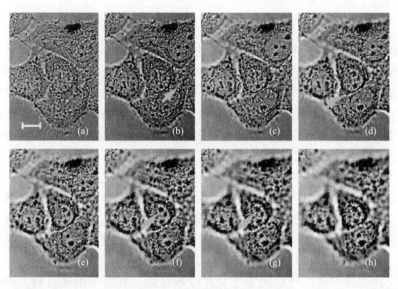

图 6.5　浓度 0.05 mL/mL 的 PI 标记的单壁碳纳米管与 SWNT-poly（rU）与 MCF7 细胞相互作用 3 h 后的激光共聚焦成像（见彩插）[54]。（a）～（h）为不同深度（z）：分别为 0.5 μm，1.51 μm，2.52 μm，3.53 μm，4.54 μm，5.55 μm，6.56 μm，7.57 μm 的图像，z 轴向到侧表面的距离。箭头指向 SWNT-poly（rU）定位的荧光发光点。标尺为 10 μm

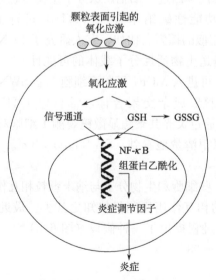

图 6.6　细胞暴露纳米颗粒后引起炎症基因转录过程[55]

参 考 文 献

[1] Elder A, Gelein R, Silva V, Feikert T, Opanashuk L, Carter J, Potter R, Maynard A, Ito Y, Finkelstein J. Environmental Health Perspectives, 2006, 114 (8): 1172.

[2] Nemmar A, Vanbilloen H, Hoylaerts M F, Hoet P H, Verbruggen A, Nemery B. American Journal of Respiratory and Critical Care Medicine, 2001, 164 (9): 1665-1668.

[3] Bullard-Dillard R, Creek K E, Scrivens W A, Tour J M. Bioorganic Chemistry, 1996, 24 (4): 376-385.

[4] Tokuyama H, Yamago S, Nakamura E. Journal of the American Chemical Society, 1993, 115: 7918-7919.

[5] Baranov A, Esipova N. Biofizika, 2000, 45 (5): 801-808.

[6] Arnd K, Catherine M H, Jason J D, Hill O, Gerard W C. Chemical Communications, 1998, 3: 433.

[7] Huang W, Taylor S, Fu K, Lin Y, Zhang D, Hanks T, Rao A, Sun Y. Nano Letters, 2002, 2 (4): 311-314.

[8] Elkin T, Jiang X, Taylor S, Lin Y, Gu L, Yang H, Brown J, Collins S, Sun Y P. ChemBioChem, 2005, 6 (4): 640-643.

[9] Salvador-Morales C, Flahaut E, Sim E, Sloan J, H. Green M L, Sim R B. Molecular Immunology, 2006, 43 (3): 193-201.

[10] Shim M, Shi Kam N, Chen R, Li Y, Dai H. Nano Letters, 2002, 2 (4): 285-288.

[11] Liu G R, Cheng Y, Dong M, Li Z R. International Journal of Modern Physics C, 2005, 16: 1239.

[12] Cheng Y, Liu G R, Li Z R, Lu C. Physica A: Statistical Mechanics and Its Applications, 2006, 367: 293-304.

[13] Friedman S H, Ganapathi P S, Rubin Y, Kenyon G L. Journal of Medicinal Chemistry, 1998, 41 (13): 2424-2429.

[14] Friedman S H, Decamp D L, Sijbesma R P, Srdanov G, Wudl F, Kenyon G L. Journal of the American Chemical Society, 1993, 115: 6506-6509.

[15] Schuster D I, Wilson S R, Schinazi R F. Bioorganic & Medicinal Chemistry Letters, 1996, 6 (11): 1253-1256.

[16] Marcorin G L, Da Ros T, Castellano S, Stefancich G, Bonin I, Miertus S, Prato M. Organic Letters, 2000, 2 (25): 3955-3958.

[17] Mashino T, Okuda K, Hirota T, Hirobe M, Nagano T, Mochizuki M. Fullerene Science and Technology, 2001, 9: 191.

[18] Kim J, Lee M. Biochemical and Biophysical Research Communications, 2003, 303 (2): 576-579.

[19] Wolff D J, Mialkowski K, Richardson C F, Wilson S R. Biochemistry, 2001, 40 (1): 37-45.

[20] Yu C, Bhonsle J B, Canteenwala T, Huang J P, Shiea J, Chen B J, Chiang L Y. Chemistry Letters, 1998: 465.

[21] Hsu H C, Chiang Y Y, Chen W J, Lee Y T. Journal of Cardiovascular Pharmacology, 2000, 36 (4): 423-427.

[22] Lee Y T, Chiang L, Chen W J, Hsu H C. Proceedings of The Society for Experimental Biology and Medicine, 2000, 224: 69-75.

[23] Zhu Z, Schuster D I, Tuckerman M E. Biochemistry, 2003, 42 (5): 1326-1333.

[24] Meng J, Song L, Kong Y, Wang C Y, Guo X T, Xu H Y, Jie S S. New Carbon Materials, 2003, 19: 166.

[25] Unfried K, Sydlik U, Bierhals K, Duffin R, Albrecht C, Schins R. In Abstract Book of Nanoparticle Workshop. Combustion Generated Nanoparticles and Their Health Effects: Molecular and Cellular Basics, Bonn, Germany, 2005: 72.

[26] Chen M, Mikecz A V. In Abstract Book of Nanoparticle Workshop. Combustion Generated Nanoparticles and Their Health Effects: Molecular and Cellular Basics, Bonn, Germany, 2005: 76.

[27] Diabaté S, Ettehadieh D, Krug H F. In Abstract Book of Nanoparticle Workshop. Combustion Generated Nanoparticles and Their Health Effects: Molecular and Cellular Basics, Bonn, Germany, 2005: 78.

[28] Chen H H, Yu C, Ueng T H, Chen S, Chen B J, Huang K J, Chiang L Y. Toxicologic Pathology, 1998, 26 (1): 143-151.

[29] Chen B X, Wilson S R, Das M, Coughlin D J, Erlanger B F. Proceedings of the National Academy of Sciences, 1998, 95 (18): 10809-10813.

[30] Pantarotto D, Partidos C D, Graff R, Hoebeke J, Briand J P, Prato M, Bianco A. Journal of the American Chemical Society, 2003, 125 (20): 6160-6164.

[31] Siegenthaler H, Gewirth A. Nanoscale probes of the solid-liquid interface. The Nerthelands: Kluwer Academic Publisher, 1996.

[32] Pantarotto D, Partidos C D, Hoebeke J, Brown F, Kramer E, Briand J-P, Muller S, Prato M, Bianco A. Chemistry & Biology, 2003, 10 (10): 961-966.

[33] Erlanger B F, Chen B X, Zhu M, Brus L. Nano Letters, 2001, 1 (9): 465-467.

[34] Kam N W S, Jessop T C, Wender P A, Dai H J. Journal of the American Chemical Society, 2004, 126 (22): 6850-6851.

[35] Lam C W, James J T, Mccluskey R, Hunter R L. Toxicological Sciences, 2004, 77 (1): 126-134.

[36] Braden B C, Goldbaum F A, Chen B X, Kirschner a N, Wilson S R, Erlanger B F. Proceedings of the National Academy of Sciences, 2000, 97 (22): 12193-12197.

[37] Noon W H, Kong Y, Ma J. Proceedings of the National Academy of Sciences, 2002, 99 (suppl. 2): 6466-6470.

[38] Nemmar A, Hoylaerts M F, Hoet P H M, Vermylen J, Nemery B. Toxicology and Applied Pharmacology, 2003, 186 (1): 38-45.

[39] Brown D M, Wilson M R, Macnee W, Stone V, Donaldson K. Toxicology and Applied Pharmacology, 2001, 175 (3): 191-199.

[40] Schins R, Duffin R, Voss P, Albrecht C, Schooten F J V, Unfried K. In Abstract Book of Nanoparticle Workshop. Combustion Generated Nanoparticles and Their Health Effects: Molecular and Cellular Basics, Bonn, Germany, 2005: 75.

[41] Sera N, Tokiwa H, Miyata N. Carcinogenesis, 1996, 17 (10): 2163-9.

[42] Boutorine a S, Tokuyama H, Takasugi M, Isobe H, Nakamura E, Helene C. Angewandte Chemie International Edition, 1994, 33: 2462-2463.

[43] Stein C A, Krieg A M. Applied oligonucleotide technology. New York: Wiley-Liss, 1998.

[44] An Y Z, Chen C B, Anderson J L, Sigman D S, Foote C S, Rubin Y. Tetrahedron, 1996, 52 (14): 5179-5189.

[45] Simonelli A, Miraglia N, Acampora A, Sannolo N, Pascarella L, D' anna A. D' alessio A, Sgro L
A. In Abstract Book of Nanoparticle Workshop. Combustion Generated Nanoparticles and Their Health
Effects: Molecular and Cellular Basics, Bonn, Germany, 2005: 80.

[46] Ungurenasu C, Airinei A. Journal of Medicinal Chemistry, 2000, 43 (16): 3186-3188.

[47] Miyata N, Yamakoshi Y. Proceedings of the Electrochemical Society, 1997, 97: 186.

[48] Zakharenko L P, Zakharov I K, Lunegov S N, Nikifornov A A. Doklady Biological Sciences, 1994,
335: 261.

[49] Nakamura E, Isobe H, Tomita N, Sawamura M, Jinno S, Okayama H. Angewandte Chemie Interna-
tional Edition, 2000, 112: 4424-4427.

[50] Isobe H, Sugiyama S, Fukui K-I, Iwasawa Y, Nakamura E. Angewandte Chemie International Edi-
tion, 2001, 40: 3364-3367.

[51] Bielinska A U, Kukowska-Latallo J F, Baker J R. Biochimica et Biophysica Acta (BBA) -Gene Struc-
ture and Expression, 1997, 1353 (2): 180-190.

[52] Bielinska A U, Chen C, Johnson J, Baker J R. Bioconjugate Chemistry, 1999, 10: 843-850.

[53] Singh R, Pantarotto D, Mccarthy D, Chaloin O, Hoebeke J, Partidos C D, Briand J P, Prato M, Bi-
anco A, Kostarelos K. Journal of the American Chemical Society, 2005, 127 (12): 4388-4396.

[54] Lu Q, Moore J, Huang G, Mount A, Rao A, Larcom L, Ke P. Nano Letters, 2004, 4 (12):
2473-2477.

[55] Stone V, Shaw J, Brown D M, Macnee W, Faux S P, Donaldson K. Toxicology in Vitro, 1998, 12
(6): 649-659.

[56] Gilmour P, Rahman I, Donaldson K, Macnee W. American Journal of Physiology- Lung Cellular and
Molecular Physiology, 2003, 284 (3): 533-540.

[57] Jimenez L A, Thompson J, Brown D A, Rahman I, Antonicelli F, Duffin R, Drost E M, Hay R T,
Donaldson K, Macnee W. Toxicology and Applied Pharmacology, 2000, 166 (2): 101-110.

[58] Li N, Karin M. The Journal of The Federation of American Societies for Experimental Biology, 1999,
13 (10): 1137-1143.

[59] Stone V, Tuinman M, Vamvakopoulos J E, Shaw J, Brown D, Petterson S, Faux S P, Borm P, Mac-
nee W, Michaelangeli F. European Respiratory Journal, 2000, 15 (2): 297-303.

[60] Dolmetsch R E, Xu K, Lewis R S. Nature, 1998, 392 (6679): 933-935.

[61] Sen C K, Roy S, Packer L. FEBS Letters, 1996, 385 (1-2): 58-62.

[62] Brown D, Donaldson K, Stone V. Annals of Occupational Hygiene, 2002, 46 (Suppl 1): 219-22.

[63] Donaldson K, Stone V. Annali Dell'Istituto Superiore di sanità, 2003, 39 (3): 405-410.

第7章 纳米颗粒进脑的能力及神经生物学效应

由于血脑屏障具有极高的选择性，它可以有效阻止异物通过血液系统进入大脑组织，以保护脑细胞和功能不受外来物质（包括药物）的影响。这也是研发治疗大脑疾病的药物十分困难的主要原因。纳米颗粒能否以及如何穿越血脑屏障？抑或能够通过其他途径进入大脑？这是人们非常关心的重要科学问题。探索这个问题，一方面可以帮助理解纳米物质对神经系统的安全性，同时也可以帮助人们发现或开发针对大脑疾病的有效治疗药物。

纳米颗粒由于其小尺寸和高表面活性，可能相对容易地跨越血脑屏障。迄今为止，关于纳米颗粒顺利穿越血脑屏障进入大脑的报道不少。同时研究也发现，纳米颗粒还可以通过其他途径，如沿嗅神经迁移直接进入大脑组织。这就使得由脑和脊髓组成的中枢神经系统有可能成为纳米材料暴露后的蓄积靶器官。已有研究显示，进入中枢神经系统的纳米颗粒可引起一定的神经毒性效应，从而导致神经组织损伤[1~4]。一般组织受损后，可以通过再生进行修复，而神经元不具有分裂的能力。虽然有报道显示成人脑内存在少量的神经干细胞可分化为神经元[5]，但神经组织的再生能力仍然非常有限，故大多神经损伤具有不可逆性。同时，大多数治疗药物不可通透血脑屏障转运入脑而直接发挥治疗作用，这就使得对于神经损伤的控制治疗十分困难。因此，对纳米材料的神经生物学效应包括毒理学效应进行全面详细的探索，有可能为预防、控制和干预神经性疾病的发生，以及治疗神经性疾病提供崭新的依据、思路和方法。

7.1 纳米颗粒进脑的能力与途径

7.1.1 纳米颗粒跨越血脑屏障进脑

纳米材料由于其小尺寸和独特的物理化学特性，人体暴露后可以逃避宿主防御和吞噬调理作用，相对容易地跨过生物屏障而进入循环系统，经淋巴或血液流动转运至全身各个脏器和组织，从而产生损伤作用[6,7]。而任何物质由血液进入大脑都必须通过血脑屏障，血脑屏障因其特殊的结构特点，具有很高的选择性，从而阻止异物（微生物、毒素等）的侵入而对大脑发挥保护作用。但已有大量研究显示，纳米材料可以跨越血脑屏障而进入中枢神经系统[8~13]。Kreyling 等通过模拟人体暴露纳米颗粒的方式，将 WKY 雄性大鼠吸入暴露于 15 nm 和 80 nm

的[192]Ir 纳米颗粒 1 h，发现纳米颗粒可从肺组织吸收进入血循环并转运到脑组织[8]。当 ICR 小鼠吸入暴露于 50 nm 荧光磁性纳米材料（FMNPs），4 周后荧光检测显示 FMNPs 也可以通过血脑屏障到达脑组织[9]。我们通过支气管灌注 22 nm 的 Fe_2O_3 颗粒于 SD 雄性大鼠，发现 Fe_2O_3 纳米颗粒可穿越肺血屏障进入系统循环，并转运至脑组织[14]。同时采用灌胃法研究 25 nm、80 nm 和 155 nm TiO_2 在 ICR 小鼠体内的分布和毒性，单次给药剂量为 5 g/kg 体重，2 周后观察到 TiO_2 暴露组小鼠脑内的 Ti 含量明显升高[12]。比较研究腹腔注射、皮下注射、灌胃和静脉注射四种给药方式下[125]I 标记的羟基化单壁碳纳米管（[125]I-SWNTols，直径 1.4 nm）在雄性 KM 小鼠体内的代谢分布，四种给药方式下都可在鼠脑内观测到少量的[125]I-SWNTols，且其含量不受给药方式影响[13]，说明纳米颗粒经呼吸暴露、消化道摄入、注射等方式进入生物体后，可以进入血液循环，并跨越血脑屏障进入脑组织。正是由于纳米材料的小尺寸和高表面活性，可相对容易跨越血脑屏障，科学家开始考虑将纳米材料进行一定的表面修饰，以提高其跨越血脑屏障的能力，从而可以利用纳米颗粒来辅助进行脑部疾病治疗和诊断。Lockman 等[10]将 Fischer-344 雄性大鼠经左侧颈动脉插管，按 10 mL/min 泵入纳米颗粒[3]Hthiamine-NPs 和[3]HNPs（直径 67 nm，浓度 20 μg/mL）5~120 s，纳米颗粒可跨越血脑屏障进入大脑，并不损伤血脑屏障完整性，[3]Hthiamine-NPs 比[3]HNPs 更易通过血脑屏障进入大脑，且其转运模式与硫胺通过血脑屏障的方式相同。将 BALB/c 雌性小鼠经尾静脉注射 5 mg/kg 的[111]In 标记的硫胺或 PEG 包被的纳米材料（直径 67 nm），注射 2 h 和 6 h 后检测发现脑组织中有大量[111]In 放射性存在，说明硫胺或 PEG 包被的纳米颗粒可转运到大脑，且进入脑组织的量无明显差异。将磁性纳米颗粒用二氧化硅包被后标记荧光素罗丹明 B 异硫氰酸盐［$MNPs@SiO_2$（RITC），50 nm］，经腹腔注于 ICR 雄性小鼠 4 周，在大脑观测到大量的纳米颗粒存在，研究显示 $MNPs@SiO_2$（RITC）能够穿透血脑屏障而不影响血脑屏障的完整性[11]。纳米颗粒经改性处理后，可明显改善其跨越血脑屏障的能力，进入脑组织内的纳米颗粒含量大大提高，具有一定的应用价值，但同时需要进一步研究进入脑组织内的纳米颗粒将会如何代谢分布，并是否会发挥神经损伤作用，以确保其应用安全性。

7.1.2　纳米颗粒通过嗅觉神经转运进脑

纳米颗粒除跨越血脑屏障转运入脑外，还可沿神经转运。已有研究证实，经嗅神经转运外来物质进入中枢神经系统的途径是存在的[15~17]。呼吸暴露纳米材料后，在鼻腔部会有大量的纳米颗粒沉积，人们开始关注鼻腔沉积的纳米颗粒是否也可经嗅黏膜上皮转运到达嗅球，并经嗅神经转运入脑。Bodian 和 Howe[18,19]于 1941 年首先报道了鼻腔滴注脊髓灰质炎病毒（polio virus）可经嗅神经转运入猴脑，其传输速度可达 2.4 mm/h。之后，De Lorenzo[20] 在 1970 年报道了鼻腔滴注金颗粒于松鼠猴后，同样发生了嗅神经转运，传输速度为 2.5 mm/h。近期的研究报道显示，将 Fischer 344 雌性大鼠呼吸暴露于 133 μgAg/m^3（颗粒浓度 3×10^6/cm^3，颗粒直径 15 nm）6 h 后，用 ICP-MS 测试发现鼻腔（尤其是鼻腔后部）有大量的 Ag 颗粒蓄积，嗅球及大脑内也检测到少量的 Ag，说明 Ag 纳米颗粒经嗅神经发生了转运[21]。Oberdörster 等[22] 研究雄性 Fischer 344 大鼠吸入 36 nm ^{13}C 颗粒（160 μg^{13}C/m^3）6 h 后，观察大鼠肺、嗅球、大脑、小脑中的 ^{13}C 浓度在暴露 1 天、3 天、5 天、7 天内的变化情况，结果显示肺中 ^{13}C 从 1.39 μg/g 下降至 0.59 μg/g，而嗅球中 ^{13}C 从 0.35 μg/g 上升至 0.43 μg/g，大脑和小脑中的 ^{13}C 浓度也有所升高，但随时间变化而趋势不一，可能是受到血脑屏障的影响，肺部的 ^{13}C 转运入脑受限，同时嗅球内的部分 ^{13}C 缓慢转运到大脑和小脑。该研究结果显示，经嗅球途径转运是 ^{13}C 纳米颗粒进入大脑的重要机制之一。另外，Elder 等[23] 将 Fischer 344 雄性大鼠呼吸暴露于 30 nm 氧化锰颗粒（~ 500 μg/m^3；18×10^6颗粒/cm^3）6 h/天，每周 5 天，暴露 12 天后嗅球内 Mn 含量的增加 3.5 倍，在纹状体、额叶皮质和小脑内也观察到 Mn 含量的增加。当堵塞大鼠右侧鼻孔进行暴露实验时，则仅在左侧嗅球观察到 Mn 含量升高，显然，吸入纳米氧化锰颗粒可以经嗅球途径转运至中枢神经系统。

我们的研究结果也发现，小鼠鼻腔吸入 TiO$_2$ 纳米颗粒 2 天、10 天、20 天和 30 天以后小鼠脑中钛的含量如图 7.1 所示。可以看出，实验组脑中钛含量在暴露后第 2 天就开始上升，在暴露后第 10 天时脑中钛含量达到最高。如 25 nm 组小鼠脑中钛的含量达到 1059.3 ng/g±293.5 ng/g 脑组织，远远高于对照组的含量（横虚线）。随着暴露时间的延长，脑中钛的含量因为代谢而逐渐降低。暴

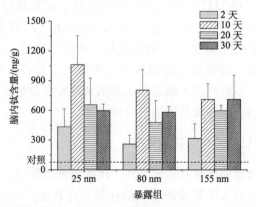

图 7.1　鼻腔滴注不同尺寸的 TiO$_2$ 纳米颗粒 2 天、10 天、20 天
和 30 天后，钛在小鼠脑中的含量（$n=6$）

露 20 天后，25 nm 组小鼠脑中钛的含量下降为 654.7 ng/g±269.2 ng/g 脑组织。实验结束时（第 30 天），小鼠脑中钛的含量与 20 天相比没有很大改变，25 nm、80 nm 和 155 nm 组小鼠脑中钛的含量处于相同水平，约 600 ng/g 脑组织，但是仍然显著高于对照组（横虚线）。

因此，经嗅神经转运是纳米颗粒进入中枢神经系统的可能途径之一。但由于大鼠具有和人明显不同的生理和解剖特点，这就使得实验动物的结果外推到人存在一定的局限性。首先，大鼠只能通过鼻腔呼吸，而人除鼻腔外还可以通过口呼吸；其次，大鼠嗅黏膜上皮占鼻腔黏膜上皮总面积的 50%，而人体仅占 5%；再次，相对于自身体重，人体的嗅球密度为 168 ng/70 kg 体重，而大鼠的嗅球密度为 85 ng/0.2 kg 体重，是人体的 177 倍[4]。从这些数据判断，人体经嗅神经通路转运纳米颗粒入脑，相比大鼠而言可能更困难。但这并不能排除其可能性，人们已经在灵长类动物观察到通过嗅球通路转运的纳米颗粒[18~20]。因此，经鼻腔黏膜摄入纳米颗粒至嗅球，并经嗅神经将纳米颗粒转运进入大脑的途径，在人体中也是可能的。

7.1.3　感觉神经末梢摄入纳米颗粒再转运进脑

除嗅神经转运外，由三叉神经发出的感觉神经末梢贯穿于鼻腔黏膜及嗅黏膜，呼吸暴露后纳米颗粒会在鼻腔沉积，然后可以直接经末梢神经转运入脑。Hunter 等研究了 Fischer 344 雄性大鼠鼻腔滴注 20~200 nm 罗丹明荧光染料标记的乳胶微球，发现乳胶颗粒可经眼支和上颌支神经元摄入并转运到三叉神经节[24]。随后，他们给豚鼠气管滴注同样的纳米颗粒，研究显示乳胶颗粒积聚在支气管上皮组织内，且不能迁移至基底膜，而广泛分布在支气管区域的感觉神经可摄入乳胶颗粒，并将其转运至颈部的迷走神经结状神经节[25]。关于经感觉神经摄入并转运纳米颗粒的报道虽不多，但其重要性不容忽视。流行病学调查结果显示，心血管疾病的发生和大气颗粒物暴露之间存在一定的相关性[26~28]，但具体的原因尚不明确。从已有的研究结果提出的可能假设机制：进入呼吸道的大气纳米（超细）颗粒物可被位于该区域的感觉神经末梢吸入并转运至自主神经系统，从而发挥直接损伤作用，导致自主神经功能紊乱，进而引发心血管疾病[29]。因此，纳米颗粒进入中枢神经系统的转运途径，以及纳米颗粒在转运过程中对神经纤维的损伤作用，对正常神经元及神经功能的影响，是纳米颗粒的神经生物学效应研究的重要方向。

7.2 纳米颗粒在脑中的迁移、输运与代谢

7.2.1 纳米颗粒在脑中迁移、输运与尺寸效应

目前已有实验结果证实，呼吸纳米颗粒物可以穿越肺泡-毛细血管屏障，转运到体内其他组织器官中蓄积。中枢神经系统可能成为这些纳米颗粒物从呼吸道转运至肺外的另一个重要靶器官[22,23,30]。此外，纳米颗粒物在鼻腔黏膜、支气管和肺泡中有极高的沉积率。其沉积效率与颗粒物粒径直接相关[3,31]。嗅觉系统提供了一个直接联系脑和外周环境的桥梁，使得一些外源性物质可以绕过血脑屏障而直接进入脑中。在解剖生理上鼻黏膜与脑部存在独特的联系，从嗅球发出的神经联络纤维可到达脑内各个区域。由于纳米颗粒物在鼻腔黏膜中高的沉积效率和极高的转运速率，因此阐明进脑纳米颗粒在脑中的吸收、清除和转运及产生的生物效应，对纳米材料的生物学效应研究将有非常重要的意义。

为了获得纳米颗粒进入脑以后在不同脑区之间的迁移与输运模式，我们研究了不同尺寸的 Fe_2O_3 纳米颗粒经过嗅球通路进入大脑的过程，仔细测定并分析了纳米颗粒在各个脑区的含量随时间的变化。例如，21 nm 和 280 nm Fe_2O_3 颗粒在脑内具有不同的迁移、输运与代谢形式。鼻腔暴露后 12 h，21 nm Fe_2O_3 颗粒进入 嗅球、脑干和中脑的量远远大于 280 nm Fe_2O_3 颗粒；随暴露后时间的延长，280 nm Fe_2O_3 颗粒富集的区域由海马向皮层转移；21 nm Fe_2O_3 颗粒的转运比 280 nm Fe_2O_3 颗粒复杂，更容易转运至脑干和中脑等较深的脑区。显然，纳米颗粒进脑以后，在不同脑区之间的迁移、输运与代谢模式，均具有显著的纳米尺寸效应（图 7.2）。图 7.2 是其中一个例子，即 Fe_2O_3 纳米颗粒进脑以后，30 天以后在不同脑区之间的迁移、输运与代谢模式。可以看出，不同尺寸的纳米颗粒，其迁移、输运与代谢模式完全不同。

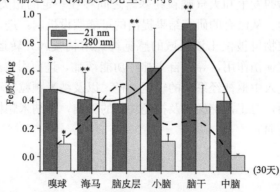

图 7.2 不同尺寸的 Fe_2O_3 纳米颗粒在小鼠各个脑区的迁移、输运与代谢模式

7.2.2　纳米颗粒在脑中的化学种态

TEM 研究发现 Fe_2O_3 纳米颗粒暴露小鼠的嗅球和海马组织中有纳米颗粒存在。例如，在 21 nm Fe_2O_3 纳米颗粒暴露小鼠的嗅球区，颗粒以团簇聚集的形式分布在神经细胞的轴突和胞浆内，所观察到的单个颗粒的尺寸为 25～50 nm。在海马区，颗粒主要位于线粒体和溶酶体内，所观察到的颗粒尺寸为 25～100 nm。利用能量散射 X 射线分析确认了它们都是含铁的纳米颗粒。而 280 nm Fe_2O_3 组，颗粒主要存在于嗅球组织的线粒体内，大小约为 70 nm。但在海马区没有观察到颗粒。XANES 分析结果表明，同对照组小鼠的嗅球的吸收边（7.1245 keV）相比，280 nm Fe_2O_3 组嗅球的吸收边（7.1257 keV）与 Fe_2O_3 标准参考物的吸收边（7.1265 keV）更为接近（表 7.1）。假设铁在脑中只有 FeO 和 Fe_2O_3 两种存在形式，根据吸收边的位移计算 Fe（Ⅱ）/Fe（Ⅲ）的比值，发现 280 nm 组小鼠的嗅球中 Fe（III）的含量明显升高，比对照组升高了3.5 倍。

表 7.1　吸入 Fe_2O_3 纳米颗粒的小鼠嗅球中 Fe 的 XANES 吸收边

项目	标准		嗅球	
	FeO	Fe_2O_3	对照组	280 nm 组
吸收边/keV	7.1207	7.1265	7.1245	7.1257
吸收边位移/eV	0	5.8	3.8	5.0
Fe（Ⅱ）/Fe（Ⅲ）			0.53	0.16

7.3　纳米颗粒的中枢神经毒理学效应

目前对于纳米颗粒的神经生物效应研究，可根据纳米颗粒的来源不同而分为两类：一类是针对天然来源的纳米颗粒，如柴油、汽油等燃烧后产生的大气超细颗粒物（PM0.1，粒径小于 100 nm，也称大气纳米颗粒物）进行神经毒性效应研究；另一类是研究人工制造的新型纳米颗粒物对神经系统的生物学作用，如碳纳米管、富勒烯、量子点、金属及金属氧化物纳米材料等。

7.3.1　大气纳米颗粒物暴露与神经系统炎症反应

人们最早关于人造纳米颗粒的神经毒理学效应的推测，大部分来自于大气纳米颗粒物与中枢神经系统疾病之间的相关性研究[32~39]。长期暴露于大气污染环境中，肺部炎症因子可以进入血循环系统引发系统性炎症反应，从而诱导中枢神经系统炎症发生。同时，大气纳米颗粒物可以进入中枢神经系统，发挥直接损伤作用，导致神经病变。其机制之一是超细颗粒引起大脑组织产生氧化应激，诱导脑部炎症反应，从而增加了神经变性疾病的易感[32]。Calderón-Garcidueñas 等比较研究了暴露于空气污染严重和空气质量相对良好的城市内的狗的脑组织病理变化，揭示了大气污染对大脑具有损伤作用的直接证据[33,34]。生活在重污染城市内的狗的鼻咽部和呼吸道黏膜首先发生损伤，肺组织病变严重，脑组织部也发生明显病理变化，如脑组织内神经元高表达核转录因子 NF-κB；在脑血管内皮细胞、胶质细胞、神经元大量表达 iNOS；嗅球海马区观察到大量 AP 位点，提示其发生了 DNA 损伤；在脑血管内皮细胞、胶质细胞高表达环氧化酶-2（COX-2）；脑血管、胶质细胞和神经元观察到大量载脂蛋白 E（ApoE）；在神经元和脑病变斑块内发现淀粉样前体蛋白 APP 和 β-淀粉样蛋白的表达；血脑屏障发生损伤[33,34]。当对生活在高污染城市内的居民进行尸检时，同样在人脑组织中观察到类似的病理变化[35,36]。这说明长期暴露于大气污染环境中，可诱使脑部发生炎症反应和淀粉样病变，引起神经功能紊乱。随着疾病的进一步恶化，可促使神经元斑形成和发生神经纤维缠结，最终导致阿尔茨海默病的发生。而大气超细颗粒大量沉积于肺泡引起严重的炎症反应，以及颗粒经鼻黏膜转运导致嗅球损伤，在大气污染引发脑损伤方面发挥重要作用[33~36]。为了进一步说明大气纳米颗粒物与神经组织病变的关系，Campbell 等[37]通过给 BALB/c 雄性小鼠每日鼻腔滴注卵清蛋白以提高动物对损伤的敏感性后，将小鼠呼吸暴露于正常大气环境和颗粒浓度含量较高的大气环境中（颗粒直径小于 2.5 μm 或 180 nm）4h/天，每周5 天，2 周后取脑组织检测发现大气颗粒暴露组的 IL-1α 和 TNF-α、NF-κB 表达水平明显上升。这说明大气颗粒暴露能引发神经组织炎症反应，从而导致神经疾病发生。Van Berlo 等将雄性 Fischer F344 大鼠呼吸暴露于含 1.9 mg/m^3 柴油机废气颗粒（直径 65 nm）的大气环境中 2 h，分别于暴露后 4 h 和 72 h 处死动物，取脑垂体、下丘脑、嗅球、嗅结节、大脑皮质和小脑，qRT-PCR 法提取 RNA，研究血红素氧化酶（HO-1）、诱导型一氧化氮合酶（iNOS）、环氧化酶-2（COX-2）和细胞色素 P450 1A1（CYP1A1）表达水平[39]。短期暴露柴油机废气颗粒后脑组织内 HO-1、COX-2 和 CYP1A1 表达水平明显升高；大量的炎症因子表达水平升高，启动神经组织内炎症反应发生，造成神经系统功能损伤。以上的研究表明，大气纳米颗粒经吸入而进入生物体后，主要通过引起机体脑部组织的炎症反应，进而导致神经功能损伤。

7.3.2　人造纳米颗粒暴露与神经系统损伤

　　来自大气颗粒物研究结果的启示，科学家推测人造纳米材料的暴露同样可以导致大气颗粒物类似的中枢神经系统毒性。人造纳米材料的生产和广泛使用，大大增加了人体暴露于纳米颗粒物的机会，尤其是研究人员、生产人员、运输保管人员和产品消费者等直接接触群体。最近的一系列实验研究也证实了这种推测。我们观察了 25 nm、80 nm 和 155 nm 的 TiO_2 颗粒鼻腔滴注 30 天后，小鼠的大脑是否产生病理损伤。例如，嗅球和海马组织的 Nissl 染色后的病理学变化结果显示，25 nm 和 155 nm TiO_2 暴露小鼠嗅球内的粒状细胞层神经元排列稀疏，且嗅觉神经层的层状结构被打乱，80 nm TiO_2 暴露小鼠嗅球内粒状细胞层的细胞数量明显增多，排列致密。在海马 CA1 区神经细胞的形态上表现出，25 nm、80 nm 和 155 nm 暴露组的小鼠海马 CA1 区的神经细胞数目减少，细胞排列出现明显的散乱现象，在 80 nm 组中的海马齿状回区的细胞数量减少，与对照组相比，神经细胞排列稀疏。

为了测定纳米颗粒在神经系统中的分布，我们利用同步辐射微束 X 射线荧光（macro-SRXRF）的微区扫描和多元素同时分析技术，对纳米颗粒在脑中的分布进行了定性检测。除钛以外，我们同时检测了生物体必需微量元素 Fe、Cu、Zn 在小鼠嗅球和大脑切片中的分布，以便分析钛的摄入是否影响大脑中其他微量元素的含量或正常代谢过程。结果发现，未暴露的对照组小鼠嗅球和大脑切片中钛元素的含量很低，与本底值接近，有的甚至探测不出。在实验组小鼠嗅球（见第 2 章中图 2.7）和大脑中（图 7.3）的分布，钛的含量明显升高。因 TiO_2 不易被生物体降解，故测定的钛可以近似认为是小鼠吸入的 TiO_2 纳米颗粒的含量。

从图 7.3 中的结果看出，钛元素除了分布在嗅球的中部和后部接近皮质区以外，还主要分布在嗅球的外部嗅觉神经层（ON）、内部粒状细胞层（Gro）和嗅觉脑室区（OV）。对比三个不同尺寸纳米颗粒暴露的实验组的研究结果可以看出，大粒径的 TiO_2 比小粒径的 TiO_2 在嗅球中的分布范围更广泛：155 nm 的比 25 nm 的 TiO_2 颗粒由嗅觉神经层进入嗅觉脑室更多。这个结果与我们的预期正

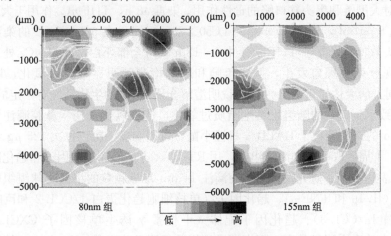

图 7.3　鼻腔滴注 TiO_2 纳米颗粒 30 天后，钛元素在小鼠大脑中的分布
（对照组中钛的含量低于检测限）

好相反。可能是因为小粒径的 TiO_2 纳米颗粒更容易被鼻腔和嗅黏膜吸附，而不易进入嗅球内部所致。另外，在小鼠的大脑皮质、海马、丘脑和海马的 CA1、CA3 区均发现一定量的钛元素富集，其中以大脑皮质区、海马的 CA1 区和下丘脑含量较高。这些结果证明，鼻腔滴注的 TiO_2 纳米颗粒，被鼻黏膜吸收以后能够经小鼠的嗅觉神经通路到达嗅球和大脑内各个分区。

我们利用 ICP-MS 进一步定量分析了小鼠嗅球、大脑皮质、海马和小脑中钛的含量。在鼻腔暴露 2 天、10 天、20 天和 30 天时，小鼠嗅球中钛的含量随着暴露时间的延长一直出现上升的趋势，而大脑皮质中的 TiO_2 在暴露第 10 天之后一直处于稳定的高水平状态；海马中钛的含量在暴露第 2 天时呈显著性升高，随后含量有所下降，但是在暴露 30 天时钛的含量快速升高，并且以 25 nm 组海马中钛的含量最高，155 nm 组中含量最低；小脑中钛的含量随着暴露时间的延长变化不大，仅在暴露第 10 天时 80 nm 组中钛含量异常高于其他实验组。从不同暴露时间钛元素在嗅球、大脑皮质、海马和小脑中的含量水平比较来看，钛在海马中的含量最高，嗅球次之，小脑中比嗅球中略低，大脑皮质中含量最低。

富勒烯（C_{60}）是一种典型的人造纳米材料，它可形成水溶胶 nC_{60}，具有亲脂性和氧化还原活性。研究发现，C_{60} 富勒烯的生物体暴露也可引起氧化损伤。例如，美国罗切斯特大学的科学家 Oberdörster 等将大口黑鲈鱼暴露于四氢呋喃 C_{60} 溶胶（nC_{60}）环境中，通过检测脂质过氧化、蛋白氧化和 GSH 水平来评价 C_{60} 对鱼脑的氧化损伤作用[40]。结果发现，暴露于仅 0.5 $\mu g/mL$ 剂量的 C_{60} 水溶胶 48 h 后，大口黑鲈鱼脑部发生明显的脂质过氧化，GSH 水平显著下降，而且 nC_{60} 杀死了细菌，水体中的细菌失去了活性，水透明度大幅度增高，使水体环境不再利于鱼的生长[40]。Zhu 等比较研究了将 C_{60} 分别溶解于四氢呋喃（THF）和水中，对大型蚤和黑头软口鲦的毒性作用。染毒 48 h，THF-nC_{60} 作用于大型蚤的 $LC_{50}=0.8$ $\mu g/mL$，而 H_2O-nC_{60} 的 LC50>35 $\mu g/mL$。在 0.5 $\mu g/mL$ 的染毒浓度下，黑头软口鲦暴露于 THF-nC_{60} 中 6~18 h 就可全部死亡，H_2O-nC_{60} 处理 48 h 却未发现有死亡现象发生，但在鱼脑和鳃部检测到明显脂质过氧化，肝组织 CYP2 同工酶表达显著上升[41]。这说明溶解介质对 C_{60} 的生物活性有一定的影响，C_{60} 可导致水生鱼类的脑组织发生脂质过氧化，造成氧化损伤。鼻腔滴注 14 nm 和 95 nm 的炭黑颗粒于 BALB/c 雄性小鼠，每周滴鼻一次，每次 125 μg 纳米炭黑颗粒，4 周后取嗅球和海马组织，用 RT-PCR 方法研究细胞因子和趋化因子的 mRNA 表达水平。研究发现，鼻腔滴注 14 nm 炭黑颗粒的小鼠嗅球组织中，细胞因子（IL-1β 和 TNF-α）、趋化因子（单核细胞趋化蛋白-1/CCL-2 和巨噬细胞炎症蛋白 1α/CCL-3）、趋化因子配体（干扰素-γ 诱生单核因子/CXCL-9）的 mRNA 表达水平明显升高，而在海马组织并无明显改变[38]。Lockman 等给雄性 Fischer 344 大鼠左侧颈动脉插管，接蠕动泵以 10 mL/min 的速度经颈动脉泵

入 ^{3}H 标记的各种纳米颗粒悬液（纳米颗粒浓度为 10 和 $20\mu g/mL$）60 s 后，比较研究表面电荷不同的纳米颗粒对血脑屏障功能的影响[42]。研究显示，表面电荷显中性的纳米颗粒（neutral-NPs）和低浓度的表面带负电纳米颗（anionic-NPs）不影响血脑屏障功能，而高浓度带负电纳米颗粒（anionic-NPs）和表面带正电荷纳米颗粒（cationic-NPs）可明显破坏血脑屏障的完整性。采用灌胃法研究 25 nm、80 nm 和 155 nm TiO_2 在 ICR 小鼠体内的分布和毒性，发现 TiO_2 暴露 2 周后导致了小鼠轻微的脑部损伤，海马神经元发生脂肪变性[12]。将 Fischer 344 雄性大鼠呼吸暴露于 30 nm 氧化锰颗粒（～ 500 $\mu g/m^3$；18×10^6 颗粒/cm^3）6 h/天，每周 5 天，暴露 11 天就可在嗅球、大脑皮质、中脑、纹状体和小脑组织观察到 TNF-α、巨噬细胞炎症蛋白（MIP-2）、GFAP、神经细胞黏附分子应激反应蛋白的 mRNA 水平表达明显升高，其中以嗅球内含量最高，TNF-α 蛋白可升高 30 倍。这显示吸入纳米氧化锰颗粒引起各个脑区炎症反应的发生[23]。我们实验室[43]采用长期低剂量（130 μg）鼻腔滴注 21 nm 和 280 nm Fe_2O_3 于 CD-ICR 雄性小鼠，研究纳米氧化铁的神经毒性效应。结果显示，Fe_2O_3 暴露组的小鼠脑组织发生明显的氧化应激，其中嗅球和海马组织内 GSH-Px、CuZn-SOD 和 cNOS 活性明显升高，T-GSH 和 GSH/GSSG 水平显著下降，而在大脑皮质、小脑和脑干组织内变化不明显；海马区还观察到单胺类神经递质含量升高；21 nm 暴露组脑组织损伤水平明显高于 280 nm。TEM 研究结果显示，神经细胞超微结构改变，21 nm Fe_2O_3 暴露组小鼠嗅球神经突起变性、膜性结构破坏和溶酶体增多，海马粗面内质网轻度扩张和溶酶体增多；而 280 nm 暴露组细胞形态损伤相对轻微，仅在嗅球区可见轻度肿胀的线粒体，在海马胞浆中可见少量空泡。这说明鼻腔滴注纳米氧化铁可诱导脑组织发生氧化应激，并导致神经细胞损伤，且具有纳米尺寸效应，小尺寸纳米颗粒导致的神经损伤作用更严重。

总之，现有的研究结果显示，人造纳米颗粒对神经系统的损伤作用类似于大气纳米颗粒。因为纳米颗粒的小尺寸和大比表面积，具有很高的表面反应活性，当其进入生物体后，首先引起神经组织发生氧化应激反应，进而引发炎症反应，导致神经组织损伤。这是具有高表面反应活性物质进入生物体以后的共性规律。

7.3.3　神经细胞对纳米颗粒的摄入作用

纳米颗粒易于被细胞内化而分布于各亚细胞器。Garcia-Garcia 等将 ^{14}C 标记的聚十六烷基氰基丙烯酸酯（^{14}C-PHDCA，166 nm）和 ^{14}C 标记的聚乙二醇包覆的聚十六烷基氰基丙烯酸酯（^{14}C-PEG-PHDCA，171 nm），按 20 $\mu g/mL$ 的剂量暴露于大鼠脑血管内皮细胞（RBEC）20 min。结果显示，80% 的 PHDCA 吸附在细胞膜表面，只有 10% 左右 PHDCA 进入到细胞质和囊泡内；而 PEG-PHDCA 相对容易地进入细胞，48% 吸附在细胞膜表面，24% 在细胞质内，20%

在细胞囊泡内，8%在细胞核、细胞骨架和胞膜窖内，内吞作用是 PEG-PHDCA 纳米颗粒进入细胞的主要方式[44]。同时，用荧光染液尼罗红标记 PEG-PHDCA 纳米材料，按 20 μg/mL 的剂量暴露于 RBEC 20 min，共聚焦显微镜观察显示 RBEC 细胞质内和细胞核周围表现高荧光强度，提示大量 PEG-PHDCA 纳米颗粒进入大鼠脑血管内皮细胞。Cengelli 等[45]将葡聚糖修饰的超顺磁性氧化铁纳米颗粒 SPIONs（Endorem 和 Sinerem，水合粒径分别为 80～150 nm，15～30 nm）分别暴露于 EC219 大鼠脑血管内皮细胞、N9 和 N11 小鼠小胶质细胞 2～24 h，测定细胞内含铁量的变化。结果显示，只有 N11 小胶质细胞内含铁量上升，而 EC219 和 N9 细胞内含铁量无明显变化。随着 Endorem 暴露剂量和暴露时间的增加，N11 细胞内铁含量逐渐缓慢增大，脂多糖处理活化 N11 小胶质细胞可增加其摄入 Endorem 含量；而 Sinerem 暴露只在低剂量水平促使 N11 细胞内含铁量上升，将 EC219 分别与 N9、N11 小鼠小胶质细胞共培养，并用脂多糖处理活化小胶质细胞，细胞内含铁量都无明显变化。这说明脑来源细胞对葡聚糖修饰 SPIONs 的摄入水平较低并摄入缓慢。比较研究各种聚乙烯醇包覆的 SPIONs（PVA-SPIONs、氨基 aminoPVA- SPIONs、羧基 carboxyPVA- SPIONs、硫醇 thiolPVA- SPIONs；水合粒径 30 nm）的生物效应，发现只有表面带正电荷的 aminoPVA- SPIONs 可被 N11 小鼠小胶质细胞和 EC219 大鼠脑血管内皮细胞摄入，但 EC219 摄入 aminoPVA- SPIONs 的水平低于 N11 细胞，且随着暴露剂量和时间的增加，细胞内铁含量逐渐增大，但并未引起细胞活化，胞内 NO 水平未见升高。N9 小鼠小胶质细胞暴露于荧光素标记的氨基聚乙烯醇 SPIONs（Cy3.5-aminoPVA-SPIONs），细胞内铁含量随着温度和暴露时间的变化而改变，以 20 μgFe/mL 的浓度暴露 20 h，共聚焦显微镜观察显示纳米颗粒位于 N9 细胞质内。取孕 16 天大鼠的胎鼠端脑组织进行三维细胞培养，随着培养时间的延长，神经元和胶质细胞不断分化而处于不同的状态。分别于细胞培养第 7、14、21、28 天加入 11.3 μgFe/mL 的 aminoPVA-SPIONs，暴露 72 h 后更换新鲜培养液继续培养 48 h，观察处于不同分化状态的细胞摄入 SPION 的能力。结果显示，分化早期（1～2 周），细胞内分布的染色铁颗粒呈不规则形状，甚至在细胞团聚体的第二层细胞内也可观察到铁颗粒，而在高度分化时期（3～4 周），细胞复层结构完全建立，染色铁颗粒只在表层细胞内观察可见。细胞内 BS-1 lectin 染色显示小胶质细胞未活化，细胞内 NO 水平未见升高。这些结果表明，aminoPVA-SPIONs 可被脑组织细胞摄入，并不造成组织损伤。分析已有研究结果可以发现，纳米颗粒进入细胞，受两个方面因素的影响较大：①纳米颗粒本身的特性（如尺寸、表面电荷、表面修饰等）。纳米颗粒因其小尺寸，可相对容易穿过细胞膜进入细胞内，但不同类型的纳米颗粒进入细胞的能力不同。经表面修饰的纳米颗粒具有更高的生物相容性，相对容易进入细胞内；且由于哺乳动物细胞表面带负电，受静电作用影响，表面带正电的纳米颗粒更容易进入细胞内。②细胞种类。由于不同种类的细胞对纳米颗粒的摄入能力不同，直接影响纳米颗粒进入细胞的含量。比如，小胶质细胞具有吞噬能力，与其他神经细胞相比，对纳米颗粒的相对摄入能力较强。

7.4 纳米颗粒的神经细胞生物学效应

神经组织由神经元和神经胶质细胞组成。神经元是神经系统的结构和功能单位，具有接受刺激、传导冲动和整合信息的功能。神经胶质细胞对神经元起支持、营养、保护、绝缘等作用，构成神经元生长分化和功能活动的微环境。其中又以星形胶质细胞和小胶质细胞最受人们关注。星形胶质细胞参与组成血脑屏障，阻止异物侵入，并可通过增生修复病变组织，在中枢神经系统损伤反应中具有保护功能。小胶质细胞作为中枢神经系统的主要免疫细胞，具有提呈抗原、分泌多种细胞因子、吞噬病原体和坏死组织的作用。当纳米材料进入神经组织，小胶质细胞首先被激活发挥免疫活性，吞噬清除纳米颗粒，同时分泌产生毒性因子，导致神经元功能损伤[46,47]，如图 7.4 所示。Block 等取孕 14 天大鼠的胎鼠中脑组织进行体外神经元和胶质细胞混合培养，分别暴露于 25 μg/mL 和 50 μg/mL、直径小于 0.22 μm 的柴油机排出颗粒（dieselexhaust particle，DEP）7 天，暴露组神经元多巴胺摄入量明显下降，酪氨酸羟化酶免疫组织化学染色阳性细胞数量下降，而 GABA 摄入量和 NeuN 阳性细胞数量无明显变化，提示 DEP 选择性损伤多巴胺能神经元（DA）；OX-42 免疫组织化学染色显示小胶质细胞着色深，胞体粗大，形状无规则而处于活化状态 41。单独进行纯神经元细胞培养，用 50 μg/mL DEP 处理后并不导致 DA 神经毒性，而将小胶质细胞与神经元细胞混合后，再用 50 μg/mL DEP 处理就能观察到明显的 DA 神经毒性，且随着小胶质细胞加入数量的增加其毒性增大。将 25 μg/mL 和 50 μg/mL DEP 作用于小胶质细胞，可产生大量的超氧阴离子和活性氧，而细胞松弛素 D 预处理可抑制 DEP 诱导小胶质细胞产生超氧阴离子。这说明小胶质细胞吞噬的 DEP 诱导产生了超氧阴离子。取孕 14 天小鼠的胎鼠中脑组织进行体外神经元和胶质细胞混合

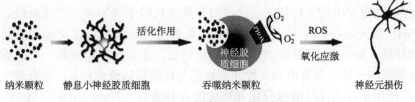

图 7.4 纳米颗粒与神经细胞的相互作用过程

培养，暴露于 50 $\mu g/mL$ DEP 8～9 天，正常小鼠来源的多巴胺能神经元数量减少，而 $gp91\ phox$ 基因敲除小鼠来源的多巴胺能神经元无损伤。这说明 NADPH 氧化酶在 DEP 毒性机制中发挥主要作用。上述研究结果显示，DEP 选择性损伤多巴胺能神经元，主要通过激活小胶质细胞发挥作用，DEP 被活化的小胶质细胞吞噬，激活 NADPH 氧化酶，产生大量自由基导致氧化损伤，从而损伤多巴胺能神经元。此外，Long 等把 BV2 小鼠小胶质细胞暴露于 Degussa P25 TiO_2 纳米颗粒中（2.5～120 $\mu g/mL$），研究发现 BV2 暴露于 P25（≥10 $\mu g/mL$）不到 5min 就能迅速产生 ROS，且 ROS 水平具有剂量依赖性，并可持续保持至 120 min；TEM 结果显示暴露于 2.5 $\mu g/mL$ P25 颗粒 6～18 h，BV2 细胞吞噬 P25，细胞质内聚集分布着大量的纳米 TiO_2 颗粒，细胞线粒体也发生肿胀和结构紊乱[47]。这说明 Degussa P25 纳米 TiO_2 颗粒可被 BV2 小胶质细胞吞噬，刺激细胞迅速发生呼吸暴发，随后干扰线粒体能量代谢功能，从而诱导 BV2 细胞产生大量的自由基反应，但并不导致细胞死亡。随后 Long 等[48]把 BV2 小鼠小胶质细胞、N27 大鼠多巴胺能神经元和原代培养的胚胎大鼠脑纹状体组织分别暴露于 2.5～120 $\mu g/mL$ 的 Degussa P25 纳米 TiO_2 颗粒。研究发现，BV2 小胶质细胞迅速产生 ROS 并长时间保持 ROS 高水平，同时 BV2 细胞发生凋亡；基因芯片技术分析 P25 暴露 3 h（20 $\mu g/mL$）的 BV2 细胞上调炎症、凋亡和细胞周期相关基因表达水平。下调细胞能量代谢相关基因表达水平。TEM 显示暴露于 P25 的 N27 大鼠多巴胺能神经元细胞质内分布有大量的 P25 纳米颗粒及其团聚体，但并未观察到细胞吞噬和胞饮现象，线粒体结构无异常。原代培养的胚胎大鼠脑纹状体组织暴露于 5 $\mu g/mL$ 的 P25 纳米 TiO_2 颗粒 6～24 h，NSE 免疫组织化学染色阳性细胞数量明显下降，并在镜下可观察到凋亡细胞。上述结果显示，P25 纳米 TiO_2 颗粒可激发 BV2 小胶质细胞产生活性氧，但对 N27 多巴胺神经元无毒性。然而，低浓度 P25 可迅速损伤纹状体组织中的神经元，可能是通过激活小胶质细胞产生的活性氧而产生神经元损伤作用。总的说来，纳米材料对脑组织内神经元的毒性效应，大多通过活化小胶质细胞而间接发挥作用，但也有研究报道显示纳米材料可直接影响神经细胞的分化和功能。以大鼠嗜铬细胞瘤细胞 PC12 的研究报道为例，PC12 细胞具有嗜铬细胞瘤和肾上腺嗜铬细胞相关的表型，能合成、储存并释放适量的儿茶酚胺（主要为多巴胺和去甲肾上腺素）。PC12 细胞的重要生物学特征之一是可对神经生长因子（NGF）产生反应，在暴露于 NGF 数天之后，PC12 细胞表型发生显著变化，获得许多交感神经元特有的生物性质，如经 NGF 处理的细胞将停止增殖，生长出神经突起，可形成网络并建立细胞间连接，具有电兴奋性并有许多与神经细胞分化有关的组分改变。故 PC12 广泛用于有关神经细胞分化和功能的各种研究。Hussain 等[49]将 PC12 细胞分别暴露于 5～50 $\mu g/mL$ 的 40 nm 氧化锰、15 nm 银颗粒（阳性对照）、乙酸锰和硝酸银（分别用 Mn^{2+} 和 Ag^+ 作对照）24 h 后，15 nm Ag 和 Ag^+ 可导致 PC12 细胞皱缩、细胞边界不清，而 40 nm 氧化锰和 Mn^{2+} 暴露组细胞形态无明显变化，但40 nm氧化锰可被 PC12 细胞内化，并导致线粒体功能障碍，细胞产生 ROS 水平显著升高。同时发现 40 nm 氧化锰和 Mn^{2+} 可致多巴胺（DA）及其代谢产物二羟苯乙酸（DOPAC）、高香草酸（HVA）水平下降，并具有剂量依赖性；而15 nm Ag 和 Ag^+ 在 50 $\mu g/mL$ 的高浓度下才能显著下调 DA 及其代谢产物水平。这提示 40 nm 氧化锰损耗 DA 可能与其产生的高水平 ROS 有关。Pisanic 等将 PC12 细胞暴露于含 1.5 mmol/L Fe 浓度的表面带负电荷的 DMSA 包覆的 Fe_2O_3 纳米颗粒（AMNPs，直径5～12 nm）24 h。TEM 结果显示，大量的 AMNPs 可进入 PC12 细胞并聚集分布在细胞核周的细胞质和内涵体内。暴露于含 0.15 mmol/L、1.5 mmol/L、15 mmol/L Fe 的 AMNPs 2～6 天，可导致细胞死亡，PC12 细胞存活率随暴露剂量和暴露时间的增加而下降，同时贴壁生长的 PC12 细胞大量脱落，其脱落的细胞数量随暴露剂量和暴露时间的增加而增加。PC12 暴露于 AMNPs 6 天，用 NGF 刺激 5 天，免疫荧光分别标记肌动蛋白和微管蛋白，研究发现 0.15 mmol/L Fe 含量的低剂量水平 AMNPs 暴露就可使 PC12 神经元样细胞胞体内肌动蛋白微丝数量减少，随着暴露剂量的增大，胞体内肌动蛋白微丝数量显著下降，15mmol/L Fe 的 AMNPs 暴露下，PC12 细胞内观察不到完整的肌动蛋白微丝，细胞成圆形，不形成神经突起，说明 AMNPs 可明显影响 PC12 细胞骨架结构。通过对 PC12 伸出的细胞突起进行计数，计算平均每个细胞含有的突起数，结果显示 AMNPs 暴露使 PC12 细胞的突起明显变短，长突起数量显著下降，且随着暴露剂量的增加，单个细胞所含的突起数量明显减少，建立细胞连接的突起数量也明显下降。West-blot 显示，随着 AMNPs 暴露剂量的增加，PC12 细胞的神经生长相关蛋白（GAP-43）表达水平显著下降。结果表明，AMNPs 的暴露可降低 PC12 细胞存活率，影响 NGF 对 PC12 细胞的诱导分化作用。这些生物学或毒理学效应均具有剂量依赖性[50]。

7.5 纳米颗粒的神经分子生物学效应——对神经生化标志物与神经递质的影响

我们采用 ELISA 和免疫组化方法研究了鼻腔滴注 TiO_2 纳米颗粒对小鼠脑中胶质细胞的损伤。对小鼠脑中 GFAP 和 S100B 含量的变化测定结果显示，25 nm 和 80 nm TiO_2 纳米颗粒暴露小鼠的脑中 GFAP 的含量与对照组相比有轻微的升高，没有统计学意义。而155 nm TiO_2 纳米颗粒暴露小鼠的脑中的 GFAP 大量表达，与对照组相比存在显著升高（$p < 0.05$）。S100B 蛋白含量在经不同粒径的纳米 TiO_2 暴露后出现了下降的趋势，并且 80 nm 和 155 nm 组中 S100B

的含量与对照组相比显著降低（$p < 0.05$）。对小鼠脑组织的免疫组化分析也发现，海马中 GFAP（免疫组化染色）含量如图 7.5 所示。25 nm 和 155 nm 纳米颗粒暴露小鼠的脑中 GFAP 均出现高表达。

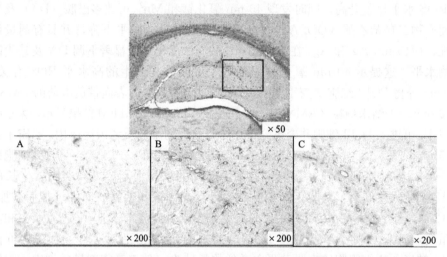

图 7.5　鼻腔滴注 TiO$_2$ 纳米颗粒 30 天后，小鼠大脑海马组织中星形胶质细胞的
GFAP 染色结果

进一步，我们研究了纳米颗粒暴露引起单胺类神经递质的变化。单胺类神经递质主要包括 5-羟色胺（5-HT）和儿茶酚胺（CA）。小鼠鼻腔暴露于不同粒径的 TiO$_2$ 纳米颗粒 30 天后，脑组织中单胺类神经递质 NE、DA、HVA、DOPAC、5-HT 和 5-HIAA 的含量如表 7.2 所示。NE 和 DA 是儿茶酚胺类化合物，HVA 和 DOPAC 为 DA 在脑中的主要代谢产物。当暴露 30 天时，这些神经递质的含量与对照组相比无显著性差异（$p > 0.05$），仅 80 nm 组中 DA 的含量有明显下降（$p < 0.05$），提示 TiO$_2$ 粒子并没有明显影响小鼠脑中儿茶酚胺类递质的代谢。5-HT 为脑中的吲哚类神经递质，释放入突触间隙的 5-HT 大部分被突触前神经末梢重摄取，只有少部分被线粒体膜上的单胺氧化酶（MAO）氧化降解为 5-HIAA。从表 7.2 中可以看出，鼻腔滴注 TiO$_2$ 颗粒 30 天后，实验组中 5-HT 的含量有一定的降低，但是与对照组相比不存在显著性差异；脑中 5-HIAA 的含量没有发生明显改变。当小鼠暴露于 25 nm TiO$_2$ 颗粒 30 天时，DA、DOPAC 和 5-HIAA 含量与 155 nm 组中之间的差异都有统计学意义（$p < 0.05$），但是与对照组相比没有发现统计学意义上的差异，提示鼻腔滴注的 25 nm TiO$_2$ 颗粒，对脑中单胺类神经递质含量影响不大。

表 7.2　小鼠鼻腔滴注 TiO_2 纳米颗粒 30 天时，脑中单胺类神经递质在各实验组中的含量变化($n=5$)

神经递质	对照组	25 nm 组	80 nm 组	155 nm 组
NE/(μg/g)	0.209±0.060	0.269±0.071	0.201±0.074	0.206±0.048
DA/(μg/g)	0.508±0.057	0.544±0.085[1]	0.421±0.038[2]	0.434±0.063
HVA/(μg/g)	0.227±0.031	0.235±0.036	0.215±0.024	0.212±0.037
DOPAC/(μg/g)	0.111±0.038	0.153±0.023[1]	0.148±0.053	0.096±0.020
5-HT/(μg/g)	0.191±0.039	0.176±0.034	0.162±0.023	0.151±0.018
5-HIAA/(μg/g)	0.106±0.016	0.128±0.014[1]	0.111±0.024	0.106±0.015

1) 与 155 nm 组相比较 $p < 0.05$。

2) 与对照组相比较 $p < 0.05$。

　　TiO_2 纳米颗粒进入小鼠脑中后，各实验组小鼠脑中 AChE 的活性均有一定程度的升高，但是升高的程度不同，以 80 nm 和 155 nm 组中 AChE 活性较高，与对照组相比均存在显著性差异（$p < 0.05$）。小鼠脑中 Glu 和 NO 的含量也发生了明显的改变。与对照组相比，25 nm、80 nm 和 155 nm 组小鼠脑内 Glu 的含量出现了明显升高（$p < 0.05$）现象，且升高百分比分别为 36.2 %、26.9 % 和 30.9 %。同样，NO 含量在暴露于 80 nm 和 155 nm 的 TiO_2 颗粒之后同样出现了明显升高现象，并且 155 nm 组中 NO 含量与对照组相比升高达 43.9 %。

　　我们知道，在紫外光的照射下，二氧化钛纳米颗粒极易与细胞相互作用产生具有生物活性的自由基，引起氧化损伤，产生羟基自由基甚至可以引起 DNA 氧化损伤[51,52]。大鼠原代胚胎纤维原细胞与 1.0 μg/cm^2 的 TiO_2 纳米颗粒共培养 12 h 后便出现细胞凋亡现象，染色体发生改变且有微核形成[53]。最近，研究者发现小脑胶质细胞经 TiO_2 纳米颗粒（P25）培养后会产生 H_2O_2 和 O_2^-·自由基，电镜观察线粒体中有团聚的纳米 TiO_2 颗粒，线粒体的能量代谢受到影响[54]。在我们的研究中，小鼠鼻腔暴露于不同粒径的 TiO_2 纳米粒子，其体内的抗氧化酶体系（GSH-Px、GST、GSH 和 SOD）在实验初始阶段没有发生明显的改变；然而，在暴露 10 天时，80 nm TiO_2 纳米颗粒暴露组中 GSH-Px、GST、GSH 和 SOD 的活性明显升高，说明 TiO_2 纳米颗粒进脑后引起自由基产生，诱导了抗氧化物酶的过量合成。在暴露 30 天时，155 nm TiO_2 纳米颗粒暴露小鼠脑中的 SOD 活性降低和 MDA 含量的明显升高，说明进脑的 TiO_2 粒子被脑内的单核或巨噬细胞吞噬的过程中产生 O_2^-·自由基[55]，诱导 SOD 活性降低，同时与细胞膜中的不饱和脂肪酸反应，产生脂质过氧化，引起 MDA 含量升高。另外，诱发小鼠脑中产生的自由基也引起了蛋白质的氧化损伤。有研究发现与 UFP、TiO_2、炭黑、聚苯乙烯和羟基化富勒烯等纳米颗粒共培养的肺泡巨噬细胞及支气管上皮细胞会产生 ROS，细胞内谷胱甘肽减少，血红素氧和酶（HO-1）过量表达，产生氧化应激反应，并且纳米颗粒可以在细胞的线粒体内沉积[56~58]。

一般认为，过量的自由基产生会干扰体内的氧化和抗氧化系统，导致炎症反应及细胞毒性效应。Nel 等[59]指出，体内中度的氧化应激反应常常伴随着丝裂原激活蛋白激酶（MAPK）和核转录因子（NF-κB）的级联反应及前炎性细胞因子的释放。另外，外源性物质或病原体侵入生物体后，很可能诱发机体的免疫反应，激活单核细胞和巨噬细胞的免疫应答，活化的单核或巨噬细胞释放一些细胞因子介导免疫应答和炎症反应。前炎性细胞因子 TNF-α、IL-1β 和 IL-6 属于单核因子，它们在免疫细胞的成熟、活化、增殖和免疫调节等一系列过程中发挥着重要的生物学作用。据报道，大鼠吸入超细颗粒物和柴油机燃烧排放的颗粒物后，其肺泡巨噬细胞在执行免疫应答的过程中释放出 TNF-α、IL-1β、IL-6 等细胞因子或黏附分子[60~62]。正常的脑组织中仅有少量的炎性细胞因子表达，但在外伤、炎症等应激条件下其表达增加[63]。纳米 TiO$_2$ 颗粒进入小鼠脑中之后，很有可能被脑中的单核细胞或巨噬细胞摄取，如星形胶质细胞、小胶质细胞、神经细胞、中性粒细胞和微血管内皮细胞，激活 NF-κB 的表达，引起脑中 TNF-α 水平的升高，说明 TNF-α 早期即参与了脑损伤的炎症反应[37, 64, 65]。脑损伤后产生的 TNF-α 可以旁分泌的形式在局部组织起作用，诱导细胞分泌白细胞介素 IL-2、IL-6 和 IL-8 等因子的产生，它们之间也有相互协同和加强的作用[6]。本实验结果显示，TiO$_2$ 粒子诱导小鼠脑中 TNF-α 过量表达，并没有给 IL-1β 和 IL-6 带来明显的变化，仅在 155 nm 组中 IL-1β 的含量明显升高。

鼻腔滴注的纳米颗粒在沿嗅觉神经通路上行至大脑过程中，首先到达嗅球，引起嗅球中神经细胞的染色质边集，线粒体有少量增多现象，然后进一步上行进入大脑中的皮质和海马区等。在暴露 30 天时，纳米颗粒尤其在海马中的沉积量较多，导致海马中神经细胞的呼吸功能受到影响，发生氧化应激反应且释放前炎性细胞因子，引起线粒体皱缩、数量减少，内质网增多及核糖体脱落现象。刘玉香[66]也报道了小鼠吸入 SO$_2$ 之后，小鼠脑胶质细胞胞核变小、形状不规则，线粒体肿胀、嵴断裂、空泡化，甚至溶解现象。

星形胶质细胞是中枢神经系统内数量最多的一种胶质细胞，担负了胶质细胞的大部分功能，与脑功能的维持和正常发挥密切相关。GFAP 是星形胶质细胞的主要成分之一，富含谷氨酸和天冬氨酸，以中间微丝蛋白和可溶性蛋白两种形式存在于胶质细胞的胞浆中，是星形胶质细胞的骨架蛋白。GFAP 作为星形胶质细胞的特异性标记物，在小鼠鼻腔暴露于不同粒径的纳米颗粒后，脑中的 GFAP 含量与对照组相比均有升高现象，并且 155 nm 组中 GFAP 大量表达，提示鼻腔滴注进入海马中的纳米颗粒对海马内星形胶质细胞带来了特异性的影响。S100B 蛋白是一种由胶质细胞分泌和表达，对脑损伤具有高度敏感性和特异性的蛋白，其在血清、血浆和脑脊液中的浓度变化可灵敏地反映中枢神经系统损伤的程度；

同时还发现该蛋白具有神经营养作用，可促进邻近神经元的生长和损伤的修复。Henriksson 等[67]在研究鼻腔滴注的 $MnCl_2$ 对神经系统的损伤时，采用荧光染色方法并没有观察到星形胶质细胞数量的减少，但是 ELISA 分析脑中 GFAP 和 S100B 含量有一定程度的上升，由此他们推断星形胶质细胞可能是 Mn 神经毒性的初始靶位。王克万等[68]用气体冲击装置导致大鼠局部脑挫伤，通过 GFAP 免疫组织化学染色研究星形胶质细胞的早期反应特点，发现伤后 6 h，GFAP 阳性细胞集中于伤区周围及伤侧海马；伤后 24 h，GFAP 阳性细胞波及全脑，尤以海马组织最为明显。由上面各种不同研究工作表明，海马内星形胶质细胞是脑损伤的一个主要靶位点。

星形胶质细胞和神经元之间可以通过离子流（K^+、Na^+、Ca^{2+}）、黏附分子和神经递质等途径互相影响。通过这些途径，星形胶质细胞可以调节神经元之间的突触传递，影响神经元的兴奋性。星形胶质细胞可以通过摄取和释放 Glu、清除自由基、转运水、释放细胞因子和 NO 等方式影响神经元。

神经递质是在神经元、肌细胞或感受器间的化学突触中充当信使作用的特殊分子，其在突触前神经元胞体中合成，并储存在突触囊泡内，在神经元发生冲动时，突触小泡通过出胞作用，将其中的神经递质释放到突触间隙中，然后与突触后膜上的相应神经递质受体结合，启动膜上的某种离子通道，产生兴奋或抑制效应，从而起到信息传递和生理功能调节的作用。它与机体的学习和记忆功能有密切关系。

海马中神经元突触传递长时程增强（LTP）代表的突触可塑性是阐明学习记忆的神经生理机制的一种理想模式[69]。兴奋性神经递质（Glu）主要分布于大脑皮质、海马（尤其是 CA1 区）、小脑和纹状体。在正常突触传递时，Glu 与受体亚型 N-甲基-D-天冬氨酸（N-methyl-D-aspartate，NMDA）的结合对于 LTP 的产生和维持具有重要意义。本实验发现鼻腔滴注 25 nm、80 nm 和 155 nm 的 TiO_2 颗粒后引起小鼠脑中 Glu 的含量明显升高，释放至突触间隙高浓度的 Glu，与突触后膜上的 NMDA-R 结合完成信息传递功能后，可被神经胶质细胞摄取，后者中含有谷氨酰胺（Gln）合成酶，能将摄取的 Glu 转变成 Gln，再转运重返神经末梢，作为 Glu 和 GABA 的代谢前体以供利用，有利于加强神经组织的兴奋性，对学习记忆能力有一定的促进作用[70]。Richter 等[71]表明，突触反复受到刺激引起突触前膜的 Glu 释放增加，突触传递效能也加强，可促进 LTP 和学习记忆。

在中枢神经系统中，NO 常与其他神经递质共同发挥生理作用。内源或外源的 NO 对 ACh、DA 和 NE 等多种神经递质的释放有调控作用。文献报道，去极化引起 Ca^{2+} 的细胞膜渗透能够导致培养的脑神经元释放神经递质[72]。NE 和 DA 的合成都来自于酪氨酸，NE 神经元胞体主要集中分布于延髓和脑桥，在囊泡中合成后与 ATP 和嗜铬颗粒蛋白等疏松地结合在一起,而不易被 MAO 破坏。DA 神经元胞体位于中脑的黑质区和下丘脑,其发出上行纤维到达纹状体(尾核及壳核),形成黑质-纹状体透射 DA 神经通路。当该神经通路发生退变时,容易引起 PD 疾病。胞体中 DA 过多是有害的,在降解过程中容易产生自由基,导致神经元氧化性损伤,及时将胞质中的 DA 在 Ca^{2+} 的作用下转运至囊泡,可以避免 DA 的潜在毒性作用[73]。Pessiglione 等[74]报道,服用助多巴胺生成的药物后可以增强志愿者的报酬追求行为(reward-seeking),证实了多巴胺在整合奖励信息、供未来决策参考中起关键作用。DA 和 NE 的代谢异常均可影响机体的行为和精神活动异常。脑中 DA 和 NE 含量的下降与阿尔茨海默病患者情绪消沉和焦虑有很大关系[75]。5-HT 能神经元由色氨酸合成,其胞体位于低位脑干中线附近的中缝核。中枢 5-HT 参与痛阈、镇痛、觉醒作用,与情绪和精神活动有紧密关系,当脑内 5-HT 代谢失调,可导致智力障碍和精神症状。我们发现,小鼠经鼻腔暴露纳米 TiO_2 粒子 30 天时,NE 和 DA 的代谢没有发生明显的改变,但是 5-HT 的含量有下降的趋势,说明对单胺类神经递质的代谢有影响。Eriksson 等[76]研究发现,氧化锰的暴露使猴子脑中尾壳核和苍白球内 DA、DOPAC 和 5-HIAA 的含量有明显降低。腹腔注射 $AlCl_3$ 后,大鼠的大脑、小脑、海马和尾壳核中 DA 和 NE 的含量明显下降,影响了大鼠的学习和记忆能力[77]。

中枢海马胆碱系统是学习记忆、认知行为的重要机制。纹状体尾核同时也存在胆碱能神经元,与尾-壳核神经元所形成的突触以乙酰胆碱为递质,对脊髓前角运动神经元起兴奋作用,兴奋性的 ACh 和其拮抗剂 DA 的共同作用维持机体的正常精神和情绪活动。在神经元兴奋时,胞浆中的 ACh 释放至突触间隙,与突触后膜受体结合发挥作用后,以极快的速度使突触前膜和后膜上的 AChE 水解失活。AChE 活性的改变将影响乙酰胆碱代谢,导致神经系统的异常。AD 患者的中枢神经系统的神经病理学改变主要表现为基底前脑胆碱能神经元缺损[78]。负责学习和记忆的海马各区也含有大量的 AChE 阳性终末,主要来源于基底前脑的胆碱能神经元。我们发现,鼻腔滴注不同粒径的不同纳米颗粒后,小鼠脑中 AChE 活性均呈现不同程度的升高,说明进脑的纳米粒子在导致 Glu 和 NO 过量释放的情况下,神经元处于高度兴奋状态,释放入突触间隙中的 ACh 浓度升高,作为一种应激反应,AChE 活性升高,以维持机体的正常精神和情绪活动。Warheit 等[79]发现纳米和微米尺度的 TiO_2 颗粒诱发了同等程度的大鼠肺部炎症反应和细胞损伤。他们认为纳米颗粒诱导的肺部毒性损伤与颗粒的粒径大小没有直接关系,而与粒子的表面特征有一定关系[80],这可能与生物体自身的反应机制或是与 TiO_2 纳米材料的物理化学性质有关,其具体的生物学机理需要进一步深入探索。

7.6　纳米颗粒的其他神经生物学效应

纳米材料尺寸小，在单位体积中的比表面积非常大，使纳米材料具有很强的表面活性，拥有与普通材料截然不同的物理化学性质，这也导致纳米材料作用于生物体时，能产生一些独特的生物学效应。Schubert 等研究发现 CeO_2、Y_2O_3 纳米颗粒因其特殊的原子结构特点，具有氧化还原活性，能作为抗氧化剂发挥神经保护作用。他们用 HT22 小鼠海马神经细胞作为研究对象，发现 CeO_2、Y_2O_3 和 Al_2O_3 纳米颗粒暴露不影响 HT22 细胞存活率，但当用谷氨酰胺预处理 HT22 时能使海马神经元发生氧化应激进而导致细胞死亡，加入 CeO_2 和 Y_2O_3 纳米颗粒可抑制 HT22 海马神经元产生 ROS，下调氧化应激水平而提高神经元存活率，而 Al_2O_3 纳米颗粒不发挥作用[81]。纳米材料的独特物理化学性质和其独特的生物学效应，使其具有潜在的应用价值，如纳米铁氧化合物（$\gamma\text{-}Fe_2O_3$、Fe_3O_4）具有超顺磁性，可透过生物屏障进入器官组织和细胞内并不引起毒性效应，而被广泛应用于 MRI 造影对比剂和药物靶向传输。Fleige 等[82]将大鼠胶质瘤细胞系 C6 和 F98、大鼠胶质肉瘤细胞系 9L、单核巨噬细胞系 P-388D1、原代培养星形胶质细胞、小胶质细胞暴露于 1.5 mmol/L、3 mmol/L、6 mmol/L 荧光标记葡聚糖修饰的超顺磁性铁氧化物纳米颗粒（USPIO，水合粒径 31.3 nm±15.8 nm）30 min，发现只有单核巨噬细胞系 P-388D1 和小胶质细胞细胞内有大量的 USPIO，细胞摄入 USPIO 后，在胞内形成内涵体，USPIO 位于细胞囊泡内，细胞质内并无散在分布。采用增强型绿色荧光蛋白（eGFP）基因转染 F98 大鼠胶质瘤细胞后，注入 Fischer CD 344 大鼠脑内建立 F98 大鼠胶质瘤模型，接种 14 天后，处死动物并取脑组织切片，置于 3 mmol/L 的荧光标记葡聚糖修饰的超顺磁性铁氧化物纳米颗粒（USPIO，水合粒径 31.3 nm±15.8 nm）溶液中 30 min，OX-42 免疫荧光标记脑内巨噬细胞和小胶质细胞，共聚焦显微镜观察可见，大量的巨噬细胞和小胶质细胞迁移至胶质瘤细胞周围，活化小胶质细胞和巨噬细胞内摄入大量的 USPIO 并密集分布在肿瘤组织周围，将肿瘤组织与正常组织的边界明显区别开，因此 USPIO 可用来确定脑内胶质瘤的大小和范围。同时，实验也证实小胶质细胞摄入 USPIO 可用 MRI 监测。采用 F98 胶质瘤模型动物，肿瘤细胞接种 14 天后，用 300 μmol USPIO/kg 体重的剂量处理动物，MRI 观察动物脑部结构，通过小胶质细胞和巨噬细胞摄入 USPIO 并在肿瘤组织周围形成边界可确定脑部肿瘤位置和大小。在研究纳米材料的毒性效应时，科学家意外地发现某些富勒烯类化合物具有显著的抗肿瘤效应[83]，为肿瘤药物的开发提供了一个新的研究方向。Isakovic 等[84]比较研究了 C_{60} 和 $C_{60}(OH)_n$ 纳米材料对 L929 小鼠纤维肉瘤细胞、C_6 大鼠神经胶质瘤和 U251 人神经胶质瘤细胞的细胞毒性行为。结晶紫染色法检测纳米颗粒暴露 24 h 后的细胞存活率，1 $\mu g/$ mL 的 C_{60} 可致细胞活力下降至 20％以下，而 $C_{60}(OH)_n$ 在 $10\mu g/mL$ 的暴露浓度下对细胞活力仍无明显影响，当剂量增加至 $1000~\mu g/mL$ 时可使细胞活力下降至 40％左右，说明 C_{60} 对肿瘤细胞杀伤力远远高于 $C_{60}(OH)_n$。Annexin V-FITC 和 PI 荧光双染检测细胞坏死和凋亡，结果显示 1 $\mu g/mL$ C_{60} 诱导细胞迅速发生坏死（暴露 6h），细胞坏死与 ROS 的水平升高相关，而 $1000~\mu g/mLC_{60}(OH)_n$ 诱导迟发性细胞凋亡（暴露 24 h），但与细胞 ROS 水平无明显相关。加入抗氧化剂 N-乙酰半胱氨酸可减轻 C_{60} 诱导的细胞坏死，但对 $C_{60}(OH)_n$ 诱导的细胞凋亡无作用，而加入 pan-caspase 抑制剂可明显减弱 $C_{60}(OH)_n$ 致细胞凋亡作用，但不影响 C_{60} 的致细胞坏死作用。结果说明，C_{60} 通过诱导细胞迅速发生 ROS 依赖的细胞坏死而产生细胞毒作用，而 $C_{60}(OH)_n$ 通过诱导不依赖于 ROS 的迟发性细胞凋亡而发挥细胞毒作用。随后 Harhaji 等[85]将大鼠神经胶质瘤和 U251 人神经胶质瘤细胞暴露于 C_{60} 水溶胶（nC_{60}）24 h 后，研究发现随着暴露剂量的增大，细胞活力明显下降。高剂量 nC_{60} 暴露（1 $\mu g/mL$）可诱导细胞坏死。这是由于 C_{60} 刺激细胞产生大量 ROS，引起氧化应激反应，激活了 ERK 所介导的信号转导通路，从而导致细胞坏死。低剂量 nC_{60} 暴露（0.25 $\mu g/mL$）并不诱导细胞发生凋亡和坏死，却可使细胞发生 G2/M 期阻滞，从而抑制细胞增殖，此生物效应的发生不依赖于氧化应激的产生和 ERK 激酶活化。在 nC_{60} 暴露的细胞质内发现酸性囊泡存在，细胞可能发生自体吞噬现象。用 bafilomycin A1 预处理细胞以抑制自体吞噬，低剂量 nC_{60} 暴露（0.25 $\mu g/mL$）所致的细胞生物效应可明显被削弱，而高剂量 nC_{60} 暴露（1 $\mu g/mL$）所致的细胞坏死不受影响。将原代培养的星形胶质细胞暴露于 nC_{60}，却并未观察到 G2/M 期阻滞和细胞坏死现象，说明 nC_{60} 特异性地作用于肿瘤细胞，通过抑制细胞增殖和诱导细胞坏死发挥抗肿瘤效应。

7.7　纳米颗粒神经毒性的机制

纳米颗粒产生中枢神经损伤的主要途径可以分为以下几个方面[34]：①诱发炎症反应。首先，进入机体的纳米颗粒引发组织炎症反应，如吸入纳米颗粒大量沉积于肺泡组织引起肺部炎症，使大量的炎症因子进入血液循环并引起系统炎症反应，进而引起脑部炎症反应导致功能损伤。②产生自由基。转运到中枢神经系统内的纳米颗粒，可通过激活小胶质细胞，导致自由基、炎症因子等神经毒性分子大量表达，导致神经损伤。③直接毒性。纳米颗粒在感觉神经内转运的同时，也损伤神经元的正常功能，直接导致脑边缘系统毒性效应。对于纳米材料所产生的生物效应的上述机制的研究，目前主要集中在氧化应激和炎症反应[3, 58, 86]。纳米材料通过引起生物体产生活性氧，促使氧化应激发生，从而产生炎症反应和其他生物毒性效应。正常情况下，线粒体活性氧产生量非常少，且可轻易地被机体的抗氧化防御系统如抗氧化剂谷胱甘肽（GSH）和抗氧化酶所清除。当纳米材料暴露于生物体时，会导致过量 ROS 生成，体内的抗氧化防御系统无法清除完全，从而打破机体的氧化系统和抗氧化系统平衡，产生氧化应激，引起生物体氧化损伤。按照氧化应激毒性机制假说，可以将其分为三个不同的等级水平[51]。第一层次，在氧化应激低水平状态，抗氧化剂谷胱甘肽（GSH）和抗氧化酶广泛参与清除活性氧等自由基，转录因子 Nrf-2 活化促使 II 期酶（phase II enzyme）大量表达，表现为生物体抗氧化能力水平上升，机体处于主动防御状态；第二层次，随着氧化应激水平的上升，机体的保护作用逐渐被炎症反应和细胞毒作用所替代，大量的前炎症基因表达活跃，如 AP-1、NF-κB、MAPK 激酶信号转导通路活化，炎症因子和趋化因子大量表达分泌，引起炎症反应发生；第三层次，在氧化应激高水平状态，线粒体结构与功能紊乱，凋亡信号通路被激活，细胞发生程序性死亡。在纳米材料的生物效应研究中，对处于不同层次水平的氧化应激反应损伤都已有报道，各种类型的纳米材料都可直接靶向损伤线粒体[2~4]。与其他脏器组织相比，大脑对氧化应激反应损伤更敏感。这是由大脑特殊的生理结构特性所决定的。首先，脑组织是以氧化分解为主获取能量的，故脑耗氧量很大，占全身总耗氧量的 20%～30%。其次，脑内含有丰富的不饱和脂肪酸、核酸和蛋白质，易受氧自由基攻击而发生脂质过氧化和氧化损伤。最后，脑组织内抗氧化酶如过氧化氢酶、谷胱甘肽过氧化酶含量较低，当氧自由基产生较多时，脑内抗氧化防御系统根本无法将其完全清除。纳米材料因其特殊的物理化学特性，具有很高的表面活性，易发生氧化还原反应，从而导致大量的自由基产生而发生氧化应激，这就使得具有氧化应激敏感性的脑组织容易成为纳米材料的毒性效应靶器官。例如，Veronesi 等采用 C25BL/6 正常健康小鼠和 *ApoE* 基因缺陷小鼠作为研究对象，呼吸暴露于正常大气环境和颗粒浓度含量较高的大气环境（concentrated ambient particles，CAPs），取脑组织切片进行免疫组织化学染色，酪氨酸羟化酶（TH）用于标记多巴胺神经元，神经胶质纤维酸性蛋白（GFAP）用于特异性标记星形胶质细胞[87]。C25BL/6 小鼠 CAPs 暴露组与大气暴露组表达 TH 和 GFAP 水平无差异，而 *ApoE* 基因缺陷小鼠 CAPs 暴露组相对大气暴露组黑质部位 TH 水平明显下降，GFAP 水平明显升高。这是由于 *ApoE* 基因缺陷小鼠相对 C25BL/6 小鼠，在大气颗粒物的刺激作用下，能引起大脑产生高水平的氧化应激反应，从而促使多巴胺神经元发生变性。该研究证明，氧化应激是大气纳米颗粒物引起脑部损伤导致神经变性疾病的机制之一。Kleinman 等将 C25BL/6 雄性 *ApoE* 基因缺陷小鼠分成三组分别呼吸暴露于正常大气环境、高水平 CAPs（CAP15，114.2 $\mu g/m^3$）和低水平 CAPs（CAP4，30.4$\mu g/m^3$）大气环境中，每周暴露 3 天，每天 6 h，6 周后取各脏器组织进行检测[88]。脑组织内核转录因子 NF-κB 和 AP-1 表达水平随大气颗粒物浓度的升高而增高，可促使脑部炎症反应的发生。GFAP 表达水平上升提示胶质细胞活化。为了阐述其机制，研究了 MAPK 信号转导通路，显示 ERK-1、IkB、P38 活化水平无明显改变，而 JNK 活化水平明显升高，提示大气纳米颗粒物通过激活 JNK 相关的 MAP 激酶信号转导通路，从而使核转录因子 NF-κB 和 AP-1 表达升高，引起脑部炎症反应。

虽然纳米材料的生物毒性研究已经取得了较大的进展[1~4, 89~91]，但是对于神经毒性的研究还很有限。这是由于中枢神经系统的功能复杂性，以及现有的实验手段对于纳米毒性研究的适用性还存在争议，给实验研究带来一定的难度和困难。目前，研究纳米材料在生物体和细胞内的分布，主要基于四种实验方法：一是通过组织和细胞切片，应用组织细胞染色方法和透射电子显微镜（TEM），直接在显微镜下观察纳米颗粒的分布；二是采用放射性同位素标记纳米颗粒，通过测定各器官组织内的放射性活度来定量纳米颗粒的组织分布；三是采用荧光素标记纳米颗粒，应用荧光显微镜观察和测定荧光强度的方法来确定组织和细胞内纳米颗粒的分布；四是用 ICP-MS 或 ICP-AES 测定组织和细胞内元素含量的变化，可以定量测定进入细胞的纳米颗粒。上述实验研究方法各有优点，但同时也存在一定的缺陷。使用组织染色和 TEM 方法，肉眼可直接观察到组织和细胞内纳米颗粒，具有很高的直观可信性，但观察的样品数量和范围有限，使得测量结果缺乏统计性，且具有很大的偶然性。用同位素和荧光素标记纳米颗粒，每个纳米颗粒上结合的同位素和荧光素并不均匀一致，且同位素和荧光素与纳米颗粒的结合并不能始终保持稳定，同位素和荧光素可能从纳米颗粒上脱落下来，因此通过观察与测定同位素和荧光素，并不能完全准确地确定纳米颗粒的组织分布。纳米材料进入生物体后，在机体的调理作用下会发生溶解现象，溶解的纳米材料组分可随循环转运到全身各个脏器。尤其是纳米材料中的金属组分，在机体内的各种还原剂（如超氧阴离子、抗坏血酸和谷胱甘肽）和金属螯合剂（如转铁蛋白、乳铁蛋白、柠檬酸、尿酸）作用下，可溶解成金属离子而发生转运。故采用 ICP-MS 或 ICP-AES 通过单纯测定组织内的元素含量增高，并不能说明纳米颗粒本身也能转运到脑[92]。Fechter 等曾报道雄性大鼠吸入 1.3 μm 的 MnO_2 颗粒，在嗅球和大脑皮质内都检测到 Mn 含量的升高[93]。但大鼠的嗅神经元直径小于 200 nm，远远小于 MnO_2 颗粒直径，在嗅神经发生固体颗粒转运的可能很小，所测定的大脑内 Mn 水平升高很可能是因为 MnO_2 颗粒发生了溶解，进而经嗅神经转运入脑。当神经组织内离子水平过高时，会导致神经功能障碍并引发神经疾病[94,95]。因此，在进行纳米材料生物效应研究时，需要考虑到纳米材料的在体内化学效应，以及次级产物所产生的生物学效应问题。这使问题变得十分复杂。尽管我们尽量采用多种实验方法相结合的方式进行实验研究，对实验结果应该进行综合分析，力求更准确地解释纳米颗粒的神经生物效应的机制。但是，目前对于纳米材料的中枢神经毒性研究尚处于起步阶段，虽然已经证实纳米颗粒可经嗅球和感觉神经摄入，但纳米颗粒神经摄入机制仍不清楚，是否是由于受体介导的内吞、胞饮作用，还是轴突的转运机制发挥主要作用？经神经转运的纳米颗粒是否可到达脑部各个分区，是否又可从脑组织进入循环系统从而转运到全身各器官，并是否能引起各器官组织损伤？其分子机制尚不明了，活性氧激活的MAPK 信号转导通路中，有哪些信号分子被活化发挥作用，是否有关键信号分子存在？除了氧化应激学说之外，是否还存在其他的毒性作用机制？实验研究纳米材料多是采用实验动物作为研究对象，而将动物实验结果外推到人存在一定的局限性，且实验中采用的暴露剂量过大，不能说明人体正常的暴露环境下，纳米材料在人体内发生中枢神经转运的机制，以及纳米颗粒是否可以引起中枢神经系统损伤，这些都需要进一步的深入研究提供直接证据来证实。这些正是纳米颗粒的神经毒性效应研究中今后亟须解决的问题[30]。

参 考 文 献

[1] Hoet P H, Brüske-Hohlfeld I, Salata O V. Journal of Nanobiotechnology, 2004, 2 (1): 12-27.

[2] Medina C, Santos-Martinez M J, Radomski A, Corrigan O I, Radomski M W. British Journal of Pharmacology, 2007, 150 (5): 552-558.

[3] Oberdörster G, Oberdörster E, Oberdörster J. Environmental Health Perspectives, 2005, 113: 823-839.

[4] Stern S T, Mcneil S E. Toxicological Sciences, 2008, 101 (1): 4-21.

[5] Von Bohlen Und Halbach O. Cell and Tissue Research, 2007, 329 (3): 409-420.

[6] Nemmar A, Hoet P H, Vanquickenborne B, Dinsdale D, Thomeer M, Hoylaerts M F, Vanbilloen H, Mortelmans L, B. N. Circulation, 2002, 105 (4): 411-414.

[7] Oberdörster G, Sharp Z, Atudorei V, Elder A, Gelein R, Lunts A, Kreyling W, Cox C. Journal of Toxicology and Environmental Health, Part A, 2002, 65 (20): 1531-1543.

[8] Kreyling W G, Semmler M, Erbe F, Mayer P, Takenaka S, Schulz H, Oberdörster G, Ziesenis A. Journal of Toxicology and Environmental Health, Part A, 2002, 65 (20): 1513-1530.

[9] Kwon J T, Hwang S K, Jin H, Kim D S, Minai-Tehrani A, Yoon H J, Choi M, Yoon T J, Han D Y, Kang Y W, Yoon B I, Lee J K, Cho M H. Journal of Occupational Health, 2008, 50 (1): 1-6.

[10] Lockman P R, Oyewumi M O, Koziara J M, Roder K E, Mumper R J, Allen D D. Journal of Controlled Release, 2003, 93 (3): 271-282.

[11] Kim J S, Yoon T J, Yu K N, Kim B G, Park S J, Kim H W, Lee K H, Park S B, Lee J K, Cho M H. Toxicological Sciences, 2006, 89 (1): 338-347.

[12] Wang J X, Zhou G Q, Chen C Y, Yu H, Wang T C, Ma Y, Jia G, Gao Y X, Li B, Sun J, Li Y, Jiao F, Zhao Y L, Chai Z F. Toxicology Letters, 2007, 168 (2): 176-185.

[13] Wang H F, Wang J, Deng X Y, Sun H F, Shi Z, Gu Z N, Liu Y F, Zhao Y L. Journal of Nanoscience and Nanotechnology, 2004, 4 (8): 1019-1024.

[14] Zhu M T, Feng W Y, Wang Y, Wang B, Wang M, Ouyang H, Zhao Y L, Chai Z F. Toxicological Sciences, 2009, 107 (2): 342-351.

[15] Arvidson B. Toxicology, 1994, 88: 1-14.

[16] Tjälve H, Henriksson J. NeuroToxicity, 1999, 20 (2-3): 181-196.

[17] Dorman D C, Brenneman K A, Mcelveen a M, Lynch S E, Roberts K C, Wong B A. Journal of Toxicology and Environmental Health, Part A, 2002, 65 (20): 1493-1511.

[18] Bodian D, Howe H A. Bulletin of the Johns Hopkins Hospital, 1941, LXIX (2): 79-85.

[19] Howe H A, Bodian D. Bulletin of the Johns Hopkins Hospital, 1941, LXIX (2): 149-182.

[20] De Lorenzo A J D. The olfactory neuron and the blood-brain barrier. In Taste and smell in vertebrates. Wolstenholme G E W, Knight J. London: CIBA Foundation Symposium Series J&A Churchill, 1970: 151-176.

[21] Takenaka S, Karg E, Roth C, Schulz H, Ziesenis A, Heinzmann U, Schramel P, Heyder J. Environmental Health Perspectives, 2001, 109 (Suppl 4): 547-551.

[22] Oberdörster G, Sharp Z, Atudorei V, Elder A, Gelein R, Kreyling W, Cox C. Inhalation Toxicology, 2004, 16 (6-7): 437-445.

[23] Elder A, Gelein R, Silva V, Feikert T, Opanashuk L, Carter J, Potter R, Maynard A, Ito Y, Finkelstein J, Oberdörster G. Environmental Health Perspectives, 2006, 114 (8): 1172-1178.

[24] Hunter D D, Dey R D. Neuroscience, 1998, 83 (2): 591-599.

[25] Hunter D D, Undem B J. American Journal of Respiratory and Critical Care Medicine, 1999, 159: 1943-1948.

[26] Brook R D, Franklin B, Cascio W E, Hong Y, Howard G, Lipsett M, Luepker R V, Mittleman M A, Samet J M, Smith S C J, Tager I B. Circulation, 2004, 109: 2655-2671.

[27] Schulz H, Harder V, Ibald-Mulli A, Khandoga A, Koenig W, Krombach F, Radykewicz R, Stampfl A, Thorand B, Peters A. Journal of Aerosol Medicine, 2005, 18: 1-22.

[28] Peters A. Toxicol Appl Pharmacol, 2005, 207: 477-482.

[29] Utell M J, Frampton M W, Zareba W, Devlin R B, Cascio W E. Inhalation Toxicology, 2002, 14: 1231-1247.

[30] Oberdörster G, Utell M J. Environmental Health Perspectives, 2002, 110: A440-A441.

[31] Cheng Y S, Yeh H C, Guilmette R A, Simpson S Q, Cheng K H, Swift D L. Aerosol Science and Technology, 1996, 25: 274-291.

[32] Peters A, Veronesi B, Calderón-Garcidueñas L, Gehr P, Chen L C, Geiser M, Reed W, Rothen-Rutishauser B, Schürch S, Schulz H. Particle and Fibre Toxicology, 2006, 3: 13.

[33] Calderón-Garcidueñas L, Azzarelli B, Acuna H, Garcia R, Gambling T M, Osnaya N, Monroy S, Del Tizapantzi M R, Carson J L. Toxicologic Pathology, 2002, 30: 373-389.

[34] Calderón-Garcidueñas L, Maronpot R R, Torres-Jardon R, Henríquez-Roldán C, Schoonhoven R, Acuña-Ayala H, Villarreal-Calderón A, Nakamura J, Fernando R, Reed W, Azzarelli B, Swenberg J A. Toxicologic Pathology, 2003, 31: 524-538.

[35] Calderón-Garcidueñas L, Reed W, Maronpot R R, Henríquez-Roldán C, Delgado-Chavez R, Calderón-Garcidueñas A, Dragustinovis I, Franco-Lira M, Aragón-Flores M, Solt a C, Altenburg M, Torres-Jardón R, Swenberg J A. Toxicologic Pathology, 2004, 32 (6): 650-658.

[36] Calderón-Garcidueñas L, Solt A, Henríquez-Roldán C, Torres-Jardón R, Nuse B, Herritt L, Villarreal-Calderón R, Osnaya N, Stone I, García R, Brooks D M, González-Maciel A, Reynoso-Robles R, Delgado-Chávez R, Reed W. Toxicologic Pathology, 2008, 36 (2): 289-310.

[37] Campbell A, Oldham M, Becaria A, Bondy S C, Meacher D, Sioutas C, Misra C, Mendez L B, Kleinman M. Neurotoxicology, 2005, 26 (1): 133-140.

[38] Tin-Tin-Win-Shwe, Yamamoto S, Ahmed S, Kakeyama M, Kobayashi T, Fujimaki H. Toxicology Letters, 2006, 163 (2): 153-160.

[39] Van Berlo D, Albrecht C, Knaapen A, Cassee F, Gerlofs-Nijland M, Kooter I, Palomero-Gallagher N, Bidmon H, Van Schooten F J, Wessels A, Krutmann J, Schins R. Toxicology Letters, 2007, 172S: S1-S240.

[40] Oberdörster E. Environmental Health Perspectives, 2004, 112 (10): 1058-1062.

[41] Zhu S, Oberdörster E, Haasch M L. Marine Environmental Research, 2006, 62 (Suppl): S5-S9.

[42] Lockman P R, Koziara J M, Mumper R J, Allen D D. Journal of Drug Targeting, 2004, 12 (9-10): 635-641.

[43] Wang B, Feng W Y, Zhu M T, Wang Y, Wang M, Gu Y Q, Ouyang H, Wang H J, Li M, Zhao Y L, Chai Z F, Wang H F. Journal of Nanoparticle Research, 2009, 11: 41-53.

[44] Garcia-Garcia E, Andrieux K, Gil S, Kim H R, Le Doan T, Desmaële D, D'angelo J, Taran F, Georgin D, Couvreur P. International Journal of Pharmaceutics, 2005, 298 (2): 310-314.

[45] Cengelli F, Maysinger D, Tschudi-Monnet F, Montet X, Corot C, Petri-Fink A, Hofmann H, Juillerat-Jeanneret L. Journal of Pharmacology and Experimental Therapeutics, 2006, 318 (1): 108-116.

[46] Block M L, Wu X, Pei Z, Li G, Wang T, Qin L, Wilson B, Yang J, Hong J S, Veronesi B. The Journal of The Federation of American Societies for Experimental Biology, 2004, 18 (13): 1618-1620.

[47] Long T C, Saleh N, Tilton R D, Lowry G V, Veronesi B. Environmental Science & Technology, 2006, 40 (14): 4346-4352.

[48] Long T C, Tajuba J, Sama P, Saleh N, Swartz C, Parker J, Hester S, Lowry G V, Veronesi B. Environmental Health Perspectives, 2007, 115 (11): 1631-1637.

[49] Hussain S M, Javorina A K, Schrand A M, Duhart H M, Ali S F, Schlager J J. Toxicological Sciences, 2006, 92 (2): 456-463.

[50] Pisanic Ii T R, Blackwell J D, Shubayev V I, Fiñones R R, Jin S. Biomaterials, 2007, 28 (16): 2572-2581.

[51] Dunford R, Salinaro A, Cai L, Serpone N, Horikoshi S, Hidaka H, Knowland J. FEBS Letters, 1997, 418: 87-90.

[52] Wamer W G, Yin J J, Wei R R. Free Radical Biology & Medicine, 1997, 23: 851-858.

[53] Rahman Q, Lohani M, Dopp E, Pemsel H, Jonas L, Weiss D G, Schiffmann D. Environmental Health Perspectives, 2002, 110: 797-800.

[54] Long T C, Saleh N, Tilton R D, Lowry G, Veronesi B. Environmental Science & Technology, 2006, 40: 4346-4352.

[55] Becker S, Soukup J M, Gallagher J E. Toxicology in Vitro, 2002, 16: 209-218.

[56] Li N, Sioutas C, Cho A, Schmitz D, Misra C, Sempf J, Wang M, Oberley T, Froines J, Nel A. Environmental Health Perspectives, 2003, 111 (4): 455-460.

[57] Xia T, Kovochich M, Brant J, Hotze M, Sempf J, Oberley T, Sioutas C, Yeh J I, Wiesner M R, Nel A E. Nano Letters, 2006, 6 (8): 1794-1807.

[58] Nel A E, Xia T, Madler L, Li N. Science, 2006, 311: 622-627.

[59] Xiao G G, Wang M, Li N, Loo J A, Nel A E. The Journal of Biological Chemistry, 2003, 278 (50):

50781-50790.

[60] Rao K M K, Ma J Y C, Meighan T, Barger M W, Pack D, Vallyathan V. Environmental Health Perspectives, 2005, 113: 612-617.

[61] Zhang Q W, Kusaka Y, Donaldson K. Inhalation Toxicology, 2000, 12 (Suppl.): 267-273.

[62] Ishihara Y, Kyono H, Kohyama N, Otaki N, Serita F, Toya T, Kagawa J. Inhalation Toxicology, 1999, 11: 131-149.

[63] Barone F C, Kilgore K S. Neuroscience Research, 2006, 6 (5): 329-356.

[64] Bhatia M, Moochhala S. Journal of Pathology, 2004, 202: 145-156.

[65] 乔楠. 山西医科大学学报, 2002, 33 (3): 253-254.

[66] 刘玉香. 二氧化硫对小鼠几种脏器超微结构及细胞因子水平的影响. 硕士学位论文, 2005: .

[67] Henriksson J, Tjalve H. Toxicological Sciences, 2000, 55: 392-398.

[68] 王克万, 杨志焕, 王正国, 朱佩芳. 创伤外科杂志, 1999, 1 (3): 135-137.

[69] Bliss T V, Collingridge G L. Nature, 1993, 361 (6407): 31-39.

[70] 景洪江, 程义勇, 李树田, 章广远. 卫生研究, 2000, 29 (1): 40-42.

[71] Richter L G, Canevari L, Bliss T V. Behavioural Brain Research, 1995, 66: 37-40.

[72] Yarom M, Zurgil N, Zisapel N. The Journal of Biological Chemistry, 1985, 260 (30): 16294-16302.

[73] 关新民. 医学神经生物学纲要. 北京: 科学出版社, 2003.

[74] Pessiglione M, Seymour B, Flandin G, Dolan R J, Frith C D. Nature Letters, 2006, 442: 1042-1045.

[75] Remy P, Doder M, Lees A, Turjanski N, Brooks D. Brain, 2005, 128: 1314-1322.

[76] Eriksson H, Magiste K, Plantin L O, Fonnum F, Hedstrom K G, Theodorsson-Norheim E, Kristensson K, Stalberg E, Heilbronn E. Archives of Toxicology, 1987, 61: 46-52.

[77] 唐焕文, 韦小敏, 黄彦妮, 谢佩意, 王清海. 中国职业医学, 2002, 29 (3): 17-19.

[78] Stahl S M, Markowitz J S, Gutterman E M. Journal of Clinical Psychiatry, 2003, 64 (4): 466-472.

[79] Warheit D B, Webb T R, Sayes C M, Colvin V L, Reed K L. Toxicological Sciences, 2006, 91: 227-236.

[80] Warheit D B, Webb T R, Colvin V L, Reed K L, Sayes C M. Toxicological Sciences, 2007, 95 (1): 270-280.

[81] Schubert D, Dargusch R, Raitano J, Chan S W. Biochemical and Biophysical Research Communications, 2006, 342 (1): 86-91.

[82] Fleige G, Nolte C, Synowitz M, Seeberger F, Kettenmann H, Zimmer C. Neoplasia, 2001, 3 (6): 489-499.

[83] Chen C Y, Xing G M, Wang J X, Zhao Y, Li B, Tang J, Jia G, Wang T, Sun J, Xing L, Yuan H, Gao Y, Meng H, Chen Z, Zhao F, Chai Z, Fang X. Nano Letters, 2005, 5 (10): 2050-2057.

[84] Isakovic A, Markovic Z, Todorovic-Markovic B, Nikolic N, Vranjes-Djuric S, Mirkovic M, Dramicanin M, Harhaji L, Raicevic N, Nikolic Z, Trajkovic V. Toxicological Sciences, 2006, 91 (1): 173-183.

[85] Harhaji L, Isakovic A, Raicevic N, Markovic Z, Todorovic-Markovic B, Nikolic N, Vranjes-Djuric S, Markovic I, Trajkovic V. European Journal of Pharmacology, 2007, 568 (1-3): 89-98.

[86] Donaldson K, Stone V. Annali dell'Istituto superiore di sanità, 2003, 39 (3): 405-410.

[87] Veronesi B, Makwana O, Pooler M, Chen L. Inhalation Toxicology, 2005, 17 (4-5): 235-241.

[88] Kleinman M T, Araujo J A, Nel A, Sioutas C, Campbell A, Cong P Q, Li H, Bondy S C. Toxicology

Letters, 2008, 178 (2): 127-130.

[89] Zhao Y L, Nalwa S H. Nanotoxicology. California, USA: American Scientific Publishers, 2007.

[90] 孟幻，陈真，赵宇亮. 基础医学与临床，2006，26 (7): 699-703.

[91] Wang B, Feng W Y, Zhao Y L, Xing G M, Chai Z F, Wang H F, Jia G. Science in China Series B-Chemistry, 2005, 48 (5): 385-394.

[92] Ghio A J, Bennett W D. Environmental Health Perspectives, 2007, 115 (2): A70.

[93] Fechter L D, Johnson D L, Lynch R A. Neurotoxicology, 2002, 23: 177-183.

[94] Olanow C W. Annals of the New York Academy of Sciences, 2004, 1012: 209-223.

[95] Weiss B. Neurotoxicology, 2006, 27 (3): 362-368.

第8章 呼吸暴露纳米颗粒对心肺系统的毒理学效应

8.1 呼吸暴露纳米颗粒对呼吸系统的影响

流行病学研究结果表明，城市空气中超细（纳米尺度）颗粒物的含量与居民呼吸系统及心血管系统疾病的发病率和死亡率有明显的相关性。人造纳米颗粒是否具有大气颗粒物相似的生物学或毒理学效应？这是人们普遍关心的科学问题，同时也是社会问题。铁是大气颗粒物中含有的重要元素，因此，我们首先以含铁纳米材料的研究结果为例讨论这个问题。含铁纳米材料包括 Fe 纳米颗粒、Fe/O、Fe/N、Fe/C 纳米颗粒等。由于铁元素位于元素周期表中Ⅷ族，属过渡金属元素，化学性能活泼，并且具有磁性，因而被广泛应用于环境催化、涂料、磁记录材料，以及生物医学等方面[1]。以前对含铁的普通材料的毒理学研究表明，吸入铁颗粒会引起心肺系统毒性，铁过载可以引起铁尘肺症（铁在肺部沉积）、血色素沉着病、β-地中海贫血[2~4]。纳米颗粒对呼吸系统有一定的影响。让大鼠分别吸入浓度分别为 57 $\mu g/m^3$ 和 90 $\mu g/m^3$ 的铁纳米颗粒（72 nm）[5]，吸入浓度为 90 $\mu g/m^3$ 的大鼠出现轻微的呼吸道反应，包括铁蛋白沉积和肺泡灌洗液内蛋白质总量的明显升高、乳酸脱氢酶（LDH）水平的轻微升高和核转录因子（NF-κB）的显著升高等。未经修饰的 Fe_2O_3 纳米颗粒（8~15 nm）能够被人表皮纤维细胞迅速吸收和内化，引起细胞凋亡[6]。而表面化学修饰的氧化铁纳米材料，大部分都成为水溶性颗粒且用于医学领域，其暴露途径基本上是以静脉注射为主，因此，研究其呼吸暴露的意义不大，故这方面的研究很少。

8.1.1 纳米颗粒的体内分布及代谢

纳米颗粒吸入后的代谢动力学，如血浆代谢动力学、肺清除率、组织分布和蓄积性等是评价纳米颗粒呼吸暴露引起心肺系统损害的重要参数。在实验室研究中，支气管滴注是模拟呼吸暴露的主要方式，为了能够定量，通常采用同位素标记纳米颗粒。同位素标记尤其是放射性同位素标记的一个很大优点是检测灵敏度很高，因此，它对于检测不同器官中很微量的纳米颗粒最为适合。例如，用放射性 ^{59}Fe 标记铁纳米颗粒得到 ^{59}Fe$_2$O$_3$ 颗粒（22 nm）悬浮液，通过支气管滴注的方式给大鼠进行模拟呼吸暴露，然后通过检测各个器官中 ^{59}Fe 的放射性，可以准确测定吸入 Fe_2O_3 纳米颗粒的代谢动力学。同时还可以对呼吸暴露的 Fe_2O_3 纳米颗粒能否跨越肺泡-毛细血管屏障进行实验研究，得到 Fe_2O_3 纳米颗粒的血液消除半衰期、肺沉积、肺外转运及分布等与分布和代谢相关的重要信息，进而揭示纳米颗粒对肺和心血管系统的潜在危险性。

8.1.2　纳米颗粒穿越肺泡-毛细血管屏障的能力

为了研究纳米颗粒穿越肺泡-毛细血管屏障的能力，我们用含 ^{59}Fe 的 $^{59}Fe_2O_3$ 纳米颗粒，通过动物大鼠模型，测定了模拟呼吸（气管滴注）暴露以后血液中的铁纳米颗粒含量的变化。通过血液样品的测定，大鼠单次暴露后 10 min 就可以在血液中检测到 ^{59}Fe 存在，含量达到 54.7 ng/mL $\pm$ 16.5 ng/mL（图 8.1）。$^{59}Fe_2O_3$ 纳米颗粒能够很快从呼吸系统转运进入血液系统，说明它们具有很强的穿越肺泡-毛细血管屏障的能力。一周后大鼠血液中 ^{59}Fe 的浓度增至峰值（6.05 μg/mL $\pm$ 1.95 μg/mL），随后开始缓慢下降。我们利用非血管给药的单室模型来拟合试验测定的血液中 $^{59}Fe_2O_3$ 的浓度曲线，可以计算出纳米颗粒的血液动力学参数。结果表明，单次暴露 $^{59}Fe_2O_3$ 纳米颗粒后，$^{59}Fe_2O_3$ 在血浆的吸收半衰期长达 1.9 天，吸收常数为 0.363/d；血浆清除半衰期长达 22.8 天，清除常数为 0.030/d。

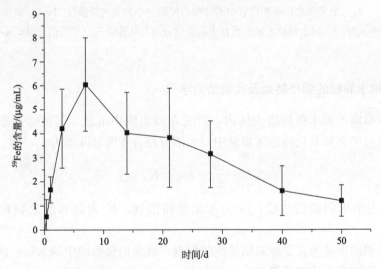

图 8.1　吸入纳米颗粒在血液中的代谢动力学。小鼠吸入 $^{59}Fe_2O_3$ 纳米颗粒后，^{59}Fe 在血液中的代谢动力学曲线（平均值 $\pm$ SD，$n=8$）

进一步的研究发现，穿越肺泡-毛细血管屏障后，$^{59}Fe_2O_3$ 纳米颗粒能迅速被转运到其他组织器官并长时间蓄积在器官中（图 8.2）。除肺（由于呼吸暴露，肺是主要的暴露器官）以外，^{59}Fe 含量最高的脏器是肝脏，随后，从脾脏、心脏、肾脏、胰脏、睾丸到大脑，纳米颗粒的含量逐渐递减。同时我们发现，$^{59}Fe_2O_3$ 纳米颗粒的肺外靶器官，是那些富含单核吞噬细胞的器官，如肝脏、脾脏、肾脏和睾丸。

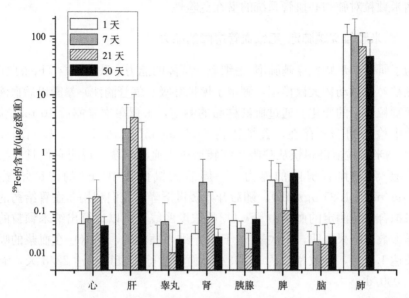

图 8.2　吸入纳米颗粒在组织器官中的分布与代谢。小鼠支气管滴注 $^{59}Fe_2O_3$ 纳米颗粒
后，不同时间点纳米颗粒在组织器官中的含量分布与代谢情况（平均值±SD，$n=8$）

8.1.3　纳米颗粒的肺外转运及代谢动力学

呼吸暴露的纳米颗粒进入体内，首先在肺组织中沉积，其清除速率十分缓
慢。研究过的金属氧化物纳米颗粒中，大部分符合零级消除动力学，即

$$-\frac{dc}{dt} = kc_0 = K \tag{8.1}$$

式中：c 为纳米颗粒的浓度；c_0 为原始暴露浓度；K 为肺部纳米颗粒的清除
速率。

肺组织的重量通常受颗粒物暴露的影响，故采用肺组织中纳米颗粒的总量代
替浓度，因此将上述等式修正为

$$-\frac{dm}{dt} = km_0 = K \tag{8.2}$$

式中：m 为肺中纳米颗粒的量；m_0 为纳米颗粒的原始暴露剂量。

只要检测肺中纳米颗粒的量（纳米颗粒的原始暴露剂量已知），我们就可以
从式（8.2）得到肺部纳米颗粒的清除速率（K 值）。

比如，我们测定了 Fe_2O_3 纳米颗粒在肺部的清除速率，$K = -3.06\ \mu g/d$，

沉积在肺里的纳米颗粒每天只有 3.06 μg 能够被肺清除掉，速度是相当缓慢的（图 8.3）。

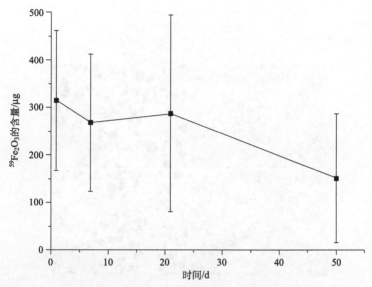

图 8.3　吸入纳米颗粒在肺组织中的清除能力。小鼠支气管滴注 $^{59}Fe_2O_3$ 纳米
颗粒后，$^{59}Fe_2O_3$ 在肺组织中 50 天内的清除曲线（平均值±SD，$n=8$）

在滴注后第 7 天及第 30 天通过病理学检查观察肺泡巨噬细胞对 Fe_2O_3 纳米颗粒的吞噬作用（图 8.4）。直到滴注后第 30 天，被吞噬的 Fe_2O_3 纳米颗粒仍然大量存在于肺泡中而难以清除。在实验所使用的剂量下，Fe_2O_3 纳米颗粒的吸入会引起肺泡巨噬细胞的超载。TEM 结果也显示，Fe_2O_3 纳米颗粒能够逃过肺泡巨噬细胞的吞噬作用而进入肺上皮细胞，如第 30 天纳米颗粒仍然停留在肺上皮细胞中（图 8.5）。

利用体外细胞试验可以帮助理解上述现象。比如，单核细胞（U937）和巨噬细胞（RAW264.7）是研究纳米颗粒吞噬作用最常用的细胞系[7]。通过RAW264.7 细胞对 Fe_2O_3 纳米颗粒的溶解实验，可以对被肺泡巨噬细胞吞噬的 Fe_2O_3 纳米颗粒后的溶解程度进行估测。体外试验的暴露剂量参比大鼠气管内滴注相对于肺泡巨噬细胞的 Fe_2O_3 剂量。48 h 后，只有 0.67%±0.02% 的 Fe_2O_3 纳米颗粒溶解。被血液循环系统中的单核细胞吞噬的 Fe_2O_3 纳米颗粒的溶出度通过 U937 细胞进行估测。细胞密度根据每毫升人血样中单核细胞的数量来选择。结果显示，当纳米颗粒暴露剂量高达 2～20 μg/mL 时，在暴露 6 h 以及 24 h 后，能溶解的纳米颗粒小于 10%（表 8.1）。

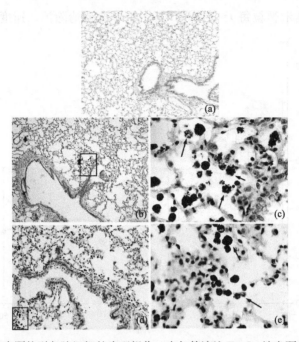

图 8.4　吸入纳米颗粒引起肺组织的病理损伤。支气管滴注 Fe_2O_3 纳米颗粒后，第 7 天及第 30 天小鼠肺组织病理学图片（HE 染色）。(a) 对照组（放大倍数：100）；(b) 滴注后第 7 天肺组织病理（放大倍数：100），黑色方框区域被放大为图片 (c)；(c) 滴注后第 7 天，肺泡巨噬细胞吞噬团聚的纳米颗粒（箭头指示）（放大倍数：400）；(d) 滴注后第 7 天肺组织病理（放大倍数：100），黑色方框区域被放大为图片 (e)；(e) 滴注后第 30 天，肺泡巨噬细胞吞噬纳米颗粒（箭头指示）（放大倍数：400）

表 8.1　Fe_2O_3 纳米颗粒在 U937 细胞中的溶解度

暴露剂量/(μg/mL)	溶解度			
	6 h		24 h	
	Fe 浓度/(ng/mL)	Fe_2O_3溶解比例/%	Fe 浓度/(ng/mL)	Fe_2O_3溶解比例/%
0.2	32.2±12.6	23.0±9.0	141±2	80.7±1.2
2	130±7	9.29±0.53	199±40	11.4±2.3
20	74.1±27.6	0.53±0.20	258±83	1.48±0.48

8.1.4　低剂量长期暴露纳米颗粒的肺部毒性

从肺部清除吸入的纳米颗粒的方式主要考虑以下四种途径[8,9]：①先通过纤毛运动，将呼吸道内的颗粒物经口腔运送进入胃肠道，再由粪便排出；②纳米颗

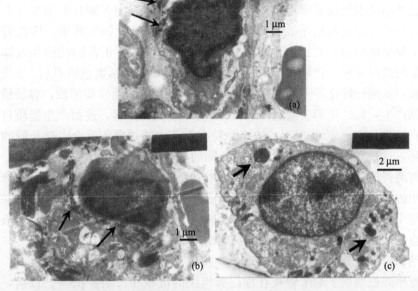

图 8.5　吸入纳米颗粒引起肺组织结构的损伤。支气管滴注 Fe_2O_3 纳米颗粒后，第 7 天及第 30 天小鼠肺组织透射电镜图片。（a）滴注后第 7 天，肺上皮细胞中的 Fe_2O_3 纳米颗粒（箭头）（放大倍数：8000）；（b）滴注后第 30 天，肺上皮细胞中的 Fe_2O_3 纳米颗粒（箭头）（放大倍数：8000）；（c）滴注后第 30 天，Fe_2O_3 纳米颗粒引起肺上皮细胞中的溶酶体增加（箭头）（放大倍数：6000）

粒被肺泡巨噬细胞吞噬溶解后，转运进入血液；③穿透肺泡-毛细血管屏障，进入血液循环；④转运进入淋巴循环。

　　由于小尺寸效应，纳米颗粒很可能穿透肺泡-毛细血管屏障进入血液循环，进而直接影响心血管系统[10~12]。正如前面叙述的，大鼠支气管滴注 Fe_2O_3 纳米颗粒后，10 min 内就能穿透肺泡-毛细血管屏障进入血液，这证明[59]Fe_2O_3 纳米颗粒可以逃过肺泡巨噬细胞的吞噬作用进入血液循环。而在体外的 RAW264.7 细胞溶解实验中，1 h 后也难以检测到 Fe_2O_3 纳米颗粒溶解，证明血液当中检测到的[59]Fe 同位素主要来源于穿过肺泡-毛细血管屏障的[59]Fe_2O_3 纳米颗粒，而不是[59]Fe^{3+}。组织分布结果表明，进入血液循环的[59]Fe_2O_3 纳米颗粒的体内再分布，主要集中于富含单核吞噬细胞的脏器中，这与其他不溶性颗粒物组织分布的共性规律（例如，碳纳米颗粒和二氧化钛纳米颗粒）十分一致[12,13]。

　　Fe_2O_3 纳米颗粒血液代谢动力学曲线符合单室模型，说明 Fe_2O_3 纳米颗粒可以自由地迅速分布于各组织脏器。纳米颗粒的超长半衰期（22.8 天）和极低的清除速率（0.030 $\mu g/d$），表明它们会在体内长期循环，产生蓄积效应。而机

体摄入外源性的 Fe^{3+} 或 Fe^{2+} 后，消除半衰期都在几小时之内，远远短于 22.8 天，这些结果也间接证明溶解产生的离子铁对 Fe_2O_3 纳米颗粒的组织分布和代谢动力学研究的贡献很小。而肾脏中游离的铁离子通过尿液排泄，因此肾脏中的 ^{59}Fe 很可能包含较大比例的离子铁。铁是生物体维持正常的功能和人体健康所必需的微量元素，铁超载会诱发心血管系统疾病，包括血色沉着病、β-地中海贫血和动脉粥样硬化等[2~4]。另外，由于纳米颗粒的表面性质活泼，容易诱发自由基的产生，Fe^{2+} 更容易通过 Fenton 反应产生氧自由基，进而产生脂质过氧化损伤和炎症反应[14~16]。因次，纳米颗粒在血液中的缓慢清除会引起长时间的体内循环，这很有可能成为引起心血管疾病的重要因素之一。

有两种原因可以导致呼吸暴露后纳米颗粒的超长清除半衰期：一是纳米颗粒在肺中沉积，以极缓慢的速度释放，形成一个持久的释放源；二是纳米颗粒在循环系统中可能会逃避单核巨噬细胞的吞噬作用，或被吞噬后难以从细胞中有效清除，也可以造成纳米颗粒在体内的长期循环。

纳米颗粒在肺内沉积时间的增长，将成为其毒性增强的重要因素[17,18]。肺部清除率降低增加了纳米颗粒在深层肺组织的沉积和长期蓄积[19]。以前，关于金属行业的职业暴露的大量研究结果证明，在职业性暴露工作者的肺和其他组织中经常发生金属沉积的现象。例如，煤矿工人肺组织中的铁浓度明显增加[20]，焊接工人等职业人群的肺组织中铁浓度也远高于正常值[21]。这些都是由于纳米颗粒难以从肺部清除的证据。

纳米颗粒一旦从肺转移进入血液循环就会特异地蓄积于它的靶器官。网状内皮系统通常是纳米颗粒肺外转运的靶器官[22~24]。网状内皮系统是人体防御系统的一部分，可以防御外源物质入侵。肺外转运的铁氧化物纳米颗粒主要在肝脏、脾脏、肾脏和睾丸中累积。血液中极长的清除半衰期（22.8 天）和有限的肺清除率（3.06 $\mu g/d$）说明纳米颗粒已经发生了全身蓄积和肺沉积。同时，纳米颗粒逃避单核巨噬细胞吞噬，以及单核巨噬细胞对纳米颗粒容易超载，会降低巨噬细胞的清除功能，这显然是产生毒性的重要因素。高反应活性纳米颗粒的长期暴露（如 Fe_2O_3 纳米颗粒）有可能生成大量自由基和诱发炎症反应，进而损害心血管系统如，已知的血色沉着病、β-地中海贫血和凝血系统紊乱等发病的原因。从前面的研究数据看到，由于吸入纳米颗粒难以从体内清除，呼吸暴露容易导致纳米颗粒在体内的长期蓄积，因而，即使我们生活环境的空气中纳米颗粒含量很低，这种低水平吸入的长期暴露对健康的潜在危害，也是不容低估的。

进一步通过组织病理学观察，验证了吸入纳米颗粒对凝血系统的影响。通过 HE 染色观察发现：在 22 nm 和 280 nm Fe_2O_3 颗粒滴注大鼠后第 7 天和第 30 天，小支气管周围由于炎性细胞聚集形成淋巴滤泡，而且随剂量的增加损伤更加严重。所有实验组都发现肺泡壁增厚,表明早期纤维化形成(图 8.6)。在肺泡中可以观察到颗粒被肺泡巨噬细胞吞噬,并且高剂量(20 mg/kg 体重)暴露引起肺泡巨噬细胞清除超载。在肺泡内,能够观察到炎性细胞(如中性粒细胞、淋巴细胞和嗜酸性粒细胞等)浸润。气管滴注停止后第 30 天,炎症反应仍然继续恶化。组织病理学的表现为:严重的淋巴滤泡增生、毛细血管充血、肺泡脂蛋白沉积和肺气肿。这表明,22 nm 和 280 nm 的 Fe_2O_3 都能引发肺损伤,而且损伤随剂量的增加会愈加严重。表 8.2 概括了病理学变化的严重程度。

表 8.2 吸入纳米颗粒引起肺组织病理变化。支气管滴注 Fe_2O_3 纳米颗粒后,小鼠肺部病理学变化

项目	时间/天	0.8 mg/kg BW		20 mg/kg BW	
		22 nm	280 nm	22 nm	280 nm
淋巴滤泡增生	7	+	+	+++	++
	30	-/+	+	++	+
毛细血管充血	7	+	+ / ++	++	++
	30	++	++	+++	++
肺气肿	7	+	+/++	+++	+++
	30	+	++	++/+++	++++
炎性细胞浸润	7	+	++	++/+++	+++
	30	-/+	+	++	

注:-表示无;+表示弱;++表示中等;+++表示强。

事实上,氧化应激和自由基损伤被认为是纳米颗粒产生生物毒性的重要机制。尤其是对含过渡金属的纳米颗粒,其生成自由基的活性更强。越来越多的实验结果表明[25,26],由过渡金属或其氧化物颗粒暴露造成的呼吸和心血管毒性可能是由活性氧(ROS)和活性氮(RNS)引发的。气管内暴露的纳米和亚微米粒径的 Fe_2O_3 颗粒都能刺激肺组织发生氧化性应激和炎症反应。通过测定 T-GSH、GSH-Px 和 GST 以评价 Fe_2O_3 颗粒暴露后肺组织中的氧化性应激反应。大鼠支气管滴注 Fe_2O_3 颗粒后,肺组织 GSH-Px 和 GST 活性的增加以及 T-GSH 含量的减少,表明肺组织中发生了氧化应激反应。气管暴露后肺组织中 NO 含量的减少可能是由于 NO 和超氧阴离子自由基发生反应造成的。众所周知,ROS 可以与 NO 反应,产生高活性和毒性的过氧亚硝酸阴离子($ONOO^-$)和过氧亚硝酸(ONOOH)等。过氧亚硝酸阴离子又可以与体内分子反应并对脂质、DNA 和蛋白质进行氧化,结果使 NO 含量减少,同时使脂质过氧化程度加剧。在滴注后第 30 天,肺组织 MDA 的显著增加,表明发生了肺部脂质过氧化反应。

无论肺组织的病理观察或是相关的其他实验结果都表明,纳米颗粒容易沉积在肺末端部分并和肺泡大面积接触[27]。病理学和 TEM 图像中也观察到颗粒被肺

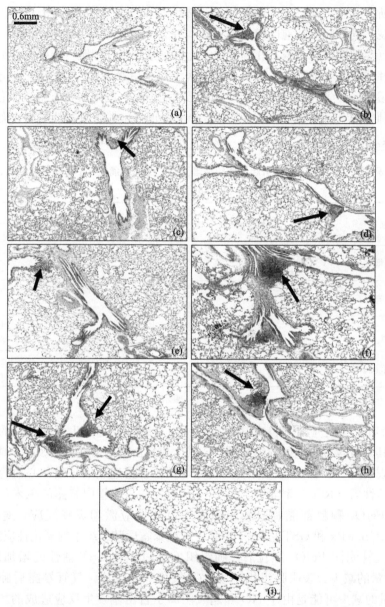

图 8.6　吸入纳米颗粒对肺组织的亚慢性毒性损伤。支气管滴注 Fe_2O_3 纳米颗粒后，第 7 天及第 30 天小鼠肺组织病理学图片。（HE 染色，放大倍数：50）。支气管分支处可见淋巴滤泡增生（箭头）。（a）对照；（b）0.8 mg/kg，22nm Fe_2O_3，7 天组；（c）0.8 mg/kg，22nm Fe_2O_3，30 天组；（d）0.8 mg/kg，280nm Fe_2O_3，7 天组；（e）0.8 mg/kg，280nm Fe_2O_3，30 天组；（f）20 mg/kg，22nm Fe_2O_3，7 天组；（g）20 mg/kg，22nm Fe_2O_3，30 天组；（h）20 mg/kg，280nm Fe_2O_3，7 天组；（i）20 mg/kg，280nm Fe_2O_3，30 天组

泡巨噬细胞吞噬。此外，颗粒还可以穿过肺泡上皮膜进入细胞，使得颗粒很难从肺中清除。此外，上述结果也表明 Fe_2O_3 纳米颗粒暴露很可能对肺泡巨噬细胞和上皮细胞产生刺激。在组织病理学观察中，活化的肺泡巨噬细胞以团簇的形式在肺泡中出现，并发生泡沫化。中性粒细胞、淋巴细胞和嗜酸性粒细胞等炎性细胞发生浸润。比如气管暴露后第 7 天，BALF 中的中性粒细胞和淋巴细胞数量就大量增加，表明肺部发生了炎症反应。此外，颗粒的吞噬作用可以刺激肺泡巨噬细胞释放促炎性细胞因子如白细胞介素 1（IL-1）、白细胞介素 8（IL-8）和肿瘤坏死因子（TNF-α）等，它们可以激活中性粒细胞和嗜酸性粒细胞流入肺泡腔，这与病理学观察研究结果十分一致。活化的中性粒细胞和嗜酸性粒细胞可以大量分泌白三烯、蛋白酶和血小板活化因子（PAF）等，而这些物质都能促成局部组织损伤，因而，大量浸润的炎性细胞使炎症反应更强且持久。气管暴露后很长时间内（第 30 天），都可以观察到肺部发生炎症反应，如淋巴滤泡增生、蛋白渗出、肺毛细血管充血和肺泡脂蛋白沉积病。与此相一致的是，通过测定总蛋白、LDH 和 ACP 活性发现了肺上皮微血管通透性增加和细胞破裂，也表明了 Fe_2O_3 纳米颗粒滴注后肺上皮的损伤。

暴露后大鼠的肺部 TEM 和病理图像出现了巨噬细胞吞噬颗粒的超载情况，虽然巨噬细胞溶酶体增加可加强颗粒清除功能，但是肺泡上皮细胞仍然发生线粒体肿胀和细胞器消失等损伤。更严重的是肺上皮细胞中可以观察到肺泡壁增厚和胶原结构，显示出肺纤维化的早期征兆。滴注后的前几天肺泡壁损伤形成肺气肿，之后仍然不断恶化，这可能是由于肺泡中 Fe_2O_3 颗粒长期的、超负荷的沉积引起的肺通气障碍造成的。BALF 中所有病理学改变与生化学改变表明急性吸入性肺炎发生之后的过程。虽然一些生化指标和氧化性应激指标都恢复到正常水平，但是病理学和 TEM 观察却表明，即使没有反复的颗粒暴露，肺组织炎症和病理损伤也会长时间的持续。

肺泡巨噬细胞、中性粒细胞、嗜酸性粒细胞和上皮细胞的炎症反应能够产生大量细胞因子和 ROS[28]，它们可以引起血中纤维蛋白原含量的增加，并能影响凝血系统。据报道，过渡金属颗粒引发的 ROS 能够引起体内脂质过氧化作用，随后会引起动脉粥样硬化或炎症，这可能会造成纤维蛋白原的形成和血管黏性的增加[29]。以往的研究显示，暴露于空气污染的人群的血黏度、纤维蛋白原和 C 反应蛋白（CRP）水平高出标准值[30,31]。在我们的研究中，在 Fe_2O_3 颗粒暴露组和对照组大鼠之间，虽然不是所有的凝血标志物都有显著差异，但在 Fe_2O_3 颗粒处理的大鼠中观察到 PT 和 APTT 的延长及 FIB 的水平升高。尤其是低剂量 22 nm 的 Fe_2O_3 颗粒滴注的大鼠血浆中，PT 和 APTT 比对照组显著延长，表明 22 nm 尺寸的颗粒可能更易影响凝血过程。相同的观察也曾在以前的研究中被发现，推测其主要原因一方面是由于纳米颗粒的小尺寸特性，滴注后数分钟内纳米颗粒就可以转运进入循环系统进而影响凝血系统[32,33]，以前的研究工作也证明了呼吸暴露的 22nm Fe_2O_3 可以在 10 min 之内穿过肺泡-毛细血管屏障进入血液循环[34]，使得纳米颗粒直接影响凝血系统功能。另一个原因推测还由于小尺寸的纳米颗粒能够引起肺中的氧化应激和炎症，引发了内皮的损伤、膜通透性增加，使得小尺寸纳米颗粒轻易地进入循环系统，促进凝血紊乱[35,36]。在我们的结果中，肺泡灌洗液中的 LDH 含量的升高说明肺泡毛细血管通透性升高，也支持这样的推断。

8.2　呼吸暴露纳米颗粒对肺部损伤的年龄差异

由于流行病学研究表明，心血管疾病的发病率和死亡率的升高与空气中超细颗粒物的浓度上升有密切联系[37~39]。因此，空气中的超细（纳米尺度）颗粒物被认为是危害健康的有害物质。美国环境保护局（The Environmental Protection Agency）公布过的统计数据显示，每年有多达 60 000 的死亡病例与吸入大气中颗粒污染物有关[40]。吸入人体内的颗粒根据其尺寸大小产生不同的生物学和毒理学效应[41,42]，其中纳米尺度的颗粒物（粒径在 0.1~100 nm 内），正如前面章节讨论的那样，由于自身超小尺寸可以穿过呼吸道中的各层保护屏障而随呼吸直达肺泡，并且能够进入淋巴或血液循环[43,44]。同时也发现，吸入超细颗粒物可能会引发一系列的心血管疾病，如心肌梗死[45]、心律失常[46~49]、高血压[50]、脑卒中[51,52]等。

以 SiO_2 为例，它是空气中颗粒污染物的主要组成成分，所占比例可以高达 58.53%[53]。如今纳米尺寸的 SiO_2 颗粒已经实现了工业化生产，并已成为商业化的产品在多个领域被广泛应用。由于纳米 SiO_2 颗粒具有较好的化学稳定性和特殊的表面性质，除了被用于涂料、制漆、造纸中的添加剂外，还被用作化妆品和药物制剂中的辅料。因为纳米 SiO_2 颗粒具有超小的尺寸和较轻的密度，很微小的空气扰动就能将其扬起并分散到空气中，形成易被吸入的超细颗粒污染物。另外，在传统毒理学中，年龄因素是影响毒物生物效应的一个重要因素。通常因为老年人和儿童对大多数毒物较为敏感，被认为是易感人群。众所周知，老年人是心血管疾病的高发人群，由于血管壁弹性下降和外周血循环阻力增加，老年人的心脏负荷增加。冠状动脉粥样硬化的老年患者通常还存在心肌梗死、心律失常和心力衰竭的危害[54]。因此，我们以 SiO_2 纳米颗粒作为研究对象，探讨了由吸入纳米颗粒所带来的健康效应及其机理和对不同年龄水平的敏感性差异。

8.2.1　纳米颗粒引起肺功能生化指标变化的年龄差异

我们用老年、成年和幼年三个年龄段的大鼠为模型，研究了吸入纳米颗粒对呼吸系统损伤的年龄效应。大鼠在 24.1 mg/m³ 的气溶胶浓度下亚急性吸入 SiO_2 纳米颗粒 4 周，每天 40 min。图 8.7 列出了三个年龄段的大鼠吸入 SiO_2 纳米颗粒后，引起的支气管肺泡灌洗液的各项参数的变化。这四项参数的升高可以有效地反映肺部炎症和肺部损伤的情况。其中中性粒细胞比例（%PMN）的升高是一项用于评价肺部炎症比较灵敏的指标；淋巴细胞比例（%Lym）的增加表明发生了由免疫系统介导的炎症反应；灌洗液中总蛋白（TP）含量升高证明由炎症引起的肺泡毛细血管通透性增加；细胞外液中乳酸脱氢酶（LDH）含量升高表明有细胞死亡使细胞质中的 LDH 释放出来。从图 8.7 中可以看出，与各自的对照组相比，三个不同年龄段大鼠的这四项肺部炎症指标在吸入纳米 SiO_2 颗粒后均表现出显著升高（双因子方差分析中，$p < 0.01$）。通过邓肯多重范围检验（Duncan's multiple range test）从统计学上比较不同年龄水平间的敏感性，在不同年龄段，%PMN 和 %Lym 的升高有显著性差异。在相同的暴露条件下，OE（老年实验）组和 YE（幼年实验）组大鼠的这两项指标的增量显著高于 AE（成年实验）组，其中 OE 组增量远高于 YE 组。这些结果表明，由吸入相同量的纳米 SiO_2 颗粒所造成的肺部炎症损伤的敏感性呈现出"老年>幼年>成年"的趋势。

8.2.2 纳米颗粒引起肺组织病理学变化的年龄差异

从上述 SiO_2 纳米颗粒吸入暴露后大鼠支气管肺泡灌洗液的生化参数的变化，显示发生了肺部炎症和肺部细胞损伤，并且这种损伤的敏感性具有年龄差异。组织病理学解剖可以进一步直观地证实和比较肺部损伤的年龄差异。因此，我们对三个年龄水平大鼠暴露组和对照组的肺组织进行了病理学实验。与对照组相比，在经过纳米 SiO_2 颗粒后模型鼠的肺组织都呈现出不同程度的病理变化。支气管周围观察到炎性细胞的浸润（包括淋巴细胞和中性粒细胞），这是机体为清除吸入的外源性颗粒所发生的炎症反应的表现，并且这一病理学变化同样也存在年龄差异。其中老年实验组（OE）在支气管周围的肺组织中观察到大面积的炎性细胞浸润，但是在幼年实验组（YE）和成年实验组（AE）中却只发现了零星的炎性细胞浸润。这表明，吸入纳米 SiO_2 颗粒对老年大鼠的肺部损伤比幼年和成年严重，与支气管肺泡灌洗液参数和血清组胺的分析结果一致，即"老年>幼年>成年"。

8.2.3 纳米颗粒引起肺部损伤的敏感性的年龄差异

呼吸系统炎症是吸入大气超细颗粒物后导致的一种常见毒理学症状。我们吸入纳米颗粒是导致呼吸系统炎症的重要原因。我们对不同年龄段的大鼠吸入纳米 SiO_2 颗粒所引起的呼吸系统炎症反应进行了全面的比较研究，并且发现多数的炎症指标存在年龄敏感性差异。与吸入洁净空气的各年龄对照组相比，虽然三个年龄段的四项 BAL 参数在经纳米 SiO_2 颗粒暴露后均体现出显著升高，但是其中

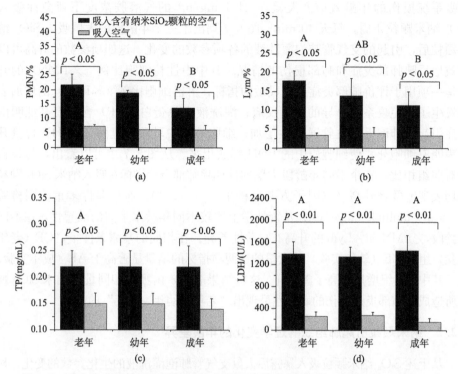

图 8.7　吸入纳米颗粒引起不同年龄大鼠肺急性毒性不同。不同年龄（老年、成年、幼年）大鼠吸入纳米 SiO_2 颗粒后，大鼠肺泡支气管洗液的生化参数的变化情况 p 值代表同一年龄水平暴露组与对照组进行 t 检验的显著性水平；A 和 B 代表邓肯多重范围检验中的邓肯类型（平均值±SD，$n=6$）

老年大鼠的％PMN 和％Lym 的增量要显著高于幼年和成年。随后的组织病理学分析也得到一致的结果：与幼年和成年大鼠相比，暴露后的老年大鼠支气管周围观察到更加严重的炎性细胞（包括中性粒细胞和淋巴细胞）浸润现象。血清中组胺水平变化是评价炎症反应程度的灵敏指标，其暴露后的增量也同样表现出老年↑＞幼年↑＞成年↑的趋势。因此，吸入纳米颗粒引起的呼吸系统损伤，老年个体表现出高于其他年龄组的敏感性，其次是幼年。这表明，纳米颗粒经呼吸系统暴露可能引发呼吸系统疾病，尤其对老人和儿童更具有危害性。

8.2.4　不同年龄段需要不同的毒性评价指标

迄今为止，％PMN、％Lym、TP 和 LDH 已经是公认的用于评价吸入颗粒物所造成肺部损伤的生化指标[55]。在本研究中，我们同样采用这四项生化指标来评价和比较纳米颗粒暴露引起不同年龄段的肺损伤，却发现这些指标在不同年龄段之间的敏感性存在较大的差异。在相同暴露条件下，%PMN 和%Lym 在老年大鼠中表现出更高的敏感性，可清晰地反映出不同年龄段之间的损伤差异；而 TP 和 LDH 的敏感性则较差，无法反映出不同年龄段之间的损伤差异。在随后的肺组织病理学检查和血清的组胺水平测定中，直接证实了肺部损伤的年龄差异。因此，基于%PMN 和%Lym 的结果是可靠的，使用%PMN 和%Lym 作为毒性评价指标更为适合，而 TP 和 LDH 的敏感性较差，从这两个指标得到的结果显然不可靠。这一结果提示一个十分重要的信息：当我们试图评价某种纳米颗粒的毒理学效应的时候，如何选择正确的、合适的指标，对纳米毒理学尤为突出。如果按传统毒理学的评价指标选择，可能导致完全错误的结果。

8.3　呼吸暴露纳米颗粒对心血管系统损伤的年龄差异

上述结果显示，大鼠呼吸暴露纳米颗粒以后，除 TP 和 LDH 之外的其他各项指标的变化敏感性均表现出"老年＞幼年＞成年"的趋势。这说明，老年动物对暴露损伤的敏感性显著高于幼年和成年。由于观察到的系统性炎症和组胺释放可能引发心血管系统疾病，这也预示着吸入纳米颗粒的老年人群，除了造成肺部的直接损伤之外，还可能对心血管系统具有潜在危害。

8.3.1　纳米颗粒引起血清中组胺含量变化的年龄差异

血清组胺水平尽管是用于评价炎症的又一指标，但是组胺释放可能引发心血管系统疾病。从吸入纳米 SiO_2 颗粒对不同年龄段的大鼠血清组胺水平变化的影响（图 8.8）可以看出，在同样的暴露条件下，与各年龄段的对照组相比，老年实验组、成年实验组、幼年实验组的血清组胺浓度分别增长了 24.8%、11.2%、8.9%。通过对不同年龄段的数据进行邓肯多重范围检验分析，老年大鼠因纳米 SiO_2 颗粒暴露而引起的组胺水平升高的敏感性显著高于幼年和成年，呈现出"老年＞成年≈幼年"的趋势。此外，血清中组胺水平的升高也是引发心血管疾病的危险因素。例如，组胺释放与心血管疾病（如心肌梗死和血栓形成）有直接关联[56,57]，组胺水平升高可能导致冠状动脉收缩[58]和血小板活化[59]。因此上述结果也暗示，吸入纳米 SiO_2 颗粒可能对老年动物心血管系统具有更大的潜在危害。

呼吸系统炎症是诱发心血管疾病的危险因素。有研究表明，当吸入的颗粒物与肺上皮细胞相互作用或是被肺泡巨噬细胞吞噬，将产生一些分泌产物（如细胞活素和化学增活素）释放到血液循环系统中，这将进一步诱发系统性炎症[60]。已有证据表明，系统性炎症能加速动脉血管粥样硬化进程，并且促使粥样板块的破裂脱落形成前血栓[61~64]。炎症刺激下将加速 PMN 和 Lym 从骨髓中释放到循环系统中，这些炎症细胞水平的升高在动脉粥样硬化和血栓形成过程中起关键性

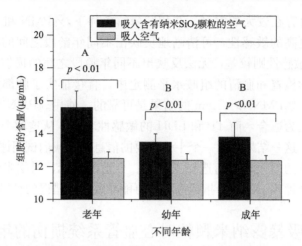

图 8.8　吸入纳米颗粒引起不同年龄大鼠血清生化指标的变化。不同年龄（老
年、成年、幼年）大鼠吸入纳米 SiO₂ 颗粒后，大鼠血清中组胺水平的变化情
况。p 值代表同一年龄水平暴露组与对照组进行 t 检验的显著性水平。A 和 B
代表邓肯多重范围检验中的邓肯类型（平均值±SD，$n=6$）

的作用[65]。PMN 可以通过在血管内粥样硬化处释放蛋白酶和活性氧（ROS），
加速粥样板块的成熟和脱落。Lym 也能通过一系列抗原反应促进粥样板块的成
熟。在本研究中，对于吸入纳米颗粒引起肺部炎症和 PMN 与 Lym 的升高，老
年个体体现出更高的敏感性。值得注意的是，吸入纳米颗粒还能引起一些炎症因
子表达的上调，包括单核细胞趋化蛋白 1（MCP-1）、细胞黏附分子 1（ICAM-
1）、基质金属蛋白酶（MMP），这些炎症因子也将促进粥样板块的破裂和粥样血
栓的形成。另外，从老年人自身体质考虑，由于长期以来血脂在血管内膜上的沉
积形成血管粥样硬化，在炎症的刺激下老年人更容易引起粥样板块的破裂脱落和
血栓形成。

　　组胺是炎症反应的一个重要产物，组胺通过与专属受体（H1、H2 和 H3）
的结合来实现免疫调节[66~68]。炎症引起的血液中组胺水平升高也具有诱发心血
管疾病的潜在危险，因为它可能引起冠状动脉收缩[58]和血小板活化[59]，进而导
致心肌梗死和血栓形成。在本研究中也发现，吸入纳米颗粒后同样引起血清中组
胺浓度的升高，并且同样体现出"老年＞幼年＞成年"的趋势。这也预示着吸入
纳米颗粒对老年人群更具危害性，除了造成肺部的直接损伤之外，还对心血管系
统具有潜在的危害。

8.3.2　纳米颗粒引起心肌缺氧的年龄差异

　　Nagar-Olsen's 染色是专属用于诊断心肌缺氧的病理学检查方法，经此法染

色后，正常心肌细胞呈现黄棕色，而缺氧的心肌细胞则呈艳红色。应用这一病理学方法，我们对经 SiO_2 纳米颗粒暴露后不同年龄段的大鼠所表现出心肌缺氧的程度进行比较。在相同的暴露条件下，幼年实验组（YE）和成年实验组（AE）并没有表现出心肌缺氧，其病理显微图像中与各自对照组（YC 和 OC）相比并无明显的差异；但是暴露后的老年大鼠的心肌组织表现出大面积的缺氧症状。结果表明，与幼年和成年相比，老年大鼠在吸入 SiO_2 纳米颗粒后更容易引起心肌细胞的缺氧损伤。

心肌缺氧的可能原因之一，是血液运载氧能力下降。因此，我们对经纳米 SiO_2 颗粒暴露的大鼠进行血气和血常规分析，以评价吸入纳米 SiO_2 颗粒对血液载氧能力的影响（表 8.3）。结果表明，动脉血氧分压并没有因纳米 SiO_2 颗粒暴露而降低。此外，与载氧能力相关的各项参数与相应对照组相比也没有明显的变化。由此证明，吸入纳米 SiO_2 颗粒后引发大鼠心肌缺血并不是由于血液载氧能力削弱造成的。

表 8.3　不同年龄(老年、成年、幼年)大鼠吸入 SiO_2 纳米颗粒后，大鼠的血气和血常规分析结果比较

项目	PaO_2/mmHg	RBC/($\times 10^{12}$/L)	HCT/(L/L)	HGB/(g/L)	MCV/fL	MCHC/(g/L)
YE	105.7±12.3	7.16±0.87	40.6±5.0	125±15	57.9±1.0	352±18
YC	99.5±2.3	7.60±0.40	41.4±3.5	137±11	57.8±2.2	331±14
AE	112.6±15.8	7.48±0.62	40.9±4.0	137±7	57.7±1.3	344±6
AC	110.5±8.9	7.26±0.67	42.6±3.3	138±10	57.1±1.4	340±11
OE	95.3±5.2	7.72±0.41	41.5±3.0	137±7	53.1±1.9	336±7
OC	91.2±4.8	7.96±0.33	41.5±3.0	139±10	53.7±0.2	333±15

注：对每个年龄水平的试验组与对照组进行 t 检验，均未体现出显著性差异。YE 表示幼年暴露组；YC 表示幼年对照组；AE 表示成年暴露组；AC 表示成年对照组；OE 表示老年暴露组；OC 表示老年对照组。PaO_2 表示 O_2 分压；RBC 表示红细胞；HCT 表示红细胞压积；HGB 表示血红蛋白；MCV 表示红细胞平均压积体积；MCHC 表示平均红细胞血红蛋白含量。$1\ mmHg = 1.333\ 22 \times 10^2\ Pa$。

8.3.3　纳米颗粒引起心肌细胞损伤的年龄差异

血清中心肌肌钙蛋白 T（cTnT）的水平，是一项反映心肌损伤的灵敏指标。在正常情况下 cTnT 存在于心肌细胞的胞质中，只有当心肌细胞完整性受到破坏时 cTnT 才会被释放到血浆中。因此，检测血清中 cTnT 水平，也是临床上用于诊断急性心肌缺血和心肌细胞损伤的重要指标。

为了定量比较由于吸入纳米 SiO_2 颗粒对不同年龄大鼠所造成的心肌细胞损伤，我们对暴露大鼠的血清中 cTnT 的含量进行了跟踪测定和比较分析

（图 8.9）。通过对不同年龄段的测试数据进行邓肯多重范围检验分析，结果发现，纳米 SiO_2 颗粒暴露的老年大鼠血清中 cTnT 水平升高的敏感性，显著高于幼年和成年实验组。老年实验组（OE）的 cTnT 水平比其对照组（OC）升高了 48.1%。在幼年和成年动物中，虽然暴露组比其对照组也略有升高（8.2% 和 5.0%），但是在 t 检验中并没有表现出有统计学意义的差异（$p > 0.05$）。这表明，在相同的暴露条件下，吸入相同纳米 SiO_2 颗粒对老年大鼠心肌细胞造成损伤，远比对幼年和成年鼠的损伤更严重。

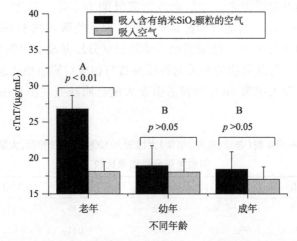

图 8.9　不同年龄大鼠吸入纳米 SiO_2 颗粒后，大鼠血清中组胺水平的变化情况。p 值代表同一年龄水平暴露组与对照组进行 t 检验的显著性水平；A 和 B 代表邓肯多重范围检验中的邓肯类型（平均值 ±SD，$n = 6$）

8.3.4　纳米颗粒引起房室传导阻滞的年龄差异

上述病理学和生化指标结果的结果表明，吸入暴露纳米 SiO_2 颗粒更易引起老年大鼠心肌细胞损伤。心肌细胞的损伤必然影响心肌的正常生理功能，我们因此测定了各实验组的动物心电图。分析发现，三个年龄段的对照组（YC、AC 和 OC）的动物都表现出正常的窦性心律，同一个体 P 波与 R 波之间保持相当固定不变的间期，节律间的偏差不超过 2 ms。个体间 P-R 间期在 43～57 ms 内。纳米 SiO_2 颗粒暴露以后的幼年实验组（YE）和成年实验组（AE）大鼠的心电图中也没有观察到任何异常心律出现。但是，在老年实验组（OE）中，有 5 只（83.3%）大鼠出现了 I 型文氏心律，P-R 间期进行性的延长，直到出现一次 R 波消失。I 型文氏心律是心脏房室传导阻滞的表现，因为来自心房的兴奋在传导的过程中受到阻滞，达到心室的兴奋比正常节律晚，当迟到的兴奋刚好落在心室细胞绝对不应期的时候就将出现一次漏搏。文氏心律常见于由心肌缺氧和急性心梗所致的房室传导阻滞，正是因为吸入纳米 SiO_2 颗粒引起了老龄大鼠心肌细胞的损伤，从而影响了心房与心室间兴奋的传导性，所以，这可能是仅在老年组中观察到文氏心律，而在其他实验组中没有的原因。

8.3.5　纳米颗粒引起血液流变学变化的年龄差异

由于全血中有多种血细胞存在，从流变学上说，全血属于非牛顿流体，在不同切变率条件下表现出不同的表观黏度。对于幼年和成年鼠来说，纳米 SiO_2 颗粒保留并未引起全血黏度的变化，其流变学曲线与对照组基本重合，各切变率下的黏度没有显著变化。但是对于老年大鼠，纳米 SiO_2 颗粒暴露却能引起 η_b 升高，尤其是在较低切变率下。1/s 的 η_b 由 21.5 mPa · s ± 1.2 mPa · s 升高到 51.8 mPa · s ± 7.4 mPa · s；5/s 的 η_b 由 11.9 mPa · s ± 0.4 mPa · s 升高到 18.0 mPa · s ± 1.91 mPa · s；30/s 的 η_b 由 6.1 mPa · s ± 0.2 mPa · s 升高到 8.8 mPa · s ± 0.51 mPa · s。与全血相比，血浆可以视为是牛顿流体，血浆黏度（η_p）不随切变率的变化而变化。经纳米 SiO_2 颗粒暴露后，不同年龄大鼠血浆黏度的变化同样表现出年龄依从性（图 8.10）。暴露没有引起幼年和成年 η_p 的变化，却引起了老年大鼠 η_p 的显著升高。

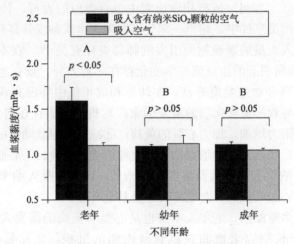

图 8.10　不同年龄大鼠吸入纳米 SiO_2 颗粒后，大鼠血浆黏度的变化情况。p 值代表同一年龄水平暴露组与对照组进行 t 检验的显著性水平；A 和 B 代表邓肯多重范围检验中的邓肯类型（平均值 ± SD，$n = 6$）

随后对影响血液黏度的三个主要因素（FIB、TG、TCHO）分别进行了分析和评价。结果表明，纳米 SiO_2 颗粒暴露没有引起老年大鼠血液中 TG 和

TCHO水平的升高（$p > 0.05$），各年龄水平间敏感性也没有表现出显著差异，但是引起了老年大鼠FIB的水平显著提升（$p < 0.05$），这说明FIB水平升高可能是引起老年大鼠血黏度升高的直接原因。

纤维蛋白原（FIB）是肺部炎症急性相的产物蛋白之一。当组织受损时，在炎症的刺激下，肝实质细胞合成的FIB增加，并释放到血液中，使得血液中FIB浓度升高[69]。FIB分子是一个具有长链的糖蛋白二聚体，能增加细胞间的黏附性并促使红细胞的聚集。血液中FIB浓度的变化将对血液黏度、凝血、血细胞黏附性、血小板聚集性等方面造成影响[70]。其中对血液流变学性质的影响最为显著，并且可能引发多种缺血性心脏疾病，如心肌梗死和血栓性脑卒中[71,72]。在本研究中，亚急性吸入纳米SiO_2颗粒后，老年大鼠表现出更严重的炎症反应，因此血液中FIB浓度的升高仅在老年染毒组中被观察到。吸入纳米SiO_2颗粒还造成了老年大鼠低切变率（$1 \sim 30/s$）的全血黏度升高，这表明体内发生了红细胞聚集。这可能进一步引发心肌细胞缺氧性损伤，因为红细胞的聚集可能削弱在心肌组织中的气体交换，直接在冠脉的微循环内形成栓塞。

在2000年的一份流行病学调查报告中，科学家对英国伦敦大气污染与市民健康状态进行了相关性研究。结果发现，空气中的可吸入颗粒污染物与心血管疾病的发病率有很大的关联，其中主要原因可能是肺部的炎症反应引起了血液中FIB浓度的升高[73]。在另一流行病学研究中也有类似的发现，1985年在欧洲暴发的大规模空气污染事件中，相当一部分市民出现血浆黏度升高和血液流变学异常，这同样与吸入大量的颗粒物而引发的肺部炎症有关[74]。在本研究中，因吸入纳米SiO_2颗粒所引起的血液流变学变化存在年龄差异，仅在老年大鼠中观察到血FIB浓度升高和血液黏度升高，在幼年和成年鼠中并没有观察到异常。血液黏度的升高是导致心血管疾病的重要因素，对机体健康存在诸多方面的危害：①导致血流外周阻力增加，加大心脏的负荷；②减少对冠状动脉的血液灌流，容易造成心肌缺血；③血液黏度增高加大了血栓形成的危险；④心肌梗死通常也会引起急性的FIB浓度升高，从而形成恶性循环。因此，吸入纳米颗粒更容易在老年群体中引发心血管病，对老年群体更具危害性。

另外，由于多重原因，老年人本身也是心血管疾病的高发人群[54]。①动脉粥样硬化，由于长期以来血脂在血管壁内侧的沉积，尤其是低密度脂蛋白（LDL）和极低密度脂蛋白（VLDL）的沉积，造成血管狭窄并且使得血管壁弹性下降。②心脏负荷加大，血管外周阻力增加和钠水潴留所导致的血压升高大大增加了心肌收缩的负担，多数老年高血压患者都伴有心功能不全。③血栓，血液黏度升高和粥样板块的脱落容易在血液循环中形成微小血栓，当血栓在冠脉微循环中形成栓塞时将造成心肌的缺血性损伤，从而导致心肌梗死、心律失常、心力衰竭等。

8.4　呼吸暴露纳米颗粒对凝血系统的影响

前面我们已经讨论了吸入的 Fe_2O_3 纳米材料的肺部清除速率十分缓慢的现象。这些纳米颗粒会在肺部长期沉积并且进入肺泡上皮细胞，难以清除。因此，吸入暴露是一种长期反复的暴露途径，因此难以清除就容易产生蓄积毒性，而且可能缓慢释放不断进入血液，对血液造成长期的反复暴露，从而引发各种疾病，尤其是血液系统[34]。

8.4.1　吸入纳米颗粒导致的氧化应激反应

在低剂量（0.8 mg/kg 体重）气管滴注 22 nm 和 280 nm 的 Fe_2O_3 颗粒后第 1 天，谷胱甘肽过氧化物酶（GSH-Px）的活性显著增加（图 8.11）。高剂量（20 mg/kg 体重）气管滴注后，22 nm 组大鼠的 GSH-Px 的活性随时间而逐渐增加，而 280 nm 组大鼠气管滴注后第 1 天的 GSH-Px 活性迅速增加。

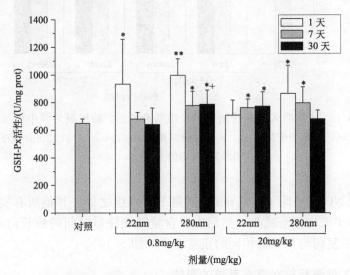

图 8.11　吸入纳米颗粒引起的氧化应激反应。大鼠气管滴注低剂量的 Fe_2O_3 纳米颗粒后，大鼠肺组织匀浆中谷胱甘肽过氧化物酶（GSH-Px）活性变化情况。*和对照组相比 $p < 0.05$；**和对照组相比 $p < 0.01$。+和 22nm 组相比 $p < 0.05$
（平均值±SD，$n = 6$）

大鼠低剂量（0.8 mg/kg 体重）气管滴注 Fe_2O_3 纳米颗粒后第 1 天，22 nm 和 280 nm 组肺中谷胱甘肽转硫酶（GST）活性都显著降低，但在第 7 及第 30 天显著增加。然而，在高剂量下，22 nm 的 Fe_2O_3 颗粒滴注后第 1 天 GST 显著提高，而 280 nm 组的 GST 无明显变化。22 nm 和 280 nm 组大鼠滴注后第 1 到第 7 天总谷胱甘肽（T-GSH）的含量都显著减少，在第 30 天恢复至正常水平。

如图 8.12 所示，22 nm（20 mg/kg 体重）和 280 nm（0.8 mg/kg 体重及 20 mg/kg 体重）Fe_2O_3 暴露组大鼠肺中的丙二醛（MDA）含量随时间呈显著性增加。在第 30 天，除了以低剂量滴注 22nm Fe_2O_3 的大鼠之外，所有大鼠肺组织的 MDA 含量都显著增加（$p < 0.05$），说明肺组织发生了脂质过氧化损伤。

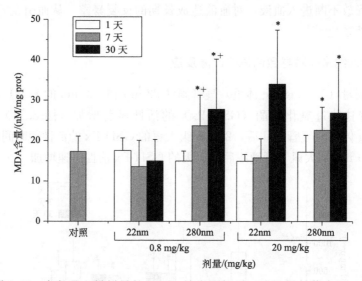

图 8.12　大鼠吸入低剂量的 Fe_2O_3 纳米颗粒后，肺组织匀浆中丙二醛（MDA）含量的变化情况。＊和对照组相比 $p < 0.05$。＋和 22 nm 组相比 $p < 0.05$（平均值±SD，$n = 6$）

肺组织 NO 水平除了 280 nm 高剂量 Fe_2O_3 组之外，其他所有实验组大鼠在滴注后第 1 天均显著减少，然后 NO 含量随滴注后时间的延长而逐渐升高，在第 30 天恢复到与对照组相同的正常水平（图 8.13）。

8.4.2　吸入纳米颗粒对凝血系统的影响

用以评价凝血系统功能的典型指标有凝血酶原激活时间（PT）、部分凝血酶原激活时间（APPT）及纤维蛋白原含量（FIB）。我们对纳米颗粒暴露后大鼠血浆中的这些生化指标的测定结果显示，气管滴注后第 30 天，22 nm Fe_2O_3 处理的大鼠血浆 PT 和 APTT 显著高于对照组。在 280nm Fe_2O_3 滴注的大鼠体内观察到的 FIB 含量却变化轻微（表 8.4）。

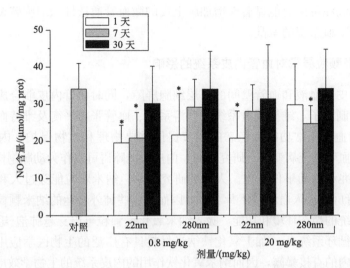

图 8.13　大鼠吸入低剂量的 Fe_2O_3 纳米颗粒后，肺组织匀浆中一氧化氮
（NO）含量 的变化情况。* 和对照组相比 $p < 0.05$（平均值±SD，$n=6$）

表 8.4　大鼠吸入低剂量的 Fe_2O_3 纳米颗粒后，凝血酶原激活时间（PT）、部分凝
血酶原激活时间（APPT）及纤维蛋白原含量（FIB）（平均值±SD，$n=6$）。
* 和对照组比 $p < 0.05$，** 和对照组比 $p < 0.01$

项目		对照	0.8 mg/kg BW		20 mg/kg BW	
			22 nm	280 nm	22 nm	280 nm
PT/s	7 天	14.34±0.90	14.78±1.13	14.93±0.86	14.64±0.92	15.02±0.63
	30 天		15.44±0.96 *	15.62±0.85 *	14.48±0.96	14.73±0.87
APPT/s	7 天	17.46±1.86	19.88±3.63	18.87±1.77	19.92±1.36 *	17.78±1.98
	30 天		21.13±2.22 **	18.00±1.44	19.50±1.63	18.43±4.73
FIB /(mg/dL)	7 天	213.4±48.5	213.0±40.5	256.9±40.0	220.7±41.3	248.0±39.4
	30 天		204.7±29.9	230.5±33.3	197.2±29.6	220.8±45.8

　　总之，通过大鼠气管内滴注（模拟呼吸暴露）22 nm 纳米和亚微米（280 nm）粒径的 Fe_2O_3 纳米颗粒，结果证明纳米及亚微米粒径的 Fe_2O_3 颗粒呼吸暴露后都能引起急性肺损伤，引发肺组织的氧化应激。高剂量暴露后肺中纳米颗粒引起肺泡巨噬细胞的吞噬发生超载，未被吞噬的颗粒进入肺泡上皮，表明纳米颗粒可能被上皮细胞内吞并更难被清除出肺脏。肺泡巨噬细胞和肺上皮细胞中颗粒的长期超负荷能造成肺气肿的病理学症状和肺纤维化的前兆，并且相比亚微米等大尺度的颗粒物，纳米 Fe_2O_3 颗粒的安全性更值得关注。研究结果显示，纳米 Fe_2O_3

颗粒气管内滴注可能更能显著性增加肺上皮的微血管通透性和细胞破裂,并能更显著地引起凝血系统的紊乱。

8.4.3　纳米颗粒暴露对血管内皮系统的影响

血管内皮是血液和血管壁间的单层细胞屏障,同时血管内皮能合成和分泌激活因子及抑制因子,维持凝血系统、纤溶系统、血管张力平衡及维持血管的完整性[75,76],为血管正常功能和稳态的调节提供重要物理和生物保护。内皮功能障碍可导致心血管系统病变。有研究表明,内皮功能障碍可以作为动脉粥样硬化及其并发症的前兆和启动事件[77,78]。大量的研究证明,纳米颗粒能穿过人和动物的肺泡-毛细血管屏障进入血液循环[11, 79,80],因而,这些肺外转运的纳米颗粒很可能会影响内皮系统的稳态环境和功能。吸入纳米氧化铁颗粒可以穿越肺泡-毛细血管屏障进入血液循环系统[34],加上氧化铁纳米材料具有广泛的生物医学应用前景,可能涉及血管内的直接暴露,因而纳米氧化铁作用的内皮系统的生物学效应尤为值得关注。此外,由于纳米铁材料中铁离子释放引起的毒性也是很重要的方面。

细胞活力的研究结果表明,暴露于 Fe_2O_3 和 Fe_3O_4 纳米颗粒后的 HAECs 出现的细胞活力明显降低(图 8.14)。同样,暴露于 Fe_2O_3 和 Fe_3O_4 纳米颗粒后的 U937 细胞也出现细胞活力的显著降低。所有暴露于 Fe_2O_3 和 Fe_3O_4 纳米颗粒和 $FeCl_3$ 的细胞毒性有显著的剂量-效应关系。

导致细胞(U937)产生氧化应激只需要 10 min,在很短的时间内,纳米颗粒暴露就生成大量的 ROS(图 8.15)。在超过 $20~\mu g/mL$ 的剂量下,暴露 6 h 后仍能观察到 ROS 持续增加。而 $FeCl_3$ 离子对照组,在最低剂量 $4~\mu g/mL$ 的暴露下,10 min 后即可观察到 ROS 显著增加并一直持续至 6 h。

另外,纳米颗粒暴露会刺激 HAECs 分泌 NO(图 8.16)。同时,一氧化氮合酶(NOS)的活性也相应增高。NOS 活性在暴露后的 2 h 显著增高,但在暴露后的 24 h 降到正常水平。NOS 活性和 NO 的升高水平在相对低剂量下更为显著。

如果直接将氧化铁纳米颗粒暴露于 HAECs 细胞中,可导致一系列的细胞损伤。TEM 结果显示,Fe_2O_3 和 Fe_3O_4 纳米颗粒均能顺利地通过 HAECs 细胞膜,并储留于囊泡中,引起线粒体肿胀、线粒体嵴的减少、消失及空泡化现象。内皮细胞活力的降低可能导致内皮完整性的丧失以及血管通透性增加,从而促使巨噬细胞和单核细胞迁移进入血管内[81]。以前的研究显示,HAECs 暴露于纳米颗粒可以引起 ICAM-1 和 VCAM-1 增加[82]。我们在纳米毒理学研究中也同样观察到单核细胞黏附于血管内皮并伴随 ICAM-1 的表达上调。趋化因子,如 IL-8 和单核细胞趋化蛋白(MCP-1)能调节单核细胞穿过血管内皮屏障迁移至内皮下层[83]。相应的,单核细胞对 HAECs 黏附的显著增加和 IL-8 的分泌,表明在体内环境下,单核细胞可能会从体内其他部位被募集和迁移至内皮下的内膜层,并

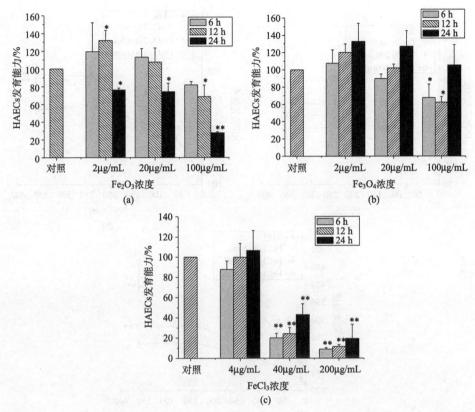

图 8.14　Fe_2O_3 纳米颗粒（a）、Fe_3O_4 纳米颗粒（b）和 $FeCl_3$（c）与 HAECs 细胞作用 6 h，12 h，24 h 后，引起细胞活力的变化。* 和对照组比 $p < 0.05$；** 和对照组比 $p < 0.01$

从单核细胞分化成巨噬细胞。一旦内皮下富集大量脂质过氧化物如低密度脂蛋白等，迁移的巨噬细胞会吞噬脂质形成泡沫细胞，然后作为早期动脉粥样硬化的标志形成动脉粥样硬化斑块的核心[84]。

由于纳米颗粒具有的巨大比表面积和高氧化-还原活性，很可能是诱导活性氧自由基（ROS）和活性氮自由基（RNS）生成的基础[25,26]。内源性 NO 和 NOS 活性的增加表明，纳米颗粒的暴露可以刺激 NOS 活性应激性升高，合成更多的一氧化氮。而大量自由基进攻氧化低密度脂蛋白（LDL）/脂质正是早期动脉粥样硬化斑块形成的重要事件[85,86]。例如，氧化铁纳米颗粒在肺内暴露可产生氧化应激和脂质过氧化[16]，以及增加 HAECs 内的 NO 水平。因此，一旦在体内单核细胞募集和迁移至内皮下层，动脉粥样硬化脂蛋白的富集就容易形成动脉粥样硬化斑块的核心。这与流行病学研究中 $PM_{2.5}$ 从 10 $\mu g/m^3$ 上升到 20 $\mu g/m^3$ 伴随 5.9% 和 12.1% 的动脉粥样硬化的增长的结果十分吻合[87]。Suwa

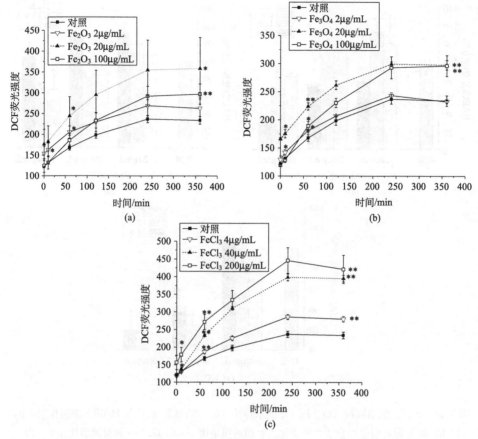

图 8.15　Fe_2O_3 纳米颗粒（a）、Fe_3O_4 纳米颗粒（b）和 $FeCl_3$（c）与 U937 细胞作用 6 h 后
产生的活性氧自由基（ROS）水平。＊和对照组比 $p < 0.05$；＊＊和对照组比 $p < 0.01$

等报道了类似的研究成果，即 PM_{10} 可导致兔的冠状动脉和主动脉粥样硬化，并
成为一个导致心肌梗死（MI）和心脏病发作的根本原因[88]。

　　单核细胞是抵御外源性物质的重要免疫细胞，纳米 Fe_2O_3 和 Fe_3O_4 颗粒被
单核细胞吞噬后可能因为溶酶体内的低 pH 而被离子化。在低剂量下，大多数的
氧化铁纳米颗粒被 U937 吞噬并溶解。但是当剂量上升到 20 $\mu g/mL$ 时，暴露
24 h 后尽管溶解的颗粒物的数量有所增加，但溶解部分占总颗粒数的比例仅仅小
于 1.5%。吞噬功能超载的单核细胞可能会因为溶酶体酶的释放而死亡和裂解。
在 U937 细胞活力和吞噬功能降低的情况下，吞噬的纳米颗粒可能被释放并再次
直接与内皮细胞相互作用。在吞噬和溶酶体降解过程中，呼吸暴发会引起 ROS
和 RNS 的增加（图 8.15 和图 8.16），会导致内皮系统损伤和加剧心血管损伤。

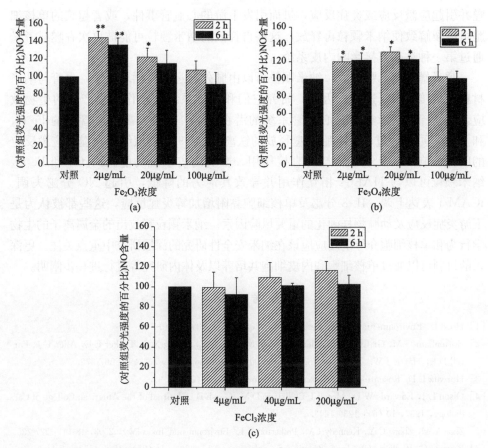

图 8.16　Fe_2O_3 纳米颗粒 (a)、Fe_3O_4 纳米颗粒 (b) 和 $FeCl_3$ (c) 与 HAECs 细胞作用 2 h 和 6 h 以后，细胞内 NO 水平的变化。* 和对照组比 $p < 0.05$；** 和对照组比 $p < 0.01$

同时，由于单核细胞的溶解释放的铁离子（Fe^{2+} 或 Fe^{3+}）具有很高的高催化活性，可通过 Fenton 反应产生羟自由基[89]。随后，这些自由基氧化 LDL 和脂质，可能引发内皮系统严重的氧化损伤和病理改变[90]。已有研究表明，在动脉粥样硬化患者和实验动物的粥样斑块中可以发现铁蛋白伴随的铁沉积[91]。在我们的结果中，$FeCl_3$ 能产生比氧化铁纳米颗粒更严重的细胞毒性损伤。综合以上结果提示，纳米颗粒即使伴随微量的颗粒物溶解，都很可能引发下游更加严重的心血管病理的恶化，并加速动脉粥样硬化的进展。

根据上述研究结果，呼吸暴露或者静脉内直接应用的氧化铁纳米颗粒对内皮系统功能的影响，可能通过以下三种生物学途径：①纳米颗粒逃避吞噬作用直接作用于内皮细胞层；②纳米颗粒首先被单核细胞吞噬，然后通过吞噬溶酶体溶解出的游离铁离子（亚铁离子）影响内皮细胞功能；③纳米颗粒首先被单核细胞吞噬并引起应激反应或炎症反应，进而引发下游的心血管事件，或者超载的单核细胞可能裂解致使纳米颗粒再释放，这些再释放的纳米颗粒可能被再次吞噬或者又通过第一种途径直接影响内皮系统。

　　呼吸暴露纳米颗粒后，纳米颗粒可以由肺外转运进入循环系统，血管与纳米材料直接接触不可避免。因此，研究它们和内皮系统直接作用后产生的生物效应，进而探讨纳米材料对心血管系统的潜在影响，十分重要。血管内的 Fe_2O_3 和 Fe_3O_4 可以通过单核细胞吞噬释放的铁离子、U937 单核细胞吞噬和应激反应的间接影响，以及纳米颗粒的直接作用，影响内皮系统功能。Fe_2O_3 和 Fe_3O_4 纳米颗粒可以与 HAECs 相互作用并导致其活力的降低，引起 NO 分泌失调、ICAM-1 表达上调、IL-8 分泌及单核细胞黏附增加等炎症反应，这些都被认为是下游炎症反应及动脉粥样硬化的重要风险因素。纳米颗粒释放出的金属离子的生物学行为和单核细胞介导的反应应该在纳米安全性研究的深层研究中重点关注。更深入的机制可以通过单核细胞和内皮细胞共培养以及体内研究等进行进一步阐明。

参 考 文 献

[1] Hood E. Environmental Health Perspectives, 2004, 112 (13): A740-749.

[2] Brittenham G M, Griffith P M, Nienhuis a W, Mclaren C E, Young N S, Tucker E E, Allen C J, Farrell D E, Harris J W. The New England Journal of Medicine, 1994, 331 (9): 567-573.

[3] Horwitz L D, Rosenthal E A. Vascular Medicine, 1999, 4 (2): 93-99.

[4] Olson L J, Edwards W D, Mccall J T, Ilstrup D M, Gersh B J. Journal of the American College of Cardiology, 1987, 10 (6): 1239-1243.

[5] Zhou Y M, Zhong C Y, Kennedy I M, Pinkerton K E. Environmental Toxicology, 2003, 18 (4): 227-235.

[6] Berry C C, Wells S, Charles S, Curtis a S G. Biomaterials, 2003, 24 (25): 4551-4557.

[7] Geiser M, Casaulta M, Kupferschmid B, Schulz H, Semmler-Behnke M, Kreyling W. American Journal of Respiratory Cell and Molecular Biology, 2008, 38 (3): 371-376.

[8] Oberd Rster G. Journal of Aerosol Medicine, 1988, 1 (4): 289-330.

[9] Takenaka S, Karg E, Roth C, Schulz H, Ziesenis A, Heinzmann U, Schramel P, Heyder J. Environmental Health Perspectives, 2001, 109 (Suppl 4): 547-551.

[10] Kato T, Yashiro T, Murata Y, Herbert D C, Oshikawa K, Bando M, Ohno S, Sugiyama Y. Cell and Tissue Research, 2003, 311 (1): 47-51.

[11] Geiser M, Rothen-Rutishauser B, Kapp N, Schürch S, Kreyling W, Schulz H, Semmler M, Im Hof V, Heyder J, Gehr P. Environmental Health Perspectives, 2005, 113 (11): 1555-1560.

[12] Oberdorster G, Sharp Z, Atudorei V, Elder A, Gelein R, Lunts A, Kreyling W, Cox C. Journal of Toxicology and Environmental Health Part A, 2002, 65 (20): 1531-1543.

[13] Wang J, Zhou G, Chen C, Yu H, Wang T, Ma Y, Jia G, Gao Y, Li B, Sun J. Toxicology Letters, 2007, 168 (2): 176-185.

[14] Brown D M, Wilson M R, Macnee W, Stone V, Donaldson K. Toxicology and Applied Pharmacology, 2001, 175 (3): 191-199.

[15] Kuschner W G, Wong H, Dalessandro A, Quinlan P, Blanc P D. Environmental Health Perspectives,

1997, 105 (11): 1234-1237.

[16] Zhu M T, Feng W Y, Wang B, Wang T C, Gu Y Q, Wang M, Wang Y, Ouyang H, Zhao Y L, Chai Z F. Toxicology, 2008, 247 (2-3): 102-111.

[17] Park S S, Wexler A S. Journal of Aerosol Science, 2007, 38 (5): 509-519.

[18] Scheuch G, Stahlhofen W, Heyder J. Journal of Aerosol Medicine, 1996, 9 (1): 35-41.

[19] Gehr P, Schürch S, Berthiaume Y, Hof V I M, Geiser M. Journal of Aerosol Medicine, 1990, 3 (1): 27-43.

[20] Hewitt P J. Environmental Geochemistry and Health, 1988, 10 (3): 113-116.

[21] Kalliomaki K, Kalliomaki P L, Moilanen M. A mobile magnetopneumograph with dust quafity sensing. In Proceedings of the International Conference on Health Hazards and Biological Effects of Welding Fumes and Gases. Stern R M, Berlin A, Fletcher A, Hemminki K, Jarvisalo J, Peto J eds. Amsterdam, Excerpta Medica: 1986: 215.

[22] Chen J, Tan M, Nemmar A, Song W, Dong M, Zhang G, Li Y. Toxicology, 2006, 222 (3): 195-201.

[23] Kim J S, Yoon T J, Yu K N, Kim B G, Park S J, Kim H W, Lee K H, Park S B, Lee J K, Cho M H. Toxicological Sciences, 2006, 89 (1): 338-347.

[24] Park S H, Gwon H J, Shin J. Journal of Labelled Compounds and Radiopharmaceuticals, 2006, 49 (13): 1163-1170.

[25] Simeonova P P, Luster M I. American Journal of Respiratory Cell and Molecular Biology, 1995, 12 (6): 676-683.

[26] Chao C C, Park S H, Aust A E. Archives Of Biochemistry And Biophysics, 1996, 326 (1): 152-157.

[27] Brown L M, Collings N, Harrison R M, Maynard a D, Maynard R L. In: Ultrafine Particles in the Atmosphere. Brown L M. ed. Imperial College Press 57 shelton Street Coven! Garden Lendon WC-ZH9HE, 2000: 358, 2563-2565.

[28] Donaldson K, Stone V, Gilmour P S, Brown D M, Macnee W. Physical and Engineering Sciences, 2000, 358 (1775): 2741-2749.

[29] Srensen M, Autrup H, M Ller P, Hertel O, Jensen S S, Vinzents P, Knudsen L E, Loft S. Mutation Research-Reviews in Mutation Research, 2003, 544 (2-3): 255-271.

[30] Seaton A, Godden D, Macnee W, Donaldson K. The Lancet, 1995, 345 (8943): 176-178.

[31] Berry J P, Arnoux B, Stanislas G, Galle P, Chretien J. Biomedicine, 1977, 27 (9-10): 354-357.

[32] Heckel K, Kiefmann R, Dorger M, Stoeckelhuber M, Goetz A E. American Journal of Physiology-Lung Cellular and Molecular Physiology, 2004, 287 (4): L867-L878.

[33] Mehta D, Bhattacharya J, Matthay M A, Malik A B. American Journal of Physiology- Lung Cellular and Molecular Physiology, 2004, 287 (6): L1081-L1090.

[34] Zhu M T, Feng W Y, Wang Y, Wang B, Wang M, Ouyang H, Zhao Y L, Chai Z F. Toxicological Sciences, 2009, 107 (2): 342-351.

[35] Inoue K, Takano H, Yanagisawa R, Hirano S, Kobayashi T, Fujitani Y, Shimada A, Yoshikawa T. Toxicology, 2007, 238 (2-3): 99-110.

[36] Macnee W, Donaldson K. Monaldi Archives of Chest Disease, 2000, 55 (2): 135-139.

[37] Samet J M, Dominici F, Curriero F C, Coursac I, Zeger S L. The New England Journal of Medicine, 2000, 343 (24): 1742-1749.

[38] Verrier R L, Mittleman M A, Stone P H. Circulation, 2002, 106 (8): 890-892.

[39] Brook R D, Franklin B, Cascio W, Hong Y, Howard G, Lipsett M, Luepker R, Mittleman M, Samet J, Smith Jr S C. Circulation, 2004, 109 (21): 2655-2671.

[40] Agency U S E P. Federal Register, 1996, 61: 65638-65671.

[41] Oberd Rster G, Oberd Rster E, Oberd Rster J. Environmental Health Perspectives, 2005, 113 (7): 823-839.

[42] Johnson Jr R L. Circulation, 2004, 109 (1): 5-7.

[43] Churg A, Brauer M. American Journal of Respiratory and Critical Care Medicine, 1997, 155 (6): 2109-2111.

[44] Brauer M, Avila-Casado C, Fortoul T I, Vedal S, Stevens B, Churg A. Environmental Health Perspectives, 2001, 109 (10): 1039-1043.

[45] Peters A, Dockery D W, Muller J E, Mittleman M A. Circulation, 2001, 103 (23): 2810-2815.

[46] Gold D R, Litonjua A, Schwartz J, Lovett E, Larson A, Nearing B, Allen G, Verrier M, Cherry R, Verrier R. Circulation, 2000, 101 (11): 1267-1273.

[47] Pope Iii C A, Verrier R L, Lovett E G, Larson A C, Raizenne M E, Kanner R E, Schwartz J, Villegas G M, Gold D R, Dockery D W. American Heart Journal, 1999, 138 (5): 890-899.

[48] Peters A, Liu E, Verrier R L, Schwartz J, Gold D R, Mittleman M, Baliff J, Oh J A, Allen G, Monahan K. Epidemiology, 2000: 11-17.

[49] Magari S R, Hauser R, Schwartz J, Williams P L, Smith T J, Christiani D C. Circulation, 2001, 104 (9): 986-991.

[50] Zanobetti A, Canner M J, Stone P H, Schwartz J, Sher D, Eagan-Bengston E, Gates K A, Hartley L H, Suh H, Gold D R. Circulation, 2004, 110 (15): 2184-2189.

[51] Hong Y C, Lee J T, Kim H, Kwon H J. Stroke, 2002, 33 (9): 2165-2169.

[52] Wellenius G A, Schwartz J, Mittleman M A. Stroke, 2005, 36 (12): 2549-2553.

[53] Prahalad A K, Soukup J M, Inmon J, Willis R, Ghio A J, Becker S, Gallagher J E. Toxicology and Applied Pharmacology, 1999, 158 (2): 81-91.

[54] 王士雯. 老年心脏病学. 人民卫生出版社, 1998.

[55] Henderson R F. Experimental and Toxicologic Pathology, 2005, 57: 155-159.

[56] Nemmar A, Hoet P H M, Vermylen J, Nemery B, Hoylaerts M F. Circulation, 2004, 110 (12): 1670-1677.

[57] Nemmar A, Nemery B, Hoet P H M, Vermylen J, Hoylaerts M F. American Journal of Respiratory and Critical Care Medicine, 2003, 168 (11): 1366-1372.

[58] Ginsburg R, Bristow M R, Davis K. Circulation Research, 1984, 55 (3): 416-421.

[59] Miyazawa N, Watanabe S, Matsuda A, Kondo K, Hashimoto H, Umemura K, Nakashima M. European Journal of Pharmacology, 1998, 362 (1): 53-59.

[60] Ishii H, Fujii T, Hogg J C, Hayashi S, Mukae H, Vincent R, Van Eeden S F. American Journal of Physiology- Lung Cellular and Molecular Physiology, 2004, 287 (1): L176-L183.

[61] Van Eeden S F, Tan W C, Suwa T, Mukae H, Terashima T, Fujii T, Qui D, Vincent R, Hogg J C. American Journal of Respiratory and Critical Care Medicine, 2001, 164 (5): 826-830.

[62] Libby P. Nature, 2002, 420 (6917): 868-874.

[63] Bayram H, Devalia J L, Sapsford R J, Ohtoshi T, Miyabara Y, Sagai M, Davies R J. American Journal of Respiratory Cell and Molecular Biology, 1998, 18 (3): 441-448.

［64］ Zhang Q, Kleeberger S R, Reddy S P. American Journal of Physiology- Lung Cellular and Molecular Physiology, 2004, 286 (2): 427-436.

［65］ Bai N, Khazaei M, Van Eeden S F, Laher I. Pharmacology and Therapeutics, 2007, 113 (1): 16-29.

［66］ Barnes P J. Pulmonary Pharmacology & Therapeutics, 2001, 14 (5): 329-339.

［67］ Arrang J M, Garbarg M, Schwartz J C. Nature, 1983, 302 (5911): 832-837.

［68］ Nemmar A, Delaunois A, Beckers J F, Sulon J, Bloden S, Gustin P. European Journal of Pharmacology, 1999, 371 (1): 23-30.

［69］ Khandoga A, Stampfl A, Takenaka S, Schulz H, Radykewicz R, Kreyling W, Krombach F. Circulation, 2004, 109 (10): 1320-1325.

［70］ 秦任甲. 临床血液流变学. 北京大学医学出版社, 2006.

［71］ Pearson T A, Lacava J, Weil H F. American Journal of Clinical Nutrition, 1997, 65 (5): S1674-S1682.

［72］ Danesh J, Collins R, Appleby P, Peto R. The Journal of the American Medical Association, 1998, 279 (18): 1477-1482.

［73］ Pekkanen J, Brunner E J, Anderson H R, Tiittanen P, Atkinson R W. British Medical Journal, 2000, 57 (12): 818-822.

［74］ Peters A, Doring A, Wichmann H E, Koenig W. The Lancet, 1997, 349 (9065): 1582-1587.

［75］ Donnini D, Perrella G, Stel G, Ambesi-Impiombato F S, Curcio F. Biochimie, 2000, 82 (12): 1107-1114.

［76］ Gibbons G H. The American Journal of Cardiology, 1997, 79 (5 A): 3-8.

［77］ Celermajer D S. Journal of the American College of Cardiology, 1997, 30 (2): 325-333.

［78］ Davignon J, Ganz P. Circulation, 2004, 109 (23 suppl 1): III-27-32.

［79］ Kreyling W G, Semmler M, Erbe F, Mayer P, Takenaka S, Schulz H, Oberdorster G, Ziesenis A. Journal of Toxicology and Environmental Health Part A, 2002, 65 (20): 1513-1530.

［80］ Nemmar A, Hoet P H M, Vanquickenborne B, Dinsdale D, Thomeer M, Hoylaerts M F, Vanbilloen H, Mortelmans L, Nemery B. Circulation, 2002, 105 (4): 411-414.

［81］ Bobryshev Y V. Micron, 2006, 37 (3): 208-222.

［82］ Gojova A, Guo B, Kota R S, Rutledge J C, Kennedy I M, Barakat a I. Environmental Health Perspectives, 2007, 115 (3): 403-409.

［83］ Choudhury R P, Lee J M, Greaves D R. Nature Clinical Practice Cardiovascular Medicine, 2005, 2 (6): 309-315.

［84］ Zernecke A, Weber C. Basic Research in Cardiology, 2005, 100 (2): 93-101.

［85］ Steinberg D. Journal of Biological Chemistry, 1997, 272 (34): 20963-20966.

［86］ Witztum J L. The Lancet, 1994, 344 (8925): 793-795.

［87］ Kunzli N, Jerrett M, Mack W J, Beckerman B, Labree L, Gilliland F, Thomas D, Peters J, Hodis H N. Environmental Health Perspectives, 2005, 113 (2): 201-206.

［88］ Suwa T, Hogg J C, Quinlan K B, Ohgami A, Vincent R, Van Eeden S F. Journal of the American College of Cardiology, 2002, 39 (6): 935-942.

［89］ Rice Evans C, Burdon R. Progress in Lipid Research, 1993, 32 (1): 71-110.

［90］ Shah S V, Alam M G. American Journal of Kidney Diseases, 2003, 41 (3): S80-S83.

［91］ Chau L Y. Procoedings of the National Science Council, Republic of China-Part B, 2000, 24 (4): 151-155.

第9章　胃肠道摄入纳米材料的毒理学效应

在纳米材料的应用中，人们接触到纳米物质的途径主要包括呼吸道吸入、经口食入、皮肤接触和药物注射四种。消化道是纳米物质进入人体内的一个重要途径。纳米物质可能以多种形式经消化道进入人体。例如，呼吸道的上皮纤毛运动能把吸入的纳米颗粒导入食道；食用含有纳米颗粒的食物（如饮料添加剂）和饮水（水处理纳米技术）；口服含有纳米材料的药物或药物载体等。目前这方面的毒理学研究还很有限。复杂的消化道内生物环境也给研究该途径的纳米毒理学带来巨大的难度。而且，消化道内各不同阶段的化学环境变化较大，纳米物质在其中的代谢行为和生物效应都存在较大差异。

由于胃液酸性较强（pH＜2），对酸敏感的纳米颗粒将在胃酸中首先发生化学反应，最典型的就是金属纳米颗粒。因此，对酸惰性的纳米材料，经口服进入消化道引起的毒性相对较小一些。而与酸反应活性很高的金属纳米颗粒，它们进入胃肠道以后，超高反应活性引起的毒理学效应是大家更为关注的问题。比如，我们对化学活性较强的纳米锌颗粒进行的口服毒性研究，结果发现相同化学成分的锌颗粒，尺寸越小，毒性越大[1]。口服纳米锌颗粒的小鼠的消化道反应强烈、并出现肝功能损伤、肾炎、贫血等急性毒性症状。与摄入过量锌盐的病症相似，可能是由于纳米锌在胃酸中大量转变成 Zn^{2+} 所致，在这种情况下，发挥毒作用的并不是纳米颗粒本身，而是在消化道内形成的次级产物。

对酸稳定的物质，则将随着胃的排空进入小肠。解剖学意义上的小肠依次分为十二指肠、空肠、回肠，其中的化学环境也各不相同。十二指肠中化学环境最为复杂，存在有大量胰液、胆汁、多种活性酶，对食物中的蛋白质和脂肪进行充分的降解和消化。纳米物质在这一环节中的生物效应目前还尚未报道。

经消化降解的食物随着肠蠕动进入空肠和回肠，在这里有丰富的小肠绒毛对进入其中的物质进行选择性吸收，如氨基酸、肽、脂类等。这里巨大的吸收表面也为纳米颗粒的相互作用提供了场所。纳米颗粒穿过肠上皮黏膜的行为受其尺寸、表面性质和表面所带电荷种类影响[2]。口服不同尺寸的惰性有机多聚物颗粒的吸收行为也存在尺寸效应，吸收率随尺寸的增大而降低。其中 50 nm、100 nm 和 1000 nm 颗粒的吸收率依次为 6.6%、5.8% 和 0.8%，而尺寸大于 3000 nm 的颗粒已经不被吸收了[3]。

能被小肠吸收的纳米物质进入血液循环；不能被小肠吸收的则进入大肠，随粪便被排泄。Yamago 等用放射性示踪的方法研究了大鼠口服表面功能化修饰的富勒烯衍生物的代谢行为。结果发现，98％的富勒烯衍生物不被消化道吸收，在 48 h 内经粪便排出，被吸收的 2％在随后经尿排出体外[4]。

9.1　胃肠道摄入纳米颗粒的急性毒性

纳米铜是一种已经规模化工业生产的纳米颗粒。我们利用动物实验，研究了口服纳米铜颗粒的急性毒性效应，并与微米铜粉和离子铜进行了对照研究。表 9.1 中是从实验中得到的微米铜、纳米铜和离子铜的半数致死剂量（LD_{50}）和毒性级别。应用改进寇氏法[5]和 OECD 法（固定剂量法）[6]计算的 LD_{50} 的结果非常相近。两种方法计算得到的纳米铜经口 LD_{50} 均为 413 mg/kg，根据 Hodge-Sterner 标准属于"中等毒性"物质[7]。离子铜 LD_{50} 分别为 110 mg/kg（OECD 法）和 119 mg/kg（改进寇氏法），也属于"中等毒性"物质。对于微米铜，应用 OECD 法得到其 LD_{50} 大于 5000 mg/kg；应用改进寇氏法计算结果为 5610 mg/kg，属于"无毒"物质。

实验期间观察动物染毒后的症状表现。在微米铜组中没有动物表现出中毒的症状。但是在纳米铜组中，动物表现出明显的消化道症状，如厌食、腹泻和呕吐等。此外，部分纳米铜组和铜离子组动物还表现出少动、呼吸减弱、震颤和弓状背等症状。

表 9.1　胃肠道摄入纳米颗粒的毒性比较。铜纳米颗粒的尺寸、比表面积与急性毒性级别的比较

颗粒	比表面积 /(cm²/g)	单位质量(μg) 颗粒数/个	LD_{50} /(mg/kg)	95% PL/(mg/kg)[1] 95% FL/(mg/kg)[2]	毒性级别 （Hodge-Sterner 标准）
微米铜 (17 μm)	$3.99×10^2$	44	>5000[1] 5610[2]	N/A[1] 5075~6202[2]	无毒 Class 5
纳米铜 (23.5 nm)	$2.95×10^5$	$1.7×10^{10}$	413[1] 413[2]	305~560[1] 328~522[2]	中等毒性 Class 3
离子铜 (0.072 nm)	$6.1×10^5$	$9.4×10^{15}$	110[1] 119[2]	93~145[1] 102~139[2]	中等毒性 Class 3

1) 由 OECD 法计算得到的结果。

2) 由改进寇氏法计算得到的结果。

经纳米铜暴露的实验小鼠主要受损的脏器有肾、肝和脾，并且这种组织损伤呈现出剂量依从性的趋势，即暴露剂量越高，其脏器损伤越严重。然而，在经微米铜暴露的各剂量组实验动物中，并没有观察到上述病理学变化。为了观察形态学和病理学的变化，将小鼠脏器样品用石蜡包埋，切片后置于玻片上，以传统的苏木素–伊红法进行染色（H-E 染色），之后用光学显微镜进行观察并采集照片。

光学显微镜采集的照片中，肾组织中肾小球的肿胀和肾小球囊的缩小是肾小球炎症的发生标志。肾小管的病理变化：①在中剂量组中，近曲小管细胞出现可逆的变性现象；②在高剂量组中出现了大面积不可逆的坏死；③在对照组和低剂量N1组中，肾小管上皮细胞核清晰可见，但是从中剂量组中开始减少，到高剂量时则大面积消失；④在中剂量和高剂量组中，肾小管内可以观察到蛋白性液体，其中还有紫色颗粒物沉积，这在低剂量组中未观察到。上述结果表明，经口暴露纳米铜所引起的肾病理学变化具有剂量依从性，随着剂量的增加肾的损伤程度也增加。

对于肝组织的病理学变化，在高剂量组中，在中央静脉周围的肝组织中观察到脂肪变性。另外，在从中剂量到高剂量组中都观察到脾的萎缩，在低剂量组却没有，显示了脾小体的萎缩，淋巴细胞减少以及间质的纤维化。除了以上所描述的病理变化之外，其他脏器均与对照组相似，没有观察到显著的病理学改变。

上面的结果显示，口服铜纳米颗粒的两个主要的毒作用靶器官是肝脏和肾脏。因此，我们进一步比较研究了肝肾功能损伤的情况。总胆汁酸（TBA）和碱性磷酸酶（ALP）可反映肝功能改变，血尿素氮（BUN）和肌苷（Cr）可反映肾功能的异常。除了在次高和最高剂量组 TBA 稍微偏高之外，微米铜组中其余各项指标均没有表现出与对照组有统计学差异。然而，在纳米铜实验组中，该四项指标在高剂量时均显著高于对照组。因为最高剂量组的所有动物都在 72 h 内死亡，所以并没有采集到血清样品进行测定。从次高和最高剂量组的损伤对比结果看出，即使微米铜的暴露剂量达到纳米铜的 7 倍，也没有引起任何肝肾功能的异常。

对于非水可溶性的颗粒，其进入消化道后的摄取和转运机制具有尺寸依从性[8,9]。纳米颗粒能通过呼吸作用穿过小肠随后分布到血液、脑、肺、心、肾、脾、肝、肠、胃。纳米尺寸的铜颗粒由于具有较高的化学活性，能与周围组织发生反应，从而影响脏器的功能[10]。纳米颗粒能通过肠淋巴组织 PP 包括 M 细胞（分化的吞噬肠上皮细胞）进行转运。此外，纳米颗粒还能引起胃肠道黏膜细胞的吞噬作用，并导致抗原介导的免疫反应[11]。对聚苯乙烯纳米颗粒的研究表明，口服该颗粒能被胃肠道吸收，并能穿过肠系膜淋巴腺和淋巴结到达肝和脾[3]。另外，在对纳米药物载体的研究中发现，纳米物质能轻易地被网状内皮系统所摄取[12]。

9.2　胃肠道摄入纳米颗粒引起的离子超载

每微克质量的铜颗粒数：纳米铜为 1.7×10^{10} 个、微米铜为 44 个。它们的比表面积，纳米铜（23.5 nm）为 2.95×10^5 cm²/g、微米铜（17 μm）为 $3.99 \times$

10^2 cm^2/g。根据化学碰撞理论，相同质量的纳米铜和微米铜颗粒相比，小尺寸颗粒具有更大的反应截面，高的碰撞概率将导致高的化学反应活性。大尺寸的微米铜颗粒属于相对化学惰性物质，不能在胃中与胃酸作用转化成为离子状态，依然以单质铜颗粒形式随着胃的排空进入小肠。在大剂量条件下还可能在肠道内形成机械性的堵塞，在该实验的动物尸检时，也确实在高剂量组（5000 mg/kg）观察到肠梗阻的现象。对于小尺寸的纳米铜颗粒而言，巨大的比表面积（$2.95\times$ 10^5 cm^2/g）可能导致纳米铜颗粒具有较高的化学反应活性。当经口进入消化道时，纳米铜颗粒迅速与胃酸中的 H$^+$ 发生反应并转化为铜离子状态。这一过程无疑将导致体内铜离子的超载。

通常情况下，体内摄入的铜离子由肝脏代谢，并经肾排泄，摄入量与排泄量维持一个动态平衡[13~15]。当摄入的铜低于需求量时，机体会减少对内源铜的排泄；反之则增加其排泄[16]。前人研究表明，铜离子在肝组织中代谢，经由金属硫蛋白（MT）转运，被谷胱甘肽（GSH）还原。摄入过量的铜离子时，体内用于结合和转运的 GSH 和 MT 迅速被饱和，不能再参与对铜离子的代谢。过剩的铜离子在肝中将导致肝细胞失活，从而引发铜中毒[17,18]。随着纳米铜在胃中迅速转化为铜离子，超过机体耐受量的铜离子导致了肝细胞的损伤，从而引起肝内脂肪代谢障碍。纳米铜实验组中观察到脂肪变性，以及血液中 ALP 和 TBA 的升高，但是微米铜各剂量组中却没有观察到上述损伤。在肾损伤方面，以前已经知道铜离子超载能引起肾组织的炎症以及肾功能不全。在纳米铜实验组中，我们观察到肾小球炎和肾小管的变性和坏死。肾炎导致肾小球滤过率降低，继而使血清中肌苷（Cr）含量升高，这是发生肾功能损伤的标志。另外，肾小管内蛋白液渗出说明纳米铜能引起蛋白质代谢产物的排泄障碍，从而诱发氮质血症使得血浆中总尿素氮（BUN）含量升高。

9.3　胃肠道摄入纳米颗粒引起的碱中毒

如果 H$^+$ 过量消耗，就会导致 HCO$_3^-$ 大量产生，容易引起碱中毒。纳米铜与胃酸作用使 H$^+$ 迅速被消耗，导致大量 HCO$_3^-$ 产生。但是铜离子超载导致的肾功能障碍使 HCO$_3^-$ 的正常排泄受阻。体内大量 HCO$_3^-$ 的堆积必将导致代谢性碱中毒。在研究中观察经纳米铜颗粒暴露的动物表现出呼吸减慢症状和抽搐，这可以解释为由代谢性碱中毒造成的体内电介质紊乱所致。另外，HCO$_3^-$ 在肾组织中的堆积将使肾小管内 pH 升高。铜盐在碱性介质中的溶解度较低，因此病理学检查中所观察到的肾小管中紫色颗粒沉积可能是由铜盐沉淀所致（尽管这尚缺乏直接的实验证据）。

流行病学调查表明，男性患胃溃疡的比例高于女性，这是因为男性分泌胃酸的能力更强[19]。这就意味着雄性小鼠口服纳米铜颗粒以后可能有更多的纳米铜颗粒在胃中离子化。纳米铜实验组中雄性小鼠死亡率高于雌性，雄性小鼠中毒症状比雌性严重，但是在微米铜和离子铜实验组却没有观察到这个差异。这一雌雄差异同样也暗示了纳米铜经口毒性的机理可能与胃酸分泌有关。

9.4　纳米颗粒超高化学反应活性决定其生物毒性

对于相同的化学成分，为什么纳米尺寸的铜颗粒的毒性要比微米尺寸的铜颗粒高出几个数量级？找到这个问题的答案将有助于减小或消除这种纳米毒性。

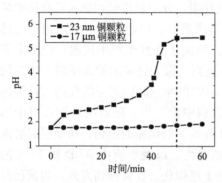

图 9.1　在胃肠道环境中，纳米颗粒的反应活性。摄入纳米、微米尺寸的铜颗粒与人工胃液反应导致的 pH 随时间变化的曲线

为此，我们设计了体外化学动力学实验，来探索小尺寸纳米颗粒引起更大生物毒性的根源。图 9.1 是实际测得的两个不同尺寸的铜纳米颗粒在人工胃液中的化学反应动力学曲线。可以看到，当纳米铜加入人工胃液中后能迅速与酸发生反应。体系中的 pH 由起初的 1.75 在 50 min 内升高到了 5.49。这表明，有大量的 H^+ 在这一过程中被消耗。与纳米铜的高反应活性相比，在相同的反应环境中，微米铜能在此过程中保持稳定，并没有造成溶液体系中 H^+ 的消耗。在 60 min 的反应过程中，溶液的 pH 基本保持初始状态水平，并没有明显的增加。

经口暴露铜纳米颗粒导致胃液中大量的 H^+ 被消耗，直接破坏了体内原有的酸碱平衡。这在血气和血浆电介质分析结果中得到了验证。在实验动物口服纳米铜 24 h 以后动脉血中的 pH 有偏碱性的趋势（pH 7.46 ± 0.03，$p < 0.05$），并且血中碳酸氢根（HCO_3^-）浓度和二氧化碳分压（$PaCO_2$）与对照组相比略有上升。此外，血中氧分压（PaO_2）也受到影响，表现出下降的趋势。但是动脉血中钾（K^+）和钠（Na^+）的离子浓度与对照组相比没有明显的变化。在染毒 72 h 后，动脉血中二氧化碳分压（$PaCO_2$）和氧分压（PaO_2）恢复到正常水平，但是血 pH 依然偏碱性（7.45 ± 0.04，$p < 0.05$），血中碳酸氢根（HCO_3^-）浓度还显著高于对照组。与之不同的是，经微米铜暴露的实验动物在血气和血浆电介质分析中的各项指标与对照组相比均无显著性差异。

我们利用病理学解剖对比了经口暴露纳米铜、微米铜和离子铜在 24 h 和 72 h 后对小鼠肾脏的损伤情况（在纳米铜染毒组中，24 h 和 72 h 肾组织中都观察到肾小管细胞的坏死，肾小管中存在蛋白性液体，以及紫色颗粒沉积）。在离子铜染毒组中，仅在 12 h 的肾组织中观察到明显的肾小球炎症（肾小球肿胀），这种损伤在 72 h 时得到恢复，但是在该组的肾组织中并没有观察到紫色颗粒。因此，在纳米染毒组中观察到的这种紫色颗粒的沉积可能是由于铜离子在碱性微环境中形成难溶性的铜盐析出后难以清除导致的。另外，在口服微米铜颗粒的动物肾组织切片中，没有观察到任何明显的病理学变化。

利用 ICP-MS 技术测量了小鼠肾组织中铜含量的变化，暴露 24 h 后，在纳米铜组和离子铜组的肾组织中观察到明显的铜富集，含量分别到达 $13.0~\mu g/g \pm 4.1~\mu g/g$ 和 $12.6~\mu g/g \pm 2.2~\mu g/g$，这一水平相当于对照组含量（$4.0~\mu g/g \pm 0.8~\mu g/g$）的 3 倍。暴露后 72 h，在离子铜组中肾组织铜含量由 $12.6~\mu g/g \pm 2.2~\mu g/g$ 回落到 $6.5~\mu g/g \pm 1.3~\mu g/g$。但是纳米铜组中在暴露后 72 h，肾组织中仍然保持较高的铜含量（$11.5~\mu g/g \pm 2.5~\mu g/g$）。这表明，纳米铜组小鼠从肾中清除富集的铜元素是一个相当缓慢的过程，在 48 h 内仅有 $1.5~\mu g/g$ 的铜元素被排泄。

为了比较由口服不同尺寸铜颗粒造成的毒理学效应，我们选择了三项反映铜中毒的生化指标来作为评价依据：血清铜（SC）、铜蓝蛋白（CP）和尿铜（UC）。结果显示，由于纳米铜颗粒与胃酸作用后能不断产生铜离子，因此在暴露后纳米铜组中动物 SC 在 24 h 时升高到 $3.20~\mu g/g \pm 1.34~\mu g/g$，并且到 72 h 时仍然保持较高水平（$4.02~\mu g/g \pm 0.94~\mu g/g$）。而微米铜在胃中却不能实现离子化转化，所以微米铜组中的 SC 水平与对照相比没有显著升高。在离子铜组中，SC 水平在 24 h 时迅速升高（$4.61~\mu g/g \pm 1.68~\mu g/g$），到 72 h 已经开始回落（$4.41~\mu g/g \pm 0.66~\mu g/g$）。从生理学角度上说，体内过量的铜元素将通过尿液迅速被排泄，因此在纳米铜组和离子铜组中都观察到较高的 UC 水平，而微米铜组却没有明显的 UC 升高。另外，铜蓝蛋白（CP）是一种急性反应蛋白，能结合大量的血清铜，因此在纳米铜组和离子铜组都观察到 CP 水平的升高，而在微米铜组中没有观察到。上述生化指标的结果表明，铜中毒的症状仅出现在经纳米铜和离子铜暴露的动物中，并不存在于微米铜组中。

固相与液相间的化学反应通常是从两相表面的分子开始的，因此表面分子能直接影响该化学反应的进行。根据碰撞理论，巨大的比表面积必将为反应提供较大的反应截面，从而大大增加反应中有效碰撞的概率。因此，纳米颗粒与大尺寸颗粒相比，可能具有更高的反应活性。当颗粒的尺寸减小到纳米量级，巨大的表面积将大大提升颗粒的反应活性，这可能是纳米颗粒产生毒性的原因所在。纳米铜颗粒能与人工胃液中的 H^+ 迅速反应，并随之转化成离子形态（铜离子）。微米铜颗粒的比表面积较小，仅为 $3.99 \times 10^2~cm^2/g$，只相当纳米铜颗粒的 $1/940$。较小的比表面积决定了微米铜颗粒与纳米铜颗粒相比属于化学惰性物质。

因为具有超细的纳米尺寸，纳米铜颗粒在经口进入胃中后能表现出极高的化学活性。因此，在体内发挥生物毒性的并不是纳米铜本身，而是由于该反应产生了大量碱性物质和铜离子在体内堆积，形成铜离子超载和代谢性碱中毒。从实验动物的血浆电介质分析结果看出，H^+ 的快速消耗破坏了体内酸碱平衡。H^+ 被持续大量消耗导致 HCO_3^- 产生并进入血液循环中。血 pH 的升高将启动一系列代偿反应：①呼吸的代偿反应迅速，通常在数分钟后就被启动，通过抑制呼吸来减少对 CO_2 的呼出，从而维持体内 H_2CO_3/HCO_3^- 的平衡。但是呼吸代偿的能力有限，因为 PaO_2 的降低将兴奋呼吸中枢以防止缺氧的发生[20]，所以在暴露后 24 h 动脉血中的 $PaCO_2$ 仅仅略有升高。②从理论上说，肾代偿相对滞后，但是可以持续较长时间（数天）[20,21]。本实验研究的病理学检查中发现了肾组织的损伤，如由肾小球炎症引起的肾小球肿胀和肾球囊间隙缩小。这将影响肾对 HCO_3^- 的排泌，进一步加剧代谢性碱中毒症状。

纳米铜暴露所导致的肝肾功能损伤，使得摄入体内的铜元素更加难以被代谢清除。与微米铜颗粒相比，纳米铜表现出较低的清除速率，仅有部分铜由尿液排出，大量的铜依然在体内蓄积（肾，血清）。口服纳米铜后 72 h 内血清中血清铜（SC）和铜蓝蛋白（CP）都维持在一个较高的水平，这是急性铜中毒的标志之一[22]。体内超载的铜元素又将进一步加剧对肝肾的损伤，形成恶性循环。

纳米铜、微米铜和离子铜经口暴露以后在体内表现出不同的毒理学行为。高反应活性的纳米铜由于在胃中发生离子化反应，其毒性主要表现为铜离子超载和代谢性碱中毒。与之相反，相对惰性的微米铜在胃中并不发生离子化反应，随着胃的排空进入肠道。由于肠道属碱性环境，铜颗粒不能发生离子化反应，因此最终随粪便排出体外。直接摄入相同剂量的铜离子由于没有离子化反应的耗酸过程，所以只表现出单纯的铜离子超载，并且这种毒性症状能随铜离子的排出而消除（72 h 以内）。

如今越来越多的纳米材料不断问世，对于这些材料的安全性评价和生物效应研究工作也随之变得迫在眉睫。为了加速研究工作的进程，减少工作中对实验动物的消耗，科学家希望能用离体实验的结果来外推纳米材料在体内的行为[23]。从本研究工作的结果不难看出，金属纳米颗粒（如纳米铜颗粒）的经口毒性主要来自于它的超高反应活性。应用体外离体实验与在体实验相结合，能得到一致的结果。这种一致性与暴露途径和材料本身的性质（组成、尺寸、表面性质、晶型、结构等）密切相关。与经呼吸道吸入相比，经口暴露是一个相对简单的毒理学过程。对于化学惰性纳米颗粒而言（如纳米 TiO_2），颗粒在胃中停留时不会与胃酸发生相互作用，而随之仍然以 TiO_2 分子进入非酸性的肠道环境。反之，对于化学活性的金属纳米颗粒而言，在其毒性研究中必须同时考虑颗粒本身性质和次级代谢产物（Cu^{2+} 和 HCO_3^-）对机体的影响。纳米颗粒在离体实验中所表现出来的化学反应活性将决定其经口暴露后在体内的毒理学行为。纳米铜的这种经口毒理学效应也同样存在于其他能在酸性环境中被氧化成离子态的金属纳米颗粒，比如在纳米锌颗粒的经口毒性研究中同样观察到了锌离子的超载[1]。

总之，铜颗粒的经口毒性表现出明显的尺寸依从性，其毒性和粒径与比表面积密切相关。在相同的剂量条件下，与微米尺寸铜颗粒（粒径：17 μm，颗粒数：44 个/mg，比表面积：3.99×10^2 cm^2/g）相比，纳米铜颗粒（粒径：25 nm，颗粒数 1.7×10^{10} 个/mg，比表面积：2.95×10^5 cm^2/g^2）表现出更高的生物毒性。这种毒性主要来源于纳米铜颗粒在体内酸性环境中的超高化学反应活性。采用离体模拟实验和在体动物实验相结合的方法探究纳米铜颗粒经口毒性的机理。由于纳米铜颗粒在胃内滞留，与胃液中的 H$^+$ 持续作用从而离子化产生大量难以被代谢的铜离子造成肝肾组织的损伤。另外，胃液中的 H$^+$ 被大量消耗使得 HCO$_3^-$ 在体内蓄积，形成代谢性碱中毒。而相对化学惰性的微米铜颗粒在胃中并不发生离子化反应，所以没有表现出上述毒性。

9.5　胃肠道摄入纳米颗粒的毒性与尺寸效应

以研究较多的金属锌和其氧化物纳米颗粒为例，锌是人体必需的微量元素，是体内 40 多种金属酶的组成成分，200 多种酶的激活因子，参与核酸和蛋白质合成、能量代谢、氧化还原、细胞免疫和体液免疫过程。尽管锌对人体而言不可或缺，然而补充过多的锌会引起中毒反应，如昏睡、恶性、呕吐等[24~27]。动物实验研究表明，饮食过多的 Zn 可导致 Cu、Fe 的缺失，并引起贫血、胰腺损伤和高密度脂蛋白下降等问题[28,29]。

随着纳米锌材料（包括纳米锌、氧化锌等）在催化、环境保护、涂料、颜料、化妆品、电子、光电子、气敏传感和畜牧业等领域的广泛应用，纳米锌材料正越来越多地进入环境中[30~36]。目前国内纳米锌材料的消耗量已达到 9 万 t/a，国际市场的需求量达到 20 万 t/a。然而，有关纳米锌材料在体内的生物学效应，目前报道得还很少[37,38]。

我们利用动物模型，研究了纳米金属锌颗粒（58 nm±16 nm）、微米金属锌颗粒（1.08 μm±0.25 μm）经口摄入（剂量 5 g/kg 58 nm）的毒性反应：在 2 天内小鼠出现了严重的昏睡、恶心、呕吐和腹泻等中毒症状，但在 1 周内基本恢复。而微米金属锌暴露组出现短暂的轻微症状（如昏睡）后，很快恢复正常。给药后第 2 天和第 6 天，58nm Zn 组，一只雌鼠和一只雄鼠死亡。中毒死亡的小鼠出现明显的中毒症状，如厌食、昏睡、体重减轻、皮毛蓬乱、无光泽。组织病理学的检查表明两只小鼠死于肠梗阻。微米锌暴露组未见动物死亡。纳米组和微米组急性口服毒性的半致死剂量 LD$_{50}$ 均大于 5 g/kg，根据化学品全球统一分类和标签系统（GHS），58 nm 的 Zn 颗粒和 1 μm 的 Zn 颗粒均属无毒性级别。

尽管如此，暴露后第 3 天，纳米锌暴露组小鼠的平均体重与对照组相比降低了 22%，然而微米锌暴露组和对照组之间的小鼠体重没有明显差异。

　　由对小鼠血清生化指标的测试结果可以看出，纳米锌和微米锌暴露组的小鼠血清 LDH、ALT、ALP 和 HBD 水平显著高于对照组（$p < 0.05$），而且微米锌组这些酶的水平均高于纳米锌组。此外，微米锌组小鼠血清 AST、CHE、TP、ALB、BUN 和 CR 的水平也显著高于纳米锌组和对照组（$p < 0.05$）；而纳米锌组和对照组之间则无显著性差异。

　　从纳米锌和微米锌暴露后小鼠肝组织的病理变化（图 9.2）可以看出，58 nm 和 1 μm 组小鼠的肝组织可见中央静脉周围肝细胞水肿、水样变性和轻微的坏死等症状，如图 9.2 中箭头所示。然而，两个暴露组之间相比，小鼠肝组织的临床变化无明显差异。肾组织的病理变化也显示出 58 nm 组和 1 μm 组小鼠的肾组织呈现不同程度的病理损伤。58 nm 组小鼠肾组织光镜下可见轻微的肾小球肿胀、肾小管肿胀和肾小管内有蛋白性液体。而 1 μm 组小鼠肾脏病理改变轻微，即肾小球轻度肿胀。小鼠心肌组织的病理学检查结果表明，58 nm Zn 暴露后，小鼠心肌组织可见心肌细胞脂肪变性，如图 9.2 中箭头所示，而 1 μm 组和对照组无明显的病理改变。58 nm 组和 1 μm 组小鼠的肺、胰腺、脾、睾丸和脑等脏器与对照组相比未见明显病理改变。

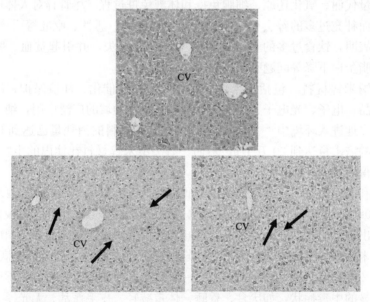

图 9.2　胃肠道摄入纳米颗粒的引起的病理变化。小鼠口服 58 nm Zn 和 1 μm Zn 颗粒后，
其肝组织的损伤程度的病理结果。CV：中央静脉；58 nm：箭头指中央静脉周围肝细胞水
肿和水样变性；1 μm：箭头指中央静脉周围肝细胞水肿、水样变性；放大倍数：100

与对照组和微米组比较，纳米锌组暴露的小鼠出现了明显的胃肠道反应和体重减轻等症状，这与口服过多锌盐的结果一致[39~42]。58 nm Zn 暴露还导致 1 只雌鼠和 1 只雄鼠死亡，这可能是由于 58 nm Zn 在生物体内容易发生团聚而导致机械性肠梗阻。这个结果也提示，与微米锌相比，口服暴露过多的纳米锌会导致较严重的胃肠道毒性。

纳米颗粒可以通过小肠的吸混作用进入血、脑、心、肺、肾、脾和肝等脏器[10]。纳米锌颗粒由于具有超高的反应活性也可能会通过小肠进入其他脏器，并与其发生相互作用，使其损伤。研究表明，经口给药的聚乙烯球纳米颗粒可以通过胃肠道，经由肠系膜淋巴和淋巴结进入肝和脾等组织[3]。上述研究表明，口服高剂量纳米锌和微米锌颗粒可以引起小鼠与肝、肾和心肌功能相关的血清生化指标的变化。血清生化指标的变化通常用于诊断肝、肾、心肌系统疾病和监测机体对外源毒性物质产生的反应。其中，ALT、AST、ALP 和 LDH 是评价肝损伤较为灵敏的指标，当肝功能受损时，这些酶的水平将升高[43]。在本项研究中，微米锌组小鼠血清 ALT、AST、ALP 和 LDH 水平的显著升高，以及纳米锌组 ALT、ALP 和 LDH 水平的显著升高表明，口服暴露 5 g/kg 体重的微米和纳米锌颗粒导致了小鼠肝损伤，而且两组小鼠的临床病理的结果也证实了这一点。尽管如此，但从生化指标变化的程度上看，微米组小鼠这些指标的升高程度较 58 nm 组明显，这意味着微米锌颗粒导致了更严重的肝损伤。以前的研究表明，口服高剂量的锌盐会导致肝损伤[44,45]。Jenkins 和 Kramer[46] 报道，过多的补锌会导致胆固醇（CHE）和心磷脂轻微的升高。本项研究也观察到：微米锌暴露组小鼠胆固醇的水平显著升高了。由于 CHE 是被肝中的溶酶体胆固醇酯酶水解的[47]，CHE 的升高可能是由于口服过多的锌抑制了肝中的溶酶体胆固醇酯酶。

血清 BUN 和 CR 是肾功能异常较为灵敏的指标，如果肾功能下降，这两个指标水平将升高。在本项研究中，微米锌暴露组小鼠显著升高的 BUN 和 CR 水平表明小鼠肾功能下降。以前的研究表明饮用含有过多乙酸锌的水会导致血浆中 UA 和 CR 水平的显著升高[28]。然而在纳米锌组，未观察到这两个指标有显著变化，但是进一步的组织病理学检查表明纳米锌颗粒比微米锌颗粒诱导了更为严重的肾损伤，如肾小管肿胀和肾小管内含有蛋白性液体。因此，这个结果提示，与常规材料不同，纳米材料可能会在血清生化指标无显著变化的情况下，已经对脏器造成了较为严重的损伤。因此，仅凭血清生化指标的变化，可能难以判断纳米材料的生物学效应，需要结合其他结果如组织病理学进行综合判断。Warheit 等在研究大鼠吸入暴露单壁碳纳米管（SWNTs）的肺部毒性时也发现类似现象，在未引起肺泡灌洗液参数明显变化的情况下，SWNTs 已经导致肺部多中心肉芽肿的形成[48]。

血清生化指标 CK、AST、LDH 和 HBD 是诊断心肌疾病的重要指标，这些指标的显著升高可能预示心肌疾病和急性冠状动脉综合征的发生[49]。我们的研究结果显示，微米锌组小鼠血清 CK、AST、LDH 和 HBD 水平的显著性升高和纳米锌组 LDH 和 HBD 水平的显著升高，均表明有可能发生了心肌疾病。心肌组织病理检查结果进一步证实了小鼠心肌细胞出现脂肪变性。

纳米锌和微米锌暴露小鼠的血常规指标中 HGB、HCT、RDW-CV 和 PLT 水平的异常变化表明口服暴露纳米锌和微米锌会导致贫血。纳米锌组异常高的 PLT 和 RDW-CV 水平与显著降低的 HCT 和 HGB 水平表明纳米锌引起的贫血更为严重。早期的一些实验结果也表明过多的补锌可以使体内 Cu 和 Fe 的含量下降，导致贫血[50~52]。

近年来一些流行病学的结果表明大气中的超细颗粒与心血管疾病的发病率有紧密的联系[53]。而引起心血管疾病一个可能的机理就是纳米颗粒影响了凝血系统[54]。因此，对血浆中和凝血相关的一些指标如 PT、APTT 和 FIB 进行了检测，但并未观察到这些指标的明显改变。

以上的研究结果表明，纳米锌粉的 $LD_{50}>5000mg/kg$，而且纳米锌和微米锌在中毒症状、血清生化、血液学指标和组织病理上仅有轻微的差异，并无明显的尺寸效应关系。然而，在纳米 Cu 的急性口服毒性研究中，我们却发现口服暴露纳米 Cu（23.5 nm）比微米 Cu（17 μm）具有更大的毒性，前者的半致死剂量（LD_{50}）仅为 413 mg/kg，而后者则大于 5000 mg/kg，且病理学的结果也发现，纳米 Cu 较微米 Cu 能够对小鼠的肾、脾和肝产生明显的损伤[55]。王国斌等[56]研究了纳米级 Fe_3O_4 磁流体的急性口服毒性，得出小鼠口服半数致死剂量 $LD_{50}>2104.8$ mg/kg，各脏器未见明显的病理变化。因此，纳米材料的急性口服毒性不仅与材料的化学性质、尺寸有关，还可能与其体内的生物活性密切相关。

9.6　胃肠道摄入纳米颗粒的毒理学效应的异常与复杂性

口服纳米颗粒的急性毒性研究中，不断有异常的结果报道，比如"反尺寸效应"、"反剂量效应"等。"反尺寸效应"是指通常情况下，纳米颗粒随尺寸减小而毒性增大，但是一些纳米颗粒的毒理学效应却是随尺寸的增大而增加；"反剂量效应"是指通常情况下，纳米颗粒随剂量的增加而毒性增大，但是一些纳米颗粒的毒理学效应却是随剂量的增大而减小。

例如，我们根据欧美通行的 OECD420 的急性毒性标准测试方法，研究分析了氧化锌纳米颗粒的口服毒性，得到 20 nm ZnO 的半致死剂量 $LD_{50}>5$ g/kg 体重，而 120 nm ZnO 的半致死剂量为 2 g/kg 体重$<LD_{50}<5$ g/kg 体重。纳米颗粒暴露组 30 只小鼠中只有 1 只死亡，而微米颗粒暴露组 30 只小鼠中有 5 只死

亡。死亡的小鼠均出现了昏睡、腹泻、体重减轻和皮肤无光泽等中毒反应。令人惊讶的是：对氧化锌纳米颗粒，大尺寸（120 nm）的急性毒性远大于小尺寸（20 nm）。

仔细观察分析暴露后不同时间小鼠体重的变化。给药后 2 天，20 nm 和 120 nm 暴露组雄鼠体重与对照组比较均有下降，下降最为明显的是最大剂量（5 g/kg 体重）组小鼠体重，而在第 14 天，两组小鼠体重已基本恢复至正常，与对照组相比无显著性差异。这说明在停止暴露以后，氧化锌纳米颗粒引起的急性毒性可能是可逆转的。

在 ZnO 颗粒经口服暴露 14 天后，我们测定了小鼠血清生化指标。结果表明，20 nm 的最小剂量组（1 g/kg 体重）小鼠血清乳酸脱氢酶（LDH）、α-羟丁酸脱氢酶（HBD）和丙氨酸氨基转换酶（ALT）的水平与对照组相比显著升高（$p < 0.05$），而 120 nm 的最高剂量（5 g/kg 体重）暴露导致小鼠血清 LDH 和碱性磷酸酶（ALP）水平也显著性升高。在相同的剂量下，120 nm 的 ZnO 暴露小鼠血清生化指标的升高幅度高于 20 nm 暴露组。进一步证实了大尺寸（120 nm）的急性毒性大于小尺寸（20 nm）这种异常的纳米毒理学现象。

纳米颗粒暴露小鼠的组织病理学分析结果表明，经口摄入 20 nm ZnO 颗粒后，小鼠胃、肝和胰腺出现了明显的临床病理损伤，如图 9.3 中胃黏膜层出现中性粒细胞随着剂量的升高。胃黏膜层中性粒细胞浸润程度加重，但肝和胰腺损伤的程度减轻。此外，N1 剂量组的小鼠光镜下可见脾小体肿大和心肌细胞脂肪变性等临床症状。120 nm ZnO 暴露组，小鼠肝、心肌、脾和胰腺也出现了相似的临床症状，且随着剂量的增加这种损伤程度加重，具有较为明显的剂量依赖关系。5 g/kg 体重的 20 nm 和 120 nm ZnO 暴露小鼠的肾组织都可见少量的蛋白性液体。除了上述组织器官外，肺、睾丸和脑等其他组织未见明显的病理损伤。

通过对 ZnO 纳米颗粒暴露后的小鼠血清和组织中 Zn 含量的变化进行研究（第 2 章中图 2.13）。我们发现，与对照组相比，暴露组小鼠的肾、胰腺和骨骼中 Zn 的含量显著升高（$p < 0.05$），肝脏和心肌组织中 Zn 的含量略有升高，血清中 Zn 的含量无显著性差异。与 20 nm ZnO 组比较，120 nm ZnO 组小鼠骨骼中 Zn 的含量升高显著（$p < 0.05$）。

我们用多种方法（TEM、SAXS、DLS）表征了 ZnO 纳米颗粒的尺寸和粒径分布和分散情况。20 nm 和 120 nm ZnO 在 1% 的 SCMC 中具有较好的分散性，水动力学直径略大于单个纳米颗粒的粒径。两种纳米颗粒的纯度都大于 99.5%，这表明口服暴露纳米 ZnO 后产生的毒性效应确实是由这种颗粒本身的特性所导致。

20 nm 和 120 nm ZnO 口服暴露后，小鼠出现的昏睡、体重减轻和皮肤无光泽等中毒症状，这与口服金属锌颗粒的急性毒性症状相似。从小鼠死亡的数目、LD_{50} 和出现的中毒症状程度来看，20 nm ZnO 的口服急性毒性小于 120 nm

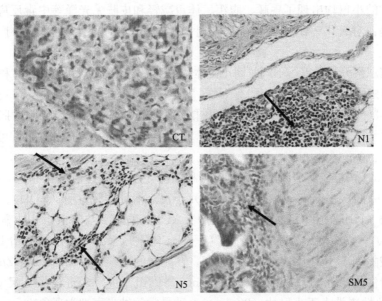

图 9.3　胃肠道摄入纳米颗粒引起胃组织损伤。小鼠口服 20 nm 和 120 nm ZnO 颗粒后，其
胃组织的损伤情况。CT：对照组；N1：剂量 1 g/kg 20 nm ZnO 组，箭头：指胃浆膜面有中
性粒细胞；N5：剂量 5 g/kg 20 nm ZnO 组，箭头：胃浆膜面至黏膜肌有中性粒细胞；SM5：
剂量 5 g/kg 120 nm ZnO 组，箭头：胃黏膜下层有中性粒细胞，放大倍数：200

ZnO。常规（微米）尺寸 ZnO 的口服急性毒性 $LD_{50}>7950$ mg/kg[57]，而且实验过程中无小鼠死亡。研究结果显示，口服 20 nm ZnO 的 $LD_{50}>5$ g/kg，与微米尺寸 ZnO 的口服急性毒性相似；而口服 120 nm ZnO 的 LD_{50}，2 g/kg $< LD_{50} <$ 5 g/kg。就现有的数据，这种现象还难以解释。

　　流行病学的调查表明，超细颗粒暴露可以使心血管疾病的发病率升高[53]，其中一个重要的原因，就是超细颗粒暴露会导致血液黏稠度升高，进而导致动脉粥样硬化斑的生成和心肌梗死[54]。为了进一步证实 20 nm 和 120 nm ZnO 暴露引起的心肌损伤是否和血液黏度变化相关，分别测定了小鼠血常规和凝血相关指标。以前的一些研究表明，饮食中过多的 Zn 可以导致血清中 Cu 和 Fe 含量的降低以及贫血[50~52,58]。在本项研究中，20 nm 和 120 nm ZnO 暴露后小鼠血液 MCH 和 MCHC 水平的显著降低表明小鼠可能出现了贫血症状。血小板能够保护毛细血管的完整性并具有止血功能，然而血小板的异常升高是血栓形成的危险信号[59]，因此在 20 nm ZnO 和高剂量的 120 nm ZnO 暴露组中，小鼠血液中血小板的异常升高可能会导致血栓的形成。组织病理学的检查结果表明，在 120 nm ZnO 各剂量组和 N1 组可见小鼠脾小体肿大。这表明，血小板的升高可能与脾清除血小板的能力下降有关。PT、APTT 和 FIB 是评价凝血因子变化的主要指标，也可用于监测心血管疾病的发生。PT 和 APTT 水平的缩短及 FIB 水平的升高预示着心血管疾病的发生[60]。Han 等[61]给兔子补充 150.0 mmol/L 葡萄糖酸锌，导致兔子血液 PT 缩短和血液黏度升高。本研究发现，低、中剂量的 20 nm ZnO 可使 PT 和 APTT 缩短及 FIB 升高，而高剂量的 120 nm ZnO 也可以使 PT 和 APTT 的时间明显缩短。上述结果表明，经口染毒低、中剂量的 20 nm ZnO 和高剂量的 120 nm ZnO 可能会导致小鼠血栓的形成。

　　然而，无论是血清生化指标还是血液学分析，小鼠口服 20 nm 和 120 nm ZnO 都没有观察到明显的剂量-效应关系。这可能是由于进入体内的纳米颗粒在生物体系的环境下可能发生聚集而使毒性减小。已有文献报道，纳米尺寸的生物学效应与其物理化学性质有关，如表面积、表面电荷的数目、颗粒的数目等[62~64]，而且已经证明在毒理学研究中颗粒的数目和表面积扮演了更加重要的作用[65~67]。

　　早期的文献报道表明，Zn 容易在高等级脊椎动物和鱼的骨骼中蓄积[68,69]，通过饮食补锌不会影响肝脏中 Zn 的含量，而对骨骼中 Zn 的含量有明显的影响。已有研究发现，纳米尺寸的颗粒物可以转运至骨髓中[70~72]，本研究结果也表明，20 nm 和 120 nm ZnO 经口暴露后，Zn 在骨骼中有明显的蓄积倾向，然而这是否表明纳米尺寸的 ZnO 颗粒靶向骨髓还有待于进一步的研究。急性口服暴露纳米 TiO_2 的研究结果表明，TiO_2 纳米颗粒可以通过血液循环转运至肝、脾、肺和肾等组织，并对肝、肾等组织产生轻微的病理损伤[73]。而大鼠口服放射标记 C_{60} 富勒烯（18 kBq）的研究表明，48 h 内 98% 的富勒烯从大便排出，其余由排尿清除，并未在体内蓄积[4]。结合对它们的研究结果，可以初步得出，不同纳米材料经急性口服暴露后它们在体内的吸收、分布和富集的靶向性之间具有很大的不同，这可能与不同纳米材料在体内的生物化学活性密切相关。

参 考 文 献

[1] Wang B, Feng W Y, Wang T C, Jia G, Wang M, Shi J W, Zhang F, Zhao Y L, Chai Z F. Toxicological Letters, 2006, 161: 115-123.

[2] Szentkuti L. Journal of Controlled Release, 1997, 46 (3): 233-242.

[3] Jani P, Halbert G W, Langridge J, Florence A T. Journal of Pharmacy and Pharmacology, 1990, 42: 821-826.

[4] Yamago S, Tokuyama H, Nakamura E, Kikuchi K, Kananishi S, Sueki K. Chemistry & Biology, 1995, 2: 385-389.

[5] Gené J A, Robles A. Rev Med Hosp Nal Niños, 1987, 1: 35-40.

[6] OECD Guidelines for Testing of Chemicals. Acute Oral Toxicity-Fixed Dose Method. In Organisation for Economic Co-operation and Development, Paris, 1992: 420, 499.

[7] Hoet P H, Bruske-Hohlfeld I, Salata O V. Journal of Nanobiotechnology, 2004, 2: 12-27.

[8] Hodges G M, Carr E A, Hazzard R A, O'reilly C, Carr K E. Journal of Drug Targeting, 1995, 3: 57-

60.

[9] Donaldson K, Li X Y, Mac N W. Journal of Aerosol Science, 1998, 29 (5-6): 553-560.

[10] Hillyer J F, Albrecht R M. Journal of Pharmaceutical Sciences, 2001, 90: 1927-1936.

[11] Lomer M C, Thompson R P, Powell J J. Proceedings of the Nutrition Society, 2002, 61: 123-130.

[12] Yoshifumi T. Current Pharmaceutical Design, 2002, 8: 467-474.

[13] Jesse B, Mary R L. Journal of Nutritional Biochemistry, 2004, 15: 316-322.

[14] Tao T Y, Liu F L, Klomp L, Wijmenga C, Gitlin J D. Journal of Bioloical Chemistry, 2004, 278: 41593-41596.

[15] Turnlund J R, Scott K C, Peiffer G L, Jang a M, Keyes W R, Sakanashi T M. The American Journal Of Clinical Nutrition, 1997, 65: 72-78.

[16] Turnlund J R. The American Journal Of Clinical Nutrition, 1998, 67: 0-0.

[17] Freedman J H, Ciriolo M R, Peisach J. Journal of Biological Chemistry, 1989, 264 (10): 5598-5605.

[18] Steinebach O M, Wolterbeek H T. Toxicology, 1994, 92 (1-3): 75-90.

[19] Lam S K. Baillieres Best Pract Res Clin Gastroenterol, 2000, 14 (1): 41-52.

[20] Galla J H. Journal of the American Society of Nephrology, 2000, 11 (2): 369-375.

[21] Williams A J. British Medical Journal, 2005, 317: 1213-1216.

[22] Bremner I. The American Journal Of Clinical Nutrition, 1998, 67: 0-0.

[23] Sayes C M, Marchione A A, Reed K L, Warheit D B. Nano Letters, 2007, 7 (8): 2399-2406.

[24] Murphy J. Journal of the American Medical Association, 1970, 212: 2119-2120.

[25] E. Broun A G G T R H. Journal of the American Medical Association, 1990, 264: 1441-1443.

[26] Forman W B, Sheehan D, Cappelli S, Coffman B. The Western Journal of Medicine, 1990, 152: 190-192.

[27] Lewis M R, Kokan L. Clinical Toxicology, 1998, 36: 99-101.

[28] Llobet J M, Domingo J L, Colomina M T, Mayayo E, Corbella J. Bulletin of Environmental Contamination and Toxicology, 1988, 41: 36-43.

[29] Chen R. Chinese Medical Journal, 1992, 72: 391-393.

[30] Colvin V L. Nature Biotechnology, 2003, 21: 1166-1170.

[31] Banerjee S, Dan A, Chakravorty D. Journal of Materials Science, 2002, 37: 4261-4271.

[32] Lee C J, Lee T J, Lyu S C, Zhang Y, Ruh H, Lee H J. Applied Physics Letters, 2002, 81 (19): 3648-3650.

[33] Lee D D, Lee D S. IEEE Sensors Journal, 2001, 1 (3): 214-224.

[34] Qiang J L. Applied Surface Science, 2001, 180: 308-314.

[35] Nanoscience and nanotechnologies: opportunities and uncertainties. The Royal Society & the Royal Academy of Engineering London, 2004.

[36] Wang X D, Song J H, Wang Z L. Journal of Materials Chemistry, 2007, 17: 711-720.

[37] Brayner R, Ferrari-Iliou R, Brivois N, Djediat S, Benedetti M F, Fiévet F. Nano Letters, 2006, 6: 866-870.

[38] Beckett W S, Chalupa D F, Pauly-Brown A, Speers D M, Stewart J C, Frampton M W, Utell M J, Huang L-S, Cox C, Zareba W, Oberdorster G. American Journal of Respiratory and Critical Care Medicine, 2005, 171 (10): 1129-1135.

[39] Lock K, Janssen C R. Chemosphere, 2003, 53 (8): 851-856.

[40] Piao F, Yokoyama K, Ma N, Yamauchi T. Toxicological Letters, 2003, 145 (1): 28-35.

[41] Talcott P A. Zinc poisoning. In small animal toxicology. Peterson M E, Talcott P A, Saunders W B eds. 2001: 756-761.

[42] Chandra R K. Journal of the American Medical Association, 1984, 252 (11): 1443-1446.

[43] Kellerman J. Blood test. Chicago, USA: Time Warner Paperbacks, New edition, 1995.

[44] Ding H, Peng R, Chen J. Wei Sheng Yan Jiu, 1998, 27 (3): 180-182.

[45] Chen R H, Qin R, Wang F D, Wang J P, Lu T X. Zhonghua Yixue Zazhi, 1992, 72 (7): 391-393.

[46] Jenkins K J, Kramer J K G. Journal of Dairy Science, 1992, 75 (5): 1313-1319.

[47] Stokke K T. Atherosclerosis, 1974, 19 (3): 393-406.

[48] Warheit D B, Laurence B R, Reed K L, Roach D H, Reynolds G A M, Webb T R. Toxicological Sciences, 2004, 77 (1): 117-125.

[49] Lee T H, Goldman L. Annals of Internal Medicine, 1986, 105: 221-223.

[50] Torrance A G, Jr. Fulton R B. Journal of the American Veterinary Medical Association, 1987, 191 (4): 443-444.

[51] Latimer K S, Jain A V, Inglesby H B, Clarkson W D, Johnson G B. Journal of the American Veterinary Medical Association, 1989, 195 (1): 77-80.

[52] Hoffman H N, Phyliky R L, Fleming C R. Gastroenterology, 1988, 94 (2): 508-512.

[53] Samet J M, Dominici F, Curriero F C, Coursac I, Zeger S L. The New England Journal of Medicine, 2000, 343 (24): 1742-1749.

[54] Donldson K, Stone V. Annali Dell'Istituto Superiore di Sanità, 2003, 39 (3): 405-410.

[55] Chen Z, Meng H, Xing G M, Chen C Y, Zhao Y L. Toxicological Letters, 2006, 163: 109-120.

[56] 王国斌, 夏泽锋, 陶凯雄, 周立国, 刘敬伟, 肖勇, 李剑星. 华中科技大学学报 (医学版), 2004, 33: 452-458.

[57] Evaluation and opinion on: Zinc oxide. 24th plenary meeting. In Scientific committee on cosmetic products and non-food products (SCCNFP), Brussels, 2003.

[58] Hein M. South Dakota Journal of Medicine, 2003, 56 (4): 143-147.

[59] Akins P T, Glenn S, Nemeth P M, Derdeyn C P. Stroke, 1996, 27 (5): 1002-1005.

[60] Kannel W B, Wolf P A, Castelli W P, Agostino R B D. Journal of the American Medical Association, 1987, 258 (9): 1183-1186.

[61] Han C Y, Bian J C, Yang X X, Wang L, Zhang H F, Xiang Y Z, Shi B E. Studies of Trace Elements and Health, 2001, 18 (1): 13-14.

[62] Oberdörster G, Ferin J, Lehnert B E. Environmental Health Perspectives, 1994, 102: 173-179.

[63] Oberdörster G, Maynard A, Donaldson K, Castranova V, Fitzpatrick J, Ausman K, Carter J, Karn B, Kreyling W, Lai D, Olin S, Monteiro-Riviere N, Warheit D, Yang H. Particle and Fibre Toxicology, 2005, 2 (8): 1-35.

[64] Long T, Saleh N, Tilton R D, Lowry G V, Veronest B. Environmental Science & Technology, 2006, 40 (14): 4346-4352.

[65] Teeguarden J G, Hinderliter P M, Orr G, Thrall B D, Pounds J G. Toxicological Sciences, 2007, 95 (2): 300-312.

[66] Stoeger T, Reinhard C, Takenaka S, Schroeppel A, Karg E, Ritter B, Heyder J, And H S. Environmental Health Perspectives, 2006, 114: 328-333.

[67] Wittmaack K. Environmental Health Perspectives, 2006, 114: 187-194.

[68] D. M. Gatlin I, Phillips H F, Torrans E L. Aquaculture, 1989, 76: 127-134.

[69] Sandoval M, Henry P R, Littell R C, Miles R D, Butcher G D, Ammerman C B. Journal of Animal Science, 1999, 77: 1788-1799.

[70] Ballou B, Lagerholm B C, Ernst L A, Bruchez M P, Waggoner A S. Bioconjugate Chemistry, 2004, 15: 79-86.

[71] Cagle D W, Kenmnel S J, Mirzadeh S, Alford J M, Wilson L J. Proceedings of the National Academy of Sciences, 1999, 96: 5182-5187.

[72] Gibaud S, Demoy M, Andreux J P, Weingarten C, Gouritin B, Couvreur P. Journal of Pharmaceutical Sciences, 1996, 85 (9): 944-950.

[73] Wang J X, Zhou G Q, Chen C Y, Yu H W, Wang T C, Ma Y M, Jia G, Gao Y X, Li B, Sun J, Li Y F, Jiao F, Zhao Y L, Chai Z F. Toxicological Letters, 2007, 168: 176-185.

第10章 决定碳纳米管毒性的主要因素

10.1 概　述

随着碳纳米管产量的与日俱增和应用的日益广泛，碳纳米管对人类健康的影响也引起了越来越多的重视。碳纳米管的毒性是一个多维的课题，要判断碳纳米管的毒性，搞清楚碳纳米管的毒性机制，需要很多方面实验数据的积累和系统分析。到底什么样的碳纳米管是安全的？我们一直致力于研究碳纳米管的毒理学效应和毒性来源，期望从分子、细胞及动物水平对碳纳米管的生物安全性进行全面的评价。我们发现，碳纳米管的纯度（杂质）、形状、结构、长度、层数、聚集程度、表面电荷、暴露方式等因素，都可以不同程度地影响碳纳米管的生物毒性。

2008年，我们首次对碳纳米管中金属残留物和纤维结构对其毒性的影响进行了量化分析。体外实验显示，生物微环境的组分、性质以及金属残留都与碳纳米管的毒性密切相关。碳纳米管的金属残留物中，金属铁在自由基的生成、细胞活力的降低中起到了关键的作用；体内实验显示，含有不同种类金属残留物的碳纳米管可以诱发动物肺和心脏的急性反应。碳纳米管呼吸道暴露后，大鼠的肺循环和心血管循环系统受到不同程度的损伤；肺部灌洗液中炎症因子和氧化应激产物的含量明显增加，细胞损伤也明显加剧。金属残留物促进了碳纳米管的毒性作用。

尽管如此，我们目前只能得到一个相对的结论：纯净的碳纳米管，纯度越高，毒性越小；恰当的表面修饰，水溶性越高，毒性越小；分散性越好，毒性越小；短的比长的毒性小。同时，为了获得精确的并且可重复的结果，研究人员必须使用统一的碳纳米管标准样品作为对照，并采用可靠的标准检测方法。

目前，纳米材料的生物安全性以及纳米生物环境健康效应问题已经引起社会的重视。但是，研究人员以及社会公众也必须充分意识到，研究纳米材料可能带来的危害是为了更好地促进纳米技术的应用和纳米材料的开发，推动并非妨碍纳米技术的可持续发展。

碳是一种很早就被发现和使用的元素，它的同素异形体包括金刚石、石墨、无定形碳、碳纳米管（CNTs）[1-6]、石墨烯[7,8]和富勒烯[9]。自从1991年碳纳米管被意外发现并制备成功以来，由于其独特的物理、化学、电子和机械性能，碳纳米管受到科学领域、工业界和公众的重视。根据层数，碳纳米管可以被分为两大类：单壁碳纳米管（SWNTs）和多壁碳纳米管（MWNTs）。它们在纳米技术、光学、电子、材料科学、生物学和医学中具有巨大的应用潜力。碳纳米管已经作为生物传感器被广泛使用，应用于识别抗原、酶反应和 DNA-DNA 杂交等[1]。碳纳米管还可以诱导神经元和成骨细胞增殖分化，也可以作为化疗药物和疫苗的载体。

随着碳纳米管制备技术的日趋成熟以及碳纳米管巨大的潜在应用，其产量逐年增加。人们直接或间接接触碳纳米管的机会也随之增加。碳纳米管的小尺寸、纤维形状、大比表面积及表面修饰决定了其独特的物理化学性质，也提高了其对人类的潜在危害。因此，碳纳米管的健康和安全性问题引起了人们广泛的关注[11,12]。但是，目前还存在一些相互矛盾的报道：有研究显示，SWNTs 和 MWNTs 对某几种类型的细胞有毒性，而其他研究没有显示出明显的细胞反应。这种矛盾可能是受到许多外在和内在因素的影响，如表面电荷和修饰、形状、长度、团聚或层数，它们可以影响碳纳米管的毒性[13,14]。

所有可能的影响因素中，哪些是碳纳米管毒性的关键因素？目前还没有达成共识。为了更好地理解如何在生物医学领域中设计、安全使用碳纳米管，本章根据现有的实验数据，重点讨论碳纳米管毒性的起源。

10.2　碳纳米管内残留的金属杂质影响其毒性

越来越多的研究表明，碳纳米管毒性的一个最重要的影响因素是催化剂杂质的残留，特别是金属污染物，主要是制备和纯化过程中引入的过渡金属 Fe、Y、Ni、Mo 和 Co。其他的杂质，如无定形碳和其他碳纳米材料也可能会影响碳纳米管的毒性。但是，目前的研究结果是不一致的，进一步的研究也许可以得到更准确的结论。

金属杂质的存在可能会导致碳纳米管的生物相容性、毒性和风险评估出现矛盾的数据，并可能限制其进一步的工业应用。使用化学气相沉积技术大规模生产碳纳米管时，催化剂残留物的污染是不可避免的[15]。而且，因为某些金属杂质有石墨壳保护，完全消除金属杂质而不破坏碳纳米管的完整结构基本是不可能的[4]。碳纳米管中的金属杂质在细胞培养体系和人/动物的体内可能被释放出来，增加其毒性[16]。

商业化的 SWNTs 和 MWNTs（Fe、Co、Mo 和 Ni 含量高）以及酸处理后的金属杂质含量较低的 SWNTs 都能穿过细胞膜[17]。商业化的碳纳米管可以增加细胞内的活性氧（ROS），下调线粒体膜电位，这种现象具有剂量和时间依赖性，而纯的碳纳米管没有类似的影响。SWNTs 中，氧化镍可以影响谷胱甘肽调节肽的氧化还原性质，细胞产生氧化应激反应[11]。Kagan 等证实，不纯净或非纯化的 SWNTs 中含有大量的铁，可以促进 RAW 264.7 巨噬细胞产生 ROS 或 NO。富含铁的 SWNTs 比纯化后的 SWNTs 有更强的效应[18]。碳纳米管中的金属作为催化剂产生氧化应激反应，可能是影响碳纳米管毒性的重要因素。

　　我们的研究表明，不同金属含量的 SWNTs（图 10.1）的呼吸暴露可能诱导急性肺和心血管反应（图 10.2）。SWNTs 中共生的金属残留物会加剧其不良影响（图 10.2）。SWNTs 呼吸暴露 24h 后，支气管肺泡灌洗液（BALF）中炎症相关因子、氧化应激反应和细胞损伤显著增加。BALF 和血浆中内皮因子-1（ET-1）水平以及血浆中血管紧张素转换酶（angiotensin I-converting enzyme）水平的增加，提示肺循环血管内皮功能障碍以及外周血管血栓的形成[3,6]。Lam 等也证明了含不同类型和数量金属杂质的碳纳米管可以诱发多种病变（如上皮样肉芽肿、间质炎症、支气管周围炎症和坏死）和较高的死亡率[19]。

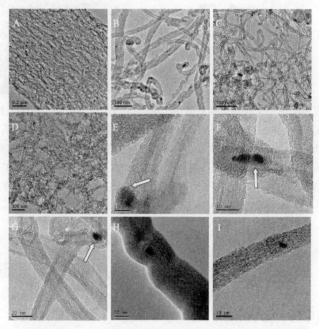

图 10.1　不同类型碳纳米管的 TEM 图。A：同向排布的 MWNTs[5]；B：长的 MWNTs[5]；C：短的 MWNTs[5]；D：短的 MWNTs[5]；E：高 Fe 和 Mo 的 MWNTs[4]；F：高 Ni 的 MWNTs[4]；G：高 Fe 和 Mo 的 SWNTs[4]；H：高 Fe 和 Mo 的 MWNTs[6]；I：高 Fe、Yb、Ni 和 Ce 的 SWNTs[6]

　　目前，碳纳米管中的金属杂质可以使用多种分析方法定量检测，如中子活化分析和电感耦合等离子体质谱法[4,20]。供应商所用材料不同，碳纳米管中金属杂质的含量和类型相应不同，使得金属杂质对碳纳米管毒性的影响更为复杂。

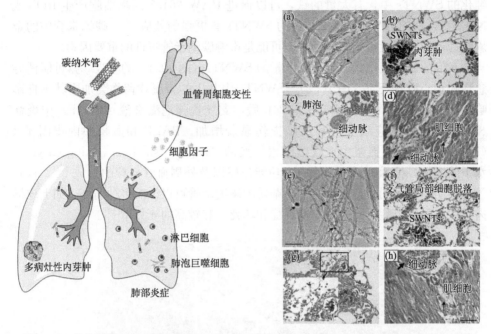

图 10.2　含有不同种类金属残留物的碳纳米管可以诱发动物肺和心脏的急性反应。碳纳米管呼吸道暴露后，大鼠的肺循环和心血管循环系统受到不同程度的损伤；肺部灌洗液中炎症因子和氧化应激产物的含量明显增加，细胞损伤也明显加剧。金属残留物促进了碳纳米管的毒性作用[3]。A：SWNTs 呼吸暴露示意图。B：(a) 低铁 SWNTs 的 TEM 图；(b，c，d) 低铁 SWNTs 暴露 24 h 和 72 h 的肺组织；(e) 高铁 SWNTs 的 TEM 图；(f，g，h) 高铁 SWNTs 暴露 24 h 和 72 h 的心肌组织

10.3　碳纳米管的理化和结构特征影响其毒性

10.3.1　表面电荷和化学修饰

在医疗应用方面，尽可能地去除碳纳米管中的杂质、改良碳纳米管在水中的分散性是主要问题。为了提高其亲水性，功能性基团（如羟基和羧基）不可避免地被连接到碳纳米管表面[4-6]。这些基团也可以通过共价键将特定的生物分子有效地与碳纳米管结合。

比表面积和表面官能团与碳纳米管的药代动力学及毒性密切相关。羟基化的 SWNTs（[125]I-SWNTols）可以迅速分布于整个身体，在骨骼中沉积很长时间。牛磺酸 Tau 蛋白共价修饰的 MWNTs（[14]C-tau-MWNTs）主要累积在肝脏内，可以超过 3 个月，毒性很低（图 10.3）[21,22]。[111]In-标记的 DTPA 修饰的 SWNTs 不在

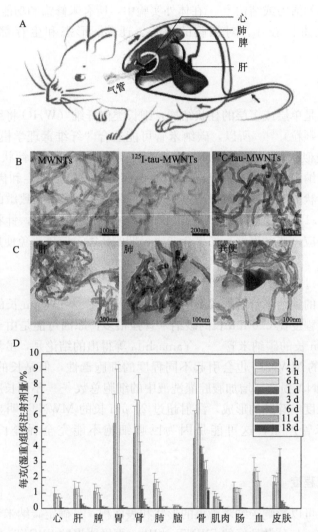

图 10.3 不同表面修饰的碳纳米管的体内分布。A：碳纳米管可以到达机体几乎所有的器官，包括心脏、肺、肝、肾、脾、胃和肠；B：MWNTs、[125]I-tau-MWNTs 和 ^{14}C-tau-MWNTs 的 TEM 图[21]；C：肝脏、肺和粪便中 MWNTs 的 TEM 图[21]；D：[125]I-SWNTols 腹腔注射后迅速分布在除脑以外的整个身体，在骨中长时间积累[20]

任何网状内皮系统（肝、脾）内停留，3h 内通过肾排泄迅速从全身血液循环中清除[23]。表面修饰能够改变碳纳米管与细胞脂质双层的相互作用，进而改变细胞的摄取能力和活性[24]。但是，也有人发现，未纯化的和酸处理后的 SWNTs 常位于溶酶体内，或者位于人单核细胞源性巨噬细胞（HMMs）的细胞质中，而不影响细胞的活力或结构[25]。在体外实验中，所有未修饰和功能化的 SWNTs 对内皮细胞的毒性较小，对细胞的生长、迁移、形态和生存都没有显著的影响[11]。

10.3.2　形状

碳纳米管是单层或多层的柱状结构，细长类似纤维（WHO 将纤维定义为长径比大于 3 的颗粒）[26]。所以，碳纳米管可能适合"纤维毒理学模式"，即其毒性评价可能类似于其他纤维，如石棉。Poland 等提示，因其针状纤维的形状，进入腹腔的碳纳米管可能具有类似石棉的疾病特征，包括炎症和肉芽肿[27]。随后，长的、针状的碳纳米管可以通过激活 NLRP3，激活 LPS 致敏的巨噬细胞分泌 IL-1α 和 IL-1β[28]。研究碳纳米管形状的影响是相当重要的，针状、纤维状的产品进入市场应该非常谨慎，如果会造成长期的伤害，应该避免使用。

10.3.3　长度

不同长度的碳纳米管会造成不同程度的毒性[29,30]。825 nm 长的碳纳米管诱导产生的炎症程度比 220 nm 长的碳纳米管强很多，原因可能是由于巨噬细胞可以吞噬 220 nm 长的碳纳米管[29]。Yamashita 等得出的结论是，虽然差不多长的 SWNTs 或短的 MWNTs 也会引起不同程度的细胞毒性，但是长的 MWNTs 会诱导最强的 DNA 损伤，增加腹腔灌洗液中的细胞总数[30]。不同长度的 MWNTs 会造成不同程度肉芽肿的形成，注射超过 20 μm 长的 MWNTs 明显比短的和卷曲团聚的纳米管严重，这可能是因为巨噬细胞不能完全吞噬长的纤维（图 10.4）[27,29]。

10.3.4　团聚程度

团聚程度可以影响碳纳米管束的形状和表面积，是确定碳纳米管潜在毒性的重要因素之一。与分散性好的 SWNTs 相比，高度团聚的 SWNTs 处理后的细胞 DNA 含量明显减少[31]。Wick 等证实，悬浮的碳纳米管束比石棉的毒性小，而绳状团聚的碳纳米管束会诱导比相同浓度的石棉更明显的细胞毒性。毒性的程度至少部分地依赖于碳纳米管的团聚程度[32]。团聚状态的碳纳米管具有较高的刚度和刚度，而分散的单壁碳纳米管更柔软。

10.3.5　层数

碳纳米管一般是单壁或多壁。有研究证实，SWNTs 比 MWNTs 毒性强。低剂量（0.38 mg/cm²）的 SWNTs 可显著损伤肺泡巨噬细胞的吞噬功能，而 MWNTs 需要较高剂量（3.06 mg/cm²）才能产生相同的病变。SWNTs 和

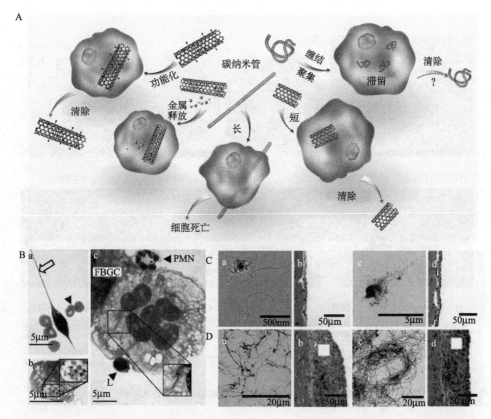

图 10.4　碳纳米管的理化性质影响细胞的吸收和响应。A：不同类型的碳纳米管影响细胞吞噬和细胞毒性模式图。B：（a，b）长的 MWNTs 可以刺穿细胞，而短的 MWNTs 容易被细胞吞噬；（c）长的 MWNTs 处理后可以形成异物巨细胞（FBGC）。C：卷曲状 MWNTs 处理后小鼠可见小的肉芽肿。D：长 MWNTs 处理后的小鼠炎症肉芽肿（GI）更加明显[27]

MWNTs 处理后的巨噬细胞显示坏死和降解的特征[33]。我们发现，未修饰的石墨烯通过降低线粒体膜电位、增加细胞内活性氧，进而激活丝裂原活化蛋白激酶（MAPK）和 TGF-β 通路引发细胞凋亡，从而诱导细胞毒性作用（图 10.5）[7]。未修饰的石墨烯也可以刺激原代巨噬细胞，通过 TLR 和 NF-κ 相关信号通路产生细胞因子/趋化因子，并进一步改变其黏附和吞噬功能[8]。

其他因素，如直径和刚度，也可能会影响碳纳米管的毒性[34]。薄的 MWNTs（直径 50nm）具有明显的细胞毒性，动物实验发现了诱导产生的炎症反应和肉芽肿；而厚的（直径 150 nm）或团聚的（直径 2～20nm）MWNTs 毒性较小，炎症反应和致癌性也轻微得多。

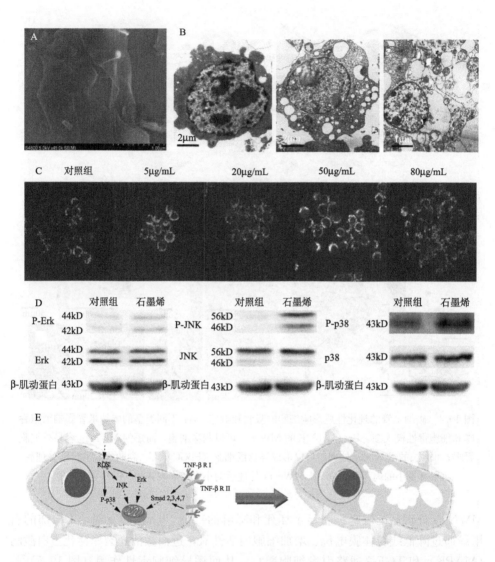

图 10.5　未修饰的石墨烯通过 ROS 激活 MAPK 和 TGF-β 途径引起细胞凋亡。A：未修饰石墨烯的扫描电镜图；B：未修饰石墨烯处理过的细胞中可以观察到凋亡细胞典型的大吞噬泡；C：未修饰石墨烯表现出剂量依赖性的线粒体膜电位改变；D：未修饰石墨烯显著增加 phosphor-JNK（P-JNK）、phosphor-Erk（P-Erk）和 phosphor-p38（P-p38）；E：未修饰石墨烯诱导细胞损伤机制的模式图[7]

10.4　细胞培养环境和分析方法影响
碳纳米管的毒性测试结果

除了碳纳米管固有的理化性质外，许多外在因素如细胞类型、实验条件和分析方法都可以影响碳纳米管的毒性。首先，众所周知，不同的细胞系碳纳米管的毒性不同，表明不同的细胞对相同的碳纳米管具有特异性反应。例如，SWNTs明显抑制 A549 细胞、人支气管上皮细胞和 HaCaT 细胞的增殖，但只有 HaCaT 和 BEAS-2B 细胞显示 SWNTs 降低了其活性[35]。一般来说，碳纳米管影响细胞增殖和黏附能力是有剂量和时间依赖性的。但是，Tutak 等观察到，原代的成骨细胞用 SWNTs 培养很短时间（24h）也会死亡，但是细胞的增殖能力 3 周后会逐渐恢复[36]。

培养环境是影响碳纳米管毒性的另一个重要因素，例如培养基和体液。由于其巨大的比表面积，碳纳米管很容易吸附蛋白质和小分子，这不仅改变了其表面特征，同时也影响了其毒性。同时，培养基的营养被破坏后，细胞会失去一些功能。Casey 等将 SWNTs 分散到购买的培养基中，随后离心和过滤除去 SWNTs，用得到的培养基培养细胞，发现该培养基对 A549 细胞具有明显的毒性。去除 SWNTs，不同程度地改变了培养基的组分[37]。我们最近通过实验和理论方法，展示了 SWNTs 与人体血液蛋白质、纤维蛋白原、免疫球蛋白、白蛋白和转铁蛋白之间的相互作用过程[2,38]，发现 SWNTs 表面结合的蛋白具有不同的吸附能力和包被方式。急性单核细胞白血病细胞系和人脐静脉内皮细胞的细胞毒性试验显示，血液蛋白在 SWNTs 表面竞争结合，显著改变了 SWNTs 与细胞相互作用的途径，大大降低了细胞毒性（图 10.6）。综合考虑碳纳米管与人血清蛋白的相互作用，对碳纳米管的安全设计是非常重要的。

另一个重要因素是分析方法的准确性和可靠性。细胞存活率通常是用①台盼蓝染色，②MTT、CCK-8 和 WST 法，③乳酸脱氢酶，④流式细胞仪细胞计数，⑤Bradford 蛋白质浓度测量进行评估。然而，碳纳米管会受到染料的影响，从而改变实验结果[39]。所以，这些方法可能都不适合碳纳米管的毒性评估。可以使用其他没有染料的评价方法，如克隆形成法[35,37]。因此，须使用一个以上的测定方法进行碳纳米管的毒性评估；建立一个更加规范和有效的碳纳米管毒性评价系统显得更为重要。当然，这还需要时间。

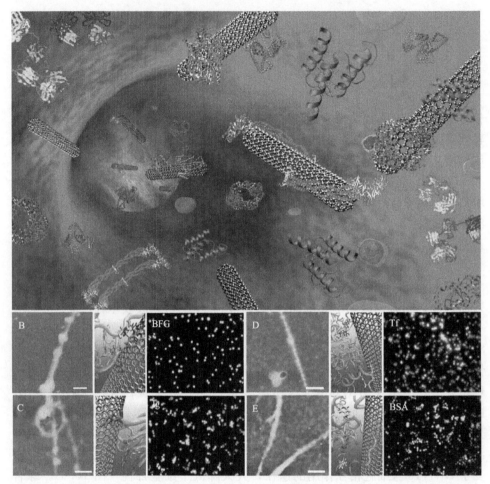

图 10.6　SWNTs 表面结合的蛋白可以极大地改变 SWNTs 与细胞相互作用的途径，降低 SWNTs 的细胞毒性。A：SWNTs 与血管内血细胞和蛋白质之间相互作用的示意图。B～ E：SWNTs 与蛋白质孵育 5h 后的 AFM 图，包括 BFG（B）、Ig（C）、Tf（D）、BSA（E）。这种相互作用可以通过实验验证（B～E 右），也可以通过理论计算得到（B～E 中）。BFG. 牛纤维蛋白原；Ig. γ 球蛋白；TF. 转铁蛋白；BSA. 牛血清白蛋白[2]

10.5　碳纳米管产生毒性的机制

　　碳纳米管进入体内后，其毒性机制主要表现为氧化应激、炎症反应、恶性转化、DNA 损伤和突变、肉芽肿和纤维化的形成。

　　碳纳米管诱导的氧化应激被认为是最可接受的机制（图 10.7）。细胞内 ROS

增加，可以与细胞内的大分子反应，包括 DNA、蛋白质和脂类，干扰细胞内环境稳态。大量研究已经证明，碳纳米管释放的过渡金属具有导致细胞的氧代谢产物，如过氧化氢和超氧阴离子，向羟基自由基转化的可能。但是，高度纯化的 MWNTs 也可以引起细胞产生 ROS，这可能是由于其大的比表面积引起的[40]。碳纳米管可以激活与氧化应激反应相关的分子信号通路，包括激活蛋白-1（AP-1）、核因子 B（NF-κB）和 MAPK，从而导致炎性细胞因子的释放和抗氧化防御系统［聚（ADP-核糖）聚合酶 1（PARP-1），P38 蛋白和蛋白激酶 B（AKT）］的破坏[41]。但是，碳纳米管还是非常有效的自由基清除剂。Watts 等首先报道，MWNTs 和硼掺杂的碳纳米管可以作为抗氧化剂[42]。Fenoglio 等证实，MWNTs 对羟基和超氧阴离子自由基具有显著的清除能力[43]。这些研究还处于起步阶段，实际应用之前还有很多工作要做。

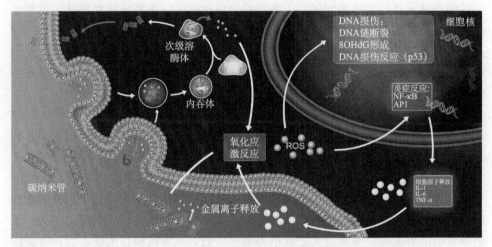

图 10.7　碳纳米管（CNTs）诱导细胞损伤和免疫反应的概念图

　　MWNTs 经腹腔注射入小鼠，可以诱导产生明显的炎症反应[27]。MWNTs 能够激活细胞的 NF-κB 信号通路，增加细胞因子和趋化因子（TNF-α、IL-1β、IL-6、IL-10 和 MCP1）的分泌，促进炎症反应[41]。动物实验中，发现中性粒细胞累积，促炎性细胞因子（TNF-α、IL-1β）分泌，随后出现淋巴细胞和巨噬细胞以及成纤维化转化生长因子 TGF-β 高表达[44]。此外，碳纳米管会诱导强烈的肺部炎症反应，导致多灶性肉芽肿性肺炎、间质纤维化[44]。SWNTs 肺暴露会导致肺纤维化，成纤维细胞增殖增加，胶原蛋白大量产生，未见细胞损伤。基质金属蛋白酶 MMP-9 参与了整个纤维化过程[45]。

　　碳纳米管的致癌性也是一个尚未得到解决的主要问题。SWNTs 慢性暴露会引起肺上皮细胞恶性转化[45]。此外，最近的研究发现，间皮细胞对碳纳米管敏感[41]，小鼠腹腔注射 MWNTs 6 个月后会形成明显的间皮瘤[46]。这些研究结果是惊人的。目前，更多的研究集中人类接触碳纳米管后，急性炎症反应是否会一直持续，从而产生间皮瘤。另外，吸入的碳纳米管是否会迁移到其他器官，影响其功能。

碳纳米管不仅可以进入细胞质，而且还可以定位在细胞核[25,42]，并通过激活肿瘤抑制基因 *p53* 蛋白引起的细胞死亡，提高 8-oxoguanine-DNA 糖基化酶 1（OGG1）的表达。如果足够小，碳纳米管可以穿过细胞膜和核膜，直接与 DNA 相互作用。另一方面，他们可能通过促进氧化应激和炎症反应，间接损伤 DNA。

10.6 展　　望

随着纳米科技的迅速发展，人类可能会通过吸入、皮肤吸收和静脉注射等途径接触到各种各样的纳米颗粒。虽然碳纳米管是一种非常有前途的纳米材料，但是其对人体的健康影响还需要进一步研究。此外，目前碳纳米管的毒理学研究出现了很多矛盾的结果，使用不同类型的碳纳米管、不同的评价方法，甚至暴露条件不同，都有可能导致研究结果不同。

碳纳米管本身的多样性使毒性评估变得困难。不同实验室使用的碳纳米管的表面电荷、形状、长度、直径、聚集程度和纯度等很难保持一致，不同的制备和纯化过程都会对碳纳米管的毒性产生影响。为了使实验结果具有可比性，我们认为首先需要建立一个公认的、标准的 CNTs 样品进行毒性试验。其次，传统的细胞生物学方法并不总是适用于碳纳米管的毒性检测，建立碳纳米管毒性的标准的、可靠的评价方法是准确和可重复地检测碳纳米管毒性的重要基础。再次，碳纳米管的溶解度低，通常会无法在培养基中分散，从而沉积在细胞表面，使碳纳米管与细胞相互作用的精确浓度无法确定，因此，建立适当的碳纳米管剂量毒性研究具有深远的意义。最后，深入了解碳纳米管的毒代动力学，对其进行必要的风险评估，尽量减少其对人类健康和环境不必要的负面影响[48]。

参 考 文 献

[1] Gorityala B, Ma J, Wang X, Chen P, Liu X. Chemical Society Reviews, 2010, 39: 2925-2934.

[2] Ge C, Du J, Zhao L, Wang L, Liu Y, Li D, Yang Y, Zhou R, Zhao Y, Chai Z, Chen C. Proceedings of the National Academy of Sciences of the United States of America, 2011, 108: 16968-16973.

[3] Ge C, Meng L, Xu L, Bai R, Du J, Zhang L, Li Y, Chang Y, Zhao Y, Chen C. Nanotoxicology, 2011, doi: 10. 3109/17435390. 2011. 587905.

[4] Ge C, Lao F, Li W, Li Y, Chen C, Qiu Y, Mao X, Li B, Chai Z, Zhao Y. Analytical Chemistry, 2008, 80: 9426-9434.

[5] Du J, Ge C, Liu Y, Bai R, Li D, Yang Y, Liao L, Chen C. Journal of Nanoscience and Nanotechnology,

2011, 11, doi: 10. 1166/jnn. 2011. 4976.

[6] Ge C, Li W, Li Y, Li B, Du J, Qiu Y, Liu Y, Gao Y, Chai Z, Chen C. Journal of Nanoscience and Nanotechnology, 2011, 11: 2389-2397.

[7] Li Y, Liu Y, Fu Y, Wei T, Le Guyader L, Gao G, Liu R, Chang Y, Chen C. Biomaterials, 2012, 33: 402-411.

[8] Lao F, Chen L, Li W, Ge C, Qu Y, Sun Q, Zhao Y, Han D, Chen C Y. ACS Nano, 2009, 3: 3358-3368.

[9] Lao F, Li W, Han D, Qu Y, Liu Y, Zhao Y, Chen C. Nanotechnology, 2009, 20: 225103-225111.

[10] Zhao Y, Xing G, Chai Z. Nature Nanotechnology, 2008, 3: 191-192.

[11] Chen Z, Meng H, Xing G, Chen C, Zhao Y. International Journal of Nanotechnology, 2007, 4: 179-196.

[12] Pumera M. Langmuir, 2007, 23: 6453-6458.

[13] Liu X, Gurel V, Morris D, Murray D, Zhitkovich A, Kane A, Hurt R. Advanced Materials, 2007, 19: 2790-2796.

[14] Pulskamp K, Diabate S, Krug H. Toxicology Letters, 2007, 168: 58-74.

[15] Ambrosi A, Pumera M. Chemistry, 2010, 16: 1786-1792.

[16] Kagan V, Konduru N, Feng W, Allen B, Conroy J, Volkov Y, Vlasova II, Belikova N, Yanamala N, Kapralov A, Tyurina Y, Shi J, Kisin E, Murray A, Franks J, Stolz D, Gou P, Klein-Seetharaman J, Fadeel B, Star A, Shvedova A. Nature Nanotechnology, 2010, 5: 354-359.

[17] Lam C, James J, McCluskey R, Hunter R. Toxicological Sciences, 2004, 7 7: 126-134.

[18] Gao Y, Chen C, Chai Z. Journal of Analytical Atomic Spectrometry, 2007, 22: 856-866.

[19] Banerjee S, Hemraj-Benny T, Wong S. Advanced Materials, 2005, 17: 17-29.

[20] Wang H, Wang J, Deng X, Sun H, Shi Z, Gu Z, Liu Y, Zhao Y. Journal of Nanoscience and Nanotechnology, 2004, 4: 1019-1024.

[21] Deng X, Jia G, Wang H, Sun H, Wang X, Yang S, Wang T, Liu Y. Carbon, 2007, 45: 1419-1424.

[22] Singh R, Pantarotto D, Lacerda L, Pastorin G, Klumpp C, Prato M, Bianco A, Kostarelos K. Proceedings of the National Academy of Sciences of the United States of America, 2006, 103: 3357-3362.

[23] Lopez C, Nielsen S, Moore P, Klein M. Proceedings of the National Academy of Sciences of the United States of America, 2004, 101: 4431-4434.

[24] Porter A, Gass M, Bendall J, Muller K, Goode A, Skepper J, Midgley P, Welland M. ACS Nano, 2009, 3: 1485-1492.

[25] Albini A, Mussi V, Parodi A, Ventura A, Principi E, Tegami S, Rocchia M, Francheschi E, Sogno I, Cammarota R, Finzi G, Sessa F, Noonan D, Valbusa U. Nanomedicine, 2010, 6: 277-288.

[26] Jaurand M, Renier A, Daubriac J. Partical and Fiber Toxicology, 2009, 6: 16.

[27] Poland C, Duffin R, Kinloch I, Maynard A, Wallace W, Seaton A, Stone V, Brown S, Macnee W, Donaldson K. Naturenanotechnology, 2008, 3: 423-428.

[28] Palomäki J, Välimäki E, Sund J, Vippola M, Clausen P, Jensen K, Savolainen K, Matikainen S, Alenius H. ACS Nano, 2011, 5: 6861-6870.

[29] Murphy F, Poland C, Duffin R, Al-Jamal K, Ali-Boucetta H, Nunes A, Byrne F, Prina-Mello A, Volkov Y, Li S, Mather S, Bianco A, Prato M, Macnee W, Wallace W, Kostarelos K, Donaldson K. American Journal of Pathology, 2011, 178: 2587-2600.

[30] Kostarelos K. Nature Biotechnology, 2008, 26: 774-776.

[31] Yamashita K, Yoshioka Y, Higashisaka K, Morishita Y, Yoshida T, Fujimura M, Kayamuro H, Nabeshi H, Yamashita T, Nagano K, Abe Y, Kamada H, Kawai Y, Mayumi T, Yoshikawa T, Itoh N, Tsunoda S, Tsutsumi Y. Inflammation, 2010, 33: 276-280.

[32] Belyanskaya L, Weigel S, Hirsch C, Tobler U, Krug H, Wick P. Neurotoxicology, 2009, 30: 702-711.

[33] Wick P, Manser P, Limbach L, Dettlaff-Weglikowska U, Krumeich F, Roth S, Stark W, Bruinink A. Toxicology Letters, 2007, 168: 121-131.

[34] Jia G, Wang H, Yan L, Wang X, Pei R, Yan T, Zhao Y, Guo X. Environmental Science &Technology, 2005, 39: 1378-1383.

[35] Nagai H, Okazaki Y, Chew S, Misawa N, Yamashita Y, Akatsuka S, Ishihara T, Yamashita K, Yoshikawa Y, Yasui H, Jiang L, Ohara H, Takahashi T, Ichihara G, Kostarelos K, Miyata Y, Shinohara H, Toyokuni S. Proceedings of the National Academy of Sciences of the United States of America, 2011, 108: 1330-1338.

[36] Herzog E, Casey A, Lyng F, Chambers G, Byrne H, Davoren M. Toxicology Letters, 2007, 174: 49-60.

[37] Tutak W, Park K, Vasilov A, Starovoytov V, Fanchini G, Cai S, Partridge N, Sesti F, Chhowalla M. Nanotechnology, 2009, 20: 255101.

[38] Casey A, Herzog E, Lyng F, Byrne H, Chambers G, Davoren M. Toxicology Letters, 2008, 179: 78-84.

[39] Johansson L, Chen C, Thorell J, Fredriksson A, Stone-Elander S, Gafvelin G, Arner E. Nature Methods, 2004, 1: 61-66.

[40] Monteiro-Riviere N, Inman A, Zhang L. Toxicology and Applied Pharmacology, 2009, 234: 222-235.

[41] Tsukahara T, Haniu H. Molecular and Cellular Biochemistry, 2011, 352: 57-63

[42] Pacurari M, Yin X, Zhao J, Ding M, Leonard S, Schwegler-Berry D, Ducatman B, Sbarra D, Hoover M, Castranova V, Vallyathan V. Environmental Health Perspectives, 2008, 116: 1211-1217.

[43] Osmond-McLeod M, Poland C, Murphy F, Waddington L, Morris H, Hawkins S, Clark S, Aitken R, McCall M, Donaldson K. Partical and Fiber Toxicology, 2011, 8: 15.

[44] Shvedova A, Kisin E, Porter D, Schulte P, Kagan V, Fadeel B, Castranova V. Pharmacology &Therapeutic, 2009, 121: 192-204.

[45] Wang L, Luanpitpong S, Castranova V, Tse W, Lu Y, Pongrakhananon V, Rojanasakul Y. Nano Letters, 2011, 11: 2796-2803.

[46] Takagi A, Hirose A, Nishimura T, Fukumori N, Ogata A, Ohashi N, Kitajima S, Kanno J. Journal of Toxicological Sciences, 2008, 33: 105-116.

[47] Porter A, Gass M, Muller K, Skepper J, Midgley P, Welland M. Nature Nanotechnology, 2007, 2: 713-717.

[48] 本章改写自我们的综述论文：Liu Y, Zhao Y, Sun B, Chen C. Accounts of Chemical Research, 2013, 46: 702-713.

第11章 纳米特性与生物效应的相关性

纳米颗粒与相同化学组成的微米颗粒相比，由于小尺寸效应、量子效应和巨大比表面积等，纳米颗粒具有特殊的物理化学性质，而表现出许多独特、新颖的功能。同时，纳米材料对人与自然生态系统的生物学效应也受纳米尺寸、结构和表面等效应的影响。在传统毒性物质研究中，这些影响因素不被考虑。而在纳米毒理学效应中，它们可能成为决定性的影响因素。

纳米物质进入生命体后，它们与生命体相互作用所产生的生物活性与化学成分相同的常规物质有很大不同。正如前面几章讨论过的那样，一些人造纳米颗粒容易进入细胞内，容易把其他物质带入细胞内，由于纳米颗粒表面的超强吸附力，即使在很小剂量时也容易引起靶器官炎症，产生氧化应激。纳米表面的轻微改变会导致生物效应发生巨变等。更重要的是，一些人工纳米颗粒具有自组装能力，它们在生物体内是否也会自组装生长成不同的特殊结构，对生物大分子的结构和功能产生影响？因此，纳米颗粒物的毒理学行为和机制与纳米特性的关系，是非常关键的问题。总之，在传统毒理学研究的相关因素之外，还必须兼顾考虑纳米特性，不能简单套用传统毒理学方法来推测纳米材料的生物效应。

纳米材料的生物学效应之一是纳米毒理学效应。纳米毒理学研究的重大意义在于保证纳米科学与技术的健康、可持续发展。美国总统科学顾问在美国政府召开的纳米安全性会议上说："纳米产品的安全性，将成为影响我国纳米技术的国际竞争力的关键因素。保障纳米科技的健康可持续发展，是保持我们科技领先地位的国家战略"。中国是纳米材料的生产大国，除在基础科学上取得突破以外，我们也必须建立纳米毒理学的分析方法，率先提出各种纳米材料的安全指标和安全设计策略，这直接关系到国家利益。因此，建立纳米标准（包括安全标准），寻找如何减少或消除纳米毒性的方法和途径也是该领域的重要研究方向，需要长期努力、保持与纳米技术的发展同步、谐调一致。我们在本章对直接与体内纳米毒性相关的问题及可能的解决方案进行了思索和讨论。此外，由于生命过程本身也发生在纳米尺度，因此，纳米体系与生物体系相互作用的研究，也许将有助于人们揭开生命过程的本质的神秘面纱。

11.1 纳米尺寸对纳米毒性的影响

11.1.1 急性毒性中的纳米尺寸效应

在城市环境和某些工作环境场所中，存在浓度极高的粒径小于 100 nm 的空气传播颗粒物。根据流行病学研究的发现，大气环境中的超细颗粒（纳米颗粒）比微米颗粒对人体健康造成的危害更大。尤其是引起心血管和呼吸道疾病死亡的危险性与空气中的细颗粒密切相关，在呼吸相同质量的颗粒物的情况下，尺寸越小，毒性越重[1]。这是人们为何高度关注并在不断讨论纳米材料对呼吸系统和心血管系统的毒性影响的重要原因。

人造纳米颗粒具有大气纳米颗粒类似的生物学效应。比如，纳米颗粒进入血液，与血细胞反应形成血栓等一系列类似的毒理学现象[2]。不同类型纳米颗粒的毒理学研究结果表明，它们对心血管和肺系统产生的副反应存在"温和—严重—急性"几个层次。由于尺寸与比表面积密切相关，因此与纳米材料引起肺炎和氧化应激的潜力直接相关，它们是纳米毒理学研究中重要的方面，也是决定纳米颗粒在体内沉积位置的关键因素。尺寸小于 50 nm 的颗粒经吸入暴露，呼吸道沉积概率非常高。纳米颗粒沉积后，在迁移过程中，颗粒尺寸也扮演着重要角色。例如，粒径在 10～50 nm 的颗粒易从呼吸道的肺泡区域迁移到肺间隙位置或中枢神经系统等其他器官。在纳米毒理学研究中，人们已普遍承认尺寸-效应关系的重要作用。尺寸影响毒性的根源可以归因于纳米尺度下的巨大比表面积引起的超高反应活性。

对于纳米颗粒物质，由于其分散程度与表面积密切相关，因此，评价毒理学效应时比表面积（每克样品的表面积）通常是一个很重要的剂量单位：同等质量、同一物质的比表面积随尺寸的减少而增大。在第 2 章中，我们讨论过，当颗粒物的尺寸小于 100 nm 时，其表面分子数目（以颗粒表面分子的百分含量表示）与颗粒尺寸呈负相关。小尺寸颗粒的表面分子数目会急剧增加[3,4]。例如，直径 30 nm 的颗粒表面分子约占 10%、直径小到 10 nm 约占 20%，而直径小到 3 nm 时的表面分子增加到 50%。因为材料的反应活性在很大程度上和颗粒表面的分子或原子数目直接相关，因此，是决定纳米颗粒化学性质和生物效应的关键因素。

由化学活性物质组成的纳米材料的巨大比表面积直接关系超高反应活性。这与化学中的碰撞理论相符，颗粒的高碰撞概率必定导致反应截面增大。因此，在生物体系的微环境中，与相同组成的微米物质相比，纳米颗粒表现出较高的反应活性，这些都是体内产生更严重生物毒性的潜在因素。以金属纳米材料为例，这是工业纳米材料中最重要的新材料之一。我们选择了用途最为广泛的纳米铜、纳米锌，利用动物实验对它们的急性毒性进行了系统研究[5~11]。同时，在实验设计上，我们用相应的微米材料作为对照，这样可以明确地解释纳米特性本身所带来的毒理学效应，并且有助于发现到达纳米尺寸以后，它们的毒理学行为的变化规律。

我们详细研究了小鼠暴露铜、锌纳米颗粒与微米颗粒以后的急性毒性[5~11]，发现它们的毒理学效应显示出相当大的尺寸依赖性：急性毒性随颗粒尺寸的减小而呈线性增长趋势（图 11.1）。纳米颗粒进入消化道后，在胃液的酸性环境（pH≈2）中，超高反应活性的纳米金属颗粒可迅速转化成离子状态。如图 11.1 所示，纳米铜比微米铜消耗氢离子的速度快很多[8~10]，即纳米铜的离子化速率比微米铜的大。这会造成体内铜离子过载而对机体产生毒性，引起许多功能性蛋白的结构丧失。

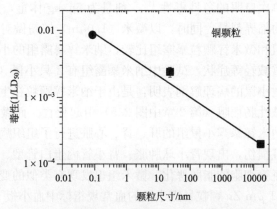

图 11.1　铜颗粒的急性毒性与纳米尺寸的相关性。
■ 代表金属铜颗粒；● 代表铜离子（Cu^{2+}）

显然，铜颗粒的毒性随尺寸的减小而急剧增大（图 11.1 和第 7 章表 7.1）。铜微米颗粒（17 μm）、铜纳米颗粒（23.5 nm），以及铜离子（$CuCl_2 \cdot 2H_2O$）在小鼠经口暴露的半致死剂量 LD_{50} 分别为 413 mg/kg 体重、大于 5000 mg/kg 体重、110 mg/kg 体重[8]。从暴露小鼠器官（脾、肾）形态学变化的直接观察，也得到同样的结果。经微米铜颗粒暴露的器官，几乎与对照组相同；而经纳米铜颗粒暴露的小鼠，其脾和肾中表现出明显的变化包括脾萎缩。铜颗粒经胃肠道摄入后，在体内经历了不同的代谢过程。惰性微米铜仅在最高剂量 5000 mg/kg 时，引起肠梗阻。在胃液中，活性很高的纳米铜可被迅速转化成离子状态，迅速迁移到肝和肾，进行代谢和排泄。由于纳米颗粒快速产生大量的铜离子，引起体内铜离子过载，导致肝、肾组织损伤等病理学变化以及组织功能性破坏[8]。同时，高反应活性的纳米铜颗粒迅速而又过度地消耗 H^+，形成大量的 HCO_3^- 储存体内，致使代谢性碱中毒。此外，未离子化的纳米铜可通过肠内淋巴组织迁移到脾脏组织，从而诱使脾脏发生显著变化。

在这个研究中，我们获得了"纳米尺寸-毒理学效应"关系的定量结果：金属铜纳米颗粒的毒性和尺寸成反比，即尺寸越小，毒性越大。这说明，在化学组成相同、剂量相同的情况下，对于金属纳米颗粒，其纳米尺寸决定毒性。这超出了传统毒理学的理论，尺寸不是传统毒理学考虑的导致毒性效应的因素，因此在原有毒理学的理论框架下，必要引入新的概念和参数，同时建立新的知识体系。

11.1.2　观测对象器官选择影响纳米尺寸效应

金属纳米颗粒具有哪些共通的毒理学特性？这是令人非常感兴趣的问题。为此，我们利用前面建立的金属纳米颗粒的毒理学评价流程和方法，研究了 58 nm 金属锌纳米颗粒单次口服的急性毒性[11]。剂量为 5g/kg 体重，这是传统毒理学判定有毒和无毒的临界剂量。同时，以微米（1.0μm）锌粉做对照实验。研究结果表明，与空白组和微米锌颗粒暴露组比较，纳米锌暴露组的小鼠出现了明显的胃肠道反应和体重减轻等症状，试验中纳米暴露组有 2 只小鼠（1 只雌鼠和 1 只雄鼠）死亡。死亡小鼠的病理解剖表明，是由于纳米锌颗粒在生物体内容易发生团聚而导致的机械性肠梗阻（第 2 章中图 2.5）引起死亡。而微米组的小鼠则无此现象。我们对纳米锌暴露小鼠组的肝、肾、心脏进行了组织病理学检查，发现引起肝、肾、心脏损伤，出现肾小球肿胀、肾小管内蛋白管型、肝组织的水肿恶化和坏死以及心血管细胞的脂肪恶化。微米组也发现有类似的变化，但是程度轻微。58 nm Zn 和 1 μm Zn 颗粒暴露小鼠的血常规指标中血小板（PLT）、红细胞体积分布宽度（RDW-CV）、血色素（HGB）和红细胞压积（HCT）水平发生异常变化。这表明，无论是 58 nm Zn 还是 1 μm Zn 的摄入均可能导致贫血。不同的是，58 nm Zn 组的小鼠的 PLT 和 RDW-CV 水平异常升高，与此同时 HCT 和 HGB 水平却显著降低。这些结果表明，纳米锌的摄入引起的贫血要比微米锌更为严重。血清 BUN 和 CR 是目前反映肾功能损害较为灵敏的生物指标，微米锌的暴露导致了小鼠血清 BUN 和 CR 水平显著升高，而纳米锌暴露组小鼠，未观察到这两个指标有显著变化。让人惊讶的是，病理解剖和进一步的组织病理学研究却发现，纳米锌颗粒比微米锌颗粒诱导了更为严重的肾损伤。

有意思的是，当我们进一步对肝损伤情况进行分析时，却发现了相反的趋势：微米尺寸的锌比纳米尺寸的锌颗粒引起了更严重的肝损伤。血清生化分析表明[11~13]，微米锌和纳米锌组的小鼠乳酸脱氢酶（LDH）、丙氨酸氨基转移酶（ALT）、碱性磷酸酯酶（ALP）、胆甾醇酯（CHE）、总蛋白量（TP）、白蛋白（ALB）、血浆尿素氮（BUN）、肌氨酸酐（CR）、羟丁酸脱氢酶（HBD）的血清生化水平都显著升高：口服 5 g/kg 体重的微米锌和纳米锌颗粒均导致小鼠肝损伤。与纳米铜不同的是，1.0 μm 组的小鼠这些指标的升高程度较 58 nm 组明显，这意味着微米锌比纳米锌颗粒导致了更严重的肝损伤。这与前面的肾脏损伤，以及对血液系统的损害的趋势正好相反。

分析上述研究结果：小尺寸的纳米锌引起贫血比大尺寸的微米锌更为严重，纳米锌引起肾损伤比微米锌颗粒也更为严重；然而，大尺寸的微米锌引起的肝损伤却比小尺寸的纳米锌更严重。因此，针对不同的靶器官，纳米材料所产生的毒理学效应很难根据其原有的常规（微）材料进行外推。这些结果也显示出纳米毒理学研究的复杂性：如果你选择不同观察对象如靶器官，你可能得到完全相反的结论。这很容易误导对纳米材料或纳米产品的安全性评价。因此，获得尽可能全面的毒理学信息，是准确评价纳米安全性的关键。这与传统的毒理学有很大的不同，传统毒理学数据的外推性比纳米毒理学更好也更准确。

11.1.3　毒性级别的判定与纳米尺寸效应

在研究金属氧化物纳米材料的毒理学效应中也观测到与上述类似的结果。纳米金属氧化物材料是工业纳米材料中生产量最大的新材料。我们利用动物实验研究了几类用途最广的纳米金属氧化物的毒理学效应和它们的尺寸效应。例如，纳米二氧化钛[14~23]、纳米氧化锌[24~27]和纳米氧化铁[28~36]等。Fe_2O_3 纳米颗粒的磁性尤其在医学领域应用前景最广。但是作为高氧化-还原性的过渡金属元素的氧化物，其生物安全性问题也备受关注。我们研究了 Fe_2O_3 纳米颗粒经模拟呼吸（气管灌注）暴露后的肺部毒性和引起凝血的风险，并进一步研究了毒理学效应与纳米尺寸、剂量和时间的关系[28,30]。比如尺寸为 22 nm 和 280 nm，剂量相同，两种尺寸的 Fe_2O_3 纳米颗粒经气管灌注后，能够导致肺损伤。与 280 nm 的颗粒相比，22 nm 纳米 Fe_2O_3 颗粒可能增加微脉管的渗透性和肺上皮细胞的胞溶作用，显著地改变血凝时间。同时我们也发现，Fe_2O_3 颗粒可以沿着嗅觉神经和三叉神经的传感神经元进入中枢神经系统，诱导大脑海马 CA3 区神经元细胞的空泡变性。进一步研究发现，22 nm 和 280 nm Fe_2O_3 纳米颗粒在脑中具有不同的输运模式[29,31~33]。若仅从传统的毒理学知识体系出发，它们化学组成相同、剂量相同，结果应该是一致的。因此，该结果进一步证明了对于纳米材料，在建立安全标准和评价体系时，其尺寸效应不容忽视。

纳米二氧化钛在工业产品、化妆品和医学等领域得到广泛的应用。与前面讨论的化学活性很高的金属纳米颗粒不同，TiO_2 属于化学惰性纳米颗粒，进入生物机体后，不会直接与周围环境反应，诱导各种物理学和病理学的毒性反应[14~23]。我们通过比较研究三种不同尺寸，即 25 nm、80 nm、155 nm 的 TiO_2 颗粒对成年小鼠的毒性，发现 TiO_2 纳米颗粒的急性毒性相对较低。155 nm 的 TiO_2 颗粒悬浮液的最大口服剂量高达 5 g/kg 体重，单次口服，2 周内小鼠无明显急性毒性。根据全球化学品分类标准（GHS），155 nm 的 TiO_2 颗粒属于无急性毒性级别[14]。

尽管如此，当其尺寸从 155 nm 减小到 80 nm 或 25 nm 时，TiO_2 纳米颗粒引起了一系列毒性反应包括：①肝脏毒性（引起小鼠鼠肝损伤）。如雌性小鼠肝脏变化系数高，血清生化参数［丙氨酸转氨酶/天门冬氨酸转氨酶（ALT/AST），乳酸脱氢酶（LDH）〕和肝脏组织病理学改变（围绕中央静脉的肝水肿和肝细胞坏死）。②肾脏毒性。如血清尿素氮（BUN）水平增加和肾脏组织病理学变化等。③心肌受损。血清乳酸脱氢酶（LDH）和 α-羟丁酸脱氢酶（HBDH）的显著变化。然而，在肺、脾、睾丸、卵巢等器官组织未观察到反常的病理学变化。定量分析 TiO_2 纳米颗粒在小鼠生物组织的分布发现，TiO_2 颗粒经胃肠道摄取后，主要分布在肝、脾、肾和肺组织，但是却没有观测到脾脏毒性和肺毒性。这可能因为，一方面即使 80 nm 或小到 25 nm 的 TiO_2，它们到达脾脏和肺以后也比较容易被代谢；另一方面，它们在体内能够被转运或迁移到其他组织或器官[14~18]。

最近有研究报道，TiO_2 颗粒吸入毒性也随纳米颗粒尺寸的减少而急剧增加[37]。Churg 等研究了 120 nm 和 21 nm TiO_2 颗粒植入大鼠气管的情况[38]。暴露 7 天后，两种尺寸的颗粒都能够从上皮迁移到上皮下深处，对于 120 nm 颗粒，上皮和上皮下的比率约为 2：1，对于 21 nm 颗粒约为 1：1[38]，吸入颗粒的迁移量依赖于尺寸大小[39]。此外，在长期毒性研究中，大鼠分别吸入～250 nm 和～20 nm TiO_2 颗粒，尽管吸入 20 nm 颗粒的质量浓度比 250 nm 颗粒的低 10 倍之多，但可引起相同的肿瘤诱变发生[40]。

与大尺寸颗粒相比，呼吸暴露的纳米颗粒显著增加了引起炎症的程度[41,42]。在纳米 TiO_2 吸入暴露的亚慢性实验中，Oberdörster 等分析了纳米颗粒的沉积、清除、滞留、迁移和溶解等过程的毒性代谢动力学行为[43]。大鼠分别暴露于 20 nm 和 250 nm TiO_2 颗粒 3 个月以后：①两种尺寸颗粒在肺部的保留能力具有显著性差异，小颗粒的清除率明显低于大颗粒。小颗粒迁移到细胞间隙位置和整个淋巴结的速率远高于大颗粒。②较大的 TiO_2 颗粒可引起肺效应，包括 Ⅱ 期细胞增殖、肺间质纤维化病灶和严重、持续性地肺巨噬细胞损伤。这些结果表明，同一成分的纳米颗粒，尺寸严重影响其体内毒性代谢动力学行为[43]。

然而，氧化锌纳米颗粒的毒理学行为却与氧化钛完全不同，甚至相反。我们研究了 20 nm 和 120 nm 的 ZnO 在不同剂量（1 g/kg、2 g/kg、3 g/kg、4 g/kg、5 g/kg）下的急性口服毒性[24,27]。结果表明，根据现有的全球化学品分类标准（GHS），无论 20 nm 的 ZnO 还是 120 nm 的 ZnO，均属于无急性毒性级别。然而，定量分析它们的体内生物分布发现，氧化锌纳米颗粒在胰腺、肾、骨骼中有聚集，心肌中锌的含量也有轻微升高。血液学结果显示，低、中剂量的 20 nm ZnO 和高剂量的 120 nm ZnO 诱导了血液黏度的升高。不仅如此，病理学结果表明，120 nm ZnO 暴露导致小鼠胃、肝、心肌和脾脏组织病理损伤呈现"正的剂量-效应关系"，然而，让人惊讶的是，20 nm 的 ZnO 暴露小鼠组，肝、脾、胰腺和心肌的损伤均呈现"负的剂量-效应关系"（图11.2和第 2 章中表2.3），即剂量越大，损伤越小[24]。化学组成相同、剂量相同的纳米颗粒，仅仅尺寸变小，出现了完全逆转的毒理学行为。

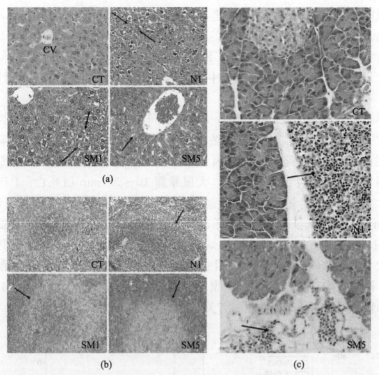

图 11.2 （a）ZnO 纳米颗粒暴露后第 14 天，小鼠肝脏的病理变化。CT：对照组；N1：
20 nm ZnO 暴露组，剂量 1.0 g/kg（箭头指示肝小叶边沿的水肿和变性）；SM1：
120 nm ZnO 暴露组，剂量 1.0 g/kg（箭头指示肝门区域的水肿和变性）；SM5：120 nm
ZnO 暴露组，剂量 5 g/kg（箭头指示肝实质细胞中心叶脉区的水肿和变性）。（b）ZnO
纳米颗粒暴露后第 14 天，小鼠脾脏的病理变化。CT：对照组；N1：20 nm ZnO 暴露
组，剂量 1.0 g/kg；SM1：120 nm ZnO 暴露组，剂量 1.0 g/kg；SM5：120 nm ZnO 暴
露组，剂量 5 g/kg。（c）ZnO 纳米颗粒暴露后第 14 天，小鼠胰腺的病理变化。CT：对
照组；N1：20 nm ZnO 暴露组，剂量 1.0 g/kg（箭头指示 ZnO 纳米颗粒引起胰腺产生
的慢性炎症细胞和淋巴细胞）；SM5：120 nm ZnO 暴露组，剂量 5 g/kg[24]

11.1.4　呼吸系统毒性的纳米尺寸效应

事实上，呼吸系统毒性表现出更为敏感的纳米尺寸效应。聚四氟乙烯（PT-
FE）作为低摩擦材料和电绝缘体被广泛应用于工业中，因其化学稳定性和耐热
性而被认为是无毒或生理、化学惰性的材料。然而，最近发现 PTFE 经过加热
将产生难闻的烟雾，它们主要由很小的纳米颗粒组成。大鼠吸入以后不仅具有致
命的毒性，而且其毒性大小具有尺寸依赖性[44]。同时，也出现人吸入 PTFE 颗
粒死亡的事故报道[45]。暴露于加热的 PTFE 烟雾中的工人，先出现急性肺水肿，

然后严重的血氧过少、室性心动过速，最后血压丧失而死亡。经医疗后，幸存的患者也出现了致命性的呼吸道并发症。研究发现，这些毒性主要来自于新生成的PTFE 纳米颗粒，其吸入暴露引起了致命的毒性反应。如果经过一段时间，等新生成的 PTFE 烟雾纳米颗粒在空气中团聚成较大的颗粒物，其呼吸毒性就会急剧下降。

世界著名的毒理学家 Oberdörster 等对不同尺寸的 PTFE 颗粒的毒性进行了系统研究[46]。他们发现，大鼠吸入浓度小于 60 $\mu g/m^3$ 26 nm 的 PTFE 颗粒，便可引起死亡。这说明其毒性极大，因为 60 $\mu g/m^3$ 的吸入浓度是一个非常低的剂量，而结果却导致急性出血性肺炎，大鼠暴露 10～30 min 后死亡。PTFE 烟雾颗粒尺寸（～16 nm）越小，其毒性越严重。当大鼠吸入质量浓度低至～50$\mu g/m^3$仅 15 min 时，发现大鼠出现更加严重的肺水肿、肺出血等现象，具有较高的死亡率（图 11.3）[44]。新鲜的聚四氟乙烯烟雾产生几分钟后，颗粒自凝形成大于100 nm尺寸的颗粒，此时，便不会引起暴露动物的毒性反应。颗粒毒性的减弱可能归因于初始颗粒（～16 nm）的团聚作用形成了毒性很小的大颗粒（＞100 nm）。这显然和颗粒表面的化学活性减弱有关。

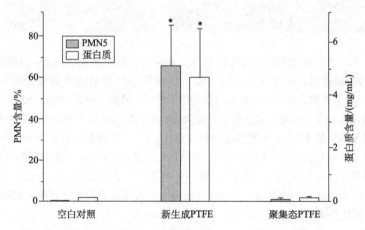

图 11.3　呼吸系统毒性的尺寸效应。F-344 大鼠吸入相同质量（50～70 mg/m³）的新生成（15 nm）的和聚集态（110 nm）的聚四氟乙烯颗粒 15 min，4 h 后大鼠的肺灌洗液参数（平均值±SD，$n=5$），＊$p<0.05$（ANOVA）[44]

在传统毒理学研究中，颗粒尺寸不被认为是决定毒性的一个根本因素。然而，对于纳米材料来讲，这种概念需要被修正。相关研究已表明，纳米尺寸与体内的毒理学效应直接相关。在某些情况下，颗粒尺寸的变化甚至可完全逆转其毒理学行为。某些纳米材料在一定的尺度有毒，而在另外的尺度却是惰性和安全的。因此，在实际应用研发之前，人们只要建立生物毒性的纳米尺寸-效应关系，这样可以根据给定纳米物质的安全尺度，在实际应用中最大限度地保留其理想的功能特性。

11.2　纳米结构化学效应

我们以最典型的人造纳米材料——碳纳米材料家族为例来探讨这个问题。碳纳米材料家族主要有单壁碳纳米管（SWNTs）［图 11.4（a）］、多壁碳纳米管（MWNTs）［图 11.4（b）］、富勒烯 C_{60} ［图 11.4（c）］和金属富勒烯［图 11.4（d）］。除金属富勒烯外，其他三类都是由碳原子组成的结构不同的碳的同素异形体。C_{60} 是直径 0.7 nm I_h 对称的球形分子，它是由独立的 12 个五边形和 20 个六边形构建而成，其中结合键有两种类型，分别存在于六边形之间和六边形与五边形之间[47]，由碳原子自身键合而成的一类网状结构（直径 1 nm 左右）的碳笼，是碳化合物最为引人注目的一类新材料。它具有纳米量级的空间，以及自行闭合而形成球（笼）体的功能，发现者因此于 1996 年获得了诺贝尔化学奖。由于富勒烯分子与生物分子在成键特性方面十分相似，它们在医学诊断和治疗领域有独特功能和应用价值，被认为是一类具有独特生物医学功能的新材料。SWNTs 是平均直径 1.4 nm、长度从 10 nm 到微米范围，由石墨层卷成圆柱状的一维结构[48]。MWNTs 是由不同直径的 SWNTs 环形围绕同一中心而组成的，相邻的石墨层间等距的嵌套管状结构[48]。它们被广泛应用在高科技产业和医学诊断、治疗和药物输送中。以碳纳米管为例，它的密度只有钢的 1/6，而强度是钢的 100 倍，电导率是铜的 10 000 倍。这些奇异的物理化学性能，也使其生物安全性备受争议和关注。

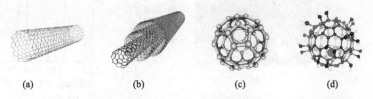

　　(a)　　　　　　　(b)　　　　　　　(c)　　　　　　　(d)

图 11.4　典型的碳纳米材料。（a）单壁碳纳米管；（b）多壁碳纳米管；
（c）富勒烯 C_{60}；（d）金属富勒烯（衍生物）

传统上，如果化学成分相同，剂量决定毒性！这是建立在"剂量-效应关系"基础上的现有毒理学理论。它对纳米材料是否适用？是否需要建立新的理论体系？然而，外源性化学物质的毒性与其本身的结构也密切相关，物质结构不可避免地影响其在生物机体的活性、强度、结合位点（靶向性）以及动力学性质等。对纳米材料而言，结构性质可能是决定其纳米毒性的比较敏感和根本性因素。碳纳米材料的化学成分都是碳原子，但是其纳米结构不同，而纳米结构参数恰恰不是传统毒理学所考虑的因素——是否会导致新的毒理学效应？因此，它成为研究纳米结构效应的首选模型材料。

为此，我们利用肺巨噬细胞模型首先研究了 SWNTs、MWNT10（直径范围是 10～20 nm）和 C_{60} 三种纳米材料对巨噬细胞的毒性，以及对细胞结构与功能的影响（图 11.5）[49]。巨噬细胞的生物学功能主要是吞噬外来异物，保护生命过程不受外来毒物的损害。结果发现，经过 6 h 的相互作用，单壁碳纳米管在很低剂量（0.38 $\mu g/cm^2$）下，能产生明显的细胞毒性，且随剂量的升高急剧上升，具有明显的"剂量-效应关系"；但是同样是由碳原子组成的富勒烯（C_{60}）的剂量从 0.38 上升到高达 226.0 $\mu g/cm^2$，其细胞毒性变化很小，没有明显的"剂量-效应关系"，如图 11.5（c）所示。进一步研究表明，尽管这三种纳米材料的化学组成同，在相同的剂量下，它们的细胞毒性却不同，且有如下毒性顺序：单壁碳纳米管＞多壁碳纳米管＞富勒烯［图 11.5（d）］。通过对细胞功能的研究中我们进一步发现，单壁碳纳米管在很低剂量 0.38 $\mu g/cm^2$ 就会损害肺巨噬细胞的吞噬功能，而多壁碳纳米管和富勒烯在 10 倍的剂量下（3.06 $\mu g/cm^2$）才导致对吞噬功能的损害（如细胞坏死、细胞凋亡和细胞器的变化等）。同时发现，一些吞噬了碳纳米管的肺巨噬细胞会失去吞噬其他异物的能力。动物实验结果也证实，吸入 SWNTs 的小鼠产生比石英颗粒更为严重的肺毒性，而且在没有引起任何炎症的情况下，导致肺部多灶性肉芽肿[50]。

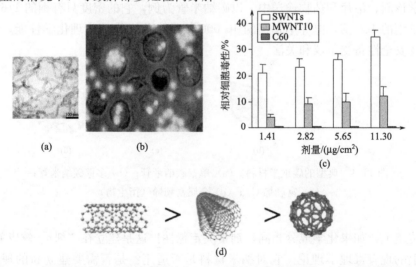

图 11.5　细胞毒性与纳米结构化学效应。（a）碳纳米管电镜照片；（b）吞噬碳纳米管的巨噬细胞；（c）不同剂量下 SWNTs、MWNT10（10～20 nm）、C_{60} 的细胞毒性变化比较；（d）碳纳米材料的细胞毒性大小顺序 SWNTs＞MWNT10＞C_{60}[49]

　　尽管这些碳纳米材料的化学成分相同，但是在相同的剂量下，它们的细胞毒性却不相同：单壁碳纳米管＞多壁碳纳米管＞富勒烯，存在明显的"纳米结构-效应"关系。

　　根据传统毒理学理论，化学组成相同的物质在相同的剂量下，它们产生的毒理学效应应该相近。然而，单壁、多壁碳纳米管和富勒烯的化学组成相同，在相同的剂量下，它们产生的细胞毒性却不相同，且对细胞功能的损害、剂量-效应关系也不同。这是由于它们的纳米结构不同，导致不同的化学反应性和不同的生物活性。这些实验结果对在传统毒理学的基础上建立纳米毒理学的理论体系非常重要。除了传统的"剂量-效应关系"之外，需要考虑新的"纳米结构-效应关系"、"纳米尺寸-效应关系"等。

11.3　纳米表面化学

　　纳米表面化学已成为一个新的学科，除了研究在界面或不同基底表面纳米结构的组装、纳米结构的反应性、相互作用力的特性等方面以外，一方面，对纳米颗粒表面可进行各种化学修饰，可以获得更为丰富的多功能纳米材料；另一方面，为了减少或消除纳米毒性，纳米表面化学也是纳米颗粒表面改性的重要途径和最适当的方法之一。

　　即使纳米颗粒与微米颗粒的化学组成相同，但是纳米颗粒巨大的比表面积将导致其化学活性与生物活性发生改变。在纳米空间的酶催化、氧化、跨膜转运等生物化学反应过程中，表面性质扮演着重要的作用。为了描述表面性质，我们定义比表面积 $a_m = A/m$（A 为总表面积，m 为纳米物质的质量）。它是用来评估纳米颗粒分散程度的一个重要化学量，在第 1 章的表 1.1 中，我们已给出水的表面积和吉布斯自由能随颗粒直径变化的例子。吉布斯自由能是一个反映化学反应方向的物理参数。显然，颗粒尺寸减小可导致比表面积 a_m 迅速增加。当水滴被分割成越来越小的颗粒时，其半径降到 1 nm 时，整个体系拥有相当大的能量。因此，与块体材料相比，纳米材料的生物学行为的急剧变化和差异就易于理解了。

　　纳米颗粒表面本身也是纳米毒理学效应的一个根本因素。图 11.6 是由扫描电镜测定的聚苯乙烯球（A）、聚四氟乙烯颗粒（B）和马勃菌孢子（C）的表面成像[51]。聚苯乙烯微球（尺寸 1 μm、3 μm、6 μm）表面光滑，表面张力约为 33 mJ/m^2。聚四氟乙烯颗粒表面如鹅卵石外观，由直径 100～200 nm 的聚四氟乙烯纳米球融合组成。马勃菌孢子（3.5 μm）表面凸起如刺瘤。Geiser 等研究了它们与肺表面内层相互作用的过程，以及不同表面的影响。他们发现，这三种类型的颗粒都可沉入内部水层，接近上皮细胞[51]。表面活性剂可以降低颗粒的表面张力，促进它们进入细胞。常规的石英颗粒的细胞毒性、肺炎症化作用和肺纤维化作用也对其表面化学修饰密切相关[52]。比如，表面以乳酸铝或克矽平（PVNO）修饰的 DQ12 石英颗粒，与未修饰的初始石英颗粒相比，PVNO 修饰的石英颗粒可明显地减少其对人肺上皮细胞的毒性、降低颗粒的摄入和 DNA 的氧化损伤[52]。

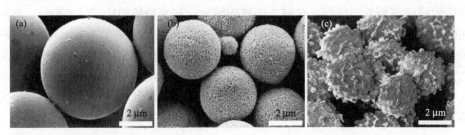

图 11.6　纳米颗粒表面的扫描电镜图像[51]。（a）表面光滑的聚苯乙烯球；（b）棘状表面的聚四氟乙烯颗粒；（c）表面凸起刺瘤的马勃菌孢子

　　聚酰胺（PAMAM）树状大分子是一种典型的、广泛应用于生物医药领域的纳米聚合物（<100 nm）。Holl 等发现氨基封端的 7 代（G7）PAMAM 树状大分子（10～100 nmol/L）可诱导脂质双分子层膜出现纳米孔洞（15～40 nm）[53]。浓度为 10～100 nmol/L、氨基封端的 5 代（G5）PAMAM 可严重破坏细胞膜的完整性，而乙酰胺封端的 5 代（G5）PAMAM，浓度高至 500 nmol/L，都不会对细胞产生类似的毒性作用（图 11.7）。

图 11.7　纳米颗粒的表面效应。树状大分子与 DMPC 脂质双分子层作用 AFM 图像[54]。白色亮线标志的为树状大分子作用的脂质双分子层。（a）荷正电氨基封端的 7 代（G7）PAMAM 树状大分子诱导脂质双分子层膜出现纳米孔洞（15～40 nm）；（b）荷正电氨基封端 5 代 PAMAM（G5-NH2）去除表面脂质双分子层，双分子层膜出现缺陷（箭头标注）；（c）中性乙酰胺封端的 5 代 PAMAMCharge（G5-Ac）不除去表面脂质双分子层，吸附在双分子层膜缺陷上

　　纳米表面化学也改变纳米材料的表面化学性质和比表面积。这些表面性质与毒理学效应之间的关系是显而易见的。纳米材料易与体内微环境的生物分子发生

反应。有些纳米颗粒进入体内可成为活性氧（ROS）的发生器，引起与氧化损伤相关的纳米毒性，甚至可通过脂质过氧化等改变生物体系的正常功能，如未经表面包覆的富勒烯（C_{60}）可以导致氧化损伤和水生生物体内谷胱甘肽（GSH）消耗[54]。人们利用鱼评估了 C_{60} 富勒烯的生物学效应，在经浓度为 0.5 mg/kg、未做表面化学处理的 C_{60} 悬浮胶体颗粒，暴露 48 h 后，鱼未出现明显的反常行为。然而，当采用生化指标进行评估时，鱼脑发生严重的脂质过氧化损伤，以及鱼鳃出现 GSH 损耗等令人诧异的结果。这些结果显示，C_{60} 暴露引起氧化损伤可能会导致严重的脑细胞损伤。

为了探究人细胞是否出现类似的生物效应，Colvin 等以修饰和未修饰的 C_{60} 暴露对人肝细胞[55]和皮肤细胞[56]进行研究，发现经 20 ng/g 剂量、未修饰的 C_{60}、48 h 暴露后，细胞半数死亡[56]。C_{60} 聚集产生活性氧自由基是细胞毒性的主要原因。经羟基化修饰 $[C_{60}(OH)_x]$ 或羧基化修饰 $[C_{60}(COOH)_x]$ 颗粒暴露，对人体细胞毒性较低。并且，$C_{60}(OH)_{24}$（C_{60} 笼表面 24 个羟基基团修饰）的实验浓度需高于表面未修饰 C_{60} 的 1000 万倍才能达到细胞半数死亡[56]。C_{60} 表面化学修饰基团越多，其细胞毒性似乎越小。碳笼表面修饰的极性基团可使颗粒在水中不发生聚集，不会产生自由基[57]。纳米表面化学修饰，可消除或降低纳米颗粒的潜在毒性。

11.4 纳米表面化学：降低或消除纳米颗粒毒性的有效途径

富勒烯本身不溶于水，在医学应用中通常使用水溶性富勒烯，在富勒烯的碳笼表面进行—OH、—COOH、—SO_3H 等一些亲水性基团的加成反应修饰，可增加材料的水溶性，而羟基化的水溶性富勒烯，是富勒烯类物质中产量最高、成本最低、用途最广的一类纳米材料。在体内的生物学或毒理学研究中，这些表面性质本身通常扮演着关键性的角色。先对富勒烯进行 ^{125}I 同位素标记，然后利用动物实验研究它们在动物体内的吸收、分布、代谢、排泄和毒性（ADME/T），系统评价了羟基富勒烯对机体的急性毒性特征、靶器官、剂量反应关系和对机体损害的危险性。通过 CD-1 实验小鼠实验研究，获得口服羟基富勒烯的 LD_{50}（半数致死剂量）大于 5 g。证明了羟基富勒烯在口服的情况下，属于低毒/无毒性物质。Colvin 等以类似的表面化学方法，使用不同的化学基团对 C_{60} 的碳笼进行了修饰，研究了 C_{60}、$[C_{60}(COOH)_2]_3$、$Na^+_{2\sim3}[C_{60}O_{7\sim9}(OH)_{12\sim15}]^{(2\sim3)-}$ 和 $C_{60}(OH)_{24}$ 对人皮肤纤维原细胞（HDF）和人肝癌细胞（HepG2）（图 11.8）的细胞毒性变化[56]。他们发现，C_{60} 的细胞毒性因化学修饰的不同而发生较大改变：对于人 HDF 和 HepG2 两种不同的细胞株，未修饰的 C_{60} 具有细胞毒性，$C_{60}[(COOH)_2]_3$ 和 $Na^{+2\sim3}[C_{60}O_{7\sim9}(OH)_{12\sim15}]^{(2\sim3)-}$ 具有较小的细胞毒性，而 $C_{60}(OH)_{24}$ 则无细胞毒性[56]，与未修饰的 C_{60} 相比，细胞毒性降低了 7 个数量级。

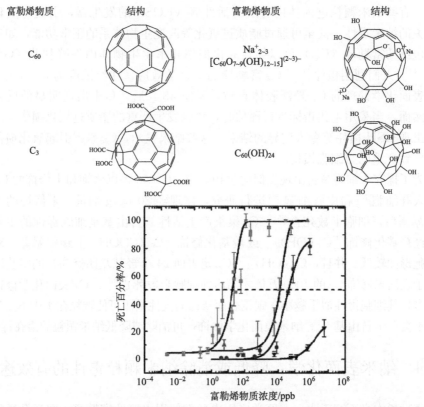

图 11.8 降低或消除纳米颗粒毒性的有效途径：表面化学修饰。不同结构 C_{60}、$C_{60}(OH)_{24}$、C_3 和 $Na_{2\sim3}^+$ $[C_{60}O_{7\sim9}(OH)_{12\sim15}]^{(2\sim3)-}$ 对人皮肤纤维原细胞活性的影响[56]。C_{60}（■），C_3（▲），$Na_{2\sim3}^+$ $[C_{60}O_{7\sim9}(OH)_{12\sim15}]^{(2\sim3)-}$（●）和 $C_{60}(OH)_{24}$（▼）

我们研究了表面修饰富勒烯的结构和稳定性。碳笼表面由不同数目的羟基基团修饰得到 $C_{60}(OH)_x$，通过同步辐射 X 射线光电子能谱和 FT-IR 光谱仔细研究了 $C_{60}(OH)_{42}$、$C_{60}(OH)_{44}$、$C_{60}(OH)_{30}$、$C_{60}(OH)_{30}$、$C_{60}(OH)_{32}$ 和 $C_{60}(OH)_{36}$ 的表面性质。以激光解离飞行时间质谱分析了它们的稳定性[58]。结果发现，这些衍生物的稳定性在很大程度上依赖于其表面修饰的羟基基团的数目、混杂基团的量和强度等情况。在相同能量激光照射下，$C_{60}(OH)_{42}$ 可解离成 C_{60}、C_{58}、C_{56}、C_{54}、C_{52}、C_{50} 和 C_{48} 的碎片；$C_{60}(OH)_{44}$ 可解离成 C_{60}、C_{58}、C_{56}、C_{54}、C_{52}、C_{50}、C_{48} 和 C_{46}；$C_{60}(OH)_{30}$ 可解离成 C_{60}、C_{58}、C_{56}、C_{54} 和 C_{52}；而 $C_{60}(OH)_{32}$ 仅解离成 C_{60} 和 C_{58}（图 11.9）。C_{60} 表面混杂基团（非羟基的基团）的强度可能致使碳笼结构打开，大大降低被修饰 C_{60} 的稳定性[58]。此外，羟基和混杂基团数量之间的平衡对于碳笼表面的结构性质非常重要，纳米颗粒表面亲水基团数目增加，其水溶性增强。然而，纳米表面修饰大量的基团可致使其表面结构和稳定性

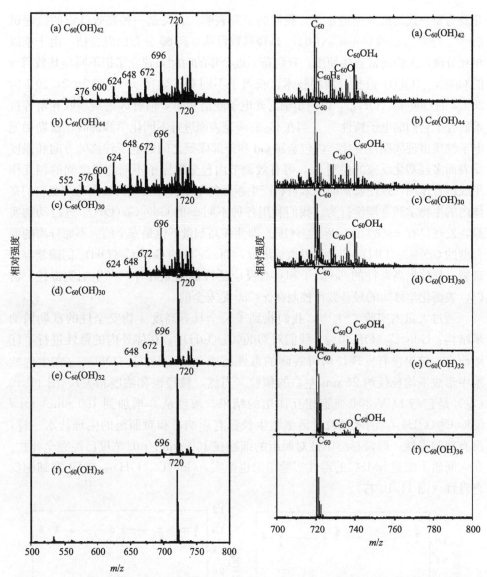

图 11.9　改变纳米颗粒生物效应的有效途径：表面化学修饰。碳笼纳米结构稳定性的表面化学性质依赖性[58]。左图：$C_{60}(OH)_{42}$（a）、$C_{60}(OH)_{44}$（b）、$C_{60}(OH)_{30}$（c）、$C_{60}(OH)_{30}$（d）、$C_{60}(OH)_{32}$（e）和 $C_{60}(OH)_{36}$（f）统一实验条件下（负反射模式，无基质）的质谱图。右图：碳笼碳氧化后 $C_{60}(OH)_{42}$（a）、$C_{60}(OH)_{44}$（b）、$C_{60}(OH)_{30}$（c）、$C_{60}(OH)_{30}$（d）、$C_{60}(OH)_{32}$（e）和 $C_{60}(OH)_{36}$（f）的质谱图

发生深刻地变化，直接影响它们在体内的生物学和毒理学行为。

　　金属富勒烯在医学上应用得很广。羟基化的金属富勒烯 $Gd@C_{82}(OH)_x$ 已被

开发为新一代的磁共振造影剂。我们的研究表明，它又是一种高效低毒的抗癌试剂[59]。通常合成的 $Gd@C_{82}(OH)_x$ 是羟基数目从 0 到 60 分布的混合物，由于难以相互分离，人们通常直接使用。我们花了近 2 年的时间，建立了把不同羟基数目 x 的 $Gd@C_{82}(OH)_x$ 进行分离的技术，获得了不同 OH 数目 $x=0$，12 ± 2，20 ± 2，26 ± 2 的 $Gd@C_{82}(OH)_x$，以同步辐射光电子能谱和同步辐射 X 射线吸收光谱等技术研究了它们的电子特性[60]。当在 C_{82} 的碳笼表面进行不同化学修饰时，富勒烯笼电子性质出现周期性变化，内包金属 Gd 和外部碳笼之间的电子转移的方向和强度受表面多羟基化反应的控制[60]，可有效调节内包金属原子不同能级之间的相互作用或耦合作用，致使修饰的纳米材料产生新颖的电子特性，从而极大地改变它们在体内的生物学和毒理学行为。我们利用各种不同 x 的 $Gd@C_{82}(OH)_x$ 进行动物实验，发现只有 $x<30$ 的 $Gd@C_{82}(OH)_x$ 即使在高剂量下也是安全的。不加分离的混合型的 $Gd@C_{82}(OH)_x$ 容易诱发血栓形成，而 $x>36$ 的 $Gd@C_{82}(OH)_x$ 的碳笼容易破裂，释放出高毒性的 Gd 离子和具有反应活性的碳笼碎片，产生细胞毒性。所以，表面化学修饰的羟基数目控制在 $x<30$ 是安全的。

通过大量的实验[58,60~64]，我们找到了一个具有高度生物安全性的富勒烯纳米结构：$Gd@C_{82}(OH)_{22\pm2}$。我们对 $Gd@C_{82}(OH)_{22\pm2}$ 在体外内的毒性进行了仔细研究，结果没有发现任何可观测的毒性反应[59]。$Gd@C_{82}(OH)_{22\pm2}$ 在生理盐水中形成平均粒径约 26 nm 左右的颗粒（当然，粒径也和浓度相关）。图 11.10（左）是它与 ECV-304 细胞相互作用的结果。浓度从 0 增加到 100 nmol/mL，$Gd@C_{82}(OH)_{22\pm2}$ 纳米颗粒对活细胞生长没有影响，和对照组的生理盐水一样，没有细胞毒性，而紫杉醇阳性对照组的细胞在 100 nmol/mL 浓度已经完全死亡。在人间质干细胞 hMSC 的毒性实验结果也证实，$Gd@C_{82}(OH)_{22\pm2}$ 对正常细胞没有毒性（图 11.10 右）。

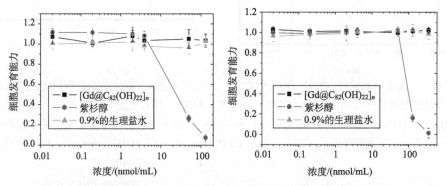

图 11.10　降低或消除纳米颗粒毒性的有效途径：表面化学修饰。左图：$Gd@C_{82}(OH)_{22\pm2}$ 对 ECV-304 正常细胞的细胞毒性。右图：$Gd@C_{82}(OH)_{22\pm2}$ 对 hMSC 干细胞的细胞毒性[59]

　　然而，我们深入研究水溶性金属富勒烯 $Gd@C_{82}(OH)_{22\pm2}$ 对肿瘤细胞的作用，以及利用动物实验研究了它们对肿瘤生长的抑制效果时发现：$Gd@C_{82}(OH)_{22\pm2}$ 纳米颗粒在 1×10^{-7} mol/kg 的低剂量下，对肝癌肿瘤生长抑制率达 57.7%，对人乳腺癌生长抑制率达 48.8%（表 11.1）。剂量仅增加 1×10^{-7} mol/kg，其肿瘤生长抑制率增加 26%。其抗肿瘤活性远远高于目前临床使用的抗肿瘤药物如紫杉醇、顺铂、环磷酰胺等。

表 11.1　进行表面化学修饰以后，$Gd@C_{82}(OH)_{22\pm2}$ 纳米颗粒对正常细胞没有毒性，却对肝癌、人乳腺癌具有很高的肿瘤抑制率，远高于临床药物紫杉醇、顺铂等[59]

肿瘤种类	药物肿瘤	抑制率/%	剂量/(mg/kg)
人乳腺癌	$Gd@C_{82}(OH)_{22}$	48.8	3.80
	紫杉醇	45.1	10.00
	环磷酰胺	41.0	20.00
肝癌	$Gd@C_{82}(OH)_{22}$	57.7	0.28
	顺铂	54.0	1.20
	环磷酰胺	52.0	14.00

　　在机制研究中发现，$Gd@C_{82}(OH)_{22\pm2}$ 纳米颗粒的表面拥有的 22 个羟基和独特的空间结构，不仅可以调节机体免疫系统，而且抑制肿瘤新生血管的形成，同时还是很强的自由基清除剂（图 11.11）[65]。和传统的抗肿瘤药物不同，$Gd@C_{82}(OH)_{22\pm2}$ 对

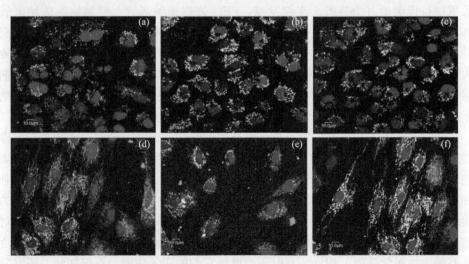

图 11.11　降低或消除纳米颗粒毒性的有效途径：表面化学修饰。$Gd@C_{82}(OH)_{22\pm2}$ 纳米颗粒在细胞内抑制由 H_2O_2 引起的线粒体膜电位（$\Delta\Psi_m$）的降低，明显降低了细胞内活性氧的浓度。(a)、(b)、(c) 是 A549 细胞；(d)、(e)、(f) 是 rBCECs 细胞[65]

细胞没有毒性，不会直接杀死肿瘤细胞，其在肿瘤组织中的含量仅仅只有0.05%，在靶器官中如此少量的纳米颗粒，却产生如此高效的抗肿瘤活性。结果证实，经过表面修饰的富勒烯衍生物拥有高效低毒抗肿瘤的效果。

综上所述，我们可以假设，纳米物质的毒理学效应对其表面化学性质比较敏感，因此，我们可通过表面化学修饰，来减少或消除纳米颗粒的生物毒性。

碳纳米管作为药物输送载体被广泛应用在生物医学上。如何才能使碳纳米管被代谢或排泄出体外，这成为发展碳纳米材料的生物医学应用所面临的一个重大问题[66,67]。为此，可以利用表面修饰的方法，在纳米颗粒的表面连接没有毒性的小基团或大分子，这个思路巧妙地利用了纳米颗粒的表面活性和高反应性能，能够有效地实现对纳米颗粒毒理学效应的调控[68~75]。下面以 PEG 修饰、牛磺酸基修饰和羟基修饰的碳纳米管在动物体内的毒理学效应为例，阐明纳米表面修饰如何改变碳纳米管的药代动力学，以及降低和消除碳纳米管的体内毒性[70,74,75]。

北京大学刘元方院士等使用稳定同位素 ^{13}C 的标记技术对碳管的骨架进行直接标记[68,74]。PEG 的氨基端通过共价键与碳管表面连接形成非常稳定的共价结构。通过静脉注射的 PEG-碳纳米管在大鼠体内的生物分布如图 11.12 所示。从图 11.12 中可以看出，表面化学修饰改变了碳纳米管在动物体内的分布和去向。未修饰的碳纳米管的主要靶器官是肺、脾脏和肝脏（图 11.12B0）[76]；PEG 修饰的碳纳米管的主要靶器官是脾脏、肝脏和皮肤（图 11.12B1）[74]；而羟基修饰的碳纳米管的主要靶器官是肾脏、血液、肝脏和骨骼（图 11.12B2）[70]。对大量的数据进行代谢动力学分析，我们发现：PEG 修饰碳纳米管、羟基修饰碳纳米管和没有修饰的碳纳米管，它们在肝脏的代谢速度各不相同，在脾脏、在肺的代谢动力学行为也各不相同。没有修饰的碳纳米管在 10 mg/kg 体重剂量下可以导致大鼠死亡等。而 PEG-碳纳米管暴露的大鼠，即使在 100 mg/kg 体重这样大的剂量下，也没有实验大鼠死亡，没有表现出急性毒性反应和细胞毒性。PEG-碳纳米管可以延长在血液中的循环时间，缓慢地从粪便排出体外[74]。

通过系统的实验研究发现：牛磺酸基团的修饰并没有完全解决碳纳米管的毒性问题[68,75]，如果把表面化学修饰基团从牛磺酸基团变为羟基，会大大降低碳纳米管在生物体内的蓄积。通过调节表面羟基的数目，可以使大鼠的肝脏、肾脏和肺里的碳纳米管在 3 周内代谢/排泄出体外达到 90% 左右，不仅改变了体内的代谢动力学行为，而且减少了在主要器官的蓄积，降低了生物毒性[70]。随后对这些碳纳米管的生物医学功能的研究发现，适当的表面修饰不会影响碳管本身所具有的生物医学功能。相反，有时还会增加它们的医学功能。不仅如此，研究发现水溶性的羟基化单壁碳纳米管虽然其表观平均相对分子质量相当大（$M_{wt} >$ 600 000），但它却类似小分子，不仅通过尿液排泄，而且可以在身体不同组织之间自由运动。在碳纳米管表面修饰不同的基团，实现了碳纳米管的靶器官的调

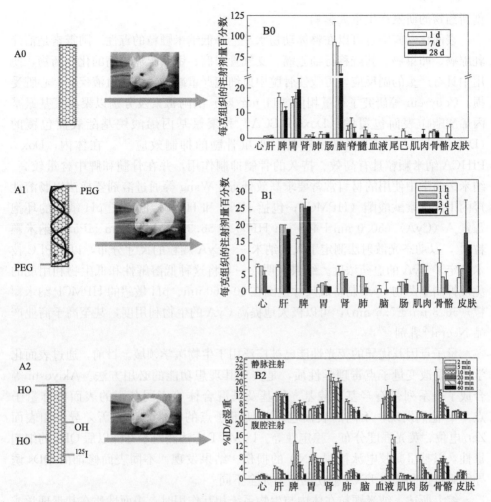

图 11.12 表面化学修饰是降低或消除纳米颗粒毒性的有效途径。A0：没有修饰的碳纳米管；B0：没有修饰的碳纳米管在大鼠体内的生物分布和靶器官的选择性[76]。A1：PEG 修饰的碳纳米管；B1：PEG 修饰的碳纳米管在大鼠体内的生物分布和靶器官的选择性[74]。A2：羟基修饰的碳纳米管；B2：OH 修饰的碳纳米管在大鼠体内的生物分布和靶器官的选择性[70]

控，延长了在血液里的循环时间，改变了其代谢动力学行为，减少了在主要器官的蓄积，降低了生物毒性[72,74]。这些研究证明，碳纳米管的表面化学修饰可以改变它们的生物分布、靶器官的选择性，改变体内的代谢动力学行为，减少了在主要器官的蓄积，降低了生物毒性。因为碳纳米管多用于药物输运，这些结果在医学上具有重要的应用价值[66,67,69~77]。因此，根据这些结果，人们可以通过对碳纳米管表面进行不同的基团修饰，实现碳纳米管的低毒高效药物输运，这将对创新药物的研发产生重大影响。

表面化学修饰也可以在整体动物水平上降低纳米颗粒的毒性。阿霉素是治疗乳腺癌、卵巢癌、膀胱移行细胞癌、支气管肺癌、甲状腺癌等病的化疗药物,使用中具有严重的副反应,可致使骨髓中血细胞严重减少,引起血液疾病,心脏受损。Couvreur 等研究了剂量相同 (11 mg/kg) 的阿霉素及分别以聚异丁基氰基丙烯酸酯作表面包覆的 (Doxo-PIBCA) 和聚氰基丙烯酸烷基酯表面包覆的 (Doxo-PIHCA) 阿霉素纳米颗粒对小鼠骨髓的抑制效应[78]。在体内,Doxo-PIHCA 纳米颗粒具有高效、持久的骨髓抑制作用,并在骨髓和脾中含量较高。纳米医药学中使用的材料常常要求高效低毒。Wang 等通过溶剂置换法以肠溶性羟丙甲纤维素酞酸酯(HPMCP;包括 HP50 和 HP55)制备了 pH 敏感的环孢霉素 A (CyA) (50.0 nm±4.8 nm HP50 和 56.3 nm±5.6 nm HP55) 纳米颗粒[79],以动态光散射法测定了人造纳米——CyA 颗粒的尺寸分布,以 HPLC 技术测定了 CyA 的血药浓度。结果表明,一旦将这种低溶解性和低生物利用度的免疫抑制型药物 CyA 制备成尺寸范围在 50~60 nm、pH 敏感的 HPMCP 纳米颗粒 (56.3 nm±5.6 nm),可以极大地提高 CyA 的生物利用度,甚至高于商业产品 Neoral® 乳剂[79]。

量子点因其优异的荧光性能已被广泛用于生物医学领域。目前,通过表面化学修饰是改变量子点毒理学性质,是实现其理想功能的必用方法。Akiyoshi 等合成了一系列带有羟基、羧基、氨基及其混合体等不同基团的表面修饰量子点[80]。他们发现,不同的表面包覆将使量子点的特性发生显著差异,如表面 Zeta电位、荧光强度分布、稳定性等。以 MTT 方法测定了修饰以后 QDs 的细胞毒性,以彗星凝胶电泳检测 DNA 的损伤。结果发现,不同表面修饰的 QDs 诱导细胞毒性和产生 DNA 损伤的能力完全不同[80]。

综上所述,纳米颗粒在体内与生物系统相互作用时,表面性质在其毒理学或生物学效应中起着关键性的作用。实际上,大部分纳米颗粒需经表面化学处理、修饰来改变其表面性质。其中主要是功能化修饰。因此,在某种程度上,表面化学修饰是一种减少纳米颗粒毒性的、最有效的方法。绝大多数纳米颗粒的生物活性也依赖于其结构和电子特性。多数纳米材料结构的表面与生物大分子类似,可通过弱相互作用如氢键、范德华力、静电引力、亲水-疏水作用等进行自组装。表面化学易改变纳米表面弱相互作用的种类和强度,也将对它们在体内的生物学行为产生决定性影响。

11.5　纳米颗粒的安全剂量

无论是传统毒理学,还是纳米毒理学,剂量总是决定毒理学效应的一个重要单位。只是在纳米毒理学研究中，"剂量"的精确测定比较困难。通常，暴露剂量越高，毒性作用程度或影响个体的百分比将越大。实际上，如果某些化学试剂致使生物机体损伤，其中毒性质应具有剂量-效应关系。根据已报道的实验数据和资料，各种纳米材料的毒理学行为的剂量依赖性似乎是真实的现象。我们前面讨论过的铜纳米颗粒暴露导致的小鼠死亡率，就直接与暴露剂量相关[8]。图11.13 为 23.5 nm 铜颗粒经口暴露剂量与小鼠死亡率之间的关系，这种"S"形变化趋势，与传统毒理学的规律是类似的。小鼠的病理学变化也说明，主要器官的损伤具有明显的剂量相关性：暴露剂量越高，器官受损程度越严重。

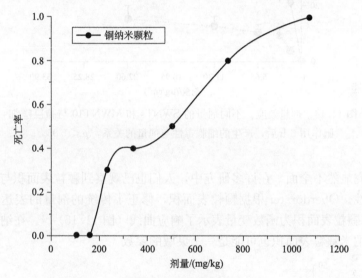

图 11.13　剂量效应。不同剂量水平铜纳米颗粒（23.5 nm）的小鼠死亡率
的"S"形变化曲线[8]

　　碳纳米管的毒理学性质也存在剂量-效应关系。碳纳米管经气管灌注后，SWNTs 和 MWNTs 均可以诱导剂量依赖性的上皮肉芽肿和间质炎症[81]。在我们的研究中，也发现 SWNTs 和 MWNT10（10～20 nm）与肺巨噬细胞作用产生的细胞毒性，同样具有剂量-效应关系（图 11.14）[49]。

　　由于体外暴露或体内转运过程中，纳米颗粒可能聚集成较大尺寸的颗粒，人们观察到的结果可能与真实的效应和动力学行为有所偏差。纳米颗粒在吸入暴露中，经常发现有不遵循暴露剂量-效应关系的例子。比如，有研究发现，10 mg/m³、20 nm的 TiO_2 纳米颗粒可比 250 mg/m³、300 nm TiO_2 纳米颗粒更严重地诱发肺癌[40]。人们在进行纳米毒理学的研究时，需在传统毒理学的"剂量-效应"中引入新的概念。而且，在建立纳米毒理学研究模型时，人们还需要考虑影响毒性的剂量、尺寸和表面等的协同效应，而单独使用质量浓度的传统剂量方法评估纳米

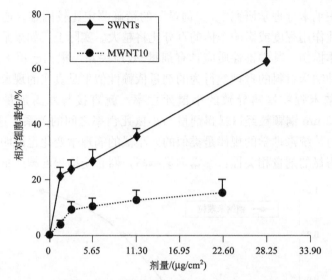

图 11.14　剂量效应。不同剂量的 SWNTs 和 MWNT10 与肺巨噬细
胞作用 6 h 后，产生的细胞毒性与剂量的关系，$p < 0.05$[49]

毒理学研究显然不全面。在许多研究中，人们也已观察到颗粒表面积与毒理学效
应的相关性。Oberdörster 根据颗粒表面积，修正了传统的剂量的表达方式，以
TiO_2 纳米颗粒表面积为函数变量表示了响应曲线（图 11.15）[82]。在纳米毒理学
研究中，纳米颗粒表面积也可能是一个灵敏的参数。

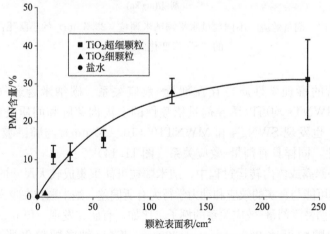

图 11.15　剂量-效应关系。大鼠气管滴注 TiO_2 超细颗粒（20 nm）
和细颗粒（250 nm）24 h 后的剂量-效应关系[3]

　　北京大学刘元方院士等研究了牛磺酸修饰的多壁碳纳米管（tau-MWNTs）的生物学行为，发现它长时间滞留在肝脏内，对肝脏发育指数的影响很小[75]。从 2 mg/kg 到 100 mg/kg 如此大的剂量范围，在暴露以后长达 60 天的时间里，肝脏发育指标的变化没有显著的统计学差异。分析大鼠血清 GSH 水平和 SOD 活性变化，在高剂量下（60 mg/kg 和 100 mg/kg），在 15 天和 30 天发生了轻度的肝脏氧化性损伤。到 60 天以后，肝脏氧化性损伤得到了恢复。尽管如此，暴露 15 天以后，检测到 tau-MWNTs 引起的肝脏细胞凋亡。从各个方面进行分析：对于 tau-MWNTs 的安全剂量，可以设定在 2 mg/kg 体重以下。

　　我们可通过剂量-效应曲线，构建已确定尺寸、表面积或结构的纳米物质的安全剂量。在开发纳米材料的实际使用之前，我们可以对给定参数的纳米材料可能潜在的健康效应进行充分的预测和评估，设计出安全可靠纳米产品。如果我们的企业在开发产品之前，没有科学的数据进行安全性预测，那么，等到产品生产出来以后，才发现有潜在的安全因素，那时我们不仅浪费了经费，更主要的是浪费了时间，失去在国际竞争中抢占先机的机会，同时也会丧失消费者和市场的信用。这对纳米科技的顺利发展将产生深远的不利影响。

参 考 文 献

[1] Samet J M, Dominici F, Curriero F C, Coursac I, Zeger S L. The New England Journal of Medicine, 2000, 343 (24): 1742-1749.

[2] Raloff J. Science News, 2005, 167 (12): 179-179.

[3] Oberdörster G, Oberdörster E, Oberdörster J. Environmental Health Perspectives, 2005, 113 (7): 823-839.

[4] Nel A, Xia T, Madler L, Li N. Science, 2006, 311 (5761): 622-627.

[5] Chen Z, Meng H, Yuan H, Xing G M, Chen C Y, Zhao F, Wang Y, Zhang C C, Zhao Y L. Journal of Radioanalytical and Nuclear Chemistry, 2007, 272 (3): 599-603.

[6] Liu Y, Gao Y X, Zhang L L, Wang T C, Wang J X, Jiao F, Li W, Liu Y, Li Y F, Li B, Chai Z F, Wu G, Chen C Y. Journal of Nanoscience and Nanotechnology, 2009, 9 (6): 1-9.

[7] Zhang Y, Li B, Chen C Y, Gao Z H. Biometals, 2009, 22: 251-259.

[8] Chen Z, Meng H, Xing G M, Chen C Y, Zhao Y L, Jia G A, Wang T C, Yuan H, Ye C, Zhao F, Chai Z F, Zhu C F, Fang X H, Ma B C, Wan L J. Toxicology Letters, 2006, 163 (2): 109-120.

[9] Meng H, Chen Z, Xing G M, Yuan H, Chen C Y, Zhao F, Zhang C C, Wang Y, Zhao Y L. Journal of Radioanalytical and Nuclear Chemistry, 2007, 272 (3): 595-598.

[10] Meng H, Chen Z, Xing G M, Yuan H, Chen C Y, Zhao F, Zhang C C, Zhao Y L. Toxicology Letters, 2007, 175 (1-3): 102-110.

[11] Wang B, Feng W Y, Wang T C, Jia G, Wang M, Shi J W, Zhang F, Zhao Y L, Chai Z F. Toxicology Letters, 2006, 161 (2): 115-123.

[12] 王天成, 汪冰, 丰伟悦, 贾光, 沈惠麒, 赵宇亮. 中国公共卫生, 2006, 22 (8): 934-935.

[13] 王天成, 汪冰, 丰伟悦, 贾光, 赵宇亮, 徐融, 汪整辉. 中国工业医学杂志, 2006, 19 (5): 267-

268，274.

[14] Wang J X, Zhou G Q, Chen C Y, Yu H W, Wang T C, Ma Y M, Jia G, Gao Y X, Li B, Sun J, Li Y F, Jiao F, Zhao Y L, Chai Z F. Toxicology Letters, 2007, 168 (2)：176-185.

[15] Wang J X, Chen C Y, Li Y F, Li W, Zhao Y L. NANO：Brief Reports and Reviews, 2008, 3 (4)：279-285.

[16] Wang J X, Chen C Y, Yu H W, Sun J, Li B, Li Y F, Gao Y X, Chai Z F, He W, Huang Y Y, Zhao Y L. Journal of Radioanalytical and Nuclear Chemistry, 2007, 272 (3)：527-531.

[17] Wang J X, Chen C Y, Liu Y, Jiao F, Li W, Lao F, Li Y F, Li B, Ge C, Zhou G Q, Gao Y X, Zhao Y L, Chai Z F. Toxicology Letters, 2008, 183 (1-3)：72-80.

[18] Wang J X, Liu Y, Jiao F, Lao F, Li W, Gu Y Q, Li Y F, Ge C C, Zhou G Q, Li B, Zhao Y L, Chai Z F, Chen C Y. Toxicology, 2008, 254 (1-2)：82-90.

[19] 王江雪，李玉锋，周国强，李柏，焦芳，陈春英，高愈希，赵宇亮，柴之芳．中华预防医学杂志，2007, 41 (2)：91-95.

[20] 王天成，王江雪，陈春英，贾光，沈惠麒，赵宇亮．工业卫生与职业病，2007, 33 (3)：129-131.

[21] 王江雪，李炜，刘颖，劳芳，陈春英，樊瑜波．生态毒理学报，2008, 3 (2)：105-113.

[22] 王天成，贾光，王翔，陈春英，孙红芳，沈慧麒，赵宇亮．现代预防医学，2007, 34 (3)：405-406.

[23] 王江雪，陈春英，孙瑾，喻宏伟，李玉锋，李柏，邢丽，黄宇营，何伟，高愈希，柴之芳，赵宇亮．高能物理与核物理，2005, 29 (增刊)：76-79.

[24] Wang B, Feng W Y, Wang M, Wang T C, Gu Y Q, Zhu M T, Ouyang H, Shi J W, Zhang F, Zhao Y L, Chai Z F, Wang H F, Wang J. Journal of Nanoparticle Research, 2008, 10：263-276.

[25] 王天成，贾光，王翔，丰伟悦，汪冰，张志勇，沈慧麒，赵宇亮．实用预防医学，2006, 13 (5)：1101-1102.

[26] 刘红云，白伟，张智勇，赵宇亮，刘年庆．中国环境科学，2009, 29 (1)：53-57.

[27] 汪冰，荆隆，丰伟悦，邢更妹，王萌，朱墨桃，欧阳宏，赵宇亮，吴忠华．核技术，2007, 30 (7)：576-579.

[28] Zhu M T, Feng W Y, Wang B, Wang T C, Gu Y Q, Wang M, Wang Y, Ouyang H, Zhao Y L, Chai Z F. Toxicology, 2008, 247 (2-3)：102-111.

[29] Wang B, Feng W Y, Zhu M T, Wang Y, Wang M, Gu Y Q, Ouyang H, Wang H J, Li M, Zhao Y L, Chai Z F, Wang H. Journal of Nanoparticle Research, 2009, 11 (1)：41-53.

[30] Zhu M T, Feng W Y, Wang Y, Wang B, Wang M, Ouyang H, Zhao Y L, Chai Z F. Toxicological Sciences, 2009, 107 (2)：342-351.

[31] Wang B, Wang Y, Feng W Y, Zhu M T, Wang M, Ouyang H, Wang H J, Li M, Zhao Y L, Chai Z, F. Chemia Analityczna 2008, 53：927-942.

[32] Wang B, Feng W Y, Wang M, Shi J W, Zhang F, Ouyang H, Zhao Y L, Cha Z F, Huang Y Y, Xie Y N, Wang H F, Wang J. Biological Trace Element Research, 2007, 118：233-243.

[33] 汪冰，丰伟悦，王萌，史俊稳，张芳，欧阳宏，赵宇亮，柴之芳，黄宇营，谢亚宁．高能物理与核物理，2005, 29 (增刊)：71-75.

[34] 王天成，贾光，王翔，闫蕾，沈惠麒，赵宇亮．实用预防医学，2006, 13 (3)：486-487.

[35] 李绍霞，汪冰，孟强，丰伟悦，王卓，奎热西，钱海杰，王嘉鸥．核技术，2009, 32 (4)：251-255.

[36] 王云，荆隆，丰伟悦，汪冰，王华建，朱墨桃，王萌，欧阳宏，赵宇亮，柴之芳，吴忠华. 核技术，2009，32：1-5.

[37] Wang B，Feng W Y，Zhao Y L，Xing G M，Chai Z F，Wang H F，Jia G. Science in China Series B-Chemistry，2005，48 (5)：385-394.

[38] Churg A，Stevens B，Wright J L. American Journal of Physiology-Lung Cellular and Molecular Physiology，1998，274 (1)：81-86.

[39] Lee K P，Trochimowicz H J，Reinhardt C F. Toxicology and Applied Pharmacology，1985，79 (2)：179-192.

[40] Heinrich U，Fuhst R，Rittinghausen S，Creutzenberg O，Bellmann B，Koch W，Levsen K. Inhalation Toxicology，1995，7 (4)：533-556.

[41] Oberdorster G，Gelein R，Johnston C J，Mercer P，Corson N，Finkelstein J N. In Relationships between respiratory disease and exposure to air pollution. Dungworth D L ed. Washington：ILSI Press 1998：216.

[42] Li X，Gilmour P S，Donaldson K，Macnee W. British Medical Journal，1996，51 (12)：1216-1222.

[43] Oberdorster G，Ferin J，Lehnert B E. Environ Health Perspect，1994，102 Suppl 5：173-179.

[44] Johnston C J，Finkelstein J N，Mercer P，Corson N，Gelein R，Oberd Rster G. Toxicology and Applied Pharmacology，2000，168 (3)：208-215.

[45] Lee C H，Guo Y L，Tsai P J，Chang H Y，Chen C R，Chen C W，Hsiue T R. European Respiratory Journal，1997，10 (6)：1408-1411.

[46] Oberd Rster G，Celein R M，Ferin J，Weiss B. Inhalation Toxicology，1995，7 (1)：111-124.

[47] Hirsch A，Brettreich M. Fullerenes：Chemistry and Reactions. Wiley-VCH，2005.

[48] Saito R，Dresselhaus G，Dresselhaus M S. Physical properties of carbon nanotubes. London：Imperial College Pr，1998.

[49] Jia G，Wang H F，Yan L，Wang X，Pei R J，Yan T，Zhao Y L，Guo X B. Environmental Science & Technology，2005，39 (5)：1378-1383.

[50] Warheit D B，Laurence B R，Reed K L，Roach D H，Reynolds G A，Webb T R. Toxicological Sciences，2004，77：117-125.

[51] Geiser M，Schurch S，Gehr P. Journal of Applied Physiology，2003，94 (5)：1793-1801.

[52] Schins R P F，Duffin R，Hohr D，Knaapen a M，Shi T，Weishaupt C，Stone V，Donaldson K，Borm P J A. Chemical Research in Toxicology，2002，15 (9)：1166-1173.

[53] Hong S，Hessler J A，Banaszak Holl M M，Leroueil P，Mecke A，Orr B G. Chemical Health and Safety，2006，13 (3)：16-20.

[54] Hong S，Bielinska A U，Mecke A，Keszler B，Beals J L，Shi X，Balogh L，Orr B G，Baker J R，Banaszak Holl M M. Bioconjugate Chemistry，2004，15 (4)：774-782.

[55] Sayes C M，Gobin a M，Ausman K D，Mendez J，West J L，Colvin V L. Biomaterials，2005，26 (36)：7587-7595.

[56] Sayes C M，Fortner J D，Guo W，Lyon D，Boyd a M，Ausman K D，Tao Y J，Sitharaman B，Wilson L J，Hughes J B. Nano Letters，2004，4 (10)：1881-1887.

[57] Goho A. Science News (Washington)，2004，166 (14)：211.

[58] Xing G M，Zhang J，Zhao Y L，Tang J，Zhang B，Gao X F，Yuan H，Qu L，Cao W B，Chai Z F，Ibrahim K，Su R. Journal of Physical Chemistry B，2004，108 (31)：11473-11479.

[59] Chen C Y, Xing G M, Wang J X, Zhao Y L, Li B, Tang J, Jia G, Wang T C, Sun J, Xing L, Yuan H, Gao Y X, Meng H, Chen Z, Zhao F, Chai Z F, Fang X H. Nano Letters, 2005, 5 (10): 2050-2057.

[60] Tang J, Xing G M, Zhao Y L, Jing L, Gao X F, Cheng Y, Yuan H, Zhao F, Chen Z, Meng H, Zhang H, Qian H J, Su R, Ibrahim K. Advanced Materials, 2006, 18 (11): 1458-1462.

[61] Liang X J, Chen C Y, Zhao Y L, Jia L, Wang P C. Current Drug Metabolism, 2008, 9: 697-709.

[62] Tang J, Xing G M, Yuan H, Cao W B, Jing L, Gao X F, Qu L, Cheng Y, Ye C, Zhao Y L, Chai Z F, Ibrahim K, Qian H J, Su R. Journal of Physical Chemistry B, 2005, 109 (18): 8779-8785.

[63] Wang J X, Chen C Y, Li B, Yu H W, Zhao Y L, Sun J, Li Y F, Xing G M, Yuan H, Tang J, Chen Z, Meng H, Gao Y X, Ye C, Chai Z F, Zhu C F, Ma B C, Fang X H, Wan L J. Biochemical Pharmacology, 2006, 71 (6): 872-881.

[64] Yin J J, Lao F, Fu P P, Wamer W G, Zhao Y L, Xing G M, Gao X Y, Sun B Y, Li X Y, Wang P C, Chen C Y, Liang X J. Molecular Pharmacology, 2008, 74 (4): 1132-1140.

[65] Li W, Chen C Y, Ye C, Wei T T, Zhao Y L, Lao F, Chen Z, Meng H, Gao Y X, Yuan H, Xing G M, Zhao F, Chai Z F, Zhang X J, Yang F Y, Han D, Tang X H, Zhang Y G. Nanotechnology, 2008, 19: 145102 (12pp).

[66] Liu Y F, Wang H F. Nature Nanotechnology, 2007, 2: 20-21.

[67] Zhao Y L, Xing G M, Chai Z F. Nature Nanotechnology, 2008, 3: 191-192.

[68] Deng X Y, Yang S T, Nie H Y, Wang H F, Liu Y F. Nanotechnology, 2008, 19 (7): 075101.

[69] Gu L R, Luo P J G, Wang H F, Meziani M J, Lin Y, Veca L M, Cao L, Lu F S, Wang X, Quinn R A, Wang W, Zhang P Y, Lacher S, Sun Y P. Biomacromolecules, 2008, 9 (9): 2408-2418.

[70] Wang J, Deng X Y, Yang S T, Wang H F, Zhao Y L, Liu Y F. Nanotoxicology, 2008, 2 (1): 28-32.

[71] Wang X, Jia G, Wang H, Nie H, Yan L, Deng X Y, Wang S. Journal of Nanoscience and Nanotechnology, 2009, 9 (5): 3025-3033.

[72] Yang S T, Wang H F, Meziani M J, Liu Y F, Wang X, Sun Y P. Biomacromolecules, 2009, 10 (7): 2009-2012.

[73] Yang S T, Wang X, Jia G, Gu Y Q, Wang T C, Nie H Y, Ge C C, Wang H F, Liu Y F. Toxicology Letters, 2008, 181 (3): 182-189.

[74] Yang S T, Fernando K A S, Liu J H, Wang J, Sun H F, Liu Y F, Chen M, Huang Y P, Wang X, Wang H F, Sun Y P. Small, 2008, 4 (7): 940-944.

[75] Deng X Y, Jia G, Wang H F, Sun H F, Wang X, Yang S T, Wang T, Liu Y F. Carbon, 2007, 45 (7): 1419-1424.

[76] Yang S T, Guo W, Lin Y, Deng X Y, Wang H F, Sun H F, Liu Y F, Wang X, Wang W, Chen M, Huang Y P, Sun Y P. Journal of Physical Chemistry C, 2007, 111 (48): 17761-17764.

[77] 王翔, 邓小勇, 王海芳, 刘元方, 王天成, 顾依群, 贾光. 中华预防医学杂志, 2007, 41 (2): 85-90.

[78] Gibaud S, Andreux J P, Weingarten C, Renard M, Couvreur P. EuropeanJournal of Cancer: Part A, 1994, 30 (6): 820-826.

[79] Wang X, Dai J, Chen Z, Zhang T, Xia G, Nagai T, Zhang Q. Journal of Controlled Release, 2004, 97 (3): 421-429.

[80] Hoshino A, Fujioka K, Oku T, Suga M, Sasaki Y F, Ohta T, Yasuhara M, Suzuki K, Yamamoto K. Nano Letters, 2004, 4 (11): 2163-2169.

[81] Lam C W, James J T, Mccluskey R, Hunter R L. Toxicological Sciences, 2004, 77 (1): 126-134.

[82] Oberd Rster G. International Archives of Occupational and Environmental Health, 2000, 74 (1): 1-8.

第 12 章　纳米毒理学的实验技术与研究方法

　　纳米材料以及纳米产品的毒理学数据、相关信息知识的缺失，已经越来越阻碍纳米产品的市场准入、进出口检测指标、纳米药物的审批等方法流程的建立，实际上阻碍了纳米技术的应用和发展。尽管纳米毒理学领域的科研工作已经取得很大的进展[1,2]，但是将这些来自实验室的研究数据与消费品的安全性指标直接关联或用以解释说明，仍必须克服许多重大的知识挑战和技术的鸿沟[3]。其中纳米毒理学检测方法学可能是最重要的方面。纳米材料在消费商品中的使用，已把纳米毒理学推到科学研究的最前沿。而实验室针对单一纳米材料的检测技术，很多难以直接用于纳米产品（复合体系）的检测。从生物分析和化学分析的角度看，这一新兴学科带来了许多重要的挑战，尤其是对纳米材料表征技术和生物分析以及化学分析技术的发展，带来了很多的技术发展的机遇。

　　迄今为止，所有传统毒理学实验方法都已经应用于纳米材料的毒理学研究。然而，由于纳米材料物理化学性质的特殊性，除传统毒理学研究技术外，一方面许多常规技术需做一些必要的修正，另一方面，纳米毒理学需要新的实验研究方法和技术。比如，待测纳米物质的预处理、纳米表征（纳米颗粒尺寸、纳米管的长度或直径、纳米线与纳米带、颗粒数、比表面积、表面性质、表面标记等）、体内纳米颗粒定量的检测技术、与纳米毒理学直接相关的生化指数（生物指示剂）的有效检测等[4~6]。如何检测生物体系的纳米颗粒，尤其是定量测量？机体如何识别摄入的纳米颗粒，以及纳米颗粒的纳米尺寸与纳米结构是否变化？如何进一步检测纳米颗粒与生物机体不同组织相互作用时的真实尺寸？对于基于块体材料建立的传统毒理学而言，这些都是新的问题。对于纳米材料的毒理学研究，它们孕育着重大的挑战。

12.1　体外纳米颗粒的表征方法

12.1.1　纳米颗粒实验样品的预处理方法

　　由于纳米颗粒的小尺寸、巨大比表面积等特性，它们容易聚集，包括松散凝聚、成团等行为。例如，单壁碳纳米管（SWNTs）通常是由 10~100 个碳管聚成捆状的管束，而多壁碳纳米管（MWNTs）通常是由 4~6 个碳管聚成一束的。因此，在进行生物医学以及毒理学研究之前，人们需要对纳米材料进行预处理。一般的预处理过程包括：①纳米颗粒的纯度测试或纯化；②寻找合适的颗粒悬浮剂（非吸入暴露途径）；③测定尺寸分布的样品处理；④测定纳米颗粒在介质中的表面积；⑤建立一个尺寸随时间变化的标准曲线；⑥寻找高反应活性纳米颗粒的保护方法，避免它们与空气或溶剂介质等发生化学反应；等等。目前，在细胞或动物实验之前，常用的纳米颗粒分散方法是超声和涡旋。在细胞实验中，为了确保每个细胞都同等可能性地接触暴露纳米颗粒，纳米颗粒溶解液的制备也是一个关键的过程。在体内研究中，尤其是静脉注射纳米颗粒，为了不引起纳米颗粒在血管中的团聚，介质溶液选择需要非常谨慎。监测实验前后纳米性质的变化（如尺寸分布）有时也是必需的[4,5]。否则，由于纳米颗粒表面的易变特性，在不同实验研究中，将可能难以重现其他人所观测到的纳米毒理学数据。

在纳米颗粒的体内外生物学实验中，一般不容易制备合适的样品。即使是易分散的水溶性纳米材料如 $C_{60}(OH)_x$ 也一样。当 $C_{60}(OH)_x$ 在水中分散时，颗粒表面负电荷将形成典型的疏水胶体体系。根据 Schulze-Hardy 规则，它们通过无机电解过程发生凝固，凝固点与反离子电荷 $z=1$，2，3 成反比，比例约为 1∶20∶1500，而其凝固点随疏水性和表面阳离子活性的增强而下降[7]。尽管通过加入乙烯聚合物聚乙烯吡咯烷酮和十二烷基磺酸钠，可使胶体体系稳定，但是它们的引入，是否会产生我们在第 4 章讨论过的纳米颗粒与环境介质的协同效应，是值得高度关注的重要问题。

除吸入暴露外，大部分体内外生物暴露实验所需试验样品均为液相形式。目前，动态光散射和高分辨透射电子显微镜技术经常被用于检查试验溶液中纳米颗粒的稳定性。例如，用于测试极性溶剂中富勒烯的胶体分散。当富勒烯纳米颗粒被分散在极性有机溶剂中时，它们可自动地形成尺寸分布很窄的悬浮胶体体系，在未加任何稳定剂条件下，其分散的稳定性可维持 10 个多月。富勒烯颗粒的尺寸依赖于真溶液的浓度和富勒烯衍生物本身的种类。由于颗粒表面负电荷的静电斥力作用，胶体颗粒一般具有良好的稳定性[8]。

生命机体是一种水溶性的体系，像富勒烯等许多人造纳米颗粒，由于缺乏水溶性，而限制了它们在生物领域的应用。因此，水溶性的好坏是纳米颗粒能否应用于生物体系的最重要参数之一。众所周知，C_{60} 是一种非水溶性材料，但是人们发现把 C_{60} 分子与水一起超声可形成水溶性的分子胶体溶液（图 12.1）[9]。这种分子胶体溶液在生物体系中是否稳定，需要进一步研究。

从化学的角度，水分子中氧原子未成对电子和富勒烯分子之间具有一定的氢键作用，因此，围绕富勒烯球体表面的水分子层，都有助于这种水溶性的分子胶体的形成和稳定。如何巧妙地利用不溶性纳米颗粒与溶剂介质间各种类型的弱相互作用（在以前的章节中我们专门讨论过纳米颗粒与其他物质的弱相互作用问题），得到纳米物质的试验样品，是该研究领域的重要课题。

C_{60} 是一种典型的水不溶性纳米颗粒，因此了解或认识它在水中的溶解过

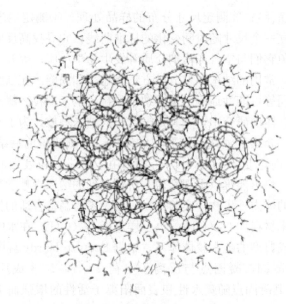

图 12.1　纳米颗粒的聚集是影响其生物学行为的关键因素。利用理论模
型分析纳米颗粒的聚集形态。由 13 个含水 C_{60} 组成的直径 3.4 nm C_{60} 球
形簇的预测模型（二十面体）[9]

程，将有助于人们了解更多关于制备其他纳米材料的水分散体系的方式方法。
Deguchi 等开发了一种用于生物实验的、制备富勒烯稳定水分散体系的简便方
法[10]。他们把新配制的 C_{60} 或 C_{70} 四氢呋喃（THF）饱和溶液注入等体积的水
中，然后，通入高纯氮气除去四氢呋喃，得到一种黄色、透明的胶质状溶液。
用分光光度法测定 C_{60} 和 C_{70} 溶液的浓度，可以达到 1.0×10^{-5} mol/L 和 2.0×10^{-5} mol/L。在这种溶液中，富勒烯分子凝聚成尺寸约为 60 nm 的单簇，分散
性良好，这可以图 12.2 和图 12.3 中的透射电镜（TEM）和高分辨透射电镜
（HRTEM）表征得到证实[10]。

　　C_{60} 和 C_{70} 凝聚成为团簇都为天然多晶形，其表面带负电荷。室温下避光，
C_{60} 和 C_{70} 胶体分散溶液可稳定保持一个月。但是，这种富勒烯胶体分散体的稳定
性对盐很敏感，如果在体系中加入 NaCl，富勒烯胶体溶液的稳定性将会急剧丧
失[10]。虽然纳米颗粒的安全性研究与工业应用研究的目的可能不同，但是纳米
颗粒的这些分散方法对工业应用领域也是非常重要的。

　　金属纳米颗粒样品的表面极易与水分子或其他溶剂反应，很难被直接、安全
地应用到生物体系中。在这种情况下，利用上述分子间弱相互作用，则不适宜于
制备试验用样品。因此，我们需要开发其他的方法。对金属铜纳米颗粒，我们试
图通过机械分散的方法来解决这个问题。实验中我们选择了一系列对铜纳米颗粒

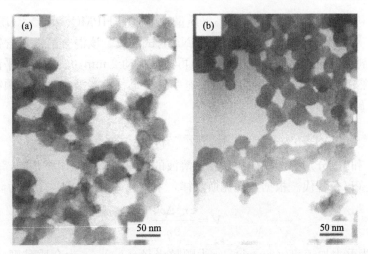

图 12.2　利用 TEM 跟踪观察纳米颗粒在不同实验阶段的聚集态。富勒烯的聚集
态 TEM 图像（a)C_{60} 和 C_{70}(b)。聚集可能发生在特定的制备处理过程[10]

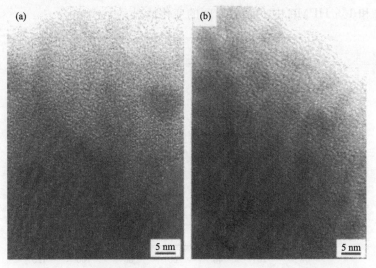

图 12.3　利用 HRTEM 观察纳米颗粒。富勒烯 C_{60}（a）和 C_{70}（b）的聚集态[10]

具有化学惰性的悬浮剂，在光照试验条件下，全面测试了它们的分散效率随时间
的改变，以及在悬浮剂中随时间、温度变化的产生的化学（或表面）变化[11]。
我们发现，有三种悬浮试剂很适合分散金属铜纳米颗粒，即聚乙烯吡咯烷酮 K30
（PVP）羟丙基甲基纤维素 K4M（HPMC）和羧甲基纤维素钠（CMC-Na），它
们可以作为铜纳米颗粒的分散剂。将每种悬浮剂分别分散在蒸馏水的表面 24 h，

形成 1%（质量浓度）的 PVP、1%（质量浓度）的 HPMC、0.3%（质量浓度）的 HPMC 和 1%（质量浓度）的 CMC-Na 测试溶液。该混合溶液包含铜纳米颗粒和悬浮剂。首先，超声处理 10 min，再机械振动 2 min，然后，水平静置，让铜颗粒自然沉淀 2 h，测试它们的沉淀速率。在每种悬浮液中，纳米颗粒的沉积速率参数 F 定义如下：

$$F = \frac{V_\mu}{V_o} = \frac{H_\mu}{H_o}$$

式中：V_μ 和 V_o 分别为沉积体积和悬浮溶液的总体积。横截面积相同，体积可由相应高度（H）替代。根据斯托克斯定律，下降速率 V(cm/s) 定义为

$$V = \frac{2r^2 \Delta \rho g}{9\eta}$$

式中：g 为重力加速度（cm/s^2）；r 为颗粒半径（cm）；η 为介质黏度（dyn·s/cm^2）；$\Delta\rho$ 为固和液相密度差。当 $F=1$ 时，表示该悬浮剂对试验纳米颗粒具有最佳的分散能力。

图 12.4 为铜纳米颗粒在四种不同悬浮液：0.3% HPMC、1% PVP、1% CMC-Na 和 1% HPMC 中 F 值随时间的变化情况。

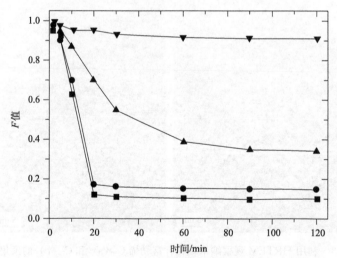

图 12.4　利用体外化学模拟实验，研究纳米颗粒在不同介质环境中的分散行为。铜纳米颗粒在四种悬浮剂中的分散系数：0.3% HPMC（■），1% PVP（●），1% CMC-Na（▲），1% HPMC（▼）

　　由于食物在胃中消化的平均时间为 2 h，因此，选择悬浮剂的实验时间设置为 2 h。纳米颗粒或微米颗粒通过涡流混合可以均匀地悬浮在悬浮剂中。然后，我们测定其静态沉积速率，发现 10 min 之内在 0.3% HPMC 和 1% PVP 中铜纳

米颗粒约 90％的量已经沉积，但在 1％ HPMC 悬浮剂中仅有 2％～3％的铜纳米颗粒沉积，在 2 h 内的沉积量少于 10％。铜纳米颗粒良好地悬浮分散在 1％ HPMC 中（图 12.4）。即使在 8000 r/min 离心两次，每次 20 min，在 1％ HPMC 悬浮剂中，均未观察到纳米颗粒沉积[11]。

12.1.2　纳米颗粒实验样品的表征方法

透射电镜（TEM）、原子力显微镜（AFM）、扫描隧道显微镜（STM）、扫描电子显微镜（SEM）、低温扫描电镜（Cryo-SEM）、环境扫描电镜等都是纳米颗粒尺寸分布和比表面积分析的有力工具。利用这些技术，可以获得纳米颗粒的三维数据，即不仅能够得到尺寸大小，还能得到颗粒形状的相关信息。例如，AFM 测试铜纳米颗粒的粒径范围是 0～60 nm，得到的尺寸分布为：10 nm< 60％；11～20 nm 占 18％；21～30 nm 占 46％；31～40 nm 占 14％；41～50 nm 占 10％；51～60 nm 占 5％[11]。纳米颗粒的纳米尺寸和表面性质可能受悬浮剂的影响。到目前为止，我们在研究中，已建立了一种比较分析的方法，采用上述显微光谱法可获得同一纳米颗粒在不同悬浮剂中的尺寸分布信息[11~13]。

在实验前后及实验过程中，监测纳米材料的尺寸和表面性质及变化情况，对生物实验数据的可重复性极其重要[14]。最近，在铜纳米颗粒急性毒性试验研究中，我们采用 SEM 检测纳米颗粒的尺寸分布。同时，我们采用化学滴定分析，监测悬浮剂中的纳米颗粒的离子转化[11]。这样，我们可以观察在实验过程中，分散的纳米颗粒是否被转化成为其他不同的形态。因此，在纳米颗粒的表征中，只有最新的显微成像法是不够的，仍然需要结合传统的化学分析或其他分析技术，才能获得全面可靠的信息。

在进行动物实验、细胞生物学实验或分子生物学实验时，通常我们需要将纳米颗粒制备成盐溶液，比如分散或溶解在生理盐水中。此时，许多纳米颗粒的真实尺寸与其初始尺寸都并不相同。例如，$Gd@C_{82}(OH)_{22}$ 分子本身小于 2 nm，但它在溶液中易发生分子间聚集。当用高分辨 AFM 测试溶液中 $Gd@C_{82}(OH)_{22}$ 纳米颗粒的尺寸时，在 pH～7.0 时平均直径为 22.4 nm（范围是 0～50 nm）[15]，并且这个尺寸和分布随 $Gd@C_{82}(OH)_{22}$ 浓度的变化而改变。在 $Gd@C_{82}(OH)_{22}$ 纳米颗粒溶液的小鼠腹腔注射实验研究中，我们利用同步辐射小角 X 射线散射技术精确地测定了它在盐溶液中的颗粒尺寸。将小角 X 射线束直接聚焦到样品溶液，以 1.54Å 波长的 X 射线与 MAR345 检测器观察[15]。对于液体样品中的纳米颗粒检测，这样获得的结果比透射电镜（TEM）、原子力显微镜（AFM）、扫描隧道显微镜（STM）、扫描电子显微镜（SEM）、低温扫描电镜（Cryo-SEM）、环境扫描电镜等方法得到的结果更为可靠。目前来说，同步辐射小角 X 射线散射可能是测定溶液样品中纳米颗粒尺寸、表面积和形态等性质的一种最合适的技术。

12.2　纳米颗粒体外细胞摄入和定位的检测方法

　　纳米颗粒体外暴露时，细胞摄入是纳米颗粒与细胞相互作用的重要环节，同时也与其在细胞内的微妙机制相关，所以，体外摄取和定位的纳米颗粒表征，是纳米颗粒细胞毒理学研究的重要内容。量化纳米材料细胞摄入，以及描述它们在细胞中的定位，都需要充分利用各种分析技术的力量，我们的研究团队已经建立了多种分析技术来迎接这项挑战。此外，不同研究组所使用的技术最好彼此相互一致，如果不一致，得到的结果很多时候会不尽相同，这无意中干扰了人们全面准确地理解或认识细胞摄入的过程和机制。

12.2.1　透射电镜法

　　透射电镜（TEM）不但可观察纳米颗粒在细胞或组织中的定位，而且结合光谱方法，可以表征细胞内化的纳米颗粒的组成成分，并且它还能够提供与纳米颗粒体外摄入和定位相关的较为详细的信息。可视化最易用于电子密度高的纳米材料，如金属纳米颗粒（图 12.5）。TEM 成像对电子散射材料的分辨率较差，如在研究 PEG 包覆的氧化铁纳米颗粒时，TEM 成像需要结合动态光散射（DLS）测定技术才能确定核-壳结构纳米颗粒的尺寸[16,17]。高分辨透射电子显微镜（HRTEM）可用以确定颗粒的晶体结构，如超顺磁性氧化铁纳米颗粒[18]，石英颗粒[19]等。

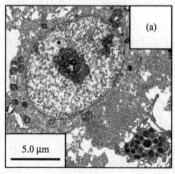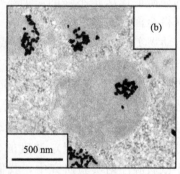

图 12.5　（a）利用透射电镜（TEM）研究纳米颗粒在细胞或组织中的定位。1 nmol/L 28.1 nm±6.7 nm 柠檬酸修饰的金纳米颗粒暴露 48 h 后，小鼠腹膜白细胞 TEM 图像。（b）相同白细胞对金胶体颗粒内化的 TEM 放大图像[20]

　　电子显微镜偶联微分析系统的元素定性分析技术，可确定生物样品中纳米颗粒的化学组成[21,22]。例如，电子衍射 X 射线分析（EDS）可以用于确定和分析细胞内的银纳米颗粒[23]，电子能量损失谱（EELS）结合 TEM 可以用于碳纳米管的分析[24]。需要强调的是，尽管元素分析是一种特别古老的技术，但是在这里特别重要，因为现代的生物样品染色技术可能会在纳米尺度上诱导电子密度聚集的假象，很可能把这些染色物质误认为是有目的的引入的人造纳米颗粒。许多研究小组使用 TEM 表征细胞暴露前后的纳米颗粒[19,25~31]，在细胞暴露和摄取之后，如何确保其形态和尺寸分布不发生变化，是一个问题。然而，由于生物样品的制备和成像分析耗时长，这种分析技术极大地限制了分析的样本量。

12.2.2　元素分析法

如果纳米材料的成分含有非体内天然原料成分，我们可以通过测定细胞内非天然元素的浓度或质量来对纳米材料的摄取进行定量分析。早在 20 世纪 80 年代，感应耦合等离子体质谱技术（ICP-MS）就已被作为高灵敏度的元素分析新技术，广泛应用于环境、地球化学、半导体、临床、核科学、能源科学、化学和毒理学等各个分析领域中。ICP-MS 技术尤其适合痕量、微量及主要元素的测定。它是现今发展最快的痕量元素分析技术，其优点包括：①多元素同步分析，适合几乎所有的元素；②高灵敏度和低本底信号，具有每升亚纳克水平的极低检测限；③检测和分析快速；④同位素容量，可提供同位素信息等。最近，我们设计了一系列试验研究，以 ICP-MS 技术测定了实验动物各种器官或组织中不同元素的分布[11,12,32,33]。比如，$Gd@C_{82}(OH)_x$ 纳米材料作为新一代的磁共振（MRI）造影剂[34~36]，同时也正被开发为一种新型的、高效低毒纳米结构的抗癌试剂[12,15,37]。由于该纳米材料中含有 Gd 这种生命体中几乎不存在的元素，因此，我们以 ICP-MS 技术准确地分析了实验小鼠各个器官中 Gd 的含量，就可以反推 $Gd@C_{82}(OH)_{22}$ 纳米颗粒在各个器官中的含量，以及在体内的生物分布[12]。收集和称量实验小鼠的心、肝、脾、肾、肺、胸腺、子宫（卵巢）、大肠、胃、胰腺和大脑等组织和器官。将组织消化后，以 ICP-MS 技术分析各器官或组织中 Gd 的含量（图 12.6）。

感应耦合等离子体发射光谱（ICP-AES）也是一种强有力的分析技术，也已用于细胞摄取的纳米颗粒的定量分析[38,39]。ICP-AES 的优势是检出限低（十亿分之一级或以下），精度高，高达 5 个数量级，动态范围宽[40]。迄今为止，在体外纳米毒理学的研究中，已采用 ICP-AES 评估了金纳米颗粒的摄入[41~43]、氧化铈[44]和氧化铁[45,46]等纳米材料。一般来讲，在 ICP-AES 样品稀释分析之前，样品处理包括从细胞培养介质中分离，以及之后的样品的强酸硝化等过程。在某种情况下，ICP-AES 分析获得的质量浓度，可根据以原子量来估计单个纳米颗粒的质量、晶格单元长度以及纳米颗粒规整的几何形状，再转换成纳米颗粒数[47]。在生物学样品的分析中，ICP-AES 和 ICP-MS 技术主要的局限性就是不能表征

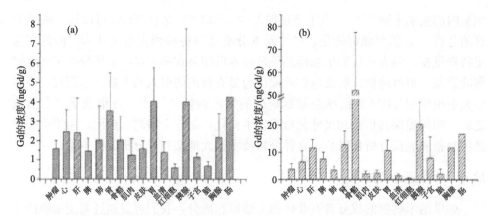

图 12.6　利用感应耦合等离子体质谱定量检测纳米颗粒在生物组织里的分布和代谢。Gd@C$_{82}$(OH)$_{22}$ 纳米颗粒在小鼠体内不同器官的生物分布。(a) 生理盐水对照组；(b) 荷瘤小鼠 (以钆元素的浓度表示，ng Gd/g 湿重组织)[12]

含碳纳米颗粒（如聚合物纳米颗粒和碳纳米管等）的细胞摄取结果，因为它不能区分来自细胞和纳米颗粒的碳源。由于它们仅是进行元素分析，因而不能区分元素究竟是在纳米结构材料中，还是在其溶剂的浸出液中。另外，若要把从 ICP-AES 和 ICP-MS 技术或方法得到的测量结果转化成标准的纳米颗粒剂量，不仅需要很好的同步表征结晶的晶格和纳米颗粒的分散性，而且还需要假定在细胞环境内，纳米材料的结构不会发生变化。最后，无论 ICP-AES 还是 ICP-MS 技术，均没有任何空间分布信息，不能区分纳米颗粒与细胞的结合是在其外部还是内部。这些都是 ICP-AES 和 ICP-MS 分析的弱点，因此，为了获得全面的信息，我们通常把它与前面或后面介绍的其他技术共同使用。

12.2.3　荧光光谱法

　　如果纳米材料通过共价或非共价的化学键结合可检测的分子，则可以通过荧光光谱技术检测痕量的纳米颗粒。文献报道，蛋白质[48]、氨基酸[49]和多肽[50,51]等分子物质通过共价和非共价作用结合在碳纳米管上[52~54]，它们拥有特殊的荧光光学性质，荧光光谱可以灵敏检测这些复合物。在定量评估纳米颗粒的细胞摄取和定位研究时，荧光光谱技术都是非常有用的分析工具，像 ICP-AES 分析技术一样，我们能够通过使用荧光光谱[55~57]或共聚焦荧光光谱对大量的细胞进行分析，从而达到定量的目的[58]。根据流式细胞仪（如荧光活化细胞分选仪，FACS）对纳米颗粒细胞摄取的分析，发现纳米颗粒的摄取可能与细胞类型直接相关[28,59~62]。在检测时，受纳米颗粒本身的荧光性质和荧光仪器收集信号所达到的空间分辨率的高低所限，光学仪器最高的分辨率约 200 nm。

对于本身具有荧光性质的结构材料，其细胞摄取分析就容易很多，量子点（QDs）就是其中的代表[63]。最新开发的共聚焦荧光信号收集仪器，如转盘式共聚焦显微镜，能够以毫秒级的时间分辨率观测细胞内量子点的轨迹[64]。这些技术为研究活细胞中纳米颗粒的行为提供了先进、快速的手段。对本身不具有荧光性质的纳米结构材料，需要使用生物标记用的荧光素进行标记，才能通过荧光成像直接观测和分析它们在活细胞中的行为。我们采用荧光标记和共聚焦荧光显微成像技术，研究了 C_{60} 衍生物 $C_{60}[C(COOH)_2]_2$ 与活细胞的相互作用[65]。通过 Lamparth-Hirsch 方法合成 C_{60} 水溶性双丙二酸衍生物 $C_{60}[C(COOH)_2]_2$，经分离、纯化，用荧光素氢溴酸盐（如 5-FITC 异硫氰酸荧光素）标记。表征后，与 HeLa 和 Rh35 细胞在 DMEM 细胞培养基中，添加 10% 的胎牛血清、青霉素（100 u/mL）和链霉素（100 μg/mL），置 37℃、5% CO_2 培养箱中共孵育。采用适时成像技术原位观察它与活细胞的相互作用以及对细胞膜的渗透行为。荧光显微观察发现，$C_{60}[C(COOH)_2]_2$ 定位在溶酶体，并且其细胞摄入主要依靠笼形蛋白介导内吞，而不是胞饮介导的方式（图 12.7）。

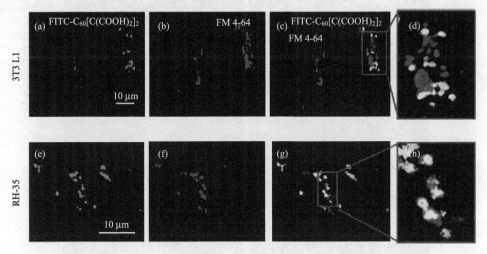

图 12.7 利用激光共聚焦结合生物标记荧光法观测纳米颗粒穿越细胞膜进入细胞的过程和机制（见彩插）。$C_{60}[C(COOH)_2]_2$ 纳米颗粒主要通过细胞内吞的方式进入细胞。3T3 L1 和 RH-35 细胞的激光共聚焦显微图像，2 h、37℃与 FITC 标记的富勒烯衍生物（绿色荧光）和表示细胞内吞作用的标志物 FM 4-64（红色荧光）共孵育。黄色荧光表示 FITC 标记的富勒烯衍生物与 FM 4-64 共同被细胞内吞。方框中放大部分为 FITC 标记的富勒烯纳米颗粒围绕的内涵体

FITC 是常用的生物标记荧光分子，FITC 共价结合已被用于标记富勒烯[66]、多壁碳纳米管[67]和单壁碳纳米管[68]，成功实现了这些纳米物质的细胞摄取，以及它们在细胞中行为的实时观测。图 12.8 是一个例子，利用荧光显微镜和共聚

焦显微镜的荧光成像技术直接观察 FITC 标记的 SWNTs 和肽-SWNTs 的结合物与细胞的相互作用过程。结果表明，SWNTs 可跨过细胞膜、积聚在细胞质甚至到达细胞核[69]。在纳米毒理学的研究过程中，通过荧光标记技术可获得利用其他技术很难获得的实时观测纳米颗粒在活细胞中行为的实验数据。

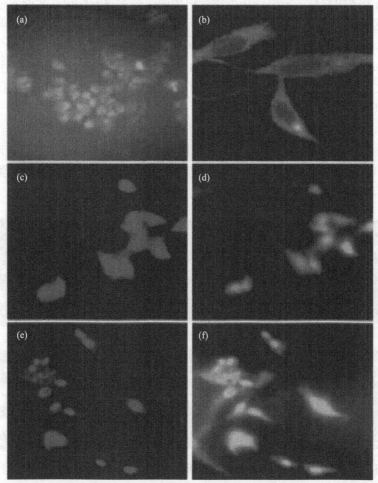

图 12.8　利用生物标记荧光法观测纳米颗粒与细胞的相互作用过程。3T3 细胞分别与 1 μmol/L 和 5 μmol/L 浓度的 CNT 1，37℃共孵的显微荧光图像（a）和激光共聚焦图像（b）。3T6 细胞分别与 1 mol/L 和 5 μmol/L 浓度的 CNT2，37℃共孵的显微荧光图像（c、d、e 和 f）[69]

　　人们也试图利用其他荧光基团，如硅基聚合物荧光团成功用于直接修饰纳米管并进行荧光成像研究[70]。值得一提的是，不同荧光染料在极性和非极性溶剂中，即使标记相同纳米颗粒，它们的作用方式也可能发生变化[71]。聚合物纳米颗粒能够通过聚合物共价结合荧光染料如 Texas 红[58]或异硫氰酸酯（FITC）荧光素[60,72]，另外一种方式是可以通过负载荧光染料如 6-香豆素等来进行标记聚合物纳米颗粒[56,73]。对于金属氧化物纳米颗粒的标记也很成功，比如，通过结合生物素和 FITC 标记的链霉亲和素，已经实现对氧化铁纳米颗粒的荧光标记[61]。另外的方式是通过氟硼荧光染料联结聚乳酸进行功能化修饰[57]也可制得金属氧化物纳米颗粒的荧光标记物。对于金属纳米颗粒如金纳米颗粒，可以用 Texas 红修饰的蛋白质进行吸附标记[42]。而多孔硅纳米结构已通过与 FITC[74]或罗丹明 B[75]浓缩来进行标记，并成功用于活细胞摄取过程的观测和研究。需要指出的是，尽管这些标记方法便于荧光定量，但是纳米颗粒表面联结染料有可能改变纳米颗粒本身的物理或化学性质，从而使其暴露的生物学意义发生改变。因此，这些研究需要增加额外的对照试验，来说明表面荧光染料及其结合方式在研究中的作用和影响。这常常使得研究的工作量成倍增加。

12.2.4　纳米颗粒细胞摄取研究的新方法

最近，各种各样新的分析技术正在逐步被用于研究纳米颗粒的细胞或组织摄取。Feldheim 及其同事用视频增强微分干涉显微镜（VEDIC）测定了直径仅 20 nm 的金纳米颗粒在细胞中的轨迹和定位，该方法无需任何荧光染料标记（图 12.9）[76]，可以获得真实的信息。由于金纳米颗粒在近红外具有较高的散射效率，这种特性已经用于研究它们在 HeLa 细胞的摄取过程[77]。此外，双光子发光显微

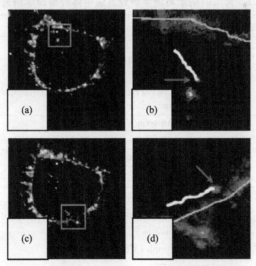

图 12.9　利用视频增强微分干涉显微镜（VEDIC）方法观察肽修饰 QDs 在 HeLa 细胞内的轨迹（见彩插）。(a) 放大的镶嵌细胞图像；(b) 2 s 内 QDs 在囊泡内的轨迹（白线），质膜（绿线）；(c) 镶嵌层内的又一个细胞图像；(b) 1.74 s 内 QD 的轨迹（白线），质膜（绿线）[64]

镜也已被用于观测金纳米棒的细胞摄取过程和轨迹，并具有优异的时间分辨率[78]。在磁场作用下，人们发现，超顺磁氧化铁纳米颗粒的载入量与其在细胞中的分布速率相关，这种相关性可以用来测定这些纳米颗粒的摄取[79]。这些表征生物体系摄取纳米颗粒的新方法，将成为推动这个领域不断发展的动力和挑战。

12.3　纳米颗粒细胞毒性的研究方法

快速、经济、方便的体外毒理学评估是毒理学研究中一个极其重要的部分。体内外结果的对比研究，有益于更加快速、低廉、可控的实验方法的建立以及尽量减少所需实验动物的数量。然而，因为体外暴露条件与体内细胞内环境相比，一般以浓度较高、时间较长为特点，所以从体外实验结果去推论和预测体内毒性，往往存在疑问。表 12.1 总结了最常用的体外评估技术。通常是评估细胞发育情况（存活/死亡的比率）或毒性机制。细胞发育情况的检验主要分为繁殖、坏死和凋亡；毒性机制的分析主要是氧化应激或 DNA 损伤检测。这些评价方法的分类有一定程度的人为性，方法之间有很重要的交叉和重合。例如，DNA 损伤可与细胞凋亡和氧化应激关联，还可能直接起源于纳米颗粒与细胞核的接触。在这里，我们不详述纳米毒理学方法学，仅对纳米毒理学研究目前已应用的和可供替代、选择的方法或技术进行一个总结。

表 12.1　常用的纳米毒理学研究方法中体外毒理学研究技术

检验类型	分类	细胞性质/过程探针	评价方法	文献
发育能力	繁殖	代谢活性	MTT, XTT, WST-1, Alamar Blue	[19,80～93]
		DNA 合成	³H 标记胸腺嘧啶脱氧核苷	[94,95]
		集落形成	Cologenic	[96]
	坏死	膜完整性	LDH, Trypan Blue, Neutral Red, propidium iodide	[68,72,93,97～102]
	凋亡（活-死）	膜结构	Annexin-V	[59,99,100,103]
		酯酶活性/膜完整性	Calcein acetoxymethyl/ethidium homodimer	[80,104,105]
机制	DNA 损伤	DNA 裂解	Comet, CSE	[100,106]
		DNA 双链断裂	TUNEL	[107,108]
	氧化应激	活性氧(ROS)	DCFDA, Rhodamine123	[83,109～114]
		脂质过氧化反应	C11-BODIPY, TBA assay for malondialdehyde	[115～120]
		脂质氢过氧化物	Amplex Red	[121]
		抗氧化剂损耗	DTNB	[114,115]
		超氧化物歧化酶(SOD)活性	Nitro blue tetrazolium	[114]
		SOD 表达	Immunoblotting	[114]

12.3.1　纳米颗粒影响细胞繁殖能力的评估方法

在体外纳米毒性评估研究中，最广泛使用的方法就是细胞还原四唑盐产生甲
䐶染料的技术。通过检测甲䐶染料产物的吸光率可以测量细胞代谢的情况，以此
可以分析具有代谢活性细胞的百分比。常用的四唑盐是 3- (4，5-二甲基噻唑-
2) -2，5-二苯基四氮唑溴盐 (噻唑蓝，MTT)[122]，它已被广泛用于各种纳米结
构材料的体外毒性研究[80~87,123]。这种技术与其他毒性检验方法相比，有许多优
点，模型细胞的操作步骤最少、简单快速、结果可重复，并且只需简单的光密度
探测仪就可以实施[124]。然而，最近人们已经发现，四唑盐的代谢还原不足以说
明体外细胞的繁殖情况[124]。而且，四唑盐还原的细胞机制还不是很清楚，还原
定位已被发现在线粒体的外部[125~127]。此外，介质 pH 的变化[128]，培养介质中
血清[129,130]、胆固醇[131,132]或抗坏血酸盐[88]的添加会影响或改变测量结果。在检
验 MTT 法形成的水不溶性产物-甲䐶染料时，结晶产物的胞外分泌可使结果发
生明显偏差，因此，人们开发了水溶性染料的分析方法，如 XTT 或 WST-1 等。
在纳米毒理学研究中，需要特别指出的是，纳米材料与反应物或四唑盐产物之间
的相互作用可能导致假阳性结果，在 SWNTs[89~91]、多孔硅[92,133]和炭黑纳米颗
粒[94]的实验中均已观察到这种现象。代谢性评价方法，包括放射性元素 (^{3}H)
标记胸腺嘧啶脱氧核苷和阿尔玛蓝 (Alamar blue)，也称为刃天青 (resazurin)
的氧化还原评价方法[91,95]。细胞摄取^{3}H 标记胸腺嘧啶脱氧核苷进入新合成的
DNA 是测试细胞繁殖发育能力的一种灵敏度较高的评价方法，但是，由于其相
对较高的价格和体外毒性，人们常常尽量避免使用这种方法[134,135]。最近常被应
用于纳米毒理学研究的另外一种方法是阿尔玛蓝评价方法，它通过评价细胞的氧
化还原能力分析纳米颗粒的细胞毒性[95]，同时阿尔玛蓝被还原成水溶性的荧光产
物，试卤灵 (resorufin)($\lambda=590$ nm)。与 MTT 法相比，阿尔玛蓝法样品制备简单。
然而，由于阿尔玛蓝还原的生化机制还不清楚，因此，有时对阿尔玛蓝结果的解释
比较困难。此外，研究还发现，多孔硅在细胞不存在的条件下，易与阿尔玛蓝发生
反应[92]。这种反应活性本身包括反应产物等都可能影响观测结果。细胞集落形成
的评价方法 (cologenic assays) 在纳米材料暴露后，通过活细胞成像法进行分析和
计数观测高度繁殖的细胞群落，可以避免纳米材料与探针分子的相互作用[96,97]。

12.3.2　纳米颗粒引起细胞坏死的评估方法

在体外纳米毒理学实验中，细胞膜完整性的评价是测定细胞存活能力常用的
表征方法[68,72,80,93,98,99,136,137]。评价膜完整性典型的方法是：①检测细胞对染料的摄
取，如台盼蓝 (Trypan blue，TB)[72,93,138]、中性红 (neutral red，NR)[72,98,100,136]和
碘化丙啶 (propidium iodide，PI)[68,99,101]；②检测细胞培养介质中活性酶以及乳

酸脱氢酶（LDH）的释放量[102,104,137]。TB 和 PI 是活细胞排斥的荷电分子。膜破裂的细胞允许 TB 进入染色，在～605 nm 有强烈的吸收。PI 进入细胞时，它插入 DNA 和 dsRNA 片段，在 617 nm 具有荧光吸收。NR 在生理 pH 条件下，不带电，能够进入活细胞和死亡的细胞。在活细胞中，NR 被酸性溶酶体（pH≈4.8）高度质子化，聚集，在 540 nm 具有强烈的吸收。这些技术比较成熟，结果可重复性很好，能够与流式细胞仪结合进行高通量计数。另外，在纳米毒理学研究中，可以用钙黄绿素乙酸甲酯/溴乙啶二聚体标记和分辨活细胞和坏死的细胞[81,105,139]，在活细胞中，钙黄绿素乙酸甲酯经活性酯酶水解后，产生绿色的荧光物质，而溴乙啶二聚体，是一种红色荧光染料，仅仅聚集在死亡的细胞中[103]。

12.3.3　纳米颗粒引起细胞凋亡的评估方法

上述的膜染色排斥技术是唯一能够检测坏死或细胞后期凋亡的实验技术，如果结合细胞凋亡检测技术就可以获得更为完整的细胞死亡图像。细胞凋亡评价已被广泛用于纳米毒理学的研究中，其中包括形态改变的观察、膜联蛋白 V（annexin-V）方法[28,101,137,140]、DNA laddering 技术[106]、Comet（彗星电泳）技术[101,107]或 TUNEL 技术[108,141]。细胞凋亡过程中，细胞形态改变的观察只需简单的光学仪器和可视化检测设备。尽管该仪器价格低廉，但由于其无法及时连续成像的局限性而在纳米毒理学的研究中未被广泛用。此外，这种方法可能错误辨认由死亡体被细胞内吞引起的细胞凋亡。图 12.10 是膜联蛋白 V（annexin-V）方

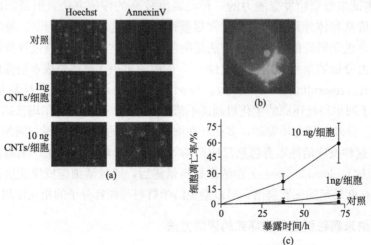

图 12.10　利用膜联蛋白法检测纳米颗粒引起的细胞凋亡。碳纳米管暴露的 T 细胞凋亡膜联蛋白-V 法的评估结果。（a）每孔 0 ng、1 ng 和 10 ng 氧化碳纳米管暴露后，Hoechest 染料标记 DNA（左）和 annexin-V 染色细胞成像；（b）annexin-V 染色细胞凋亡的放大图像；（c）每孔 0 ng、1 ng 和 10 ng 碳纳米管的暴露时间对细胞凋亡的影响曲线[140]

法的一例结果，它利用凋亡细胞质膜结构的改变（即细胞外磷脂酰丝氨酸的暴露）来进行检测[142]。膜联蛋白 V 是一种磷脂酰丝氨酸特异性结合的基质，被活细胞排出体外。荧光物质（如 FITC）也可用于标记细胞凋亡晚期和早期阶段的细胞膜。细胞核内酶解的 DNA 片段是确认细胞凋亡的一个特征[143,144]，因此，DNA 片段也常被用于细胞凋亡的评估。

12.3.4　纳米颗粒引起 DNA 损伤的评估方法

纳米颗粒暴露时能够发生 DNA 损伤，以未修复的单链-和双链破裂的形式出现，是通过氧化环境改变、细胞凋亡或 DNA 与纳米颗粒的物理相互作用而产生的结果，术语称为基因毒性。DNA laddering 技术，是最古老的 DNA 损伤评价技术，通过分离和荧光标记受细胞培养中潜在毒性物质影响的 DNA，表征它们的破裂。然后，DNA 损伤通过凝胶电泳检测。DNA 损伤检测最常用的是 Comet 技术，也叫单细胞凝胶电泳（SCGE）技术，该技术源于 Singh 等的创造，把细胞包埋在琼脂糖凝胶中，细胞溶解，DNA 变性，然后，溴乙啶定量标记，电泳分离[145]。DNA 损伤数量通过电泳拖尾数量以及 DNA 碎片情况来表示。许多研究已经使用 Comet 技术检测纳米颗粒暴露时 DNA 的损伤[109,146~151]。最近，Barnes 等以 Comet 技术的研究表明，TiO_2 纳米颗粒浓度在 4 $\mu g/mL$ 和 40 $\mu g/mL$ 无基因毒性[147]。虽然研究焦点未集中在 TiO_2 纳米颗粒的毒性上，但是这表明以永久性 3T3 细胞系和 TiO_2 纳米颗粒（市售和室内合成），利用体外测试的标准方法，可完成定量又重现性好的试验。当这种研究表明 Comet 技术重现性好时，同时，作者也注意到必须进行精确的样品制备和处理才能达到结果一致。因此，这种重现性可能会由于样品处理的差异性，使纳米颗粒基因毒性效应的比较和解释复杂化。TUNEL 技术是评价 DNA 损伤的又一技术，它的名字源自末端脱氧核糖核酸转移酶介导的 dUTP 切口末端标记技术（TDT-mediated dUTP-biotin nick-end labeling）[152]，就像凋亡过程中，DNA 损伤必定伴有 DNA 碎片一样，它有赖于 DNA 双链的破裂。这种方法最常用的是外源性 DNA 聚合酶 I 修复孤立的细胞核 DNA 碎片。这种聚合酶带有 5-溴-2-尿嘧啶脱氧核苷，是一种合成的胸腺嘧啶脱氧核苷类似物，可结合 BrdU 进入双链 DNA，修复凋亡细胞中破裂的双链[153]。FITC 结合的抗-BrdU 抗体可被用于标记含有 BrdU 的 DNA 来检测细胞核 DNA 中双链破裂的数量。

12.3.5　纳米颗粒引起氧化应激的标志物与检测方法

在细胞环境中，人造纳米材料可能破坏细胞的氧化平衡。这种现象被称为氧化应激，它导致细胞内出现大量的活性氧（ROS）如超氧阴离子（O_2^-）、羟基自由基（$HO \cdot$）、过氧自由基（$ROO \cdot$）和过氧化氢（H_2O_2）；或活性氮

（RNS）如一氧化氮自由基（NO·）、一氧化氮过氧阴离子（ONOO⁻）、过氧亚硝酸（ONOOH）和亚硝基过氧化碳酸阴离子（$ONOOCO_2^-$）。反常的高浓度的ROS 和 RNS，会导致许多毒理学效应，它们通过与蛋白质、脂质、核酸反应，导致细胞功能异常[115,154,155]。纳米颗粒暴露导致细胞产生氧化应激的研究已经非常广泛[22,26,90,110,116,117,137,148,156~159]。在实验技术上，探针分子 2,2,6,6-四甲基哌啶（TEMP）与 O_2^- 反应形成稳定的自由基（TEMPO），能够直接被 X-band 电子顺磁共振（EPR）所检测[160]。然而，由于 EPR 仪器昂贵，不是到处都有，因此使用这种技术的还不多。荧光标记非常廉价和方便，因此荧光探针分子与ROS/RNS 反应，被广泛应用于纳米颗粒暴露产生 ROS/RNS 的体外评估[161]。然而，它也有自身的缺点，由于需要探针分子与各种活性自由基发生反应，从这些反应产物得到的结果有时会干扰甚至误导对观测结果的正确解释[162]。在纳米毒理学研究中，目前使用最广泛的探针分子是能够穿过细胞膜的非荧光探针双氯荧光黄乙酸乙酯（2,7-dichlorofluorescein diacetate，DCFDA）[163]。在细胞内，DCFDA 可以被酯酶水解，转化成双氯荧光黄。在细胞过氧化物酶的存在下，这种探针可与 HO·、ROO·、RO· 和 H_2O_2 发生反应。因此，已经成为一种通过测定荧光产物双氯荧光黄（$\lambda_{ex}512$ nm/$\lambda_{em}530$ nm）[84,90,111~113,148,164]来检测氧化应激程度的普适方法。然而，当纳米颗粒暴露导致细胞凋亡时，利用 DCFDA 检测氧化应激的技术应谨慎使用。因为在细胞凋亡过程中，细胞色素 c 从线粒体中释放，是 DCFDA 的一种强烈的氧化催化剂[165]，它能够放大氧化应激的检测结果。可供选择的氧化应激探针还有二氢罗丹明 123[166]，它可被 ROS 和 RNS 氧化成罗丹明 123（$\lambda_{ex}507$ nm/$\lambda_{em}529$ nm），应用于纳米材料的细胞生物效应的研究[90,117]。然而，二氢罗丹明 123 对 O_2^- 或 NO· 调节的氧化不敏感[167]。在纳米颗粒毒性研究中，寻找能够定位在细胞内特定区域的氧化应激探针来观察 ROS 和 RNS 的来源和行为，是比较理想的方法。例如，Hydroethidine 是一种非荧光的探针，它的一种氧化的荧光产物可以被选择性地超氧化。它被用于名为 Mi-toSOX Red 商业化的产品中，二氢乙锭被修饰成 1-己基三苯基膦，可以靶向检测线粒体内的超氧化产物（$\lambda_{ex}510$ nm/$\lambda_{em}580$ nm）[168,169]，已被成功用于表征二氧化钛纳米颗粒引起的神经元氧化应激[113,158]。为了观察脂质过氧化反应，能够定位在质膜内的 C11-BODIPY 已被开发作为放射性荧光染料[170]。当氧化时，这种非选择性的荧光染料的荧光从 $\lambda_{ex}581$ nm/$\lambda_{em}610$ nm 转移到 $\lambda_{ex}485$ nm/$\lambda_{em}510$ nm。它也被成功用于纳米-富勒烯的脂质过氧化反应结果的检测和表征（图 12.11）[156]。

　　此外，氧化应激也能通过蛋白质和脂质过氧化反应产生的生物标志物或DNA 碎片来检测。当细胞暴露于纳米材料时，可以通过丙二醛（不饱和脂肪酸的过氧化反应的终点产物）的硫代巴比妥酸检验法来检测脂质过氧化反应，从而分析纳米毒性[110,118~120,156]。能够检测生物标志物对于氧化应激是非常重要的，

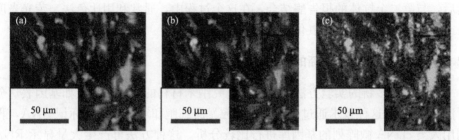

图 12.11　利用 C11-BODIPY 检测技术，研究纳米 C_{60} 在不同暴露时间引起的脂质过氧化结果。
(a) 0 min；(b) 30 min；(c) 90 min[156]

因此，迄今为止，还没有通用的生物标志物[162]。氧化应激也可通过检测脂质氢过氧化物来检验。它首先使用 N-乙酰基-3，7-二羟基吩嗪进行荧光标记，然后再用带有荧光检测器的 HPLC 进行分离与检测[171]。虽然氧化应激的生物标志物还没有被广泛认可，但是从技术上，纳米材料暴露增加的氧化产物可以通过 HPLC-EC 进行分析和表征[121]。

　　氧化应激的其他标志物，包括细胞内补偿机制中某些物质水平的上调，如引起超氧化物歧化酶或谷胱甘肽产物的显著改变，也可以作为检测纳米颗粒引起氧化应激的检测方法。这些反应产物的增加或减少通常可以作为氧化应激的证据，无论是细胞还是补偿机制都会增加应激反应，如 RNS 或 ROS 的氧化作用，抗氧化剂的产生，细胞存储的超氧化物歧化酶（SOD）或谷胱甘肽（GSH）的耗尽等。GSH 是一个基本的抗氧化剂，在氧化应激过程中，被氧化形成一个 GSH-GSH 二硫化物，在两个 GSH 分子之间产生一个 GSSG。最好的定量评估是检测 GSH 的比率，其二硫化物的氧化产物 GSSG，一般通过 HPLC 进行分析[172]。然而，衍生化过程和色谱分离步骤非常耗时，期间还会发生自动氧化作用，致使最终检测到的 GSSG 数量过高。因此，在纳米毒理学研究过程中，GSH 与 GSSG 的联合评估已被 5，5-二硫双-2-硝基苯甲酸（DTNB）的应用所替代[114,156]。在 NADPH 存在时，GSSG 被谷胱甘肽还原酶还原成 GSH。DTNB 与 GSH 反应后，GSH 浓度可以通过 5-硫-2-硝基苯甲酸（λ_{abs}412 nm）的比色法检测[173]。虽然单独测定 GSH[174] 或 GSSG[175] 的浓度有可供选择的检验方法，但是我们通常避免使用那些灵敏度较差的方法。SOD 是一种抗氧化剂酶，有两个主要的单体，即 SOD-1 和 SOD-2，它们可催化超氧化物形成过氧化氢和分子态氧。检测 SOD 的表达和活性也已被用于检测纳米颗粒的细胞毒性[114]。SOD 活性可通过抑制一种硝基蓝四唑的彩色基质的超氧化物的氧化作用来直接测定，这里，超氧化物是通过外源性黄嘌呤-黄嘌呤氧化酶产生的[176]。SOD-1 和 SOD-2 表达通过免疫印迹（immunoblotting）方法表征、离析和电泳分离后，它们首先可与抗体结合，然后，与第二个抗体的报告酶结合，在这个过程中，通常利用比色法、荧光光度法或化学发光法，测定过氧化物酶的活性。

12.3.6　体外纳米毒理学新的研究技术

最近，许多新的实验方法已被用于研究纳米材料的体外毒性。如基因表达分析法等[41,177]。这种技术通过分析纳米颗粒暴露细胞和对照细胞的标记 RNA，再利用人类 cDNA 微阵列的基因库进行比较分析。这种方法可产生大量显示 RNA 表达增加和减少的数据，来作为纳米颗粒暴露后果的评估依据。虽然人们对类似基因表达谱的变化这样的结果所对应的毒理学含义还不很清楚，但是对于具有广泛应用前景的药物的毒性筛选，这种高通量筛选技术（HSA）是一种非常有用的工具[178,179]，用于种类、参数众多的纳米材料的研究也不例外[177,180]。HAS 借助计算机辅助的自动化、商业化仪器，是一种典型的高通量技术。HAS 与前述的荧光探针方法结合，不仅可以检测暴露后细胞的形态，而且可以同时评估可能存在的多重毒性模式如凋亡、坏死、氧化应激等。另外，最近的文献报道了利用微电极探究纳米颗粒对单个细胞释放电极活性分子的检测[20]。这种技术可在混合细胞中进行单细胞分析，从而跟踪信使分子浓度的变化，以及胞外分泌物的生物物理学性质的改变。只是，这些信使分子的浓度和生物物理学变化的毒理学意义目前还完全不清楚。

12.4　纳米颗粒体内毒性的研究方法

体外毒性评估通常适合快速筛选，最终的毒性评价还是依据体内动物实验数据。但是，由于动物保护主义者反对使用动物实验，近年来，欧洲一直在推广毒理学替代法，希望利用体外细胞实验、水生物如鱼类、简单生物如线虫等来替代目前采用的动物实验。美国和其他国家并没有响应这种号召，原因是从体外细胞实验得到的结果，包括从鱼类、线虫的结果，很难直接外推到人体。因此，在相当长一段时间内，在毒理学和生物医学试验中，体内动物实验研究可能仍然难以避免。

常用的体内研究就是以小鼠[181~184]和大鼠为模型的动物实验[185,186]。动物实验极其重要，尤其对于测定急性毒性和 LD_{50} 值，它们是各种纳米材料和纳米颗粒毒性分级的重要基础。由于这些测定纳米颗粒的作用效果的研究，如组织定位、生物分布和体内滞留与蓄积、代谢与排泄等，需要牺牲动物为代价，所以实验设计需要考虑伦理相关的问题。这些体内研究结果，不仅能够提供体外研究所不能获得的大量信息，而且对体外研究选择建立相关模型体系具有重要的指导意义。除简单的 LD_{50}（实验动物的半数致死剂量）之外，体内纳米颗粒毒性研究主要集中在以下三个方面：①血清生化学指标变化和细胞数量的变化；②组织形态学的变化；③纳米颗粒总的生物分布。与体外研究一样，在设计体内实验之前，我们必须考虑多方面的因素，比如在暴露之前，纳米颗粒尺寸、剂量、介质、暴露方式等的选择和表征，相关模型体系的各种参数的设置等。此外，实际暴露剂量、特定的组织/器官、蛋白质/细胞类型等，组织学变化或血清/血液学指标的变化，检测时间点等也必须仔细设计。这里介绍一些模型体系和检查指标，虽然不尽全面，但包含纳米毒理学常用的实验设计和代表性方法。

12.4.1　纳米颗粒生物分布和清除的检测方法

研究者们针对纳米颗粒物分布和清除的检测方法发表了几篇综述文章，并分析了纳米颗粒性质如颗粒成分、尺寸、核-壳组成，以及表面功能性/电荷对其组织分布和清除速率的影响[187,188]。科学家将荧光标记或放射性标记、ICP-MS 或 ICP-AES 等方法，发展到针对活体动物，或处死的整体动物和固定组织的检测中，以阐明纳米颗粒的分布和清除过程[185,189~193]。此外，检查整个器官的形态变化也是一种直观的方法（见第 2 章中图 2.19）[11]。研究纳米颗粒在体内的肿瘤靶向的功效时，人们通常也需要分析其生物分布[13,183,185]，如图 12.12 所示[194]。在纳米颗粒暴露后，通过检测不同时间点的排泄和代谢，才能获得纳米颗粒清除

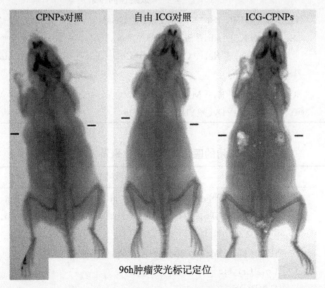

图 12.12　利用活体成像技术检测动物体内纳米颗粒的分布。吲哚花青绿标记肿瘤靶向纳米颗粒 96 h 小鼠暴露后的生物分布。未标记的磷酸钙纳米颗粒（CPNPs 对照组），自由吲哚花青绿（ICG 对照组），吲哚花青绿标记磷酸钙纳米颗粒实验组（ICG-CPNPs）。在每个图像上以黑色线条指示靶向肿瘤的移植定位[194]

率的结果，如通过检查血清样品或彻底地研究处死后的动物，来测定纳米颗粒在不同时间点体内的留存数量[195~197]。纳米颗粒的定量可以采用 ICP-MS、放射性标记和荧光检测的方法。这取决于所研究纳米颗粒的种类和性质。纳米颗粒的生物分布和清除率研究，同时也提供人们了解纳米颗粒的体内定位、体内滞留以及在动物体内输运的过程。值得强调的是，由于许多广泛使用的纳米材料进入体内以后难以直接检测，目前使用的定量技术常常需要进行放射性或荧光性标记，这些附加的标记物是否会改变纳米材料本身的生物分布和清除速率？这是一个值得关注的问题。因此，对于纳米材料在体内的定量分布、定位和准确检测，需要科学家开发新的快速的分析方法和实验技术。

12.4.1.1 核医学与核分析技术对体内纳米颗粒的检测

以放射性同位素为分析工具的放射性分析技术，是解决生物学、物理学、化学、毒理学以及工业上面临的问题必不可少又极其重要的手段。我们列出了可用于标记纳米颗粒的放射性同位素的半衰期和能量及其生产制备方法（表 12.2），以及半衰期大于 2.5 天的医学领域常用的放射性同位素及其衰变反应（表 12.3）。

表 12.2　可用于标记纳米颗粒的放射性同位素的半衰期和能量及制备方法

制备	放射性同位素
核反应堆	^{3}H,^{14}C,^{14}N,^{32}P,^{35}S,^{42}K,^{45}Ca,^{47}Ca,^{51}Cr,^{55}Fe,^{59}Fe,^{60}Co,^{64}Cu,^{65}Zn,^{72}Ga,^{76}As,^{75}Se,^{82}Br,^{85}Kr,^{86}Rb,^{89}Sr,^{90}Sr,^{90}Y,^{91}Y,^{99}Mo,^{99m}Tc,^{111}Ag,^{113m}In,^{113}Sn,^{125}I,^{132}Tc,^{131}I,^{132}I,^{133}Xe,^{131}Cs,^{137}Cs,^{177}Lu,^{182}Ta,^{192}Ir,^{198}Au,^{199}Au,^{203}Hg,^{166}Ho,^{153}Sm,^{140}La
加速器	^{11}C,^{18}F,^{22}Na,^{43}K,^{52}Mn,^{52}Fe,^{57}Co,^{58}Co,^{67}Ga,^{68}Ga,^{68}Ge,^{74}As,^{85}Sr,^{87m}Sr,^{87}Y,^{111}In,^{125}I,^{157}Dy,^{169}Yb,^{199}Au,^{197}Hg

表 12.3　常用的医用放射性同位素及其衰变反应

核反应	放射性同位素
(n，＿)	^{60}Co,^{32}P,^{55}Fe,^{59}Fe,^{110m}Ag,^{177}Lu,^{113}Sn,^{203}Hg,^{45}Ca,^{35}S,^{170}Tm,^{198}Au,　^{153}Sm,^{140}La,^{159}Gd,^{161}Tb,^{165}Ho,^{166}Ho,^{210}Po,^{131}I,^{131}Cs,^{111}Ag,^{199}Au,^{47}Ca,^{11}C [^{12}C（＿，n)^{11}C,^{14}N（p，a)^{11}C]
(n，分裂)	^{140}Ba,^{137}Cs,^{90}Sr,^{131}I,^{144}Ce,^{133}Xe,^{91}Y,^{132}Te
(d，2n)	^{57}Co,^{51}Cr, etc
(n，p)	^{14}C,^{32}P,^{35}S,^{45}Ca
(n，a)	^{3}H,^{32}P
(d，a)	^{22}Na,^{54}Mn
(p，xn)	^{11}C [^{11}B（p，n)^{11}C],^{43}K,^{52}Mn,^{52}Fe,^{57}Co,^{18}F,^{123}I,^{125}I

这些放射性同位素发射易于检测的特征 α、β 或 γ 射线，通过化学标记技术合成放射性标记化合物已被广泛用于各个领域[198]。其优势包括：①高灵敏度，根据同位素和样品条件，检测限可低至 10^{-14} mol，有时甚至低至 10^{-18} mol；②体内易于检测；③可以识别内源性物质和外源性物质；④非破坏性，以及相对简单的检测过程；⑤易于实现定量，而且可以准确测定各个器官或组织的分布；⑥微量放射性同位素标记，不会破坏生理平衡过程等。尽管放射性同位素拥有上述优势，但也面临如下问题：第一，放射性对生物组织有不可避免的副反应。一般的，标记样品时，由于较高的检测灵敏度，可尽量使用少量的放射性原子。我们曾实现了平均一根纳米碳管上只标记一个 ^{125}I 原子，就达到检测灵敏度的要求[199]。第二，同位素标记纳米颗粒的稳定性问题。通常，在放射性同位素实验前，必须使用稳定同位素对其标记产物的结构和稳定性进行研究，以便于寻找合适生物学和毒理学实验的最佳条件。此外，同位素必须具有适合的能量和半衰期，同时同位素与被标记纳米颗粒之间的结合键比较稳定，以避免进入生物体内发生解离，也是非常重要的。

放射性碳-11（^{11}C）、稳定碳-13（^{13}C）和放射性碳-14（^{14}C）等碳同位素经常被用作标记元素。^{11}C 的半衰期为 20.8 min，已成为正电子发射断层扫描仪（PET）在生命医学领域中最常用的放射性同位素之一。^{14}C 的半衰期达 5715 年之久，常在最新发展的加速器质谱分析技术（AMS）中使用[200,201]。加速器质谱是一种高灵敏度的生物样品分析工具，尤其是研究机体对外源性纳米颗粒形成生物加合物的识别。在纳米毒理学研究中，因为大部分有机纳米材料含有碳原子，且生物样品主要由碳原子组成，所以用碳同位素代替其中的碳原子标记纳米颗粒或生物加合物的官能团，是最理想的标记原子，如 ^{14}C 标记 C_{60}[202]、^{11}C 标记 C_{60} 和 C_{70} 等。

研究者可利用我们在表 12.2 中列出的核反应选择满足你使用要求的合适的同位素去标记纳米物质。Wilson 和 Volkert 等采用中子活化技术合成了放射性钬标记的富勒烯 ^{165}Ho$_2$@C$_{82}$ 和 ^{166}Ho@C$_{84}$，成功制备了大量高比活度的 ^{166}Ho 内嵌 C$_{82}$ 和 C$_{84}$ 纳米笼的富勒烯[203,204]。这种直接活化的方法也是可以的，但是，除金属纳米颗粒以外，直接照射通常会对纳米材料本身的结构等造成破坏。Cagle 等通过中子辐照 ^{165}Ho$_x$@C$_{82}$(OH) 纳米材料的（n，γ）反应，制备了水溶性的、同位素标记的金属富勒烯 ^{166}Ho$_x$@C$_{82}$(OH)$_y$[205]。Kikuchi 等也通过中子反应堆照射（n，γ）反应，合成了放射性金属原子内嵌富勒烯[206]。

虽然标记技术主要与化学或核反应有关，但实际上，放射性同位素及其标记产物已在毒理学研究中，如吸收、分布、代谢、排泄和毒性（ADME/Tox），动物或人体内新的外源性物质和药物迁移途径的示踪等研究中扮演着极其重要的角色[207,208]。Nakahara 等在大鼠体内注入 ^{140}La 标记的金属富勒烯，几天后，检测

不同器官组织中的 ^{140}La 发出的 γ 射线，获得 ^{140}La@C$_{82}$ 和 ^{140}La$_2$@C$_{80}$ 在组织中的生物分布[209]。Sueki 等也曾设计了一系列的实验，研究了放射性同位素标记金属富勒烯的稳定性[210,211]。此外，研究者也尝试使用其他的同位素示踪剂，对不同纳米材料与生物体系相互作用的生物学行为进行探索，如 ^{14}C 标记水溶性富勒烯，用于研究它在体内的生物学活性和毒理学效应[212]；^{99m}Tc 标记纳米气溶胶，用于研究它们的毒理学效应[213]，^{111}In 标记 SWNTs，用于研究它们的体内毒理学行为等[214]。

在 SWNTs 的毒理学（如 ADME/Tox）研究中，我们率先发展了一种新的定量检测技术。首先，合成羟基化的 SWNTs（SWNTols），然后，SWNTols 在氯胺-T 化合物，N-氯-p-甲苯磺胺（N-chloro-p-toluenesulfonamide）的存在下与 ^{125}I 反应生成 ^{125}I-SWNTols[215,216]。然后通过高灵敏度的 γ 射线检测器定量检测各个生物器官中的 ^{125}I-SWNTols 含量。被标记纳米颗粒的稳定性，对实验结果的可靠性非常重要。我们建立了以分析样品中标记物浓度变化以及标记原子与纳米颗粒间的解离速率来研究其稳定性的方法。同时，我们也采用 X 射线光电子能谱（XPS）技术分析标记原子与纳米颗粒之间的化学键。我们对照分析了 I-SWNTol（未知键）、NaI（离子键）、p-I-C$_6$H$_4$NO$_2$（对位碘硝基苯，共价键）和 m-I-C$_6$H$_4$COOH（间位碘苯甲酸，共价键）的 XPS 电子结合能，发现碘原子与碳原子之间的化学键为共价键[217]。与生物分子中普遍存在的弱相互作用力（如氢键等）相比，共价键是生物体系中非常稳定的化学键之一，在体内，C—I 共价结合足够稳定，难以解离。因此，碘标记碳（如 ^{125}I-SWNTols）可被用于生物机体中毒理学、生物医学或药剂学领域的研究。

仅仅 100 μL 低剂量（15 μg/mL，3.52×10^6 cpm/mL）^{125}I-SWNTols，可完全满足所有不同暴露途径的小鼠实验，如腹腔注射、皮下注射、胃插管和静脉注射。通过检测 ^{125}I 发出的 γ 射线的放射活性，获得 ^{125}I-SWNTols 小鼠体内的生物分布。利用同位素标记技术定量测定小鼠中 ^{125}I-SWNTols 在不同暴露时间体内的生物分布，获得固定剂量、3 h、四种不同暴露途径小鼠体内 ^{125}I-SWNTols 的生物分布（见第 2 章中图 2.6 和图 2.16）[199]。

经不同暴露途径，SWNTols 纳米颗粒都可迅速到达小鼠体内各个器官，主要分布在骨骼、肾和胃，并在骨骼中积聚，保留相当长的一段时期。另外，SWNTols 主要通过尿液排泄而不是粪便。暴露 11 天后，SWNTols 总剂量的 80% 被排出体外，其中，94% 通过尿液排出，6% 通过粪便排出[199]。SWNTols 的表观分子质量达到 600 000 Da，但在体内，它们却表现出类似小分子的行为。

在同位素标记纳米材料的技术中，除稳定性问题外，放射性原子是否改变标记产物的性质，也是一个很重要的问题。如果大量的碘原子标记在碳纳米管的表面，纳米材料的性质必然会发生改变。因此，关键是控制使用尽可能少的碘原子对每个碳纳米管进行化学标记。控制实验条件，由 50 000 多个碳原子组成的每个碳管可平均结合一个碘-125 原子，这样，一个碘原子对拥有 50 000 多个碳原子的 SWNTs 性质的影响可忽略不计。

总之，核分析技术是基于核核反应、核效应、核辐射、核谱学以及核设备（如核反应堆和加速器）等的一种高灵敏度分析方法。与其他技术相比，核分析技术是一种相对独立的评价纳米材料毒理学效应的方法，包括中子活化分析、加速器质谱、扫描质子微探针、同位素示踪（放射性同位素、稳定同位素）和同步辐射（SR）相关的方法［如同步辐射 X 射线荧光分析法、同步辐射扩展 X 射线吸收精细结构分析（EXAFS）、同步辐射研究 X 射线吸收近边结构光谱（XANES）等］以及其他的方法。核分析技术的主要优点是定量、灵敏度高、准确性高、分辨率高以及原位、实时等，可识别、监测内源性或外源性的来源。近十年来，已被广泛应用于研究外源性物质体内的定量分布。

读者可参见北京大学刘元方院士等著的《应用于碳纳米材料的生物学和其他研究的核技术》（*Nuclear Techniques Applied to Biological and Other Studies of Carbon Nanomaterials*）一书[207]。该书对应用在纳米技术领域各个相关方面的核技术进行了总结。

12.4.1.2　X 射线荧光分析技术对纳米颗粒的检测

X 射线荧光分析技术（XRF）是一种测定元素含量的非破坏性样品分析方法。迄今为止，各种多级改进的 XRF 技术已被广泛用于测量元素周期表中的各种元素。最近，我们将带有扫描或成像功能的小光束 XRF，成功地应用于动物不同器官或组织中纳米颗粒中金属元素分布的成像研究，如暴露 TiO_2、ZnO 或 Fe_2O_3 等纳米颗粒的生物机体中纳米颗粒的成像研究[218,219]。当高能量的 X 射线撞击样品中的原子时，原子吸收能量，激发电子逃离其原子轨道，当电子退激从高能级落入未占据的空轨道时，发射可被荧光检测器检测的一定能量的 X 射线。X 射线通过衍射，在分光晶体上选择性分离和校准，正比探测器就可测定出 X 射线的光子数目。由于每个元素有自己的特征 X 射线，它发射的光子数目或强度与纳米材料的浓度呈线性关系。因此，我们可以准确识别和测定样品中特定元素的种类、浓度（相对强度）和分布。

该技术的主要特点如下：①可以在同一实验条件中，实现从硼（$N=5$）到铀（$N=92$）的多元素同步分析；②能够应用于各种样品类型，如生物样品、固体、粉末、液体、金属、玻璃等；③对主要或痕量元素，具有较低的检测限；④即使对未知样品中元素也可进行半定量分析；⑤样品制备简单、分析快速、重现性好、费用低。比如最近研究者报道了利用 XRF 对脑组织切片中的氯、钾、磷和硫等一些重要元素的二维分布进行分析[220]。不足的是，由于光源的强度有限，常规商用 XRF 的灵敏度有一定的局限性。比如，在 TiO_2 纳米颗粒的小鼠嗅球吸入实验中，商用 XRF 很难检测到嗅球组织中的钛元素的分布。但是，我们使用同步辐射 XRF，就可以很容易检测到，因为同步辐射 X 射线光源强度比普通光源强几个数量级，大大提高了检测灵敏度。

作为先进的 X 射线光源，同步辐射（SR）提供了一个高强度（比常规的 X 射线源强 $10^3 \sim 10^6$ 倍）、连续的 X 射线光谱，它在电子轨道平面也是高准直和线性极化的，大大改善了常规 XRF 分析的灵敏度和空间分辨率。绝对检测限高达 $10^{-12} \sim 10^{-15} \mu g$，相对检测限在十几百万分之一的水平，在适当条件下，甚至低

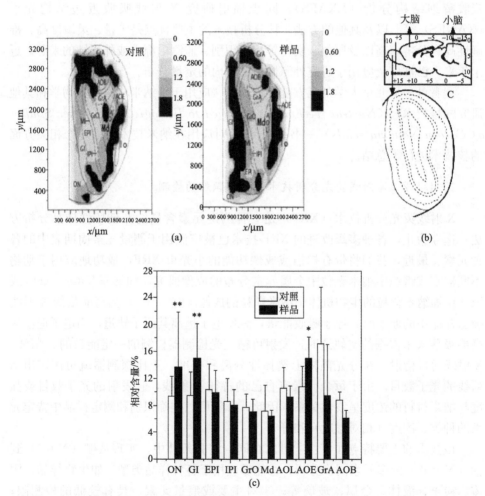

图 12.13　利用同步辐射 X 射线荧光扫描技术，测定的小鼠吸入 Fe_2O_3 纳米颗粒后，
铁在小鼠嗅球中的分布。（a）铁元素在嗅球中的分布（左为对照）；（b）嗅球轮廓图；
（c）铁元素的相对含量[218]

至 10 ng/g，测量样品仅需几微克[221]。因此，同步辐射 X 射线荧光（SR-XRF）技术作为一种定位、微量、多元素、高灵敏度的分析手段，可用于获得纳米颗粒在脑中不同区域的元素分布图像[219,222]。

最近，我们成功应用同步辐射 X 射线荧光（SR-XRF）技术研究了纳米颗粒暴露以后，痕量元素在各种病理和健康组织（甚至在单个细胞中）中的成像和定量，如吸入暴露后，TiO_2 和 Fe_2O_3 纳米颗粒在小鼠脑中的分布。先将脑从实验小鼠取出，在 $-80℃$ 冷冻，然后显微超薄切片，片厚约几层到 10 层细胞厚度（120 μm、100 μm、80 μm），放在聚碳酸酯膜上，空气中干燥以后，就可以直接用同步辐射 X 射线荧光法测定嗅球、大脑皮层、海马和丘脑区域的元素空间分布。图 12.13 是小鼠暴露 Fe_2O_3 纳米颗粒后，其嗅球中铁元素的分布图[218]。

鼻腔吸入暴露 Fe_2O_3 纳米颗粒后，铁元素主要分布在小鼠的嗅神经（ON）、颗粒细胞层（Gl）和外部前嗅核（AOE），它的分布表示超细氧化铁可能通过初级嗅神经输送到 Gl，进一步通过次级嗅神经转移到 AOE。而且，Fe_2O_3 纳米颗粒也会诱导 Fe、Ca、Zn、Cu 的体内水平发生变化，这一变化与氧化应激和神经退行性疾病可能相关[218]。此外，我们利用 SR-XRF 技术，还比较研究了 TiO_2 纳米颗粒和微米颗粒在大脑中不同区域之间的迁移能力（图 12.14）[219,223,224]。

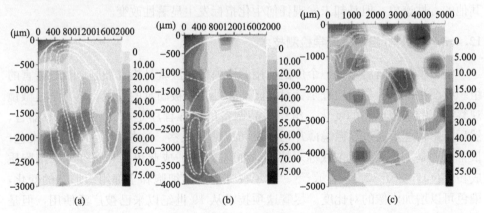

图 12.14　利用同步辐射 X 射线荧光扫描技术，测定的 TiO_2 纳米颗粒在小鼠嗅球中的分布。（a）嗅球中的钛元素的分布；（b）钛元素在嗅球中的相对含量；（c）钛元素在脑中的含量[219]

12.4.2　血液学和血清生化指标检测技术

对于纳米颗粒暴露后发生的改变，血液细胞以及血清生化检查是最方便也是最常用的毒性检测技术。血液的动态平衡的变化可以用作代表毒性的指标，如血液组成成分的增加或减少，任何偏差或背离正常条件的情况都是产生毒性的表示。在血液学的研究过程中，细胞数量、红细胞、白细胞、T 细胞和巨噬细胞的数量以及分布都是检测的范围。血液学和血清生化学研究非常简单，实验中采集实验动物的全血，可以在全自动化的分析仪上完成（如 Abbott、Beckman 或 Roche 公司相关的相关分析仪器）。比如，有人利用这个检测方法，很快发现大鼠吸入暴露直径 55 nm 的 C_{60} 聚集体颗粒后，总的红细胞数迅速减少，而当聚集体尺寸增大至 930 nm 时，白细胞数目开始减少[186]。当然，这些结果必须结合其他研究手段才能得到最终的结论。结合多种体内实验方法如组织器官学、行为观察、支气管肺泡灌洗等，他们推断直径 55 nm 的 C_{60} 纳米颗粒聚集体的毒性最小，大的直径的 C_{60} 聚集体的毒性增加。不过，检验血清生化水平的变化，测定结果通常只有定性的意义（如血清分析物水平的增加或降低）。血清生化学的自动化分析技术，通常也给出一些蛋白质水平变化的定性结果。而抗体蛋白的添加，可能会引起聚集，进而改变光的透射/散射。另外，采用毛细管电泳法，血清蛋白也能够被分离，以各种蛋白标记的方法也可进一步进行蛋白的定量分析。一些典型的生化检测指标包括丙氨酸转氨酶、天冬氨酸转氨酶、总胆红素、碱性磷酸酯酶、白蛋白、肌氨酸酐、血红素、葡萄糖、尿素氮和总蛋白量[184,186,190,196,225]。比如为了研究暴露 Au-Au_2S 核壳纳米颗粒 3～14 天后，对小鼠血清水平的影响，科学家测定了 9 个不同的生化指标[196]。尽管他们发现存在其他的毒性迹象，但是却未发现任何生化指标发生显著性改变。

12.4.3　组织学/组织病理学检测技术

　　纳米颗粒暴露后，另一个广泛使用的体内检验法就是检查细胞/组织/器官的组织学变化。组织学的检查是针对暴露动物处死后被固定的组织，以光学显微镜观察组织和细胞形态的变化。组织样品制备的标准程序是首先固定组织/器官，然后石蜡包埋，通过显微镜薄片切片机切成薄片观察。这些薄片可被染料染色，最常用的是 H&E 染色剂或苏木精（染细胞核/核酸成蓝色）和曙红（染细胞质成粉红色），如图 12.15 所示[226]。为了视觉上突出细胞和全部组织形态的变化，染色可以增加成像的对比度。尽管这项技术从 19 世纪以来已被广泛使用，但是它有很大的局限性。最重要的一点是通过固定、包埋、切片和染色一系列的处理过程可能诱导假阳性。纳米颗粒暴露后的组织检查一般包括的主要器官有脑、眼睛、肺、肝、肾、脾和心脏[181,184,186,227～229]。因此，实验和分析工作量非常庞大。例如，Lin 等检查了量子点 QD705 的生物分布和组织病理学，发展了预测小鼠组织分布和保留的理论模型[197]。他们检测了 QD 暴露 6 个月的量子点的定位、组织分布、代谢和排泄。结果发现，如果仅以光学显微镜观察暴露以后的器官组织，很少有病理学改变的迹象，但是通过更先进的 TEM 观察，却发现有组织损伤存在。组织学/组织病理学评估提供了形态学改变的物理证据，器官组织和细胞形态学的改变，通常与毒性有关，不管是急性的还是慢性的毒性。

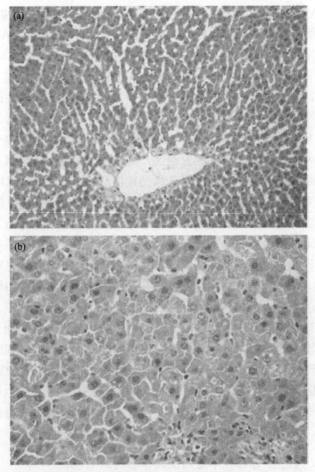

图 12.15 暴露纳米颗粒以后的大鼠肝组织病理学图。以 H & E 染色，暴露 6 天后 (a) 对照组大鼠正常组织形态和 (b) 200 mg/kg/天铜纳米颗粒暴露，大鼠坏死散射点组织分布观察[226]

12.4.3.1 磁共振成像 (MRI) 检测生物体系的纳米颗粒

磁共振成像 (MRI) 是一种先进的生物医学成像诊断技术。它在正常组织和其他如病变组织成像的对比度方面，强于 X 射线和超声技术[230]。目前，MRI 已被广泛用于临床，如监测心动周期[231]、血流[232]、人脑各种区域[233]等的实时活动成像。MRI 的优势有很多：①非离子化辐射；②高空间分辨率；③获得身体任何方向或维度的剖面成像；④无破坏性或损伤；⑤活体实时、动态观察等。

我们采用 MRI 技术研究了水溶性 Gd 内包金属富勒烯纳米材料在小鼠体内的动力学行为[35,36,66,234]。仅使用 5×10^{-6} mol Gd@C$_{82}$(OH)$_x$ 溶液，剂量约为商业造影剂（NMG)$_2$-Gd-DTPA 临床剂量的 1/20，通过尾静脉注射进入小鼠体内，研究了该纳米颗粒在体内的吸收、分布、排泄和代谢性质（ADME）。该纳米颗粒的平均尺寸约为 25 nm。小鼠尾静脉注射后，30 min 内，18 只小鼠死亡，其死亡率高达 72%。然后，我们以 MRI 技术对小鼠体内纳米颗粒生物学行为进行了实时成像，利用 MRI 扫描技术可以把目标器官分成许多横截面，间隔几分钟进行一次成像。小鼠下腔静脉、肝静脉和肺静脉具有强烈的信号增强现象，并出现血栓。在下腔静脉出现弱的血凝信号强度时，血凝尺度约为毫米级，并随时间的增加而增大，血凝块离心脏位置越远，其尺寸越大。下腔静脉血凝块的数量随时间的增加而增多，早期特征表明已移到接近心脏的位置。MRI 的结果说明，注射 Gd@C$_{82}$(OH)$_x$ 颗粒将快速引起下腔静脉的血栓，可能是导致小鼠死亡的直接原因。随后，为了寻找引起血栓的原因，我们对这个现象进行了一系列的研究。发现，金属富勒烯表面修饰的羟基数目（x）过多，会造成羟基化金属富勒烯 Gd@C$_{82}$(OH)$_x$ 的稳定性急剧下降，碳笼容易发生分解并且破裂。碳笼上有 30 个不饱和键，理论上可以加成 60 个羟基，然而，我们发现，如果碳笼上加成的羟基数目超过 36 个，碳笼就很容易破裂，形成大量的碳笼碎片。这些新生成的分子碎片具有很高的反应活性，不仅与血液中的成分发生反应而且可以吸附大量的蛋白形成较大的团聚物，这是致使血栓形成的原因。因此，在随后的生物研究中，我们发现只要羟基数目小于 30，Gd@C$_{82}$(OH)$_x$ 就十分稳定。因此，我们在其他生物医学研究中，使用羟基数目在 20 个左右的 Gd@C$_{82}$(OH)$_{22}$，它们在体内外十分稳定，不仅不会产生血栓，而且几乎没有其他生物毒性。正是毒理学的研究结果，保证了这类纳米材料在生物医学中的安全应用。

12.4.3.2　量子点标记技术检测生物体系的纳米颗粒

量子点（QDs）与有机荧光团或荧光分子相比，具有许多优异的光学特性：荧光量子产率高、光稳定性好（抗光漂白）以及纳米颗粒蓝光到红外荧光波长可调等，已被广泛用于生物医学领域。人们根据荧光量子点示踪动物或人体内纳米颗粒，可得到它们的靶器官及组织分布，获得纳米颗粒与生物有机体相互作用过程的重要信息。此外，QDs 本身是半导体纳米颗粒，已成为体内良好的生物传感器，可以直接监测血流或心率。唯一的问题是量子点毒性较高，这限制了它的体内应用。但是，QDs 与多光子显微镜（使用低能量的光子激发高能量的过渡态电子）的结合，可以降低其对生物组织的潜在损伤。

已有文献报道利用量子点标记生物样品[235,236]，如利用不同表面修饰的 QDs 成功标记整个细胞和组织切片[237~241]，先给小鼠静脉注射两性分子包覆的 CdSe-ZnS 量子点，以多光子显微镜观测了它们的体内行为。目前，虽然多种颜色量子点应用已商业化，但是硒化镉量子点的不稳定性可直接导致高毒性镉离子的体内释放，因此，QDs 的不稳定性和毒性限制了它们在体内的广泛应用。

量子点的稳定性问题也限制了它们在成像技术上的应用。现在用来稳定 QDs 的方法是进行表面包覆或化学修饰[31,235,236]，如用生物相容性较好的硅进行表面包覆[235]或用巯基乙酸进行表面化学修饰[236]。Ballou 等开发了一种非侵入式体内量子点成像技术[236]，他们研究了四种不同表面包覆的量子点的体内成像性质，发现 QDs 的体内循环半衰期和生物分布主要跟表面包覆有关。当小鼠被静脉注射 mPEG-750 QDs 和 mPEG-5000 QDs 时，很容易检测到表面脉管系统中的荧光发光。经过 1 h 后，amp-、mPEG-750-和 COOH-PEG-3400 包覆的量子点已从循环系统中清除，而 mPEG-5000QDs 保留在循环系统达至少 3 h 才开始清除。这些结果表明，表面包覆可显著地影响量子点的体内生物学行为。此外，经过 133 天后，尸检仍可见定位在淋巴结和骨髓的 QDs 荧光，在肝、淋巴结和脾中也可观察到残留的 QDs 荧光。因此，表面包覆是稳定 QDs 的一种有效方法，适当的表面包覆可能会使其荧光性质保持几个月而不消失。

量子点本身作为纳米颗粒的一种，也容易发生团聚。团聚致使尺寸变大，这可以导致由尺寸或粒径决定的荧光特性丧失。人们发现 QDs 的表面包裹可避免这些现象的发生[242~248]。然而，事物总有两面性，QDs 的表面包裹的同时，也降低了 QDs 对外部刺激反应的灵敏度，从而限制包裹 QDs 的广泛应用。有人以大肠杆菌分子伴侣 GroEL 与 CdS 半导体纳米颗粒形成包合物，得到了稳定性高、灵敏度好的 QDs[249]。这种包合物类似于伴侣蛋白的生物学功能，通过 ATP 的活性作用，纳米颗粒可从蛋白腔中释放出来[250]。这种使用生物分子包覆量子点的方法，也许是发展 QDs 标记和成像技术的一条有用途径。

12.4.4　体内纳米毒理学新的研究技术

生物体内的实验研究是复杂的，纳米颗粒暴露后在生物体内瞬时发生变化的检测技术、在活体体系中的定量技术、重要毒理学参数的可靠评估方法、纳米颗粒的动态变化检测、输运和定位技术等，都非常具有挑战性。为了解决纳米毒理学研究面临的诸多挑战，单独使用新的技术或综合使用上述讨论的体内外实验技术，是我们在实际研究工作中经常面临的选择。另外，纳米颗粒的体内毒性研究也正在受益于日益发展的动态实时检测技术。我们可以使用整体动物或功能完整的动物器官或组织，而不是固定的或高度处理（如硝化或灰化）以后的生物样品。新的生物分析技术如微流控[251~254]和微电化学[255~257]，也可用来研究和评估纳米颗粒暴露引起的毒理学效应。这些微流控和微电化学技术还可以使用植入探针直接从活体动物体内采集信息。尽管这些类似的体内动态检测法，有时受限于探针和检测器的取样精度和检测速率，但具有潜在的应用价值。因为它可以实现快速、直接、在线、实时等要求，具备现代分析方法的诸多优点。利用自动化采血系统也可以进行运动动物的取样[225,258]，这些动态取样方法将克服常用体内检验法的一些弱点。如常用的测量法通常提供的是静态信息，也可由于样品处理过程导致假阳性结果。

12.4.5　新的纳米分析技术

分析化学家特别可能成为解决纳米毒理学面临的分析技术挑战的主体，因为他们是发展新的分析技术，如降低检测限、处理复杂样品、缩短分析程序、建立实时在线分析方法等方面的专家。目前，人造纳米颗粒在生物环境暴露前后，大多数用物理表征方法进行表征。通常使用的方法像电子显微镜、扫描探针显微镜和动态光散射，虽然能够揭示纳米颗粒的尺寸和分布，但是却不能给出纳米颗粒在生物环境中的团聚、生物分子吸附以及纳米颗粒本身的降解等关键信息，所有这些情况都可能使纳米颗粒在生物体内的性质发生变化，从而影响纳米颗粒的细胞摄取和生物学行为。纳米毒理学家在评估体内纳米颗粒的聚集状态方面，的确得益于纳米技术的发展，但是，针对体内的研究，现存的仪器和方法很难给出精确的结果。

人们可设想许多方法和路线来检测纳米颗粒表面吸附的物质。对于纳米颗粒吸附未知物质的确认，质谱法（MS）可能是有用的，但是需要发展相应的制样技术。最近有少数关于纳米颗粒 MS 技术的报道。尽管目前这方面的研究与纳米毒理学研究没有直接关系，但是证明了这种方法的潜在应用。Kong 等利用羧酸化/氧化的钻石纳米颗粒从血液中提取蛋白质，离心分离纳米颗粒，然后利用 MALDI-TOF-MS（基质辅助激光解析电离化/飞行时间质谱）进行质谱分析。与没有纳米颗粒的相比，其蛋白分析灵敏度提高了两个数量级[259]。与此类似，Chang 等利用油酸修饰的氧化铁纳米颗粒去捕集多肽和蛋白质，在与 MALDI 基质混合前，利用磁性收集它们，然后可以最小衍射抑制光谱进行分析[260]。光谱技术，如表面增强拉曼散射光谱，对于动态评估体内外贵金属表面吸附物质的研究具有潜在的应用价值，但是，通常可能需要发展更有效的光子收集技术。此外，Stuart 等在大鼠体内安装了 SERS（表面增强拉曼散射）激活的纳米结构基质和成像视窗，利用分隔辅助层的 SERS 来实时监测体内葡萄糖向纳米结构基质的移动[261]。尽管与纳米毒性研究无关，但是这种方法在纳米毒理学研究中具有潜在应用价值。与此同时，Kneipp 及其同事利用了纳米颗粒体外摄取，进入溶酶体，来监测细胞小分子物质和 pH 的变化[262,263]。纳米颗粒设计的越先进，单个人造纳米结构的组成成分就越多（如多功能性的药物传输纳米颗粒)[181,264]，那么动态表征纳米颗粒的降解，确定纳米颗粒成分是否进入生物环境等信息的表征方法就越复杂。由于纳米毒理学家在实验设计方面，主要关注的是制造业的意外暴露或纳米材料研究工作者的暴露[3]。目前的技术即使能够检测少数纳米颗粒的存在，但仪器都非常昂贵。大规模工业生产却需要廉价、灵敏、快速、简便，而且能够安装在每个实验台上或生产线上，当有过量纳米颗粒暴露发生时可以提醒工人，测试结果可由气溶胶颗粒的分析科学家给予准确的解释。开发类似的技术和便携式仪器，是纳米科技必将面临的巨大挑战。

12.5 现有方法学的问题和挑战

纳米颗粒毒性评估广泛使用的各种体内外检测方法，主要还是传统分子物质引起毒性反应的检测技术和指标。这些检测方法和评估指标是否适用纳米颗粒毒性的检测？针对这个问题，我们必须首先回答：纳米颗粒引起生物毒性的方式是否与那些传统的分子毒物的方式相同？答案目前还不知道。由于纳米颗粒的细胞摄取和定位几乎肯定不同于传统的分子物质，这将导致毒性方式的不同。虽然文献中有一些探索纳米颗粒摄取和定位的报道，但是现在还没有很好地系统理解这些现象。例如，Luhman 等研究表明，嵌段共聚物纳米颗粒进入细胞，定位在细胞质[265]，Li 等显示富勒烯经过网格蛋白调节细胞内吞作用摄取，与类似溶酶体的囊泡有关[66]，而 Ryan 等发现肽靶向的金纳米颗粒定位在细胞核[43]。这些纳米颗粒不同的摄取和定位体现了科学技术发展领域的两个重要挑战：第一个是传统工具（如 TEM[266]、发射光谱[43]、共聚焦荧光显微镜[56]等）用于评估纳米颗粒的摄取和定位，难以测量未标记的纳米颗粒动态信息。全内反射荧光（TIRF）对于荧光纳米颗粒的实时成像具有巨大潜力，已成功用于检测作为基因传输载体的树突状纳米颗粒的摄取和定位[267]。对于具有大散射截面的重金属纳米颗粒，暗场散射技术也许很有希望。利用该技术实时追踪了银纳米颗粒摄取进入斑马鱼胚胎的过程[137]。根据纳米颗粒的细胞摄取和定位，可以寻找毒性的生物标志物，分析化学家可以帮助发展更灵敏和更有选择性的检验新方法。然而，问题的复杂性在于，不同的细胞定位，其毒性方式可能不同，从而使寻找适合的生物标志物变得非常困难；而细胞核定位可能直接导致 DNA 的损伤，酸性细胞器官的定位又可能引起纳米颗粒降解，在细胞内释放出有毒离子。显然，毒性模式，一方面可能来自细胞类型的不同，另一方面可能是纳米颗粒的不同。因此，应对这一挑战需要毒理学家和分析化学家的密切协作。一旦毒理学家发现与一种纳米颗粒或一类纳米颗粒有关的毒性机制，分析化学家针对此纳米颗粒的特性和细胞功能开发出既灵敏又具有高选择性的分析方法或技术。上述面临的问题才能顺利解决。纳米颗粒与块体材料相比，由于表面反应活性增加，使用传统毒理学方法的第二个主要问题就是，纳米颗粒是否直接干扰信号传导。例如，由于 Ag 纳米颗粒直接与 MTT 法的四唑盐相互作用，根据纳米颗粒产生彩色甲臜产物的能力，结果造成纳米颗粒暴露的细胞存活率高达 100% 的假象[133]。即使出现这样的结果，基于四唑盐的检验方法仍然是目前纳米颗粒体外毒性研究中最常用的方法。根据分析化学的基本原则，满足条件的检测方法的特点应该具有：①反映毒性机制的特异性信号；②高信号灵敏度，有合适的动态范围；③可测量未知的和已知的细胞或组织信号；④可实时监测毒性反应。在以前段落中我们曾讨论第一和第二个特点。第三个特点包括空间分辨率足以区分单个细胞或组织，或单细胞测量，而不是平均测量总的细胞或组织。第四个特点，实时、动态响应，对于理解纳米颗粒在生物体系的行为是至关重要的。在许多情况下，细胞洗出测量是可行的，但会导致许多问题。例如，当纳米颗粒离开细胞或组织时，毒性作用是否消失？以及纳米颗粒排出后，一个细胞需要经过多长时间才能恢复到正常行为？最后，每次检验时，必须设置合适的对照试验。在文献中，已经出现许多这样的例子，纳米颗粒最初被认为对特定的细胞或组织是有毒的，但是，后来的研究证明，真正的毒性物质是溶剂、表面活性剂或溶液中的离子[25,67]。

本来体外纳米颗粒毒性检测的目的是为了快速预测体内毒性，然而，研究发现如果实验设计的不周，这二者得到的结果之间，经常缺乏相关性。比如细胞损伤，体外毒性检测结果往往比整体动物实验的结果更加严重。若要获得体内外测量结果之间有较好的相关性，实验设计是关键。比如设计正确的剂量浓度，体外的细胞实验浓度和体内实验浓度之间的换算十分困难。此外，浓度表示法的选择也很重要，有质量浓度、颗粒数浓度、表面积浓度、体积浓度等；然后是评估程序和评估实验方法的选择[268]。为了体内外毒性检测结果具有相关性，只有在两种情况下使用相同纳米颗粒剂量才具有可能性。而同等剂量难以实现，因为在体内环境中，纳米颗粒要历经一个巨大的、更加复杂的生物系统的传输过程，才能到达靶器官，产生毒理学效应。纳米颗粒可能的暴露途径已经非常明确的有四种：摄取、吸入、注射和皮肤渗透，但是，纳米颗粒经过每个途径，到达的最终目的地（器官）的方式和途径还是未知的，而且这也随纳米颗粒的物理化学性质发生改变（图 12.16）[269]。迄今为止，对吸入纳米颗粒产生的生物学效应的理解相对比较深入一些，尤其是针对可吸入大气颗粒物的研究，已有比较全面的系统知识[270~273]。但是，针对纳米颗粒，还是只有少量的实验数据。

事实上，细胞生物学的实验技术，完全可以用于细胞纳米毒理学的研究，尤其针对纳米毒理学机制的深入研究。几乎所有的分子生物学技术都可用于纳米毒理学的研究，尤其是针对纳米颗粒与生物大分子的相互作用及其结果的理解。医学技术的许多方法（如 PET、MRI、放射线学、核医学技术、生化指标检测等）、药理学、公共卫生科学、临床诊断和治疗也都能用于理解纳米颗粒与生物体系在分子、细胞和动物水平上的相互作用和基础理论研究。我们需要吸收纳米科学、医学、生命科学、化学和物理等学科的知识和实验技术，常规毒理学的知识和技术远远无法满足纳米毒理学的需求，建立一些源于生物学和毒理学领域且

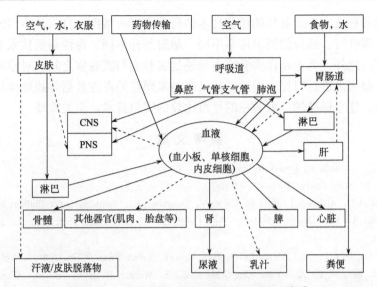

图 12.16　纳米颗粒可能的暴露和清除路线[269]

包括纳米材料科学、物理、化学和其他相关学科的研究团队和学科交叉实验室，对在这个领域获得真正有价值的研究成果至关重要。

欧盟科学委员会官方网站已发布了研究新出现物质的健康风险评估的建议，"利用现有适当的方法评估纳米技术相关物质的潜在危险"[274]，提出了纳米毒理学的评估和研究方法。但是，其中列出的一些传统的实验技术和检测方法还是远远不够的。因为在一些重要方面，纳米毒理学研究与常规生物学和传统毒理学研究有很大不同。比如，暴露途径就是需要注意的重要方面之一。吸入暴露途径最接近纳米颗粒人体暴露的真实条件。传统上，通过实验动物吸入含纳米颗粒的大气来进行研究，人们需要尽可能维持环境条件不变，控制大气中纳米颗粒的含量为一恒定浓度。然而，由于纳米颗粒的独特性质：①超强的吸附能力，易黏附在环境或实验设备的壁上，难以确定动物吸入的准确剂量；②易在空气中团聚，纳米颗粒尺寸动态变化。这些都将使纳米颗粒的浓度不确定。即使人们可良好控制环境条件，但由于生理学上的因素（呼吸频率不同、沉积作用或清除因素）、解剖学上的问题（气道尺寸、气道模式或预存的疾病状态）以及颗粒本身的性质（小尺寸、大比表面积、高静电力），致使到达个体肺部的剂量的不确定性：常常因个体的变化而变化。在急性、亚慢性或慢性毒性的研究中，气管灌注、气管造口术、气管导管、口服、注射、静脉注射、皮下注射、腹腔注射等技术都可被应用于动物实验研究中。同样，它们的方法也需要考虑针对纳米颗粒本身的各种不同特异性，进行修正。

本章讨论了目前纳米毒性研究中广泛使用的各种技术的优缺点，希望对该领域的研究者和致力于发展新的评估技术的科学家有所帮助。目前，不同团队研究纳米颗粒毒性时，选择的模型体系不同、暴露条件不同、毒性测量技术不同、剂量不同等。此外，无论是在实验室内部还是实验室与实验室之间，对检测结果的重现性，都很少进行对比。因此，从已有纳米颗粒的毒性数据寻找规律性，目前还很困难。建立标准的、可通用的、可比较的实验技术，至关重要。

参 考 文 献

[1] Lewinski N, Colvin V, Drezek R. Small, 2008, 4: 26-49.

[2] Brayner R. Nano Today, 2008, 3: 48-55.

[3] Maynard A D, Aitken R J, Butz T, Colvin V, Donaldson K, Oberdoerster G, Philbert M A, Ryan J, Seaton A, Stone V, Tinkle S S, Tran L, Walker N J, Warheit D B. Nature, 2006, 444: 267-269.

[4] Zhao Y L, Bai C L. 2005 Science Development Report. Science Press (China), 2005: Vol. 137.

[5] Wang B, Feng W Y, Zhao Y L, Xing G M, Chai Z F, Wang H F, Jia G. Science in China Series B, 2005, 35: 1.

[6] Marquis B J, Love S A, Braun K L, Haynes C L. Analyst, 2009, 134 (3): 425-439.

[7] Mchedlov-Petrossyan N O, Klochkov V K, Andrievsky G V. Journal of the Chemical Society, Faraday Transactions, 1997, 93 (24): 4343.

[8] Yoshizawa M, Kusukawa T, Fujita M, Sakamoto S, Yamaguchi K. Journal of the American Chemical Society, 2001, 123 (43): 10454-10459.

[9] Andrievsky G V, Klochkov V K, Bordyuh A B, Dovbeshko G I. Chemical Physics Letters, 2002, 364: 8.

[10] Deguchi S, Alargova R G, Tsujii K. Langmuir, 2001, 17: 6013.

[11] Chen Z, Meng H, Xing G M, Chen C Y, Zhao Y L, Jia G, Wang T C, Yuan H, Ye C, Zhao F, Chai Z F, Zhu C F, Fang X H, Ma B C, Wan L J. Toxicology Letters, 2006, 163: 109-120.

[12] Wang J X, Chen C Y, Li B, Yu H W, Zhao Y L, Sun J, Li Y F, Xing G M, Yuan H, Tang J, Chen Z, Meng H, Gao Y X, Ye C, Chai Z F, Zhu C F, Ma B C, Fang X H, Wan L J. Biochemical Pharmacology, 2006, 71 (6): 872-881.

[13] Wang B, Feng W Y, Wang T C, Jia G, Wang M, Shi J W, Zhang F, Zhao Y L, Chai Z F. Toxicology Letters, 2006, 161: 115-123.

[14] Zhao Y L, Chai Z F. Bulletin of the Chinese Academy of Sciences, 2005, 20: 194.

[15] Chen C Y, Xing G M, Wang J, Zhao Y L, Li B, Tang J, Jia G, Wang T, Sun J, Xing L, Yuan H, Gao Y X, Meng H, Chen Z, Zhao F, Chai Z, Fang X H. Nano Letters, 2005, 5: 2050.

[16] Fan Q L, Neoh K G, Kang E T, Shuter B, Wang S C. Biomaterials, 2007, 28: 5426-5436.

[17] Yang J, Cho E J, Seo S, Lee J W, Yoon H G, Suh J S, Huh Y M, Haam S. Journal of Biomedical Materials Research, Part A, 2008, 84: 273-280.

[18] Petri-Fink A, Steitz B, Finka A, Salaklang J, Hofmann H. European Journal of Pharmaceutics and Biopharmaceutics, 2008, 68: 129-137.

[19] Warheit D B, Webb T R, Colvin V L, Reed K L, Sayes C R. Toxicological Sciences, 2007, 95: 270-280.

[20] Marquis B J, Mcfarland A D, Braun K L, Haynes C L. Analytical Chemistry, 2008, 80: 3431-3437.

[21] Li J J, Zou L, Hartono D, Ong C N, Bay B H, Yung L Y L. Advanced Materials, 2008, 20: 138-142.

[22] Wick P, Manser P, Limbach L K, Dettlaff-Weglikowska U, Krumeich F, Roth S, Stark W J, Bruinink A. Toxicology Letters, 2007, 168: 121-131.

[23] Asharani P V, Wu Y L, Gong Z Y, Valiyaveettil S. Nanotechnology, 2008, 19: 255102.

[24] Porter a E, Gass M, Muller K, Skepper J N, Midgley P A, Welland M. Nature Nanotechnology, 2007, 2: 713-717.

[25] Connor E E, Mwamuka J, Gole A, Murphy C J, Wyatt M D. Small, 2005, 1: 325-327.

[26] Shukla R, Bansal V, Chaudhary M, Basu A, Bhonde R R, Sastry M. Langmuir, 2005, 21: 10644-10654.

[27] Waldman W J, Kristovich R, Knight D A, Dutta P K. Chemical Research in Toxicology, 2007, 20: 1149-1154.

[28] Pan Y, Neuss S, Leifert A, Fischler M, Wen F, Simon U, Schmid G, Brandau W, Jahnen-Dechent W. Small, 2007, 3: 1941-1949.

[29] Pisanic T R, Blackwell J D, Shubayev V I, Finones R R, Jin S. Biomaterials, 2007, 28: 2572-2581.

[30] Gupta a K, Gupta M. Biomaterials, 2005, 26: 1565-1573.

[31] Ballou B, Lagerholm B C, Ernst L A, Bruchez M P, Waggoner a S. Bioconjugate Chemistry, 2004, 15: 79-86.

[32] Feng L X, Xiao H Q, He X, Li Z J, Li F L, Liu N Q, Chai Z F, Zhao Y L, Zhang Z Y. Neurotoxicology and Teratology, 2006, 28: 119.

[33] Li Y F, Chen C Y, Li B, Sun J, Wang J X, Gao Y X, Zhao Y L, Chai Z F. Journal of Analytical Atomic Spectrometry, 2006, 21: 94.

[34] Qu L, Cao W B, Zhao Y L, Xing G M, Zhang J, Yuan H, Tang J, Chai Z F, Lei H. Journal of Alloys and Compounds, 2006, 408: 400.

[35] Mikawa M, Kato H, Okumura M, Narazaki M, Kanazawa Y, Miwa N, Shinohara H. Bioconjugate Chemistry, 2001, 12 (4): 510-514.

[36] Bolskar R D, Benedetto A F, Husebo L O, Price R E, Jackson E F, Wallace S, Wilson L J, Alford J M. Journal of the American Chemical Society, 2003, 125 (18): 5471-5478.

[37] Tang J, Xing G M, Zhao Y L, Jing L, Gao X F, Cheng Y, Yuan H, Zhao F, Chen Z, Meng H, Zhang H, Qian H, Su R, Ibrahim K. Advanced Materials, 2006, 18: 1458.

[38] Szpunar J. Analyst, 2000, 125: 963-988.

[39] Subramanian K S. Spectrochimica Acta Part B, 1996, 51: 291-319.

[40] Savage R N, Hieftje G M. Analytical Chemistry, 1979, 51: 408-413.

[41] Hauck T S, Ghazani A A, Chan W C W. Small, 2008, 4: 153-159.

[42] Chithrani B D, Chan W C W. Nano Letters, 2007, 7: 1542-1550.

[43] Ryan J A, Overton K W, Speight M E, Oldenburg C M, Loo L, Robarge W, Franzen S, Feldheim D L. Analytical Chemistry, 2007, 79: 9150-9159.

[44] Patil S, Sandberg A, Heckert E, Self W, Seal S. Biomaterials, 2007, 28: 4600-4607.

[45] Wuang S C, Neoh K G, Kang E T, Pack D W, Leckband D E. Biomaterials, 2008, 29:

2270-2279.

[46] Pawelczyk E, Arbab A S, Chaudhry A, Balakumaran A, Robey P G, Frank J A. Stem Cells, 2008, 26: 1366-1375.

[47] Chithrani B D, Ghazani A A, Chan W C W. Nano Letters, 2006, 6: 662-668.

[48] Huang W, Taylor S, Fu K, Lin Y, Zhang D, Hanks T W, Rao A M, Sun Y P. Nano Letters, 2002, 2: 311.

[49] Georgakilas V, Tagmatarchis N, Pantarotto D, Bianco A, Briand J P, Prato M. Chemical Communications, 2002: 3050.

[50] Pantarotto D, Partidos C D, Graff R, Hoebeke J, Briand J P, Prato M, Bianco A. Journal of the American Chemical Society, 2003, 125: 6160.

[51] Pantarotto D, Partidos C D, Hoebeke J, Brown F, Kramer E, Briand J P, Muller S, Prato M, Bianco A. Chemistry & Biology, 2003, 10: 961.

[52] Georgakilas V, Kordatos K, Prato M, Guldi D M, Holzinger M, Hirsch A. Journal of the American Chemical Society, 2002, 124: 760.

[53] Qu L, Martin R B, Huang W, Fu K, Zweifel D, Lin Y, Sun Y P, Bunker C E, Harruff B A, Gord J R, Allard L F. Journal of Chemical Physics, 2002, 117: 8089.

[54] Riggs J E, Guo Z X, Carroll D L, Sun Y P. Journal of the American Chemical Society, 2000, 122: 5879.

[55] Cui Z R, Hsu C H, Mumper R J. Drug Development and Industrial Pharmacy, 2003, 29: 689-700.

[56] Hu Y, Xie J W, Tong Y W, Wang C H. Journal of Controlled Release, 2007, 118: 7-17.

[57] Bagalkot V, Zhang L, Levy-Nissenbaum E, Jon S, Kantoff P W, Langer R, Farokhzad O C. Nano Letters, 2007, 7: 3065-3070.

[58] Chnari E, Nikitczuk J S, Uhrich K E, Moghe P V. Biomacromolecules, 2006, 7: 597-603.

[59] Lu C W, Hung Y, Hsiao J K, Yao M, Chung T H, Lin Y S, Wu S H, Hsu S C, Liu H M, Mou C Y, Yang C S, Huang D M, Chen Y C. Nano Letters, 2007, 7: 149-154.

[60] Hartig S M, Greene R R, Carlesso G, Higginbotham J N, Khan W N, Prokop A, Davidson J M. Biomaterials, 2007, 28: 3843-3855.

[61] Becker C, Hodenius M, Blendinger G, Sechi A, Hieronymus T, Muller-Schulte D, Schmitz-Rode T, Zenke M. Journal of Magnetism and Magnetic Materials, 2007, 311: 234-237.

[62] Vogt A, Combadiere B, Hadam S, Stieler K M, Lademann J, Schaefer H, Autran B, Sterry W, Blume-Peytavi U. Journal of Investigative Dermatology, 2006, 126: 1316-1322.

[63] Seleverstov O, Zabirnyk O, Zscharnack M, Bulavina L, Nowicki M, Heinrich J M, Yezhelyev M, Emmrich F, O'regan R, Bader A. Nano Letters, 2006, 6: 2826-2832.

[64] Ruan G, Agrawal A, Marcus A I, Nie S. Journal of the American Chemical Society, 2007, 129: 14759-14766.

[65] Ye C, Chen C Y, Chen Z, Meng H, Xing L, Yuan H, Xing G M, Zhao F, Zhao Y L, Chai Z F, Jiang Y, Fang X H, Han D, Chen L, Wang C, Wei T T. Chinese Science Bulletin, 2006, 51 (9): 1060.

[66] Li W, Chen C Y, Ye C, Wei T T, Zhao Y L, Lao F, Chen Z, Meng H, Gao Y X, Yuan H, Xing G M, Zhao F, Chai Z F, Zhang X J, Yang F Y, Han D, Tang X H, Zhang Y G. Nanotechnology, 2008, 19: 145102.

[67] Zhu Y, Ran T C, Li Y G, Guo J X, Li W X. Nanotechnology, 2006, 17: 4668-4674.

［68］Kostarelos K，Lacerda L，Pastorin G，Wu W，Wieckowski S，Luangsivilay J，Godefroy S，Pantarotto D，Briand J P，Muller S，Prato M，Bianco A. Nature Nanotechnology，2007，2：108-113.

［69］Pantarotto D，Briand J P，Prato M，Bianco A. Chemical Communications，2004：16.

［70］Otobe K，Nakao H，Hayashi H，Nihey F，Yudasaka M，Iijima S. Nano Letters，2002，2 (10)：1157-1160.

［71］Rohit P，Washburn S，Richard S，Superfine R，Cheney R E，Falvo M R. Applied Physics Letters，2003，83：1219.

［72］Huang M，Khor E，Lim L Y. Pharmacological Research，2004，21：344-353.

［73］Panyam J，Sahoo S K，Prabha S，Bargar T，Labhasetwar V. International Journal of Pharmaceutics，2003，262：1-11.

［74］Lin Y S，Tsai C P，Huang H Y，Kuo C T，Hung Y，Huang D M，Chen Y C，Mou C Y. Chemistry of Materials，2005，17：4570-4573.

［75］Chung T H，Wu S H，Yao M，Lu C W，Lin Y S，Hung Y，Mou C Y，Chen Y C，Huang D M. Biomaterials，2007，28：2959-2966.

［76］Tkachenko A G，Xie H，Liu Y L，Coleman D，Ryan J，Glomm W R，Shipton M K，Franzen S，Feldheim D L. Bioconjugate Chemistry，2004，15：482-490.

［77］Takahashi H，Niidome T，Kawano T，Yamada S，Niidome Y. Journal of Nanoparticle Research，2008，10：221-228.

［78］Huff T B，Hansen M N，Zhao Y，Cheng J X，Wei A. Langmuir，2007，23：1596-1599.

［79］Kalambur V S，Longmire E K，Bischof J C. Langmuir，2007，23：12329-12336.

［80］Sayes C M，Reed K L，Warheit D B. Toxicological Sciences，2007，97：163-180.

［81］Sayes C M，Fortner J D，Guo W，Lyon D，Boyd A M，Ausman K D，Tao Y J，Sitharaman B，Wilson L J，Hughes J B，West J L，Colvin V L. Nano Letters，2004，4：1881-1887.

［82］Simioni A R，Primo F L，Rodrigues M M A，Lacava Z G M，Morais P C，Tedesco A C. IEEE Transactions on Magnetics，2007，43：2459-2461.

［83］Guo G N，Liu W，Liang J G，He Z K，Xu H B，Yang X L. Materials Letters，2007，61：1641-1644.

［84］Wagner A J，Bleckmann C A，Murdock R C，Schrand a M，Schlager J J，Hussain S M. Journal of Physical Chemistry B，2007，111：7353-7359.

［85］Dumortier H，Lacotte S，Pastorin G，Marega R，Wu W，Bonifazi D，Briand J P，Prato M，Muller S，Bianco A. Nano Letters，2006，6：1522-1528.

［86］Derfus A M，Chan W C W，Bhatia S N. Nano Letters，2004，4：11-18.

［87］Jia G，Wang H F，Yan L，Wang X，Pei R J，Yan T，Zhao Y L，Guo X B. Environmental Science &. Technology，2005，39：1378-1383.

［88］Natarajan M，Mohan S，Martinez B R，And M L M，Herman T S. Cancer Detection and Prevention，2000，24：405-414.

［89］Belyanskaya L，Manser P，Spohn P，Bruinink A，Wick P. Carbon，2007，45：2643-2648.

［90］Pulskamp K，Diabate S，Krug H F. Toxicology Letters，2007，168：58-74.

［91］Casey A，Herzog E，Davoren M，Lyng F M，Byrne H J，Chambers G. Carbon，2007，45：1425-1432.

［92］Low S P，Williams K A，Canham L T，Voelcker N H. Biomaterials，2006，27：4538-4546.

[93] Zhang C, Wangler B, Morgenstern B, Zentgraf H, Eisenhut M, Untenecker H, Kruger R, Huss R, Seliger C, Semmler W, Kiessling F. Langmuir, 2007, 23: 1427-1434.

[94] Monteiro-Riviere N A, Inman A O. Carbon, 2006, 44: 1070-1078.

[95] Punshon G, Vara D S, Sales K M, Kidane a G, Salacinski H J, Seifalian a M. Biomaterials, 2005, 26: 6271-6279.

[96] Puck T T, Marcus P I. Journal of Experimental Medicine, 1956, 103: 653-666.

[97] Franken N A, Rodermond H M, Stap J, Haveman J, Vanbree C. Nature Protocols, 2006, 1: 2315-2319.

[98] Monteiro-Riviere N A, Nemanich R J, Inman A O, Wang Y Y Y, Riviere J E. Toxicology Letters, 2005, 155: 377-384.

[99] Nicoletti I, Migliorati G, Pagliacci M C, Grignani F, Riccardi C. Journal of Immunological Methods, 1991, 139: 271-279.

[100] Borenfreund E, Puerner J A. Toxicology Letters, 1985, 24: 119-124.

[101] Jin Y H, Kannan S, Wu M, Zhao J X J. Chemical Research in Toxicology, 2007, 20: 1126-1133.

[102] Decker T, Lohmann-Matthes M L. Journal of Immunological Methods, 1988, 115: 61-69.

[103] Kaneshiro E S, Wyder M A, Wu Y P, Cushion M T. Journal of Microbiological Methods, 1993, 17: 1-16.

[104] Korzeniewski C, Callewaert D M. Journal of Immunological Methods, 1983, 64: 313-320.

[105] Hirsch L R, Stafford R J, Bankson J A, Sershen S R, Rivera B, Price R E, Hazle J D, Halas N J, West J L. Proceedings of the National Academy of Sciences, 2003, 100: 13549-13554.

[106] Cui D X, Tian F R, Ozkan C S, Wang M, Gao H J. Toxicology Letters, 2005, 155: 73-85.

[107] Omidkhoda A, Mozdarani H, Movasaghpoor A, Fatholah A A P. Toxicology in Vitro, 2007, 21: 1191-1196.

[108] Bhol K C, Schechter P J. British Journal of Dermatology, 2005, 152: 1235-1242.

[109] Karlsson H L, Cronholm P, Gustafsson J, Moller L. Chemical Research in Toxicology, 2008, 21: 1726-1732.

[110] Lin W S, Huang Y W, Zhou X D, Ma Y F. Toxicology and Applied Pharmacology, 2006, 217: 252-259.

[111] Hanley C, Layne J, Punnoose A, Reddy K M, Coombs I, Coombs A, Feris K, Wingett D. Nanotechnology, 2008, 19: 295103.

[112] Lin W S, Huang Y W, Zhou X D, Ma Y F. International Journal of Toxicology, 2006, 25: 451-457.

[113] Long T C, Tajuba J, Sama P, Saleh N, Swartz C, Parker J, Hester S, Lowry G V, Veronesi B. Environmental Health Perspectives, 2007, 115: 1631-1637.

[114] Sharma C S, Sarkar S, Periyakaruppan A, J. Barr K W, Thomas R, Wilson B L, Ramesh G T. Journal of Nanoscience and Nanotechnology, 2007, 7: 2466-2472.

[115] Fantel A G. Teratology, 1996, 53: 196-217.

[116] Clarke S J, Hollmann C A, Zhang Z J, Suffern D, Bradforth S E, Dimitrijevic N M, Minarik W G, Nadeau J L. Nature Materials, 2006, 5: 409-417.

[117] Isakovic A, Markovic Z, Todorovic-Markovic B, Nikolic N, Vranjes-Djuric S, Mirkovic M, Dramicanin M, Harhaji L, Raicevic N, Nikolic Z, Trajkovic V. Toxicological Sciences, 2006, 91: 173-183.

[118] Worle-Knirsch J M, Kern K, Schleh C, Adelhelm C, Feldmann C, Krug H F. Environmental Science & Technology, 2007, 41: 331-336.

[119] Sayes C M, Marchione A A, Reed K L, Warheit D B. Nano Letters, 2007, 7: 2399-2406.

[120] Shvedova A A, Castranova V, Kisin E R, Schwegler-Berry D, Murray a R, Gandelsman V Z, Maynard A, Baron P. Journal of Toxicology and Environmental Health, Part A, 2003, 66: 1909-1926.

[121] Hussain S M, Javorina A K, Schrand A M, Duhart H M, Ali S F, Schlager J J. Toxicological Sciences, 2006, 92: 456-463.

[122] Mosmann T. Journal of Immunological Methods, 1983, 65: 55-63.

[123] Brunner T J, Wick P, Manser P, Spohn P, Grass R N, Limbach L K, Bruinink A, Stark W J. Environmental Science & Technology, 2006, 40: 4374-4381.

[124] Marshall N J, Goodwin C J, Holt S J. Growth Regulation, 1995, 5: 69-84.

[125] Bernas T, Dobrucki J W. Archives of Biochemistry and Biophysics, 2000, 380: 108-116.

[126] Bernas T, Dobrucki J. Cytometry, 2002, 47: 236-242.

[127] Gonzalez R J, Tarloff J B. Toxicology in Vitro, 2001, 15: 257-259.

[128] Jabbar S a B, Twentyman P R, Watson J V. British Journal of Cancer, 1989, 60: 523-528.

[129] Molinari B L, Tasat D R, Palmieri M A, O'connor S E, Cabrini R L. Analytical & Quantitative Cytology & Histology, 2003, 25: 254-262.

[130] Funk D, Schrenk H H, Frei E. BioTechniques, 2007, 43: 178-186.

[131] Abe K, Saito H. Neuroscience Research, 1999, 35: 165-174.

[132] Ahmad S, Ahmad A, Schneider K B, White C W. International Journal of Toxicology, 2006, 25: 17-23.

[133] Laaksonen T, Santos H, Vihola H, Salonen J, Riikonen J, Heikkila T, Peltonen L, Kurnar N, Murzin D Y, Lehto V P, Hirvonent J. Chemical Research in Toxicology, 2007, 20: 1913-1918.

[134] Hussain S M, Frazier J M. Toxicological Sciences, 2002, 69: 424-432.

[135] Orlov S N, Pchejetski D V, Sarkissian S D, V. Adarichev, Taurin S, Pshezhetsky A V, Tremblay J, Maximov G V, Deblois D, Bennett M R, Hamet P. Apoptosis, 2003, 8: 199-208.

[136] Vevers W F, Jha A N. Ecotoxicology, 2008, 17: 410-420.

[137] Lee K J, Nallathamby P D, Browning L M, Osgood C J, Xu X H N. ACS Nano, 2007, 1: 133-143.

[138] Evans H M, Schulemann W. Science (Washington), 1914, 39: 443-454.

[139] Nehl C L, Grady N K, Goodrich G P, Tam F, Halas N J, Hafner J H. Nano Letters, 2004, 4: 2355-2359.

[140] Bottini M, Bruckner S, Nika K, Bottini N, Bellucci S, Magrini A, Bergamaschi A, Mustelin T. Toxicology Letters, 2006, 160: 121-126.

[141] Mo Y, Lim L Y. Journal of Controlled Release, 2005, 108: 244-262.

[142] Engeland M V, Nieland L J W, Ramaekers F C S, Schutte B, Reutelingsperger C P M. Cytometry, 1998, 31: 1-9.

[143] Arends M J, Morris R G, Wyllie A H. American Journal of Pathology, 1990, 136: 593-608.

[144] Nagata S, Nagase H, Kawane K, Mukae N, Fukuyama H. Cell Death and Differentiation, 2003, 10 (1): 108-116.

[145] Singh N P, Mccoy M T, Tice R R, Schneider E L. Experimental Cell Research, 1988, 175: 184-191.

[146] Jacobsen N R, Pojana G, White P, Moller P, Cohn C A, Korsholm K S, Vogel U, Marcomini A, Loft S, Wallin H. Environmental and Molecular Mutagenesis, 2008, 49: 476-487.

[147] Barnes C A, Elsaesser A, Arkusz J, Smok A, Palus J, Lesniak A, Salvati A, Hanrahan J P, Jong W H D, Dziubaltowska E, Stepnik M, Rydzynski K, Mckerr G, Lynch I, Dawson K A, Howard C V. Nano Letters, 2008, 8: 3069-3074.

[148] Kang S J, Kim B M, Lee Y J, Chung H W. Environmental and Molecular Mutagenesis, 2008, 49 (5): 399-405.

[149] Mroz P, Pawlak A, Satti M, Lee H, Wharton T, Gali H, Sarna T, Hamblin M R. Free Radical Biology & Medicine, 2007, 43: 711-719.

[150] Colognato R, Bonelli A, Ponti J, Farina M, Bergamaschi E, Sabbioni E, Migliore L. Mutagenesis, 2008, 23: 377-382.

[151] Kisin E R, Murray A R, Keane M J, Shi X C, Schwegler-Berry D, Gorelik O, Arepalli S, Castranova V, Wallace W E, Kagan V E, Shvedova A A. Journal of Toxicology and Environmental Health, Part A, 2007, 70: 2071-2079.

[152] Gavrieli Y, Sherman Y, Bensasson S A. Journal of Cell Biology, 1992, 119: 493-501.

[153] Li X, Darzynkiewicz Z. Cell Proliferation, 1995, 28: 571-579.

[154] Magder S. Critical Care, 2006, 10 (1): 208.

[155] Mates J M. Toxicology, 2000, 153: 83-104.

[156] Sayes C M, Gobin A M, Ausman K D, Mendez J, West J L, Colvin V L. Biomaterials, 2005, 26: 7587-7595.

[157] Choi O, Hu Z Q. Environmental Science & Technology, 2008, 42: 4583-4588.

[158] Long T C, Saleh N, Tilton R D, Lowry G V, Veronesi B. Environmental Science & Technology, 2006, 40: 4346-4352.

[159] Schrand A M, Braydich-Stolle L K, Schlager J J, Dai L M, Hussain S M. Nanotechnology, 2008, 19: 235104.

[160] Zang L Y, Misra B R, Vankuijk F, Misra H P. Biochemistry & Molecular Biology International, 1995, 37: 1187-1195.

[161] Gomes A, Fernandes E, Lima J. Journal of Biochemical and Biophysical Methods, 2005, 65: 45-80.

[162] Halliwell B, Whiteman M. British Journal of Pharmacology, 2004, 142: 231-255.

[163] Bass D A, Parce J W, Dechatelet L R, Szejda P, Seeds M C, Thomas M. Journal of Immunology, 1983, 130: 1910-1917.

[164] Mishra Y K, Mohapatra S, Avasthi D K, Kabiraj D, Lalla N P, Pivin J C, Sharma H, Kar R, Singh N. Nanotechnology, 2007, 18: 345606.

[165] Lawrence A, Jones C M, Wardman P, Burkitt M J. Journal of Biological Chemistry, 2003, 278: 29410-29419.

[166] Wan C P, Myung E, Lau B H S. Journal of Immunological Methods, 1993, 159: 131-138.

[167] Hempel S L, Buettner G R, O'malley Y Q, Wessels D A, Flaherty D M. Free Radical Biology & Medicine, 1999, 27: 146-159.

[168] Robinson K M, Janes M S, Pehar M, Monette J S, Ross M F, Hagen T M, Murphy M P, Beckman J S. Proceedings of the National Academy of Sciences, 2006, 103: 15038-15043.

[169] Robinson K M, Janes M S, Beckman J S. Nature Protocols, 2008, 3: 941-947.

[170] Pap E H W, Drummen G P C, Winter V J, Kooij T W A, Rijken P, Wirtz K W A, Kamp J A F O D, Hage W J, Post J A. FEBS Letters, 1999, 453: 278-282.

[171] Kagan V E, Tyurina Y Y, Tyurin V A, Konduru N V, Potapovich A I, Osipov A N, Kisin E R, Schwegler-Berry D, Mercer R, Castranova V, Shvedova A A. Toxicology Letters, 2006, 165: 88-100.

[172] Lakritz J, Plopper C G, Buckpitt A R. Analytical Biochemistry, 1997, 247: 63-68.

[173] Rahman I, Kode A, Biswas S K. Nature Protocols, 2006, 1: 3159-3165.

[174] Brigelius R, Muckel C, Akerboom T P, Sies H. Biochemical Pharmacology, 1983, 32: 2529-2534.

[175] Guntherberg H, Rost J. Analytical Biochemistry, 1966, 15: 205-210.

[176] Sun Y, Oberley L W, Li Y. Clinical Chemistry, 1988, 34: 497-500.

[177] Zhang T T, Stilwell J L, Gerion D, Ding L H, Elboudwarej O, Cooke P A, Gray J W, Alivisatos A P, Chen F F. Nano Letters, 2006, 6: 800-808.

[178] Giuliano K A, Debiasio R L, Dunlay R T, Gough A, Volosky J M, Zock J, Pavlakis G N, Taylor D L. Journal of Biomolecular Screening, 1997, 2: 249-259.

[179] Giuliano K A, Haskins J R, Taylor D L. Assay and Drug Development Technologies, 2003, 1: 565-577.

[180] Jan E, Byrne S J, Cuddihy M, Davies A M, Volkov Y, Gun'ko Y K, Kotov N A. ACS Nano, 2008, 2: 928-938.

[181] Kopelman R, Koo Y-E L, Philbert M, Moffat B A, Reddy G R, Mcconville P, Hall D E, Chenevert T L, Bhojani M S, Buck S M, Rehemtulla A, Ross B D. Journal of Magnetism and Magnetic Materials, 2005, 293: 404-410.

[182] Ensor C M, Holtsberg F W, Bomalaski J S, Clark M A. Cancer Research, 2002, 62: 5443-5450.

[183] Shenoy D, Little S, Langer R, Amiji M. Pharmacological Research, 2005, 22: 2107-2114.

[184] Zhu M T, Feng W Y, Wang B, Wang T C, Gu Y Q, Wang M, Wang Y, Ouyang H, Zhao Y L, Chai Z F. Toxicology, 2008, 247 (2-3): 102-111.

[185] Kim S C, Kim D W, Shim Y H, Bang J S, Oh H S, Kim S W, Seo M H. Journal of Controlled Release, 2001, 72: 191-202.

[186] Baker G L, Gupta A, Clark M L, Valenzuela B R, Staska L M, Harbo S J, Pierce J T, Dill J A. Toxicological Sciences, 2008, 101: 122-131.

[187] Alexis F, Pridgen E, Molnar L K, Farokhzad O C. Molecular Pharmacology, 2008, 5: 505-515.

[188] Owens D E, Peppas N A. International Journal of Pharmaceutics, 2006, 307: 93-102.

[189] Sun X K, Rossin R, Turner J L, Becker M L, Joralemon M J, Welch M J, Wooley K L. Biomacromolecules, 2005, 6: 2541-2554.

[190] Jain T K, Reddy M K, Morales M A, Leslie-Pelecky D L, Labhasetwar V. Molecular Pharmacology, 2008, 5: 316-327.

[191] Gao X, Cui Y, Levenson R M, Chung L W K, Nie S. Nature Biotechnology, 2004, 22: 969-976.

[192] Fischer H C, Liu L C, Pang K S, Chan W C W. Advanced Functional Materials, 2006, 16: 1299-1305.

[193] Chu M Q, Wu Q, Wang J X, Hou S K, Miao Y, Peng J L, Sun Y. Nanotechnology, 2007, 18: 455103.

[194] Altinoglu E I, Russin T J, Kaiser J M, Barth B M, Eklund P C, Kester M, Adair J H. ACS Nano, 2008, 2: 2075-2084.

[195] Li Y P, Pei Y Y, Zhang X Y, Gu Z H, Zhou Z H, Yuan W F, Zhou J J, Zhu J H, Gao X J. Journal of Controlled Release, 2001, 71: 203-211.

[196] Huang X L, Zhang B, Ren L, Ye S F, Sun L P, Zhang Q Q, Tan M C, Chow G M. Journal of Materials Science: Materials in Medicine, 2008, 19: 2581-2588.

[197] Lin P, Chen J W, Chang L W, Wu J P, Redding L, Chang H, Yeh T K, Yang C S, Tsai M H, Wang H J, Kuo Y C, Yang R S H. Environmental Science & Technology, 2008, 42: 6264-6270.

[198] Calkins G D. The Ohio Journal of Science, 1952, 52: 151.

[199] Wang H F, Wang J, Deng X Y, Mi Q X, Sun H F, Shi Z J, Gu Z N, Liu Y F, Zhao Y L. Journal of Nanoscience and Nanotechnology, 2004, 4: 1019.

[200] Vogel J S, Turteltaub K. Trends in Analytical Chemistry, 1992, 11: 142.

[201] Wang H F, Wang J, Deng X Y, Mi Q X, Sun H F, Shi Z J, Gu Z N, Liu Y F, Zhao Y L. Journal of Nuclear and Radiochemical Sciences, 2001, 2: 9.

[202] Scivens W A, Tour J M. Journal of the American Chemical Society, 1994, 1156: 4517.

[203] Ehrhardt G J, Wilson L J. Nuclear and Radiation Chemical Approaches to Fullerene Science. Dordrecht: Kluwer Academic Publishers, 2000.

[204] Volkert W A, Goeckeler W F, Ehrhardt G J, Ketring A R. Journal of nuclear medicine, 1999, 1: 174.

[205] Cagle D W, Kennel S J, Mirzadeh S, Alford J M, Wilson L J. Proceedings of the National Academy of Sciences, 1999, 96: 5182.

[206] Kiguchi K, Kobayashi K, Sueki K, Suzuki S, Nakahara H, Achiba Y, Tomura K, Katada M. Journal of the American Chemical Society, 1994, 116: 9775.

[207] Sun H F, Liu Y F. Encyclopedia of Nanoscience and Nanotechnology American Scientific Publishers, 2006.

[208] Delvie D. Current Pharmaceutical Design, 2000, 6: 1009.

[209] Kobayashi K, Kuwano M, Sueki K, Kikuchi K, Achiba Y, Nakahara H, Kananishi S, Watanabe M, Tomura K. Journal of Radioanalytical and Nuclear Chemistry, 1995, 192: 81.

[210] Sueki K, Akiyama K, Kikuchi K, Nakahara H, Tomura K. Journal of Radioanalytical and Nuclear Chemistry, 1999, 239: 179.

[211] Sueki K, Akiyama K, Kikuchi K, Nakahara H. Journal of Physical Chemistry B, 1999, 103: 1390.

[212] Yamago S, Tokuyama H, Nakamura E, Kikuchi K, Kananishi S, Sueki K, Nakahara H, Enomoto S, Ambe. F. Chemistry & Biology, 1995, 2: 385.

[213] James S B, Kirby L Z, William D B. American Journal of Respiratory and Critical Care Medicine, 2002, 166: 1240.

[214] Singh R, Pantarotto D, Lacerda L, Pastorin G, Klumpp C, Prato M, Bianco A, Kostarelos K. Proceedings of the National Academy of Sciences, 2006, 103: 3357.

[215] Hussain A A, John A J, Yamada A, Dittert L W. Analytical Biochemistry, 1995, 224: 221.

[216] Wilbur D S. Bioconjugate Chemistry, 1992, 3: 433.

[217] Wang H F, Deng X Y, Wang J, Gao X F, Xing G M, Shi Z J, Gu Z N, Liu Y F, Zhao Y L. Acta Physico-Chimica Sinica, 2004, 20: 673.

[218] Wang B, Feng W Y, Wang M, Shi J W, Zhang F, Ouyang H, Zhao Y L, Chai Z F, Hang Y Y, Xie Y N. High Energy Physics & Nuclear Physics, 2005, 29 (S1): 71.

[219] Wang J X, Chen C Y, Sun J, Yu H W, Li Y F, Li B, Xing L, Huang Y Y, He W, Gao Y X, Chai Z F, Zhao Y L. High Energy Physics & Nuclear Physics, 2005, 29: 76-79.

[220] Sentaro T, Shizuo H, Yuichi T, Sun X, Kubota Y, Yoshid S. Journal of Neuroscience Methods, 2000, 100: 53.

[221] Van E P, Janssens K, Nobels J C. Chemometrics and Intelligent Laboratory Systems, 1987, 1: 109.

[222] Liu N Q, Liu P S, Wang K J, Chen D F, Zhao J Y, Xu Q. Biological Trace Element Research, 2000, 76: 279.

[223] Wang J X, Chen C Y, Liu Y, Jiao F, Li W, Lao F, Li Y F, Li B, Ge C C, Zhou G Q, Gao Y X, Zhao Y L, Chai Z F. Toxicology Letters, 2008, 183 (1-3): 72-80.

[224] Wang J X, Chen C Y, Yu H W, Sun J, Li B, Li Y F, Gao Y X, Chai Z F, He W, Huang Y Y, Zhao Y L. Journal of Radioanalytical and Nuclear Chemistry, 2007, 272 (3): 527-531.

[225] Lin L C, Yang K Y, Chen Y F, Wang S C, Tsai T H. Journal of Chromatography A, 2005, 1073: 285-289.

[226] Lei R H, Wu C Q, Yang B H, Ma H Z, Shi C, Wang Q J, Wang Q X, Yuan Y, Liao M Y. Toxicology and Applied Pharmacology, 2008, 232: 292-301.

[227] Mortensen L J, Oberdorster G, Pentland A P, Delouise L A. Nano Letters, 2008, 8: 2779-2787.

[228] Flesken-Nikitin A, Toshkov I, Naskar J, Tyner K M, Williams R M, Zipfel W R, Giannelis E P, Nikitin A Y. Toxicologic Pathology, 2007, 35: 804-810.

[229] Muller J, Huaux F, Fonseca A, Nagy J B, Moreau N, Delos M, Raymundo-Pinero E, Beguin F, Kirsch-Volders M, Fenoglio I, Fubini B, Lison D. Chemical Research in Toxicology, 2008, 21: 1698-1705.

[230] Mcrobbie D W, Moore E A, Graves M J, Prince M R. MRI From Picture to Proton. Cambridge University Press, Cambridge, UK, 2003.

[231] Chapman B, Turner R, Ordidge R J, Doyle M, Cawley M, Coxon R, Glover P, Mansfield P. Magnetic Resonance in Medicine, 1987, 5: 246.

[232] Wedeen V J, Rosen B R, Brady T J. Magnetic Resonance Annual, 1987: 113.

[233] Kawashima Y, Chen H J, Takahashi A, Hirato M, Ohye C. Stereotactic and Functional Neurosurgery, 1992, 58: 33.

[234] Sitharaman B, Bolskar R D, Rusakova I, Wilson L J. Nano Letters, 2004, 4 (12): 2373-2378.

[235] Bruchez M Jr, Moronne M, Gin P, Weiss S, Alivisatos A P. Science, 1998, 281 (5385): 2013-2016.

[236] Chan W C, Nie S. Science, 1998, 281 (5385): 2016-2018.

[237] Watson A, Wu X, Bruchez M. BioTechniques, 2003, 34: 296.

[238] Rosenthal S J, Tomlinson I, Adkins E M, Schroeter S, Adams S, Swafford L, Mcbride J, Wang Y, Defelice L J, Blakely R D. Journal of the American Chemical Society, 2002, 124: 4586.

[239] Wu X, Liu H, Liu J, Haley K N, Treadway J A, Larson J P, Ge N, Peale F, Bruchez M P. Nature Biotechnology, 2003, 21: 41.

[240] Dubertret B, Skourides P, Norris D J, Noireaux V, Brivanlou A H, Libchaber A. Science, 2002, 298 (5599): 1759-1762.

[241] Jaiswal J K, Mattoussi H, Mauro J M, Simon S M. Nature Biotechnology, 2003, 21: 47.

[242] Meldrum F C, Heywood B R, Mann S. Science, 1992, 257 (5069): 522-523.

[243] Wong K K W, Mann S. Advanced Materials, 1996, 8: 928.

[244] Shenton W, Pum D, Sleytr U B, Mann S. Nature, 1997, 389 (6651): 585-587.

[245] Balogh L, Tomalia D A. Journal of the American Chemical Society, 1998, 120: 7355.

[246] Lemon B I, Crooks R M. Journal of the American Chemical Society, 2000, 122: 12886.

[247] Shenton W, Mann S, CöLfen H, Bacher A, Fischer M. Angewandte Chemie International Edition, 2001, 40: 442.

[248] Mcmillan R A, Paavola C D, Howard J, Chan S L, Zaluzec N J, Trent J D. Nature Materials, 2002, 1: 247.

[249] Murakoshi K, Hosokawa H, Saitoh M, Wada Y, Sakata T, Mori H, Satoh M, Yanagida S. Journal of the Chemical Society, Faraday Transactions, 1998, 94: 579.

[250] Ishii D, Kinbara K, Ishida Y, Ishii N, Okochi M, Yohda M, Aida T. Nature, 2003, 423 (6940): 628-632.

[251] Sandlin Z D, Shou M, Shackman J G, Kennedy R T. Analytical Chemistry, 2005, 77: 7702-7708.

[252] Cellar N A, Burns S T, Meiners J C, Chen H, Kennedy R T. Analytical Chemistry, 2005, 77: 7067-7073.

[253] Hogan B L, Lunte S M, Stobaugh J F, Lunte C E. Analytical Chemistry, 1994, 66: 596-602.

[254] Zhou S Y, Zuo H, Stobaugh J F, Lunte C E, Lunte S M. Analytical Chemistry, 1995, 67: 594-599.

[255] Cheer J F, Aragona B J, Heien M, Seipel A T, Carelli R M, Wightman R M. Neuron, 2007, 54: 237-244.

[256] Aragona B J, Cleaveland N A, Stuber G D, Day J J, Carelli R M, Wightman R M. Journal of Neuroscience, 2008, 28: 8821-8831.

[257] Ewing A G, Bigelow J C, Wightman R M. Science, 1983, 221: 169-171.

[258] Wu Y T, Chen Y F, Hsieh Y J, Jaw I, Shiao M S, Tsai T H. International Journal of Pharmaceutics, 2006, 326: 25-31.

[259] Kong X L, Huang L C L, Hsu C M, Chen W H, Han C C, Chang H C. Analytical Chemistry, 2005, 77: 259-265.

[260] Chang S Y, Zheng N Y, Chen C-S, Chen C-D, Chen Y-Y, Wang C R C. Journal of The American Society for Mass Spectrometry, 2007, 18: 910-918.

[261] Stuart D A, Yuen J M, Shah N, Lyandres O, Yonzon C R, Glucksberg M R, Walsh J T, Duyne R P V. Analytical Chemistry, 2006, 78: 7211-7215.

[262] Kneipp J, Kneipp H, Mclaughlin M, Brown D, Kneipp K. Nano Letters, 2006, 6: 2225-2231.

[263] Kneipp J, Kneipp H, Wittig B, Kneipp K. Nano Letters, 2007, 7: 2819-2823.

[264] Loo C, Lowery A, Halas N, West J, Drezek R. Nano Letters, 2005, 5: 709-711.

[265] Luhmann T, Rimann M, Bittermann A G, Hall H. Bioconjugate Chemistry, 2008, 19: 1907-1916.

[266] Muhlfeld C, Rothen-Rutishauser B, Vanhecke D, Blank F, Gehr P, Ochs M. Particle and Fibre Toxicology, 2007, 4: 1-17.

[267] Lee S, Joon S C, Seong H K. Journal of Nanoscience and Nanotechnology, 2007, 7: 3689-3694.

[268] Oberdorster G, Oberdorster E, Oberdorster J. Environmental Health Perspectives, 2007, 115: A290.

[269] Oberdorster G, Oberdorster E, Oberdorster J. Environmental Health Perspectives, 2005, 113: 823-839.

[270] Kreyling W G, Semmler-Behnke M, Moeller W. Journal of Nanoparticle Research, 2006, 8: 543-562.

[271] A. Borm P J, Schins R P F. Drugs and the Pharmaceutical Sciences, 2006, 159: 161-197.

[272] Donaldson K, Aitken R, Tran L, Stone V, Duffin R, Forrest G, Alexander A. Toxicological Sciences, 2006, 92: 5-22.

[273] Donaldson K, Tran L, Jimenez L A, Duffin R, Newby D E, Mills N, W. Macnee, Stone V. Particle and Fibre Toxicology, 2005, 2: 1-14.

[274] EU SCENIHR report. the 7th plenary meeting of SCENIHR, 2005: 28.

第 13 章 基于核技术与同步辐射的纳米生物效应分析方法

13.1 概 述

伴随着纳米技术的发展，纳米材料的生物效应已经成为研究热点，然而这一新兴领域对传统的研究方法提出了挑战，其深入研究有赖于方法学的发展。同步辐射及相关核分析技术具有能够进行绝对定量、灵敏度高、精密度好、基体效应低及非破坏性等优点，可以在纳米生物效应研究中扮演重要角色。本章系统介绍了同步辐射及相关核分析技术对纳米材料表征，纳米-生物界面相互作用过程的研究方法，纳米材料在细胞内的可视化成像研究，纳米材料在动植物体内分布、蓄积与转化研究等方面的重要应用。同时，就同步辐射及相关核分析技术在纳米生物效应研究中的未来发展方向进行了探讨。

随着人造纳米材料在日用消费品、机械、电子及医疗产品等领域越来越广泛的应用，由此所引起的纳米材料安全性的担忧也越来越多[1-4]。研究表明，纳米材料可以通过直接接触或通过食物链的生物富集或蓄积间接进入人体[5-10]。因此，为避免纳米材料对环境和人类带来的潜在影响，有必要对纳米材料在机体及环境中的吸收、转运、转化与排出进行系统研究。

纳米生物效应的研究是伴随着人们对纳米材料安全性的质疑和争辩中逐渐发

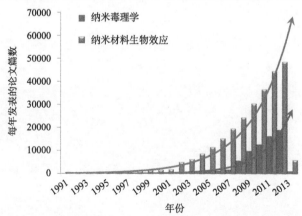

图 13.1 1991 年以来有关纳米材料生物效应及纳米毒理学的学术论文发表情况（2013 年 3 月 17 日通过 ISI web of science 检索）

展起来的一个新兴研究领域[7,8,11-20]。如果以"nano"＋"bio"为关键词查询，截至 2013 年 3 月，纳米材料生物效应研究结果已发表了超过 298 000 篇学术论文（图 13.1）[21]。

研究表明，纳米材料与细胞、动植物、人类及环境之间的相互作用过程非常复杂，更重要的是纳米材料的独特理化性能甚至可能干扰传统的毒理学分析机理，这就需要人们对处于复杂生物环境中的纳米材料进行识别与定量[22]。

13.2　纳米生物效应研究中的核分析技术

核分析技术是利用高能量粒子与物质的相互作用、辐射效应、核谱学和核效应等进行样品分析的技术[23,24]。原子核质量的变化、自旋与磁场变化、激发态的变化以及原子核反应也可用于核分析。整体而言，核分析技术主要利用原子核本身的性质，而非核技术则通常利用整个原子的性质。但严格来讲，核分析技术与其他基于原子分析的非核技术并无明显界线。比如，质谱分析技术主要基于离子化的原子而很少涉及原子核，但分析信号却是基于原子核质量的差异，即同位素比值。因此，质谱分析也可归为核分析技术。在表 13.1 中我们总结了核分析技术的主要特征。

13.2.1　纳米材料表征中的分析化学

具有相同化学组成的纳米材料可能会具有完全不同的尺寸、形貌、晶体结构、表面反应活性等，因此在进行生物效应研究之前首先需要对它们进行详细的理化性能表征[11,25]。表 13.2 总结了用于纳米材料表征的主要分析方法，这些方法广泛应用于材料科学领域。

13.2.1.1　电镜及质谱技术在尺寸表征中的应用

电子显微镜（EM），如扫描电镜（SEM）和透射电镜（TEM），是利用电子与物质作用所产生的信号来鉴定微区域晶体结构、微细组织、化学成分、化学键结和电子分布情况的装置，是表征纳米材料尺寸和形貌的金标准[26]。但电镜技术具有样品制备过程复杂、视野小等缺点[27]。

人们也探索用其他常规方法进行纳米材料的尺寸表征。比如，Helfrich 等利用电感耦合等离子体–质谱（ICP-MS）技术与色谱分离技术，成功地对金纳米颗粒的尺寸进行了表征，所得结果与动态光散射（DLS）和 TEM 的结果吻合[28]。与此类似，Tiede 等也利用 ICP-MS 技术成功地对溶液中 Ag、TiO_2、SiO_2、Al_2O_3 及 Fe_2O_3 的尺寸进行了表征[29,30]。

表 13.1　纳米生物效应研究中用于理化表征、元素成像、定量和形态分析的核分析技术

分析技术	放射源	粒子发射	深度信息	空间分辨率	检测限	是否提供化学结构	是否定量分析	是否成像	材料	实用性	基体效应
NAA	热中子	α粒子、电子、中子、X射线光子	无	无	0.001~0.1ppm	否	是，2%~10%	否	固体和液体	较少使用	弱
ICP-MS	等离子体	离子	无	无	0.00001~10ppm	少量	是，高度精确（用同位素稀释法）	否、LA成像	溶液	常规	有、严重
SIMS	离子、原子（对于FAB MA）	二次离子	3~10nm	0.02μm（最佳）、1~5μm（典型）	0.1~10ppm	部分化学键	是，相对误差高达25%	是	固体、部分液体	较不常用	有
XRD	X射线管	衍射X射线	无	50nm~10μm同步加速X射线	1%~5%混合物	是、物种鉴定和结构	是，5%~10%	否	晶状固体及聚合物	常规	有
XAS	同步加速器及一些旋转阳极X射线源	透射或特征X射线	有	利用同步辐射X射线低至50nm	100ppm	是	否	否	固体和非挥发性液体	主要应用于同步辐射装置	有
XRF	X射线管、同步加速X射线	特征X射线	无	50nm~10μm同步加速X射线	0.1~10ppm (mg/kg)	否	是，高度精确	是	固体和挥发性液体	常用，但二维成像通常需用同步辐射光源	有
EDX	电子	特征X射线	0.5~5μm，取决于基体	2nm~5μm，取决于基体	100~1000ppm	否	是，但误差大	否	固体	较常用	有
EELS	电子	特征电子能损失	无	1nm	1000ppm	是	是	否	固体	较常用	有
PIXE	质子	特征X射线光子	无	2μm~20mm	0.1~10ppm	否	是，5%	是	固体	不常用	有
同位素示踪		α、β、γ射线及稳定同位素	无		$10^{-4}\sim10^{-8}\,g$	否	是	是	固体	常规	无
PET	正电子	γ射线	有	1mm	100ppt	否	是	是	固体	常规	无
SPECT	单光子	γ射线	有	1mm	100ppt	否	是	是	固体	常规	无

注：本表中所描述的技术仅适用于普通情况

表 13.2　纳米材料的一些表征方法

表征项目	表征技术
尺寸分布 （形状）	SEM★★，TEM★★，SPM（AFM，STM）★★，FIFFF★，HPLC★，GPC★，DLS
团聚状态	SEM★★，TEM★★，SPM（AFM，STM）★★，DLS
表面电荷	Zeta 电势
化学形态	XAS★，ICP-MS★，XPS，CD，MAA，穆斯堡尔谱
化学组成	XRF★，EDS★，ICP-MS★，AS★，ESR★，FIFFF★，HPLC★，GPC★，AES★， FTIR，RS，NMR，UV-Vis，ATOF-MS，XPS
定量分析	NAA★，ICP-MS★，同位素示踪★，XRF★★，CLMS★★，EDX★，PIXE★，TOF- SIMS★，XRD

★★非常适用于生物实验前后的纳米材料表征；★适用于生物实验前、后的纳米材料表征；未标识★的表征技术只适用于纳米材料表征。

Degueldre 等探索了利用 ICP-MS 的单颗粒测量模式对胶体金的尺寸进行表征的方法[31]。用该方法可以观测到原子化的单纳米粒子在等离子体中形成离子云信号，在极稀浓度下该信号与纳米粒子本身的尺寸呈一定的比例关系。他们利用此方法研究了 80～250nm 的纳米粒子，并计算得到其检测限为 25nm，这与 SEM 的结果一致。

13.2.1.2　X 射线吸收谱学研究纳米材料的氧化还原态

纳米材料的氧化还原态，不仅会影响到它们的毒理学性能，还可以影响它们的电子、光学、磁学、电化学、化学反应活性、催化活性及生物相容性等性能，因此有必要对纳米材料的氧化还原态进行研究[32]。对纳米材料的氧化还原态了解得越多，越有助于我们理解并控制纳米材料的合成过程。另外，纳米材料的氧化还原态也可影响到其在环境中的生物矿化过程[33]。

X 射线吸收谱（XAS）是一种基于同步辐射技术、广泛用于研究材料中局域几何或电子结构的方法[34]。XAS 具有元素选择性，而元素周期表中的几乎所有的元素都可利用 XAS 技术研究。与基于衍射技术的分析方法需要获得晶体样品不同，XAS 测定的样品可以是气态、液态或者是凝聚态（如固态）。XAS 谱可分为三部分：边前区、近边区（XANES）及扩展边区（EXAFS）。通过边前区可以获得样品的电子结构，近边区可反映局域结构的几何结构信息，扩展边区可以获得材料的键长、配位数等信息[35]。XAS 技术的主要缺点是同步辐射光源会对样品产生辐射损伤[36]。对生物或有机样品而言，电子束还可能影响样品电子结构的完整性或分子结构。通过低温技术可以最大限度地降低辐射导致的损伤。

　　López-Moreno 等利用 XAS 谱学研究了不同植物暴露纳米二氧化铈后铈在植物体内的转化情况[37]。他们的研究显示，植物根部可以摄取并以二氧化铈形态储存铈。该研究结果表明，纳米二氧化铈在植物根部并未发生化学转化，仍旧以纳米二氧化铈形态存在（图 13.2A）。Su 等利用 XAS 技术研究了 Au_3Cu_1 纳米壳中金、铜的氧化态（图 13.2B）[38]。他们发现，与金箔和铜箔相比，Au_3Cu_1 纳米壳中金、铜的吸收边均发生了迁移，表明纳米壳中金的价态接近于 0 价而铜的价态为 +3 价。

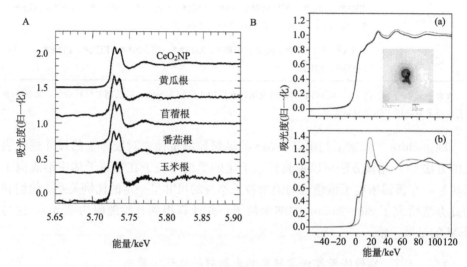

图 13.2　X 射线吸收谱（XAS）分析纳米粒子的价态。A）纳米 CeO_2 粒子的铈 L_3 边归一化近边吸收谱（5723eV）和 4000mg/L 纳米 CeO_2 粒子暴露下的黄瓜根、苜蓿根、番茄根、玉米根的吸收谱。B）纳米 Au_3Cu_1 壳的近边吸收谱：（a）纳米 Au_3Cu_1 壳（灰线）和金箔（黑线，$E_0 = 11919eV$）的金 L_3 边吸收；（b）纳米 Au_3Cu_1 壳（灰线）和铜箔（黑线，$E_0 = 8979eV$）的铜 K 边吸收。插图为纳米 Au_3Cu_1 中空结构的透射电镜照片[38]

　　纳米材料的配位结构取决于配位原子的种类及数目、键长与键角及中心原子的价态。XAS 技术不依赖于物质的长程有序性，只与局域环境中的电子排布、配位结构及吸收原子的键长相关，这一特性使得 XAS 成为一种研究物质结构的指纹谱技术[39]。

　　TiO_2 纳米颗粒的光催化能力及其光学、电子学性能可随表面修饰物的改变而改变。因此，Rajh 等利用抗坏血酸对三种不同尺寸的 TiO_2 纳米颗粒的表面进行了修饰[40]。他们利用 FTIR 发现，抗坏血酸只与小尺寸的纳米颗粒结合并在 Ti 原子表面形成了一个五元环。他们推测这是由于纳米颗粒表面 Ti 原子的微区环境导致了尺寸效应。他们进一步利用 XAS 技术对此进行了验证，发现 Ti 原子的配位数与其边前吸收峰的强度和吸收峰的位置有关：当配位数从 4 增加到 6 后，其边前吸收峰强度减弱而吸收峰位置向高能量方向转移[41]。

Meneses 等利用原位时间分辨 XAS 技术研究了 NiO 纳米颗粒的 I 期晶化过程[42]。他们利用 Ni K 边 XANES 分析了连续加热过程中从 Ni 盐/明胶到无定形 NiO 再到 NiO 纳米颗粒的变化情况。他们发现，这一过程中边后吸收峰有所不同，保持 400℃达 5min 后，更多的 Ni—O 键会形成，之后第一壳层（Ni-O）与第二壳层（Ni-Ni）逐渐形成，随后 Ni 原子与 O 原子再结合并形成 NiO 纳米颗粒。

Adora 等利用 XANES 发现，电化学法合成 Pt 纳米晶过程中，H_2PtCl_6（IV）被还原成 $PtCl_4^{2-}$（II）与 Pt（0），而 EXAFS 研究表明，晶体中无 Pt—O 或 Pt—C 键形成，只有 Pt—Pt 键[43]。更多利用 XAS 研究纳米材料形成过程的例子有 Pt-Cu 纳米簇[44]、Fe_2O_3[45]、Ag[46]、Pt[47]、Au[36, 37] 及 Sn/SnO_x[48] 等。

13.2.2 分子水平上研究纳米材料与生物界面的相互作用

由于纳米颗粒的尺寸效应和特殊的理化性能，纳米颗粒可与生物分子（如蛋白质、磷脂、DNA 及生物液等）界面发生相互作用[49]。比如，纳米颗粒进入生理环境中后，可迅速吸附蛋白质并在其表面形成蛋白晕（protein corona）[50]。蛋白晕的存在有可能改变纳米材料的尺寸与表面化学组成（图 13.3A）。同步辐射圆二色谱（SRCD）、同位素标记的定量蛋白组学技术及 XAS 技术是研究纳米材料与生物界面相互作用的有力工具。

13.2.2.1 同步辐射圆二色谱、同位素标记定量蛋白组学技术研究蛋白晕

圆二色谱（CD）通常用于研究蛋白质二级结构、蛋白质折叠及蛋白质与其他配体或生物大分子的相互作用[51]。基于常规 X 射线源的 CD 通常无法探测到远紫外及真空紫外区，而基于同步辐射光源的 SRCD 技术大大拓宽了传统 CD 的应用范围[52]。科研人员利用 SRCD 研究了不同类型蛋白质与纳米材料反应后其二级结构及稳定性的变化情况（图 13.3B）[53]。他们发现，形成蛋白晕后的蛋白质的熔点发生了变化，而熔点的高低与纳米材料的组成及尺寸均相关，表明蛋白晕的性质很大程度上取决于与其反应的纳米材料的理化性质。

Lundqvist 等研究了不同表面性质与尺寸的纳米颗粒与人血浆蛋白形成的长寿（"硬"）蛋白晕的性质[54]。他们发现，蛋白晕中的蛋白质性质高度保守，而纳米材料的尺寸和表面性质会影响蛋白晕的性能[55]。Ge 等的研究表明，不同的蛋白质与 SWNTs 相互作用后，蛋白质中的氨基酸特征峰会发生显著偏移且峰强明显减弱[56]。

蛋白质组学也可用于研究蛋白晕，而同位素标记蛋白质组学可对蛋白晕进行

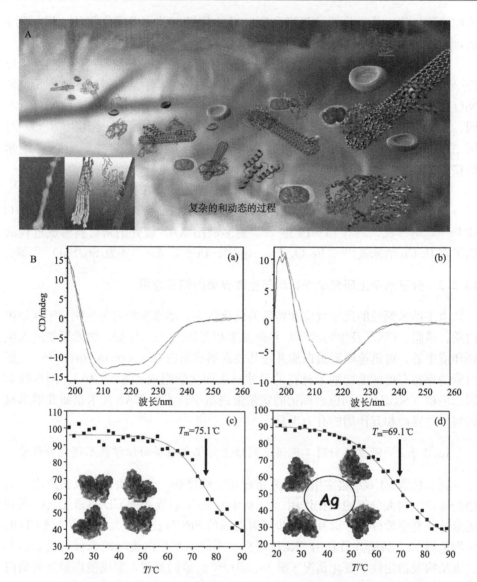

图13.3　分子水平的生物-纳米相互作用分析。A) 纳米毒理学中的蛋白晕。B) SR-CD 方法在蛋白质－纳米相互作用研究中的应用：与纳米银粒子相互作用可导致人血清白蛋白热诱导去折叠温度下降 6℃，但与金作用时没有此现象发生[53]。(a) HSA-AgNP 44∶1；(b) hTTR-AgNP 88∶1；(c) HSA-AuNP 22∶1；(d) HSA-AgNP 18∶1

定量研究[57-59]。Zhang 等利用[18]O 标记的 LC-MS 蛋白质定量方法研究了人血红蛋白与纳米颗粒的相互作用[60]。他们发现，纳米材料的表面性质与尺寸均影响蛋白质与纳米材料的相互作用程度，且纳米材料的表面性质起了更大作用。该研究方法可为预测蛋白质-纳米材料相互作用的行为及可能的生物效应提供支持计算模型[61]。

13.2.2.2　X 射线吸收谱研究生物体与纳米材料的相互作用

前文提到，XAS 是一种研究物质局域近邻结构的分析技术。Zhong 等利用 XANES 研究了蛋白质吸附单壁碳纳米管（SWNTs）后其构象的变化[62]。图 13.4A 显示了 SWNTs 与链霉抗生物素蛋白发生相互作用后的 C K 边、N K 边及 O K 边的 XANES 谱，表明 XANES 谱随蛋白质浓度的增加而变化，SWNTs 分子的芳香环结构可以影响蛋白质中 C═O 键的 XANES 谱。结合第一性原理模拟可知，蛋白质与 SWNTs 在界面的反应可以导致蛋白质结构的扭曲。

XAS 同样可用于研究细胞内一些金属纳米材料的价态变化，而这些变化会影响它们在细胞内的转化与毒性。Auffan 等推测纳米材料的细胞毒性与材料本身的氧化还原能力有关。他们发现，化学性质稳定的金属纳米材料通常不显示细胞毒性，而一些容易氧化（如 CeO_2[63, 65]）或还原（如 Fe^0 或 Fe_3O_4[66, 67]）的纳米材料对 *E. coli* 具有细胞毒性，对人纤维细胞具有基因毒性。产生毒性是由于氧化还原过程中的电子或离子迁移所致。例如，研究 CeO_2 纳米颗粒的 Ce L_{III} 边 XANES 谱可发现，CeO_2 纳米颗粒表面（21 ± 4）% 的 Ce^{4+} 被培养基 DMEM 中的有机分子还原（图 13.4B)[63]。

XAS 同样可用于研究纳米颗粒在动物器官中的转化与结构变化。Wang 等利用 XAS 分析了暴露金纳米棒（Au NRs）后大鼠肝脏和脾脏中金的形态变化[64]。如图 13.4C 所示，Au L_{III} 边 XAS 谱证实，暴露金纳米棒 7 天后，其器官中的 Au NRs 未发生价态变化，表明 Au NRs 在动物体内呈现惰性，不会引起明显的毒性效应。

13.2.3　纳米材料在细胞内的可视化成像研究

成像技术是纳米研究的重要工具。在研究细胞内纳米材料的成像情况时，要求成像技术具有以下几个特点：高分辨率、高精确度、实时、可定量，同时还要求成像技术具有一定的穿透能力从而实现 3D 成像。图 13.5 列出了具有上述优点的一些细胞成像技术的实验结果。

13.2.3.1　电镜技术

电镜（TEM，SEM）不仅可用于表征纳米材料的尺寸和形貌，还可用于研究纳米材料在细胞内的成像情况。图 13.5A 和 B 就是利用 TEM 研究了无定形硅纳米材料在肌肉表皮细胞中的分布情况[68]。

传统的电镜技术要求样品完全干燥且能导电，因此在测定生物样品时，样品

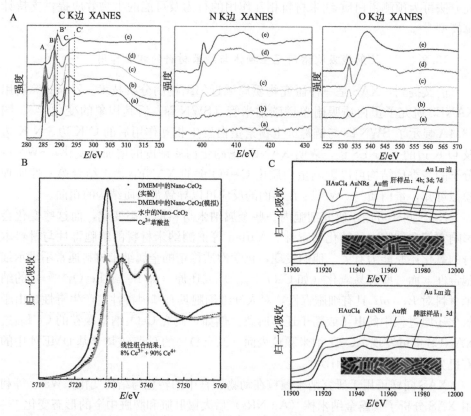

图 13.4　A) SWNTs（a）、单纯链霉亲和素蛋白（e）及不同浓度链霉亲和素蛋白溶液中的 SWNTs［（b）～（d）］的 C、N、O 的 K 边吸收谱比较。　（b）15μg/mL；（c）200μg/mL；（d）1000μg/mL。B) 纯纳米 CeO₂ 粒子和孵育在非生物 DMEM 中 24h 的纳米 CeO₂ 粒子的铈 L₃ 边吸收谱结果。纳米 CeO₂ 粒子浓度为 0.6g/L。使用悬浮在水中的纳米 CeO₂ 粒子和 Ce³⁺ 草酸盐参照物的近边吸收谱的线性组合对实验结果进行拟合。箭头表示在 DMEM 中孵育后 Ce³⁺ 的出现导致 5740eV 处峰强度的下降和 5729eV 处峰强度的增加。假定这些 Ce³⁺ 出现在纳米 CeO₂ 粒子的表面[63]。C) 利用 L₃ 边近边吸收谱对大鼠组织样品中金的氧化态进行的分析[64]。以含 Au（0）的金箔和含 Au（Ⅲ）的 HAuCl₄ 作为标样。肝样品（上）中金的变化在三个时间点体现出来（4h、3d、7d），脾脏样品（下）中金的变化在一个时间点（3d）体现出来

通常需要经过化学固定与脱水等过程，而这一过程可能会导致样品结构发生变化。另外，由于生物样品不导电，使得扫描过程中发生电荷蓄积，从而获得假象。新发展的环境扫描电镜（ESEM）可以克服上述缺点，它可直接测量湿的生物样品。图 13.5C 和 D 显示了用 ESEM 观察到的纳米颗粒氧化损伤后的细

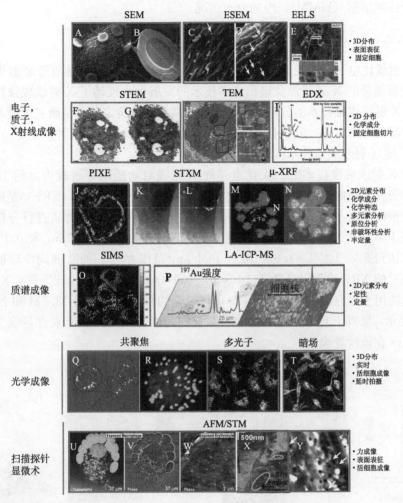

图 13.5　纳米材料细胞内可视化的成像技术。A，B）扫描电镜[68]；C，D）环境扫描电镜[69]；E）电子能量损失谱[69]；F，G）扫描透射电镜[70]；H）透射电镜[71]；D）能量色散 X 射线谱[64]；J，K）粒子诱发 X 射线荧光分析[72]；L）扫描透射 X 射线显微镜；M，N）微区 X 射线荧光[73]；O）二次离子质谱[74]；P）激光等离子体质谱[75]；Q，R）激光扫描共聚焦显微镜[76]；S）多光子发光[77]；T）暗视野显微镜[71]；U～Y）原子力显微镜/扫描隧道显微镜[9,78]

胞膜[9]。

　　电镜还可与其他技术相结合从而获得更多信息。例如，它们可与能量色散 X射线谱（EDS 或 EDX）、电子能量损失谱（EELS）及高分辨电镜联用，从而获得细胞内纳米材料的化学元素等信息（图 13.5I）[64]。Porter 等研究了 C_{60} 在单核细胞源巨噬细胞（HMMs）内的分布情况[79]。

13.2.3.2　X 射线成像技术

X 射线比电子具有更强的穿透力。新一代同步光源的发展所带来的更高亮度、更强能量的 X 射线源及聚焦光学技术的发展大大推动了 X 射线成像技术的发展。X 射线成像技术的分辨率介于光学显微镜和电镜之间，是研究亚微米尺度生物样品的有力工具，它包括硬 X 射线成像及软 X 射线成像两种[80]。

1. 硬 X 射线成像技术

硬 X 射线成像技术的一大优点是硬 X 射线对物质的穿透能力（约 1mm），这使得研究物质内部结构时无需破坏样品。X 射线荧光谱分析（XRF）是通过探测物质被高能 X 射线激发后发出的特征二次光（荧光）而对物质进行分析的方法。基于第三代光源的微区 XRF 技术可实现分辨率小于 $0.15\mu m \times 0.15\ \mu m$，检测限达到 $5 \times 10^{-20} \sim 3.9 \times 10^{-19}\ mol/\mu m^2$ 范围[80,81]。而欧洲同步辐射光源（ESRF）的 XRF 检测限可低于 10^{-17} g，水平分辨率低于 50 nm[82,83]。XRF 技术已成功用于研究碳纳米管（CNTs）与细胞的相互作用，图 13.5M 和 N 及图 13.6 显示，暴露于 CNTs 的细胞中心部分铁元素含量高而磷元素含量很少，表明 CNTs 在该位置聚集[73]。

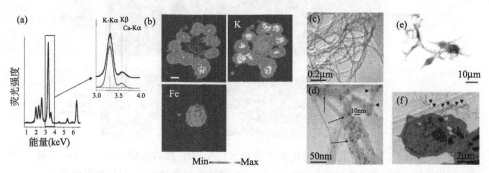

图 13.6　通过 XRF 同步辐射对巨噬细胞中的碳纳米管进行成像和化学分析。（a）小鼠巨噬细胞暴露于 SWNTs 悬液 24h，利用 XRF 微映射聚焦成像。纳米管悬液浓度为 $10\mu g/mL$。缩放区域周围是钾的 Kα、Kβ 荧光峰值和钙的 Kα 荧光峰值，连同钾和钙配合的作用。（b）细胞中可检测到的磷、钾、铁、钙元素图像。像素尺寸是 $1\mu m \times 1\mu m$（比例条：$10\mu m$）。（c）和（d）单壁碳纳米管颗粒高分辨率透射电子显微镜成像。（e）和（f）暴露在 $10\mu g/mL$SWNTs 颗粒悬液 24h 的巨噬细胞[73]

基于同步辐射光源的 $3D\mu$-XRF 可在对样品不同深度的荧光信号分析的基础上实现三维成像[84]。Paunesku 等利用 XRF 与 TEM 研究了表面修饰 DNA 寡核苷酸的 TiO_2 纳米颗粒在细胞内的分布情况（图 13.7）[85]。XRF 结果表明，Ti 原子主要分布于细胞核，而 P 和 Zn 的荧光信号显示了细胞的位置。

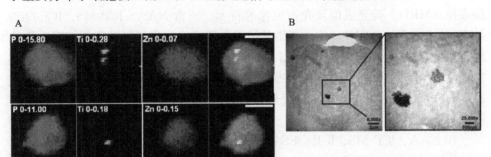

图 13.7 利用细胞核纳米复合材料转染的 MCF7/WS8 细胞，对其进行的 XRF 和 TEM 成像。A) MCF7/WS8 XRF 成像。元素图谱和图谱重叠用于显示磷、钛和锌。在 APS 用 2ID－E 光束线扫描完成的。比例尺是 10μm。元素后面的数字表示元素的浓度（单位：μg/cm²）。B) 对 MCF7/WS8 细胞及细胞核纳米复合物厚度为 100nm 的薄膜进行 TEM 成像。左侧为细胞横截面，右侧为两个纳米复合物斑点的 TEM 图片。图片在美国西北大学细胞成像中心完成[85]

2. 软 X 射线成像技术

辐射损伤是 X 射线成像技术的一个软肋[86]。为克服该缺点，人们发展了工作于 C K 边和 O K 边这一"水窗"范围的软 X 射线成像技术。软 X 射线成像技术，即扫描透射 X 射线显微术（STXM），可对某些低 Z（质量数）元素实现高分辨成像，其分辨率可低于 10nm[87-91]。Chen 等利用 STXM 技术研究了量子点 CSS-QDs 的亚细胞分布情况（图 13.5L)[92]。他们的研究表明，CSS-QDs 主要分布于细胞质中，但分布并不均匀，呈点状分布于核周区和细胞边缘。作者据此推断，CSS-QDs 的分布状态将使细胞核及线粒体中 Cd 离子含量过高，从而导致量子点的细胞毒性。三维成像技术可使人们深入了解纳米粒子在细胞内部的分布情况，而理想状态是应尽可能减少对样品的前处理。软 X 射线成像技术已被成功应用于真核细胞的三维重建研究中，实现了无标记亚细胞结构 100nm 横向、250nm 纵向分辨率成像[93]。

13.2.4 纳米材料在生物体内的分布与定量研究方法

13.2.4.1 纳米材料在生物体内的整体分布与定量研究技术

评估纳米材料的生物效应需要对纳米材料在机体内的吸收、分布、转化与排泄行为进行定量研究。适用技术有：中子活化（NAA）、ICP-MS、ICP-OES（电感耦合等离子体发射光谱）、同位素示踪（IT）、单光子发射断层扫描

（SPECT）、正电子发射断层扫描（PET）、X 射线计算机断层扫描（CT）、磁共振成像（MRI）、荧光成像及光声成像等技术。通常 NAA、ICP-MS、ICP-OES及 IT 技术需要处死实验动物以获得其体内各器官中纳米材料的代谢情况。虽然 SPECT、PET、X 射线 CT 及 MRI 能够对纳米材料的全身分布情况进行直接定性观测，但他们的定量能力有限。荧光成像及光声成像技术虽然也能实现纳米材料全身分布情况的定量观察，但荧光及声波的穿透能力比 X 射线或 γ 射线的差得多，这也限制了它们在应用。

1. NAA、ICP-MS、ICP-OES 技术

NAA 技术可以同时对样品中超过 30 种元素进行定量分析，其检测限可低至 $10^{-6} \sim 10^{-13}$ g/g[94-96]。NAA 技术最大的优点是基体干扰少并且基本不需要前处理，故样品被污染的概率也非常低[97]。Ge 等利用 NAA 技术定量分析了碳纳米管中的金属杂质，发现碳纳米管中含有铁、镍、钼及铬等杂质，另外还含有锰、钴、铜、锌、砷、溴、锑、镧、钪等微量元素[98]。这些杂质应该来自于碳纳米管或其前体合成过程中所使用的催化剂。

Cagle 等利用 NAA 研究了 $^{166}Ho_x@C_{82}(OH)_y$ 暴露的 BALB/c 小鼠体内 ^{166}Ho 的分布情况，发现 $^{166}Ho_x@C_{82}(OH)_y$ 选择性地分布于肝脏且排出率非常低，另外 $^{166}Ho_x@C_{82}(OH)_y$ 还可蓄积于骨中且无法被清除（图 13.8A）[99]。$^{166}Ho_x@C_{82}(OH)_y$ 在大鼠体内可于 24h 内通过尿液被快速代谢至体外[99]。

Lipka 等研究发现，不同表面材料包被的金纳米颗粒在动物体内的分布状况受其包覆物表面化学性质的影响[100]。经静脉注射的 10 kDa 聚乙二醇（PEG）包被的金纳米颗粒主要分布于大鼠血液中，而无 PEG 包被及 750 kDa PEG 包被的金纳米颗粒主要分布于肝脏及脾脏中（图 13.8B）。上述三种金纳米颗粒经气管滴注后则主要分布于肺中，PEG 包被与否并不影响金纳米颗粒在体内的分布。

NAA 还可用于研究纳米材料在体内的长期分布情况。^{59}Fe 的半衰期为 44.5d，因此被用于研究气管滴注 $^{59}Fe_2O_3$ 纳米颗粒后其在 SD 大鼠肺部及肺外的分布情况[101]。研究表明，$^{59}Fe_2O_3$ 纳米颗粒可在 10min 内透过肺泡-毛细血管屏障进入血液循环并分布至肝、脾、肾及睾丸中。$^{59}Fe_2O_3$ 纳米颗粒在血液中的清除时间为 22.8d，而在肺中的清除速率为 $3.06\mu g/d$。其他可用于研究纳米材料长期分布情况的放射性元素还包括 ^{141}Ce（半衰期 32.5d），^{125}I（半衰期 59.4d），^{192}Ir（半衰期 73.8d），^3H（半衰期 12.3a）和 ^{14}C（半衰期 5730a）等[102-104]。

制约 NAA 应用的主要因素是中子活化装置数目不足，运行费用昂贵且需要采取特别的辐射防护措施。而 ICP-MS 和 ICP-OES 是商业化的元素分析仪器，具有亚 ppb 级检测限、多元素分析能力，检测动态范围可达 5 个数量级等优点。与 ICP-OES 相比，ICP-MS 的元素检测限可达 10^{-12} g/g，比 ICP-OES 的检测限低两三个数量级[105]。人们利用 ICP-MS 研究纳米 TiO_2（25nm、80nm）与 TiO_2

细颗粒物在成年小鼠体内的分布情况，发现 TiO_2 主要分布于肝、脾、肾及肺等器官中（图 13.8C），这表明经肠道吸收后的纳米 TiO_2 可被转运到体内其他器官中去[106]。

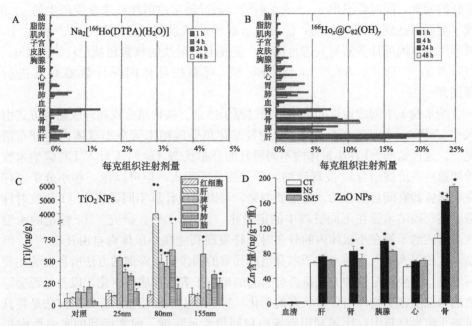

图 13.8　由 NAA（A 和 B）和 ICP-MS（C 和 D）定量口服给药的鼠组织中的[166]Ho（A），[198]Au（B），Ti（C），Zn（D）的分布。A)[166]Ho_x@C_{82}（OH）$_y$ 选择性定位表明，其在肝脏可被缓慢清除，但在骨中无法清除[99]。B) 尾静脉注射后肝脏和脾脏的 NPs 摄取（* $p \leqslant$ 0.05）。1h 和 24h 时[198]Au-Phos 和[198]Au-PEG750 的摄取明显高于[198]Au-PEG10k 纳米颗粒[100]。C) 雌鼠通过口服给药不同尺度的纳米 TiO_2 2 周后 Ti 在各组织分布。D) 小鼠在口服给药 5 g/kg 体重的 ZnO 粉末 14d 后血清和组织中 Zn 的量。CT：对照；N5：体重 5g/kg 20nm ZnO 组；SM5：体重 5g/kg 120nm ZnO 组[12]

Wang 等研究了成年小鼠口服纳米或亚微米尺度 ZnO 粉末后的急性毒性[12]。图 13.8D 显示了暴露 5 g/kg 体重后小鼠体内各器官及血清中 Zn 的分布情况。20nm 及 120nm 尺度的 ZnO 颗粒主要分布于肾、胰腺及骨中。

ICP-MS 的主要缺点是某些待测元素的多原子干扰效应，比如[40]Ar^{16}O 干扰[56]Fe，[40]Ar^{35}Cl 干扰[75]As，[40]Ar^{40}Ar 干扰[80]Se 的测定等，而碰撞池技术可有效地减少这类多原子干扰[107]。

2. 同位素示踪技术

同位素示踪（IT）技术利用同位素示踪剂对纳米材料在生物体内的分布进行定性、定量研究。示踪剂包括放射性同位素和稳定同位素。该法具有灵敏度高

（$10^{-14} \sim 10^{-18}$ g），精确度高，操作方便等优点。另外，该法可区分样品中特定原子是来自生物体内还是通过外源摄入[102]。

放射性同位素示踪剂在同位素示踪技术中应用较广泛。放射性核素衰变后产生新的元素，同时会发出 α、β 或 γ 射线。通过测定放射性核素衰变产生的 α、β 或 γ 射线可达到示踪的目的：能发出 β 射线的核素包括 ^{3}H、^{14}C、^{35}S、^{33}P 及 ^{32}P，可利用液体闪烁计数器对其进行探测；能发出 γ 射线的核素包括 ^{125}I、^{131}I、^{64}Cu、^{67}Ga、^{86}Y、^{99m}Tc、^{110m}Ag、^{111}In 及 ^{188}Re 等，可利用晶体闪烁计数器对其进行探测[23]。

纳米粒子中的放射性同位素可通过原子掺杂、共价结合或物理吸附等方式引入[108]。Wang 等研究了标记了 ^{125}I 的羟基化单壁碳纳米管在小鼠体内的分布情况[5]。通过监测 ^{125}I 在小鼠体内不同器官的分布状态（他们认为，^{125}I 与碳纳米管骨架通过共价键结合），发现碳纳米管虽然分子很大，但可以像一些小分子一样在小鼠各器官间自由移动。更重要的是，可以通过计算不同器官中 ^{125}I 的放射性强度实现碳纳米管在不同脏器中的定量化（图 13.9A）。研究 ^{99m}Tc 标记的水溶性多壁碳纳米管在小鼠体内的分布时同样发现其能在小鼠体内自由迁移[109]。但是，这种引入不同于纳米粒子本身组成元素的同位素示踪剂的方法所存在的主要问题是，需要确定这种方式是否会引起纳米粒子表面性质的变化，以及是否会导致纳米粒子在生物体内分布状态的变化。另一种引入同位素示踪剂的方法是将其包裹于纳米材料中，比如利用碳笼内包同位素示踪剂。前文提到的水溶性内包 ^{166}Ho富勒烯就是一个典型的例子[99]。

另外一种引入同位素示踪剂的方法是利用同位素示踪剂直接合成纳米材料。Deng 等在多壁碳纳米管的侧链中引入了放射性 ^{14}C 形成 ^{14}C-tau-MWNTs[104]。他们发现，^{14}C-tau-MWNTs 主要存在于肝中并能长时间驻留。通过气管滴注的 ^{14}C-tau-MWNTs 则主要滞留在肺中，很少转移到淋巴结中去，图 13.9B 显示 28d 后肺中仍有 20% ^{14}C-tau-MWNTs 滞留。口服给药后，^{14}C-tau-MWNTs 并不进入血液循环，而是直接通过粪便排至体外。

^{14}C 还可被引入到碳纳米管的骨架中。Yamago 等合成了水溶性 ^{14}C 标记的 ［60］富勒烯[110]。当通过口服给予大鼠时，［60］富勒烯很少被大鼠吸收，主要通过粪便排至体外；当皮下注射时，［60］富勒烯可以迅速分布到大鼠体内各器官，且大部分富勒烯在一周后仍大量滞留于大鼠体内。该富勒烯还可通过血脑屏障。化学修饰是改变碳纳米材料在生物体内分布特征的一种重要手段。聚乙二醇修饰是一种有效改变生物异源物质代谢动力学的方法。分散于吐温 80 的单壁碳纳米管有 37% 可被肺、肝及脾吸收，而聚乙二醇修饰后的单壁碳纳米管则只有 28% 会被上述器官吸收（图 13.9C 和 D）[111]。

利用回旋加速器可将二氧化钛纳米粒子通过质子辐照变成 ^{48}V 标记的二氧化

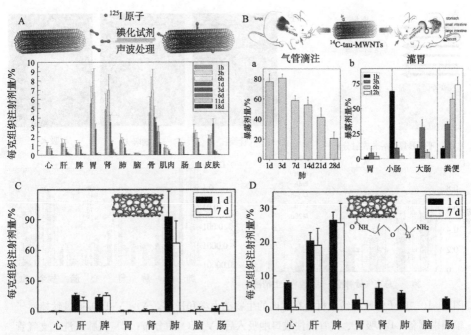

图 13.9　利用[125]I 标记的 SWNTs（[125]I-SWNTols，A），[14]C 标记的 MWNTs（[14]C-tau-MWNTs，B）和[14]C 标记骨架（水溶性富勒烯，C 和 D）来研究碳纳米管的生物分布。A）腹腔注射后[125]I-SWNTols 在除了脑之外的全身分布，并长时间在骨内累积[5]；B）[14]C-tau-MWNTs 主要在肝脏内长时间累积[104]；C）小鼠静脉注射后，[13]C-SWNTs 的生物分布[112]和 D）PEG-^{13}C-SWNTs 的生物分布，表明聚乙二醇化有助于提高[13]C-SWNTs 的分布[111]

钛纳米颗粒（图 13.10A），这种放射性纳米二氧化钛可用于研究其在大鼠体内的代谢情况（图 13.10B、C 和 D）[113]。经呼吸暴露后，约 60％ 的纳米[48]V-TiO$_2$ 滞留于肺中，且无法通过肺灌洗排出（图 13.10B）。24h 后，能被灌洗出的纳米粒子只占总量的 20％。在吸入 2h 后，纳米[48]V-TiO$_2$ 在其他器官及血液中的含量低于更晚的时间点，表明此时纳米粒子穿透气血屏障的过程尚未完成。4h 后，可发现纳米[48]V-TiO$_2$ 主要分布于肝、肾、心及血液中。7d 后，纳米[48]V-TiO$_2$ 逐渐从这些器官中排出，而脑中纳米[48]V-TiO$_2$ 含量在 7d 后达到峰值（图 13.10C）。当通过气管滴注或口咽喷雾摄入时，纳米[48]V-TiO$_2$ 主要蓄积于下呼吸道，而呼吸暴露后纳米[48]V-TiO$_2$ 均匀分布于肺中（图 13.10D）。

　　虽然放射性同位素标记方法在体研究纳米颗粒的定量分布时非常有效，但是它主要的缺点是合成过程中会产生放射性废物，使用时也需要采取一定的辐射防护措施。另外，使用过程中还需要考虑放射性同位素的同位素效应及辐射效应的影响。鉴于此，非放射性同位素（即稳定同位素）的使用越来越受到欢迎，他们

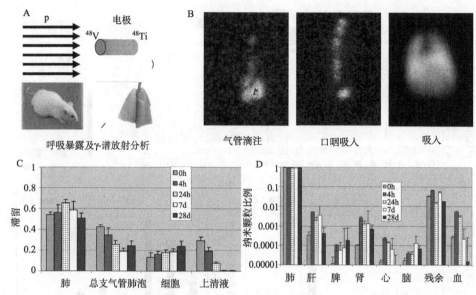

图 13.10　质子辐照后纳米材料在体内的生物动力学和迁移。A) ^{48}V-TiO$_2$通过钛棒质子辐照来制备；B) 吸入、气管滴注或口咽吸入后^{48}V-TiO$_2$的分布；C) 在肺灌洗、支气管肺泡灌洗液、总支气管肺泡及其上清液中纳米颗粒的分布（肺和总 BAL 的和比 1 小是由于易位作用）；D) 2h 的吸入周期且在不同的解剖点（0h、4h、24h、7d 和 24d）时 TiO$_2$纳米颗粒的生物动力学[113]

可用于活体动物甚至人体实验，特别适用于对放射性敏感的人群，如儿童、孕妇、老年人及免疫缺陷人群等。

　　稳定同位素示踪法利用同位素比值或同位素效应监测纳米材料在生物体内的分布情况，通常需要利用质谱技术，如同位素比值质谱或多接收质谱[114]。Sun等通过激光剥蚀或电弧放电的方法以^{13}C 富集非晶碳为前体合成了单壁碳纳米管（^{13}C-SWNTs）、石墨烯等碳纳米材料[112, 115, 116]。将^{13}C-SWNTs 通过尾静脉单次注射给小鼠，发现^{13}C-SWNTs 可迅速从血液中清除并于 24h 内分布到身体各器官中，但主要分布于肺、肝及脾中，时间可持续 28d[112]。拉曼光谱也可用于测定^{12}C 和^{13}C 的同位素效应[117]。Liu 等已成功利用拉曼成像技术对活细胞中^{12}C或^{13}C 标记的单壁碳纳米管进行了研究[118]。

　　稳定同位素示踪技术的最大缺点是所使用的同位素示踪剂通常也是生物体本身的组成部分，因此，在实践过程中需要使用更高剂量的富集稳定同位素示踪剂。

13.2.4.2　研究纳米材料在组织、器官中分布的实验技术

激光烧蚀电感耦合等离子体质谱（LA-ICP-MS）与 SRXRF 可对痕量或超痕量的多元素进行同时分析。这两种技术无需固定或染色即可以亚微米尺度的分辨率对生物或环境样品进行直接分析。

1. 激光烧蚀电感耦合等离子体质谱

LA-ICP-MS 可对薄生物切片，如患神经退行性疾病的脑切片中的元素进行定性和定量分布测定[119, 120]。图 13.11 显示了 Gd 修饰的纳米氧化铁在肿瘤切片中的分布情况：Gd 的分布与 Fe 分布高度相关，而 C、P、S 及 Zn 的空间分布状况表明，热疗效果与所使用的磁流体在各器官中的分布相关。

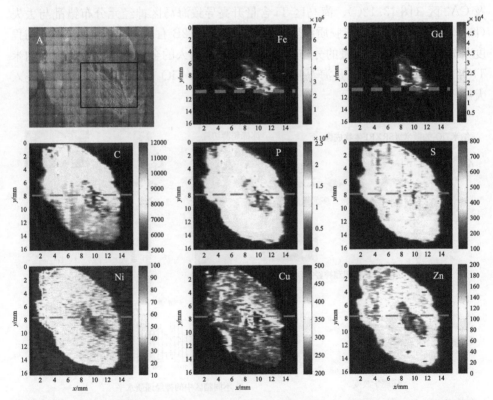

图 13.11　在对小鼠肿瘤进行磁流体热疗后通过 LA-ICP-MS 得到的掺杂钆的铁氧化物纳米颗粒和其他元素的空间分布图像。A）用 LA 照射的原始组织切片图像。灰线为在不同时间对不同元素进行的分析[120]

2. 同步辐射 X 射线荧光技术

同步辐射 X 射线荧光技术（SRXRF）的无损性、多元素特性为研究生物体

内，特别是小型动物体内的元素分布提供了重要便利。Gao 等利用 SRXRF 研究了人造纳米 Cu 颗粒在线虫体内的分布（$3\mu m \times 5\mu m$）[121]。结果表明，暴露于纳米 Cu 的线虫，其体内 Cu 与 K 含量明显升高，Cu 的分布也发生变化，主要分布于头部及尾部 1/3 处。暴露于 Cu^{2+} 的线虫，其体内 Cu 主要分布于排泄细胞及肠中。

将 SRXRF 与其他病理或免疫组织染色技术相结合，可同时对目标区域的元素分布和生物标志物进行分析。Wang 等[16]研究了两种晶型的纳米 TiO_2（80nm 金红石型和 155nm 锐钛矿型，纯度＞99％）在大鼠体内的分布情况。雌性小鼠通过气管隔日滴注 $500\mu g$ 纳米 TiO_2 共 30d。图 13.12A 和 B 显示了 30 天时小鼠脑中 Ti 的分布情况。可以看出，Ti 主要聚集于大脑皮层、丘脑及海马区的 CA1 及 CA3 区（图 13.12C）。海马区 Ti 含量升高导致海马区神经元分布错乱与丢失（图 13.12B 左），及星形胶质细胞的活化（图 13.12B 右）。神经元细胞的损伤程度与海马 CA1 区 Ti 含量的分布高度相关。经鼻滴入的金红石型及锐钛矿型纳米 TiO_2 也可在脑中，特别是海马区蓄积，表明纳米 TiO_2 可以通过嗅球通路进入大脑[16,18]。

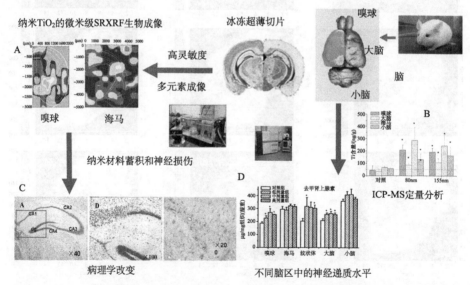

图 13.12　在小鼠鼻内滴注不同大小的 TiO_2 颗粒 30d 后，小鼠脑部钛的 SRXRF 图像（A）和 ICP-MS 定量（B），在不同脑区的病理学变化（C）和神经递质水平成像（D）。在对照小鼠中，钛的含量低于 SRXRF 的检测限[16]

SRXRF 无法给出纳米材料在体内的转化情况。通过 SRXRF 与 XAS 的联合应用可以同时确定纳米材料的分布状况及转化情况[7, 12, 111]。Qu 等利用该法研究了量子点（QDs）在线虫体内的分布与转化情况（图 13.13）[122]。他们发现，摄入 12h 后，QDs 可在消化系统中蓄积并进入肠细胞。被大肠杆菌（*E. coli*）摄入后的 QDs 结构发生了变化。更重要的是，利用 SRXRF 和荧光成像技术可以观察到大 QDs 核/壳层的破坏及 Cd^{2+} 的形成；利用 XAS 技术可观察到 Se^{2-} 在消化道不同位置的氧化情况。另外，QDs 还可以从消化系统迁移到生殖系统。与此相似，XAS 研究表明，纳米 Ag 颗粒对线虫的毒性源于可溶性 Ag^+ 的形成[123]。

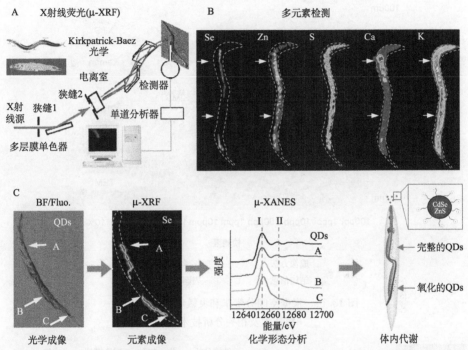

图 13.13　利用 X 射线荧光（XRF）和 X 射线吸收谱学（XAS）方法对量子点（QDs）在秀丽线虫体内的代谢进行的原位元素分析。MEA-CdSe@ZnS 量子点暴露 24h 后，线虫体内 QDs 的光学荧光与量子点组成元素 Se 的 XRF 分布图像。线虫 XRF 图像中消化道内 A、B、C 三点对应的量子点 Se 元素 K 边的原位微束 X 射线近边精细结构谱（μ-XANES）。XRF 和 XAS 的束斑大小为 $5\mu m \times 5\mu m$[122]

13.3　纳米生物效应研究中的分析方法小结

在图 13.14 中，我们总结了纳米生物效应研究中所使用的不同分析方法的空间分辨率与检测限。

图 13.15 是可用于研究纳米生物效应的主要分析技术。在分子水平，SRCD、XAFS、CS 及 AFM 技术可用于纳米材料的表征及生物-纳米材料相互作用的研究。

CLSM、TEM、STXM、XRF 及 XAS 可用于细胞内纳米颗粒的可视化成像及转化分析。在动物水平检测生物体内的纳米颗粒，NAA、ICP-MS、ICP-OES、IT、PET、SPECT、CT 及 MRI 都可用于研究纳米颗粒在生物体内的定量分布。

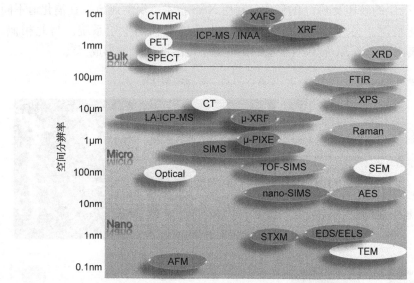

图 13.14　根据空间分辨率和灵敏度汇总常用的
核技术及相关分析技术

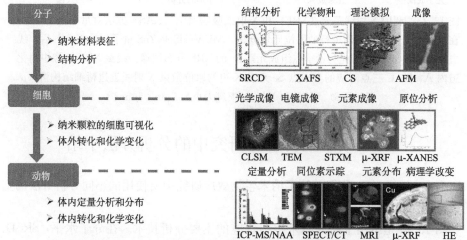

图 13.15　先进核分析技术在纳米毒理学领域的综合应用

　　虽然核分析技术具有灵敏度高、准确度好、基体效应低及非破坏性等特点并在纳米生物效应研究领域起了重要作用，但核分析技术，特别是基于大科学装置的核分析技术的机时有限，限制了它们在纳米生物效应研究领域的广泛应用。

13.4　展　　望

13.4.1　纳米生物效应中的其他科学问题

　　(1) 原生与老化后纳米材料的毒性问题。迄今为止的研究工作或综述论文，涵盖了原生纳米材料（即纯纳米材料）的生物学效应[124-127]。但更重要的是，我们应当研究生物体内或生态环境中发生老化或转化的纳米材料[128]。到目前为止，人们对含纳米材料消费品的生物效应的研究仍相当缺乏[129]。Kaegi 等发现，纳米 TiO_2 在自然风化的条件下可从新造或老化油漆中释放到天然水体中[130]，消费者使用基于纳米科技的化妆品粉末时，可能暴露于尺寸为 $1\sim100nm$ 的含纳米颗粒的团聚体[131]。消费品中的纳米材料主要蓄积于支气管和呼吸道而不是肺泡，而原生纳米材料主要蓄积于肺泡。

　　(2) 市售纳米产品中纳米材料的释放问题。时至今日，有关纳米材料的流行病学资料仍十分缺乏。为全面研究人造纳米材料的健康风险，需要对纳米材料的生产，储存，在纳米产品中的应用及其循环利用情况进行全生命周期评估。目前有关纳米产品对人体及环境的全生命周期评估非常少，因此，我们今后需要建立针对市售纳米产品中纳米材料的表征方法，并确定相应的分析手段。

　　(3) 纳米材料的低剂量、长期暴露所引起的毒性问题。在以前的研究中，通常给予实验生物较高剂量的纳米材料暴露，而实际生活中长期、低剂量暴露才是主要的暴露特征。比如，长期 TiO_2 纳米材料暴露会干扰细胞分化，造成基因分离现象，从而引起染色体不稳定，影响细胞的分化[132]。

　　(4) 纳米材料在食物链中的迁移问题。随着纳米技术的发展，市场上推出了越来越多的纳米产品，这也引起人们对这些纳米产品安全性的关注。关注点之一就是这些纳米材料是否会在食物链中迁移及富集。例如，研究发现，水中的金纳米棒可以很容易地通过海洋食物链发生迁移[133]。羧基化及酰基化的量子点可迁移到更高的食物链位置（比如从原生生物向轮虫迁移）[134]。纳米 TiO_2 在食物链中从水藻到斑马鱼的迁移表明，食物链可能是高级水生生物摄入纳米材料的一种重要途径[135]。除此之外，研究也发现，QDs 可在微生物食物链中富集[136]。上述现象启示，纳米材料的食物链迁移和富集，也可能成为纳米材料生态效应的重要原因。

　　(5) 纳米材料与其他污染物的协同作用与效应问题。纳米材料还可能与其他典型污染物，如重金属及持久性有机污染物发生作用。比如，研究表明，吸附于 TiO₂ 纳米材料表面的 Cd 或 Zn 更易被生物吸收并蓄积，这说明我们应当从分子、细胞、生物及生态水平上，关注纳米材料对其他污染物的生物利用度及毒性的影响[137]。

13.4.2　更多核分析手段的出现

纳米生物效应需要在非常小的尺寸、非常短的反应时间（fs）内研究纳米材料的动态行为。更高亮度、更高流强的核分析手段可探测更低浓度的纳米样品。

（1）新一代同步辐射光源的建设。基于硬 X 射线的自由电子激光的第四代光源，其亮度高出第三代光源许多量级，且其脉冲长度低于 100fs、相干性更好。目前世界各国正在争相发展第四代光源。例如，美国多家科研机构正合作研究利用产自斯坦福直线加速器中心（SLAC）的直线加速器建造 0.15nm 弧度的自由电子激

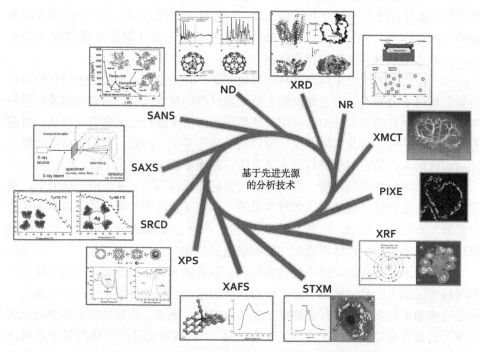

图 13.16　基于先进光源的纳米材料结构和分布成像的分析技术。SANS 小角中子散射；SAXS X 射线小角散射；SRCD 同步辐射圆二色；XPS X 射线光电子能谱；XAFS X 射线吸收精细结构；STXM 扫描透射 X 射线显微术；XRF X 射线荧光；PIXE 质子诱导的 X 射线发射；XMCT X 射线显微断层成像；NR 中子反射；XRD X 射线衍射；ND 中子衍射

光装置。德国电子同步加速器研究所（DESY）正在建设自由电子激光器验证装置项目，该项目可为建造 0.01nm 弧度的自由电子激光装置（TESLA-FEL）打下基础。

　　（2）先进中子源的建设。中子流是另一种研究物质微观结构的有力工具，与 X 射线相比，中子流具有如下特点：①中子不带电荷，但具有磁矢量；②中子流穿透能力更强；③中子对轻元素更敏感；④可以同时测定物质结构与动力学行为。鉴于此，中子衍射技术作为 X 射线技术的重要补充技术广泛应用于物理、化学、生物、生命科学、物质科学、能源科学及纳米生物效应研究中。

　　中子流可产生于手持式放射源、桌上式中子源及大型反应堆与散裂中子源。散裂中子源（SNS）是一种基于加速器的中子源装置，它可以提供科研所需要的最强脉冲中子流。目前，美国、英国、日本均已建成 SNS，我国的散裂中子源正在广东东莞建设。中子流不仅可用于种子活化研究，还可用于中子散射研究。基于中子散射的技术包括单晶中子衍射（SCND）、小角中子散射（SANS）、非弹性中子散射（INS）等，这些技术与同步辐射技术相结合，可用于研究纳米材料与生物体的相互作用（图 13.16）[138]。

参 考 文 献

[1] Colvin L V. Nature Biotechnology, 2003, 21：1166-1170.

[2] Nel A, Xia T, Madler L, Li N. Science, 2006, 311：622-627.

[3] Oberdorster G, Oberdorster E, Oberdorster J. Environmental Health Perspectives, 2005, 113：823-839.

[4] Zhao Y, Xing G, Chai Z. Nature Biotechnology, 2008, 3：191-192.

[5] Wang H, Wang J, Deng X, Sun H, Shi Z, Gu Z, Liu Y, Zhao Y. Journal of Nanoscience and Nanotechnology, 2004, 4：1019-1024.

[6] Meng H, Chen Z, Xing G M, Yuan H, Chen C Y, Zhao F, Zhang C C, Zhao Y L. Toxicology Letters, 2007, 175：102-110.

[7] Zhu M, Perrett, Snie G. Small, 2013, 9：1619-1634.

[8] Wang J, Chen C, Yu H, Sun J, Li B, Li YF, Gao Y, He W, Huang Y, Chai Z, Zhao Y, Deng X, Sun H. Journal of Radioanalytical and Nuclear Chemistry, 2007, 272：527-531.

[9] Lao F, Chen L, Li W, Ge C, Qu Y, Sun Q, Zhao Y, Han D, Chen C. ACS Nano, 2009, 3：3358-3368.

[10] Meng H, Xing G, Sun B, Zhao F, Lei H, Li W, Song Y, Chen Z, Yuan H, Wang X, Long J, Chen C, Liang X, Zhang N, Chai Z, Zhao Y. ACS Nano, 2010, 4：2773-2783.

[11] Zhao Y, Nalwa H. Nanotoxicology：Interactions of Nanomaterials with Biological Systems. Los Angeles：American Scientific Publishers, 2007.

[12] Wang B, Feng W, Wang M, Wang T, Gu Y, Zhu M, Ouyang H, Shi J, Zhang F, Zhao Y, Chai Z, Wang H, Wang J. Journal of Nanoparticle Research, 2008, 10：263-276.

[13] Wang B, Feng W, Zhu M, Wang Y, Wang M, Gu Y, Ouyang H, Wang H, Li M, Zhao Y, Chai Z, Wang H. Journal of Nanoparticle Research, 2009, 11：41-53.

[14] Wang B, Feng W Y, Wang M, Shi J W, Zhang F, Ouyang H, Zhao Y L, Chai Z F, Huang Y Y, Xie

Y N, Wang H F, Wang J. Biological Trace Element Research, 2007, 118: 233-243.

[15] Wang B, Wang Y, Feng W Y, Zhu M T, Wang M, Ouyang H, Wang H J, Li M, Zhao Y L, Chai Z F. Analytical Chemistry, 2008, 53: 927-942.

[16] Wang J, Chen C, Liu Y, Jiao F, Li W, Lao F, Li Y, Li B, Ge C, Zhou G, Gao Y, Zhao Y L, Chai Z F. Toxicology Letters, 2008, 183: 72-80.

[17] Wang J, Deng X Y, Yang S T, Wang H F, Zhao Y L, Liu Y F. Nanotoxicology, 2008, 2: 28-32.

[18] Wang J, Liu Y, Jiao F, Lao F, Li W, Gu Y, Li Y, Ge C, Zhou G, Li B, Zhao Y, Chai Z, Chen C. Toxicology, 2008, 254: 82-90.

[19] Chen Z, Meng H, Xing G, Chen C, Zhao Y, Jia G, Wang T, Yuan H, Ye C, Zhao F, Chai Z, Zhu C, Fang X, Ma B, Wan L. Toxicology Letters, 2006, 163: 109-120.

[20] Slichter C P. Principles of Magnetic Resonance. Springer-Verlag Berlin Heidelberg, 1996.

[21] Service R F. Science, 2004, 304: 1732-1734.

[22] Howard A G. Journal of Environmental Monitoring, 2010, 12: 135-142.

[23] Chen C, Chai Z, Gao Y. Nuclear Analytical Techniques for Metallomics, Metalloproteomics. Cambridge: RSC Publishing, 2010.

[24] Gao Y, Chen C, Chai Z. Journal of Analytical Atomic Spectrometry, 2007, 22: 856-866.

[25] Monteiro-Riviere N, Tran C. Informa Healthcare, 2007.

[26] Dykstra M J, Reuss L E. Biological electron microscopy: Theory, techniques, and troubleshooting. New York: Springer, 2003.

[27] Sommer D, Golla-Schindler U. In: Richter S, Schwedt A. EMC 2008 14th European Microscopy Congress. Berlin Heidelberg Springer, 2008: 265-266.

[28] Helfrich A, Brüchert W, Bettmer J. Journal of Analytical Atomic Spectrometry, 2006, 21: 431-434.

[29] Tiede K, Boxall A B A, Tiede D, Tear S P, David H, Lewis J. Journal of Analytical Atomic Spectrometry, 2009, 24: 964-972.

[30] Poda A R, Bednar A J, Kennedy A J, Harmon A, Hull M, Mitrano D M, Ranville J F, Steevens J. Journal of Chromatography A, 2011, 1218: 4219-4225.

[31] Degueldre C, Favarger P Y, Wold S. Analytica Chimica Acta, 2006, 555: 263-268.

[32] Daniel M-C, Astruc D. Chemical Reviews, 2004, 104: 293-346.

[33] Sharma N C, Sahi S V, Nath S, Parsons J G, Gardea-Torresde J L, Pal T. Environmental Science and Technology, 2007, 41: 5137-5142.

[34] Behrens P. Characterization I, 2004, 4: 427-466.

[35] Chen L, Chu W G, Xu Y G, Chen P P, Lao F, Sun Q M, Feng X Z, Han D. Microscopy Research and Technique, 2010, 73: 152-159.

[36] Charlet L, Morin G, Rose J, Wang Y H, Auffan M, Burnol A, Fernandez-Martinez A. Comptes Rendus Geoscience, 2011, 343: 123-139.

[37] López-Moreno ML, Rosa Gdela, Hernández-Viezcas J A, Peralta-Videa J R, Gardea-Torresdey J L. Journal of Agricultural and Food Chemistry, 2010, 58: 3689-3693.

[38] Su C-H, Sheu H-S, Lin C-Y, Huang C-C, Lo Y-W, Pu Y-C, Weng J-C, Shieh D-B, Chen J-H, Yeh C-S. Journal of the American Chemical Society, 2007, 129: 2139-2146.

[39] Prange A, Modrow H. Rev Environ Sci Biotechnol, 2002, 1: 259-276.

[40] Rajh T, Nedeljkovic J M, Chen L X, Poluektov O, Thurnauer M C. Journal of Physical Chemistry B,

1999，103：3515-3519.

[41] Farges F，Brown G E，Rehr J J. Physical Review B，1997，56：1809.

[42] Meneses C T，Flores W H，Sasaki J M. Chemistry of Materials，2007，19：1024-1027.

[43] Adora S，Soldo-Olivier Y，Faure R，Dur，R，Dartyge E，Baudelet F. Journal of Physical Chemistry B，2001，105：10489-10495.

[44] Hwang B-J，Tsai Y-W，Sarma L S，Tseng Y-L，Liu D-G，Lee J-F. Journal of Physical Chemistry B，2004，108：20427-20434.

[45] Chen L X，Liu T，Thurnauer M C，Csencsits R，Rajh T. Journal of Physical Chemistry B，2002，106：8539-8546.

[46] Yang X，Dubiel M，Brunsch S，Hofmeister H. Journal of Non-crystalline Solids，2003，328：123-136.

[47] Gatewood D S，Schull T L，Baturina O，Pietron J J，Garsany Y，Swider-Lyons K E，Ramaker D E. Journal of Chemical Physics，2008，112：4961-4970.

[48] Grandjean D，Benfield R E，Nayral C，Erades L，Soulantica K，Maisonnat A，Chaudret B. Physica Scripta，2005：699.

[49] Nel A E，dler L M，Velegol D，Xia T，Hoek E M V，Somasundaran P，Klaessig F，Castranova V，Thompson M. Nature Materials，2009，8：543-557.

[50] Walkey C D，Chan W C W. Chemical Society Reviews，2012，41：2780-2799.

[51] Miles A J，Hoffmann S V，Tao Y，Janes R W，Wallace B A. Journal of Spectroscopy，2007，21：245-255.

[52] Miles A J，Wallace B A. Chemical Society Reviews，2006，35：39-51.

[53] Laera S，Ceccone G，Rossi F，Gilliland D，Hussain R，Siligardi G，Calzolai L. Nano Letters，2011，11：4480-4484.

[54] Lundqvist M，Stigler J，Elia G，Lynch I，Cedervall T，Dawson K A. Proceedings of the National Academy of Sciences of the United States of America，2008，105：14265-14270.

[55] Yang S-T，Liu Y，Wang Y-W，Cao A. Small，2013，9（9）：1635-1653.

[56] Ge C，Du J，Zhao L，Wang L，Liu Y，Li D，Yang Y，Zhou R，Zhao Y，Chai Z，Chen C. Proceedings of the National Academy of Sciences of the United States of America，2011，108：16968-16973.

[57] Wang M，Feng W-Y，Zhao Y-L，Chai Z-F. Mass Spectrometry Reviews，2010，29：326-348.

[58] Gygi S P，Rist B，Gerber S A，Turecek F，Gelb M H，Aebersold R. Nature Biotechnology，1999，17：994-999.

[59] Mann M. Nature Reviews，2006，7：952-958.

[60] Zhang H，Burnum K E，Luna M L，Petritis B O，Kim J-S，Qian W-J，Moore R J，Heredia-Langner A，Webb-Robertson B-J M，Thrall B D，Camp D G，Smith R D，Pounds J G，Liu T. Proteomics，2011，11：4569-4577.

[61] Xia X-R，Monteiro-Riviere N A，Riviere J E. Nature Nanotechnology，2010，5：671-675.

[62] Zhong J，Song L，Meng J，Gao B，Chu W S，Xu H Y，Luo Y，Guo J H，Marcelli A，Xie S S，Wu Z Y. Carbon，2009，47：967-973.

[63] Auffan M，Rose J，Orsiere T，Meo M De，Thill A，Zeyons O，Proux O，Masion A，Chaurand P，Spalla O，Botta A，Wiesner M R，Bottero J-Y. Nanotoxicology，2009，3：161-171.

[64] Wang L，Li Y F，Zhou L，Liu Y，Meng L，Zhang K，Wu X，Zhang L，Li B，Chen C. Analytical and Bioanalytical Chemistry，2010，396：1105-1114.

[65] Thill A, Zeyons O, Spalla O, Chauvat F, Rose J, Auffan M, Flank A M. Environmental Science and Technology, 2006, 40: 6151-6156.

[66] Auffan M, Decome L, Rose J, Orsiere T, De Meo M, Briois V, Chaneac C, Olivi L, Berge-lefranc J, Botta A, Wiesner M R, Bottero J. Environmental Science and Technology, 2006, 40: 4367-4373.

[67] Auffan M, Rose J, Bottero J-Y, Lowry G V, Jolivet J-P, Wiesner M R. Nature Nanotechnology, 2009, 4: 634-641.

[68] Serda R E, Ferrati S, Godin B, Tasciotti E, Liu X W, Ferrari M. Nanoscale, 2009, 1: 250-259.

[69] Porter A E, Gass M, Muller K, Skepper J N, Midgley P A, Welland M. Nature Nanotechnology, 2007, 2: 713-717.

[70] AshaRani P V, Mun G L K, Hande M P, Valiyaveettil S. ACS Nano, 2009, 3: 279-290.

[71] Qiu Y, Liu Y, Wang L, Xu L, Bai R, Ji Y, Wu X, Zhao Y, Li Y, Chen C. Biomaterials, 2010, 31: 7606-7619.

[72] Tkalec Ž P, Drobne D, Vogel-Mikuš K, Pongrac P, Regvar M, Štrus J, Pelicon P, Vavpetič P, Grlj N, Remškar M. Nuclear Instruments and Methods in Physics Research Section B-Beam Interactions with Materials and Atoms, 2011, 269: 2286-2291.

[73] Bussy C, Cambedouzou J, Lanone S, Leccia E, Heresanu V, Pinault M, Mayne-lhermite M, Brun N, Mory C, Cotte M, Doucet J, Boczkowski J, Launois P. Nano Letters, 2008, 8: 2659-2663.

[74] Hagenhoff B, Breitenstein D, Tallarek E, Möllers R, Niehuis E, Sperber M, Goricnik B, Wegener J. Surface and Interface Analysis, 2012, 45: 315-319.

[75] Drescher D, Giesen C, Traub H, Panne U, Kneipp J, Jakubowski N. Analytical Chemistry, 2012, 84: 9684-9688.

[76] Liu Y, Li W, Lao F, Liu Y, Wang L, Bai R, Zhao Y, Chen C. Biomaterials, 2011, 32: 8291-8303.

[77] Wang L M, Liu Y, Li W, Jiang X M, Ji Y L, Wu X C, Xu L G, Qiu Y, Zhao K, Wei T T, Li Y F, Zhao Y L, Chen C Y. Nano Letters, 2011, 11: 772-780.

[78] Tetard L, Passian A, Farahi R H, Thundat T. Ultramicroscopy, 2010, 110: 586-591.

[79] Porter A E, Gass M, Muller K, Skepper J N, Midgley P, Welland M. Environmental Science and Technology, 2007, 41: 3012-3017.

[80] McRae R, Bagchi P, Sumalekshmy S, Fahrni C. Journal of the American Chemical Society, 2009, 131: 12497-12515.

[81] Twining B S, Baines S B, Fisher N S, Maser J, Vogt S, Jacobsen C, Tovar-Sanchez A, Saudo-Wilhelmy S A. Analytical Chemistry, 2003, 75: 3806-3816.

[82] Pfeiffer F, David C, Burghammer M, Riekel C, Salditt T. Science, 2002, 297: 230-234.

[83] Schroer C, Kurapova O, Patommel J, Boye P, Feldkamp J, Lengeler B, Burghammer M, Riekel C, Vincze L, Hart A Vander. Applied Physics Letters, 2005, 87: 124103.

[84] Salome M, Bleuet P, Bohic S, Cauzid J, Chalmin E, Cloetens P, Cotte M, De Andrade V, Martinez-Criado G, Petitgirard S, Rak M, Tresserras J A S, Szlachetko J, Tucoulou R, Susini J. In: David C, Nolting F, Quitmann C, Stampanoni M, Pfeiffer F. 9th International Conference on X-Ray Microscopy. 2009, 186: 12014.

[85] Paunesku T, Vogt S, Lai B, Maser J, Stojicevic N, Thurn K T, Osipo C, Liu H, Legnini D, Wang Z, Lee C, Woloschak G E. Nano Letters, 2007, 7: 596-601.

[86] Beetz T, Jacobsen C. Journal of Synchrotron Radiation, 2003, 10: 280-283.

[87] Maser J, Osanna A, Wang Y, Jacobsen C, Kirz J, Spector S, Winn B, Tennant D. Journal of Microscopy, 2000, 197: 68-79.

[88] Chao W, Kim J, Rekawa S, Fischer P, Anderson E H. Optics Express, 2009, 17: 17669-17677.

[89] McDermott G, Gros M A Le, Larabell C A. In: Johnson M A, Martinez T J. Ann Rev Phys Chem. 2012, 63: 225-239.

[90] Uchida M, McDermott G, Wetzler M, Le Gros M A, Myllys M, Knoechel C, Barron A E, Larabell C A. Proceedings of the National Academy of Sciences of the United States of America, 2009, 106: 19375-19380.

[91] Chao W, Harteneck B D, Liddle J A, Anderson E H, Attwood D T. Nature, 2005, 435: 1210-1213.

[92] Chen N, He Y, Su Y, Li X, Huang Q, Wang H, Zhang X, Tai R, Fan C. Biomaterials, 2012, 33: 1238-1244.

[93] Wang Y, Jacobsen C, Maser J, Osanna A. Journal of Microscopy, 2000, 197: 80-93.

[94] 中国科院高能物理研究所中子活化分析实验室. 中子活化分析在环境学、生物学和地学中的应用. 北京: 原子能出版社, 1992.

[95] Chen C, Zhang P, Chai Z. Analytica Chimica Acta, 2001, 439: 19-27.

[96] Chai Z F, Zhang Z Y, Feng W Y, Chen C Y, Xu D D, Hou X L. Journal of Analytical Atomic Spectrometry, 2004, 19: 26-33.

[97] Chai Z, Zhu H. Introduction to Trace Element Chemistry. Beijing: Atomic Energy Press, 1994.

[98] Ge C, Lao F, Li W, Li Y, Chen C, Qiu Y, Mao X, Li B, Chai Z, Zhao Y. Analytical Chemistry, 2008, 80: 9426-9434.

[99] Cagle D W, Kennel S J, Mirzadeh S, Alford J M, Wilson L J. Proceedings of the National Academy of Sciences of the United States of America, 1999, 96: 5182-5187.

[100] Lipka J, Semmler-Behnke M, Sperling R A, Wenk A, Takenaka S, Schleh C, Kissel T, Parak W J, Kreyling W G. Biomaterials, 2010, 31: 6574-6581.

[101] Zhu M T, Feng W Y, Wang Y, Wang B, Wang M, Ouyang H, Zhao Y L, Chai Z F. Toxicological Sciences, 2009, 107: 342-351.

[102] Zhang Z, Zhao Y, Chai Z. Chinese Science Bulletin, 2009, 54: 173-182.

[103] Liu Z, Chen K, Davis C, Sherlock S, Cao Q, Chen X, Dai H. Cancer Research, 2008, 68: 6652-6660.

[104] Deng X, Jia G, Wang H, Sun H, Wang X, Yang S, Wang T, Liu Y. Carbon, 2007, 45: 1419-1424.

[105] Thompson M, Walsh J N. Handbook of Inductively Coupled Plasma Spectrometry. Glasgow: Blackie, 1983.

[106] Wang J X, Zhou G Q, Chen C Y, Yu H W, Wang T C, Ma Y M, Jia G, Gao Y X, Li B, Sun J, Li Y F, Jiao F, Zhao Y L, Chai Z F. Toxicology Letters, 2007, 168: 176-185.

[107] Li Y-F, Chen C, Li B, Wang Q, Wang J, Gao Y, Zhao Y, Chai Z. Journal of Analytical Atomic Spectrometry, 2007, 22: 925-930.

[108] Wang H, Yang S-T, Cao A, Liu Y. Accounts of Chemical Research, 2013, 46: 750-760.

[109] Guo J, Zhang X, Li Q, Li W. Nuclear Medicine and Biology, 2007, 34: 579-583.

[110] Yamago S, Tokuyama H, Nakamura E, Kikuchi K, Kananishi S, Sueki K, Nakahara H, Enomoto S, Ambe F. Chemistry and Biology, 1995, 2: 385-389.

[111] Yang S-T, Fernando K A S, Liu J-H, Wang J, Sun H-F, Liu Y, Chen M, Huang Y, Wang X, Wang H, Sun Y-P. Small, 2008, 4: 940-944.

[112] Yang S-T, Guo W, Lin Y, Deng X-Y, Wang H-F, Sun H-F, Liu Y-F, Wang X, Wang W, Chen M, Huang Y-P, Sun Y-P. Journal of Chemical Physics, 2007, 111: 17761-17764.

[113] Kreyling W, Wenk A, Semmler-Behnke M. Quantitative biokinetic analysis of radioactively labelled, inhaled titanium dioxide nanoparticles in a rat model. http: //www. umweltbundesamtide/sites/default/files/medien/461/publikationen/4022. pdt, 2010.

[114] Oberdorster G, Sharp Z, Atudorei V, Elder A, Gelein R, Kreyling W, Cox C. Inhalation Toxicology, 2004, 16: 437-445.

[115] Yang S-T, Wang X, Wang H, Lu F, Luo PG, Cao L, Meziani M J, Liu J-H, Liu Y, Chen M, Huang Y, Sun Y-P. Journal of Chemical Physics, 2009, 113: 18110-18114.

[116] Tian L, Wang X, Cao L, Meziani M J, Kong CY, Lu F, Sun Y-P. Journal of Nanomaterials, 2010: 1-5.

[117] Kalbac M, Farhat H, Kong J, Janda P, Kavan L, Dresselhaus M S. Nano Letters, 2011, 11: 1957-1963.

[118] Liu Z, Li X, Tabakman S M, Jiang K, Fan S, Dai H. Journal of The American Chemical Society, 2008, 130: 13540-13541.

[119] Becker J S, Jakubowski N. Chemical Society Reviews, 2009, 38: 1969-1983.

[120] Hsieh Y-K, Jiang P-S, Yang B-S, Sun T-Y, Peng H-H, Wang C-F. Analytical and Bioanalytical Chemistry, 2011, 401: 909-915.

[121] Gao Y, Liu N, Chen C, Luo Y, Li Y-F, Zhang Z, Zhao Y, Zhao Y, Iida A, Chai Z. Journal of Analytical Atomic Spectrometry, 2008, 23: 1121-1124.

[122] Qu Y, Li W, Zhou Y, Liu X, Zhang L, Wang L, Li Y-f, Iida A, Tang Z, Zhao Y, Chai Z, Chen C. Nano Letters, 2011, 11: 3174-3183.

[123] Yang X, Gondikas A P, Marinakos S M, Auffan M, Liu J, Hsu-Kim H, Meyer J N. Environmental Science and Technology, 2011, 46: 1119-1127.

[124] Handy R, Owen R, Valsami-Jones E. Ecotoxicology, 2008, 17: 315-325.

[125] Kahru A, Dubourguier H-C. Toxicology, 2010, 269: 105-119.

[126] Kreyling W G, Semmler-Behnke M, Takenaka S, Möller W. Accounts of Chemical Research, 2012: 10. 1021/ar300043r.

[127] Sun C, Yang H, Yuan Y, Tian X, Wang L, Guo Y, Xu L, Lei J, Gao N, Anderson G J, Liang X-J, Chen C, Zhao Y, Nie G. Journal of the American Chemical Society, 2011, 133: 8617-8624.

[128] Geiser M, Kreyling W G. Particle and Fibre Toxicology, 2010, 7: 1-17.

[129] Savolainen K, Alenius H, Norppa H, Pylkkänen L, Tuomi T, Kasper G. Toxicology, 2010, 269: 92-104.

[130] Kaegi R, Ulrich A, Sinnet B, Vonbank R, Wichser A, Zuleeg S, Simmler H, Brunner S, Vonmont H, Burkhardt M, Boller M. Environmental Pollution, 2008, 156: 233-239.

[131] Nazarenko Y, Zhen H, Han T, Lioy P J, Mainelis G. Environmental Health Perspectives, 2012, 120: 885.

[132] Huang S, Chueh P J, Lin Y-W, Shih T-S, Chuang S-M. Toxicology and Applied Pharmacology, 2009, 241: 182-194.

[133] Ferry J L, Craig P, Hexel C, Sisco P, Frey R, Pennington P L, Fulton M H, Scott I G, Decho A W, Kashiwada S, Murphy C J, Shaw T J. Nature Nanotechnology, 2009, 4: 441-444.

[134] Holbrook R D, Murphy K E, Morrow J B, Cole K D. Nature Nanotechnology, 2008, 3: 352-355.

[135] Zhu X, Wang J, Zhang X, Chang Y, Chen Y. Chemosphere, 2010, 79: 928-933.

[136] Werlin R, Priester J H, Mielke R E, Kramer S, Jackson S, Stoimenov P K, Stucky G D, Cherr G N, Orias E, Holden P A. Nature Nanotechnology, 2011, 6: 65-71.

[137] Tan C, Fan W-H, Wang W-X. Environmental Science and Technology, 2011, 46: 469-476.

[138] 本章改写自我们最近的一篇综述: Chen C Y, Li Y F, Qu Y, Chai Z F, Zhao Y L. Chemical Society Reviews, 2013, 42: 8266-8303.

彩　　插

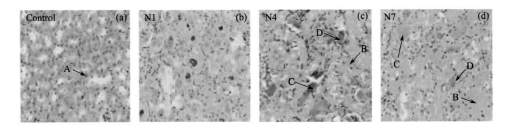

图2.21 小鼠胃肠道暴露铜纳米颗粒后，小鼠肾小管病理变化的显微图像(×200)

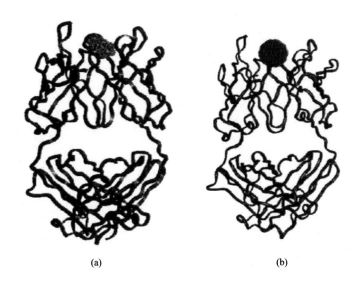

(a)   (b)

图6.2 分子动力学模拟富勒烯C$_{60}$与生物分子的相互作用

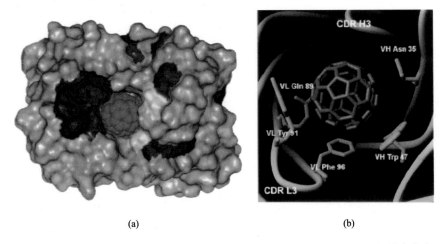

(a)   (b)

图6.3 分子动力学计算富勒烯C$_{60}$与HIV蛋白酶分子相互作用过程中C$_{60}$的结合位点

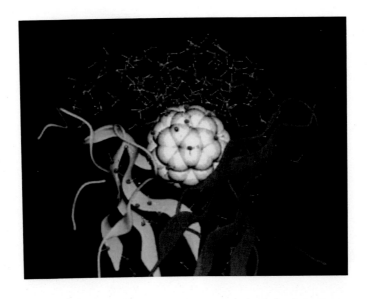

图6.4 富勒烯与HIV蛋白酶分子相互作用的分子动力学模拟结果

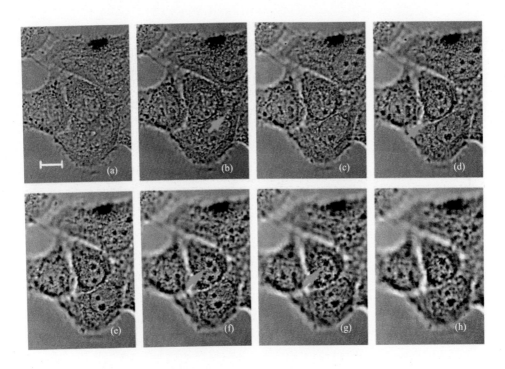

图6.5 浓度0.05 mL/mL的PI标记的单壁碳纳米管与SWNT-poly(rU)与MCF7细胞相互作用
3 h后的激光共聚焦成像

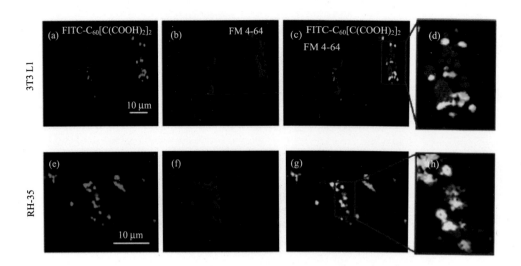

图12.7　利用激光共聚焦结合生物标记荧光法观测纳米颗粒穿越细胞膜
进入细胞的过程和机制

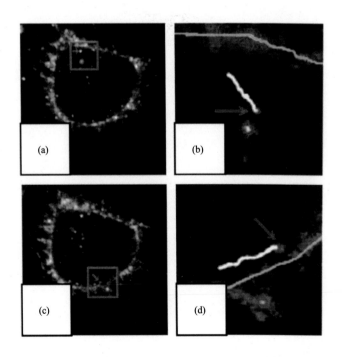

图12.9　利用视频增强微分干涉显微镜（VEDIC）方法观察肽修饰
QDs在HeLa细胞内的轨迹